KB219151
연산 능력 강화
개념 기억력 강화
기초력 완성

세상이 변해도 배움의 즐거움은 변함없도록

시대는 빠르게 변해도
배움의 즐거움은
변함없어야 하기에

어제의 비상은
남다른 교재부터
결이 다른 콘텐츠
전에 없던 교육 플랫폼까지

변함없는 혁신으로
교육 문화 환경의 새로운 전형을
실현해왔습니다.

비상은 오늘, 다시 한번
새로운 교육 문화 환경을 실현하기 위한
또 하나의 혁신을 시작합니다.

오늘의 내가 어제의 나를 초월하고
오늘의 교육이 어제의 교육을 초월하여
배움의 즐거움을 지속하는 혁신,

바로, 메타인지 기반 완전 학습을.

상상을 실현하는 교육 문화 기업 비상

메타인지 기반 완전 학습

초월을 뜻하는 meta와 생각을 뜻하는 인지가 결합한 메타인지는
자신이 알고 모르는 것을 스스로 구분하고 학습계획을 세우도록 하는
궁극의 학습 능력입니다. 비상의 메타인지 기반 완전 학습 시스템은
잠들어 있는 메타인지를 깨워 공부를 100% 내 것으로 만들도록 합니다.

수와 연산

수와 연산

1학년

1-1 9까지의 수
- 1부터 9까지의 수
- 수로 순서 나타내기
- 수의 순서
- 1만큼 더 큰 수, 1만큼 더 작은 수 / 0
- 수의 크기 비교

1-1 덧셈과 뺄셈
- 9까지의 수 모으기와 가르기
- 덧셈 알아보기, 덧셈하기
- 뺄셈 알아보기, 뺄셈하기
- 0이 있는 덧셈과 뺄셈

1-1 50까지의 수
- 10 / 십몇
- 19까지의 수 모으기와 가르기
- 10개씩 묶어 세기 / 50까지의 수 세기
- 수의 순서
- 수의 크기 비교

1-2 100까지의 수
- 60, 70, 80, 90
- 99까지의 수
- 수의 순서
- 수의 크기 비교
- 짝수와 홀수

1-2 덧셈과 뺄셈
- 계산 결과가 한 자리 수인 세 수의 덧셈과 뺄셈
- 10이 되는 더하기
- 10에서 빼기
- 두 수의 합이 10인 세 수의 덧셈

- 받아올림이 있는 (몇)+(몇)
- 받아내림이 있는 (십몇)−(몇)

- 받아올림이 없는 (몇십몇)+(몇), (몇십)+(몇십), (몇십몇)+(몇십몇)
- 받아내림이 없는 (몇십몇)−(몇), (몇십)−(몇십), (몇십몇)−(몇십몇)

2학년

2-1 세 자리 수
- 100 / 몇백
- 세 자리 수
- 각 자리의 숫자가 나타내는 값
- 뛰어 세기
- 수의 크기 비교

2-1 덧셈과 뺄셈
- 받아올림이 있는 (두 자리 수)+(한 자리 수), (두 자리 수)+(두 자리 수)
- 받아내림이 있는 (두 자리 수)−(한 자리 수), (몇십)−(몇십몇), (두 자리 수)−(두 자리 수)
- 세 수의 계산
- 덧셈과 뺄셈의 관계를 식으로 나타내기
- □가 사용된 덧셈식을 만들고 □의 값 구하기
- □가 사용된 뺄셈식을 만들고 □의 값 구하기

2-1 곱셈
- 여러 가지 방법으로 세어 보기
- 묶어 세기
- 몇의 몇 배
- 곱셈 알아보기
- 곱셈식

2-2 네 자리 수
- 1000 / 몇천
- 네 자리 수
- 각 자리의 숫자가 나타내는 값
- 뛰어 세기
- 수의 크기 비교

2-2 곱셈구구
- 2단 곱셈구구
- 5단 곱셈구구
- 3단, 6단 곱셈구구
- 4단, 8단 곱셈구구
- 7단 곱셈구구
- 9단 곱셈구구
- 1단 곱셈구구 / 0의 곱
- 곱셈표

3학년

3-1 덧셈과 뺄셈
- (세 자리 수)+(세 자리 수)
- (세 자리 수)−(세 자리 수)

3-1 나눗셈
- 똑같이 나누어 보기
- 곱셈과 나눗셈의 관계
- 나눗셈의 몫을 곱셈식으로 구하기
- 나눗셈의 몫을 곱셈구구로 구하기

3-1 곱셈
- (몇십)×(몇)
- (몇십몇)×(몇)

3-1 분수와 소수
- 똑같이 나누어 보기
- 분수
- 분모가 같은 분수의 크기 비교
- 단위분수의 크기 비교
- 소수
- 소수의 크기 비교

3-2 곱셈
- (세 자리 수)×(한 자리 수)
- (몇십)×(몇십), (몇십몇)×(몇십)
- (몇)×(몇십몇)
- (몇십몇)×(몇십몇)

3-2 나눗셈
- (몇십)÷(몇)
- (몇십몇)÷(몇)
- (세 자리 수)÷(한 자리 수)

3-2 분수
- 분수로 나타내기
- 분수만큼은 얼마인지 알아보기
- 진분수, 가분수, 자연수, 대분수
- 분모가 같은 분수의 크기 비교

절취선 사용할 수 있습니다.

- 자연수
- 자연수의 덧셈과 뺄셈
- 자연수의 곱셈과 나눗셈
- 자연수의 혼합 계산
- 분수의 덧셈과 뺄셈
- 소수의 덧셈과 뺄셈
- 분수의 곱셈과 나눗셈
- 소수의 곱셈과 나눗셈

4학년

4-1 큰 수
- 10000 / 다섯 자리 수
- 십만, 백만, 천만
- 억, 조
- 뛰어 세기
- 수의 크기 비교

4-1 곱셈과 나눗셈
- (세 자리 수)×(몇십)
- (세 자리 수)×(두 자리 수)
- (세 자리 수)÷(몇십)
- (두 자리 수)÷(두 자리 수), (세 자리 수)÷(두 자리 수)

4-2 분수의 덧셈과 뺄셈
- 두 진분수의 덧셈
- 두 진분수의 뺄셈, 1−(진분수)
- 대분수의 덧셈
- (자연수)−(분수)
- (대분수)−(대분수), (대분수)−(가분수)

4-2 소수의 덧셈과 뺄셈
- 소수 두 자리 수 / 소수 세 자리 수
- 소수의 크기 비교
- 소수 사이의 관계
- 소수 한 자리 수의 덧셈과 뺄셈
- 소수 두 자리 수의 덧셈과 뺄셈

5학년

5-1 자연수의 혼합 계산
- 덧셈과 뺄셈이 섞여 있는 식
- 곱셈과 나눗셈이 섞여 있는 식
- 덧셈, 뺄셈, 곱셈이 섞여 있는 식
- 덧셈, 뺄셈, 나눗셈이 섞여 있는 식
- 덧셈, 뺄셈, 곱셈, 나눗셈이 섞여 있는 식

5-1 약수와 배수
- 약수와 배수
- 약수와 배수의 관계
- 공약수와 최대공약수
- 공배수와 최소공배수

5-1 약분과 통분
- 크기가 같은 분수
- 약분
- 통분
- 분수의 크기 비교
- 분수와 소수의 크기 비교

5-1 분수의 덧셈과 뺄셈
- 진분수의 덧셈
- 대분수의 덧셈
- 진분수의 뺄셈
- 대분수의 뺄셈

5-2 수와 범위와 어림하기
- 이상, 이하, 초과, 미만
- 올림, 버림, 반올림

5-2 분수의 곱셈
- (분수)×(자연수)
- (자연수)×(분수)
- (진분수)×(진분수)
- (대분수)×(대분수)

5-2 소수의 곱셈
- (소수)×(자연수)
- (자연수)×(소수)
- (소수)×(소수)
- 곱의 소수점의 위치

6학년

6-1 분수의 나눗셈
- (자연수)÷(자연수)의 몫을 분수로 나타내기
- (분수)÷(자연수)
- (대분수)÷(자연수)

6-1 소수의 나눗셈
- (소수)÷(자연수)
- (자연수)÷(자연수)의 몫을 소수로 나타내기
- 몫의 소수점 위치 확인하기

6-2 분수의 나눗셈
- (분수)÷(분수)
- (분수)÷(분수)를 (분수)×(분수)로 나타내기
- (자연수)÷(분수), (가분수)÷(분수), (대분수)÷(분수)

6-2 소수의 나눗셈
- (소수)÷(소수)
- (자연수)÷(소수)
- 소수의 나눗셈의 몫을 반올림하여 나타내기

+ 교과서에 따라 3~4학년군, 5~6학년 내에서 학기별로 수록된 단원 또는 학습 내용의 순서가 다를 수 있습니다.

개념+PLUS 연산

메인 북

초등수학

4·2

구성과 특징

개념 + 드릴

기억에 오래 남는 **한 컷 개념**과 **계산력 강화를 위한 드릴 문제 4쪽**으로 수와 연산을 익혀요.

연산

계산력 강화 단원

1일 차 월 일 오늘의 기록 분 맞힌 개수 /35

1 합이 1보다 작고 분모가 같은 (진분수)+(진분수)

1단원 정답 • 2쪽

$\frac{1}{4}+\frac{2}{4}$ 우리는 분모가 같아서 분자끼리 더해! $=\frac{1+2}{4}$ 분모는 그대로! $=\frac{3}{4}$

• 합이 1보다 작고 분모가 같은 (진분수)+(진분수)

○ 계산해 보시오.

① $\frac{1}{3}+\frac{1}{3}=$ ⑧ $\frac{2}{9}+\frac{5}{9}=$ ⑮ $\frac{8}{15}+\frac{3}{15}=$ ㉒ $\frac{9}{23}+\frac{8}{23}=$ ㉙ $\frac{11}{32}+\frac{7}{32}=$

② $\frac{2}{4}+\frac{1}{4}=$ ⑨ $\frac{1}{10}+\frac{2}{10}=$ ⑯ $\frac{11}{16}+\frac{4}{16}=$ ㉓ $\frac{1}{26}+\frac{7}{26}=$ ㉚ $\frac{4}{33}+\frac{13}{33}=$

③ $\frac{2}{5}+\frac{2}{5}=$ ⑩ $\frac{5}{10}+\frac{4}{10}=$ ⑰ $\frac{10}{16}+\frac{5}{16}=$ ㉔ $\frac{6}{26}+\frac{3}{26}=$ ㉛ $\frac{16}{35}+\frac{7}{35}=$

④ $\frac{3}{6}+\frac{2}{6}=$ ⑪ $\frac{4}{11}+\frac{4}{11}=$ ⑱ $\frac{8}{19}+\frac{10}{19}=$ ㉕ $\frac{10}{27}+\frac{7}{27}=$ ㉜ $\frac{25}{38}+\frac{2}{38}=$

⑤ $\frac{1}{7}+\frac{1}{7}=$ ⑫ $\frac{5}{12}+\frac{2}{12}=$ ⑲ $\frac{5}{21}+\frac{13}{21}=$ ㉖ $\frac{14}{29}+\frac{2}{29}=$ ㉝ $\frac{14}{39}+\frac{5}{39}=$

2일 차 월 일 오늘의 기록 분 맞힌 개수 /42

1 합이 1보다 작고 분모가 같은 (진분수)+(진분수)

1단원 정답 • 2쪽

○ 계산해 보시오.

① $\frac{1}{4}+\frac{1}{4}=$ ⑧ $\frac{5}{11}+\frac{3}{11}=$ ⑮ $\frac{3}{16}+\frac{9}{16}=$ ㉒ $\frac{3}{23}+\frac{2}{23}=$ ㉙ $\frac{7}{30}+\frac{1}{30}=$ ㊱ $\frac{22}{39}+\frac{7}{39}=$

② $\frac{3}{5}+\frac{1}{5}=$ ⑨ $\frac{10}{12}+\frac{1}{12}=$ ⑯ $\frac{11}{17}+\frac{3}{17}=$ ㉓ $\frac{5}{23}+\frac{7}{23}=$ ㉚ $\frac{12}{31}+\frac{3}{31}=$ ㊲ $\frac{21}{40}+\frac{13}{40}=$

③ 2 + 2 ⑩ 1 + 1 ⑰ 15 + 1 ㉔ 4 + 12 ㉛ 3 + 15 ㊳ 12 + 10

개념 + 익힘

기억에 오래 남는 **한 컷 개념**과 **기초 개념 강화를 위한 익힘 문제 2쪽**으로 도형, 측정 등을 익혀요.

도형, 측정 등

기초 개념 강화 단원

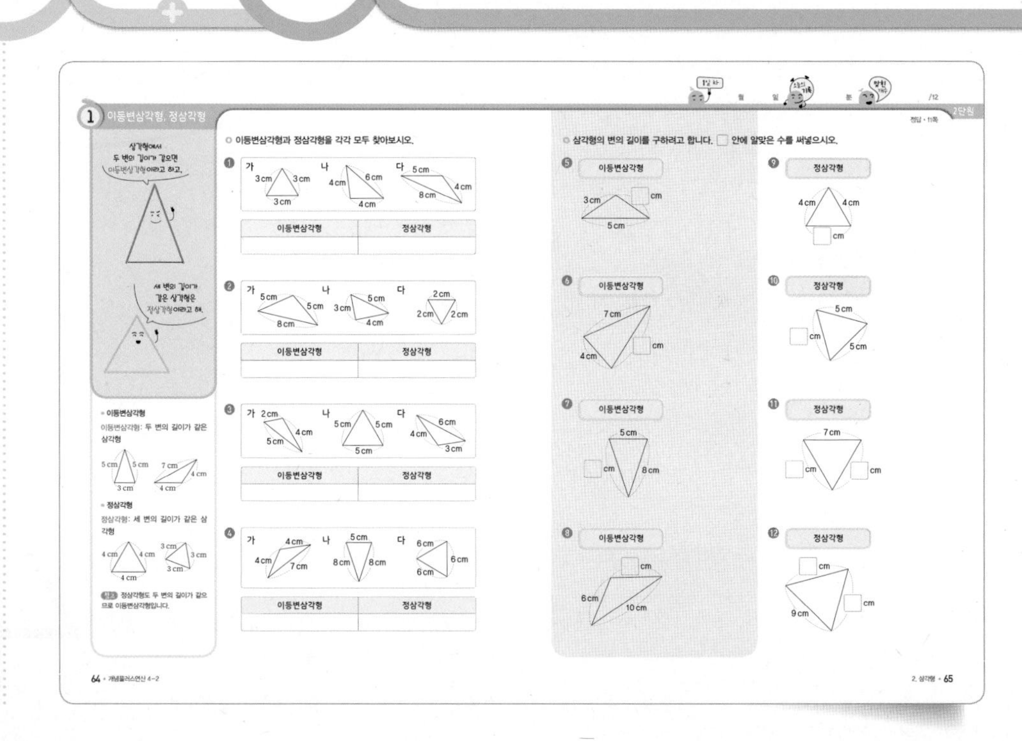

연산력을 강화해요!

적용

다양한 유형의 연산 문제에 **적용 능력**을 키워요.

특강

비법 강의로 빠르고 정확한 **연산력을 강화**해요.

초등에서 푸는 방정식 □를 사용한 식에서 □의 값을 구하는 방법을 익혀요.

평가로 마무리~!

평가

단원별로 **연산력을 평가**해요.

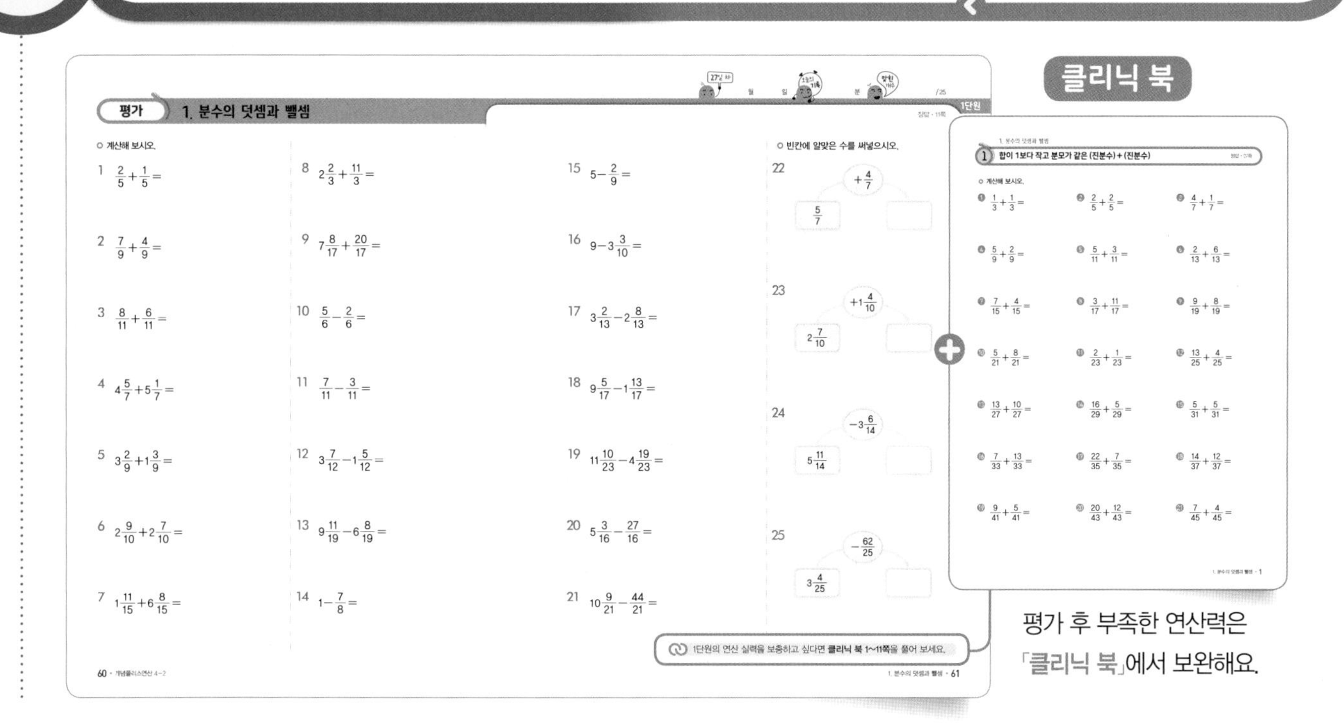

평가 1. 분수의 덧셈과 뺄셈

○ 계산해 보시오.

1 $\frac{2}{5}+\frac{1}{5}=$

2 $\frac{7}{9}+\frac{4}{9}=$

3 $\frac{8}{11}+\frac{6}{11}=$

4 $4\frac{5}{7}+5\frac{1}{7}=$

5 $3\frac{2}{9}+1\frac{3}{9}=$

6 $2\frac{9}{10}+2\frac{7}{10}=$

7 $1\frac{11}{15}+6\frac{8}{15}=$

8 $2\frac{2}{3}+\frac{11}{3}=$

9 $7\frac{8}{17}+\frac{20}{17}=$

10 $\frac{5}{6}-\frac{2}{6}=$

11 $\frac{7}{11}-\frac{3}{11}=$

12 $3\frac{7}{12}-1\frac{5}{12}=$

13 $9\frac{11}{19}-6\frac{8}{19}=$

14 $1-\frac{7}{8}=$

15 $5-\frac{2}{9}=$

16 $9-3\frac{3}{10}=$

17 $3\frac{2}{13}-2\frac{8}{13}=$

18 $9\frac{5}{17}-1\frac{13}{17}=$

19 $11\frac{10}{23}-4\frac{19}{23}=$

20 $5\frac{3}{16}-\frac{27}{16}=$

21 $10\frac{9}{21}-\frac{44}{21}=$

○ 빈칸에 알맞은 수를 써넣으시오.

22 $\frac{5}{7}$ → $+\frac{4}{7}$ → □

23 $2\frac{7}{10}$ → $+1\frac{4}{10}$ → □

24 $5\frac{11}{14}$ → $-3\frac{6}{14}$ → □

25 $3\frac{4}{25}$ → $-\frac{62}{25}$ → □

1단원의 연산 실력을 보충하고 싶다면 **클리닉 북 1~11쪽**을 풀어 보세요.

클리닉 북

평가 후 부족한 연산력은 「클리닉 북」에서 보완해요.

차례

4-2에서 배울 내용을 확인해요!

분수의 덧셈과 뺄셈

학습하는 데 걸린 시간을 작성해 봐요!

학습 내용	학습 회차	걸린 시간
1 합이 1보다 작고 분모가 같은 (진분수) + (진분수)	1일 차	/12분
	2일 차	/14분
2 합이 1보다 크고 분모가 같은 (진분수) + (진분수)	3일 차	/12분
	4일 차	/14분
3 진분수 부분의 합이 1보다 작고 분모가 같은 (대분수) + (대분수)	5일 차	/10분
	6일 차	/12분
4 진분수 부분의 합이 1보다 크고 분모가 같은 (대분수) + (대분수)	7일 차	/11분
	8일 차	/13분
5 분모가 같은 (대분수) + (가분수)	9일 차	/12분
	10일 차	/15분
1 ~ 5 다르게 풀기	11일 차	/9분
6 분모가 같은 (진분수) − (진분수)	12일 차	/12분
	13일 차	/14분
7 분수 부분끼리 뺄 수 있고 분모가 같은 (대분수) − (대분수)	14일 차	/10분
	15일 차	/12분
6 ~ 7 다르게 풀기	16일 차	/9분
8 1 − (진분수)	17일 차	/9분
	18일 차	/11분
9 (자연수) − (분수)	19일 차	/14분
	20일 차	/17분
10 분수 부분끼리 뺄 수 없고 분모가 같은 (대분수) − (대분수)	21일 차	/12분
	22일 차	/15분
11 분모가 같은 (대분수) − (가분수)	23일 차	/14분
	24일 차	/17분
8 ~ 11 다르게 풀기	25일 차	/10분
비법 강의 초등에서 푸는 방정식 계산 비법	26일 차	/12분
평가 1. 분수의 덧셈과 뺄셈	27일 차	/14분

1 합이 1보다 작고 분모가 같은 (진분수)+(진분수)

- **합이 1보다 작고 분모가 같은 (진분수)+(진분수)**

분모는 그대로 두고 분자끼리 더합니다.

분자끼리 더합니다.

$$\frac{1}{4}+\frac{2}{4}=\frac{1+2}{4}=\frac{3}{4}$$

분모는 그대로 둡니다.

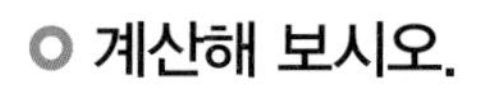

○ 계산해 보시오.

❶ $\frac{1}{3}+\frac{1}{3}=$

❷ $\frac{2}{4}+\frac{1}{4}=$

❸ $\frac{2}{5}+\frac{2}{5}=$

❹ $\frac{3}{6}+\frac{2}{6}=$

❺ $\frac{1}{7}+\frac{1}{7}=$

❻ $\frac{3}{8}+\frac{2}{8}=$

❼ $\frac{1}{8}+\frac{5}{8}=$

❽ $\frac{2}{9}+\frac{5}{9}=$

❾ $\frac{1}{10}+\frac{2}{10}=$

❿ $\frac{5}{10}+\frac{4}{10}=$

⓫ $\frac{4}{11}+\frac{4}{11}=$

⓬ $\frac{5}{12}+\frac{2}{12}=$

⓭ $\frac{2}{13}+\frac{7}{13}=$

⓮ $\frac{10}{14}+\frac{1}{14}=$

⑮ $\frac{8}{15}+\frac{3}{15}=$

⑯ $\frac{4}{16}+\frac{11}{16}=$

⑰ $\frac{10}{16}+\frac{5}{16}=$

⑱ $\frac{8}{19}+\frac{10}{19}=$

⑲ $\frac{5}{21}+\frac{13}{21}=$

⑳ $\frac{15}{22}+\frac{4}{22}=$

㉑ $\frac{7}{23}+\frac{11}{23}=$

㉒ $\frac{9}{23}+\frac{8}{23}=$

㉓ $\frac{1}{26}+\frac{7}{26}=$

㉔ $\frac{6}{26}+\frac{3}{26}=$

㉕ $\frac{10}{27}+\frac{7}{27}=$

㉖ $\frac{14}{29}+\frac{2}{29}=$

㉗ $\frac{13}{29}+\frac{7}{29}=$

㉘ $\frac{4}{31}+\frac{6}{31}=$

㉙ $\frac{11}{32}+\frac{7}{32}=$

㉚ $\frac{4}{33}+\frac{13}{33}=$

㉛ $\frac{16}{35}+\frac{7}{35}=$

㉜ $\frac{25}{38}+\frac{2}{38}=$

㉝ $\frac{14}{39}+\frac{5}{39}=$

㉞ $\frac{7}{43}+\frac{6}{43}=$

㉟ $\frac{22}{47}+\frac{9}{47}=$

1 합이 1보다 작고 분모가 같은 (진분수) + (진분수)

○ 계산해 보시오.

❶ $\frac{1}{4}+\frac{1}{4}=$

❷ $\frac{3}{5}+\frac{1}{5}=$

❸ $\frac{2}{6}+\frac{2}{6}=$

❹ $\frac{4}{7}+\frac{2}{7}=$

❺ $\frac{6}{8}+\frac{1}{8}=$

❻ $\frac{2}{9}+\frac{2}{9}=$

❼ $\frac{3}{10}+\frac{4}{10}=$

❽ $\frac{5}{11}+\frac{3}{11}=$

❾ $\frac{10}{12}+\frac{1}{12}=$

❿ $\frac{1}{13}+\frac{1}{13}=$

⓫ $\frac{5}{13}+\frac{6}{13}=$

⓬ $\frac{9}{14}+\frac{2}{14}=$

⓭ $\frac{4}{15}+\frac{7}{15}=$

⓮ $\frac{8}{15}+\frac{5}{15}=$

⓯ $\frac{3}{16}+\frac{9}{16}=$

⓰ $\frac{11}{17}+\frac{3}{17}=$

⓱ $\frac{15}{17}+\frac{1}{17}=$

⓲ $\frac{1}{19}+\frac{2}{19}=$

⓳ $\frac{5}{19}+\frac{9}{19}=$

⓴ $\frac{2}{21}+\frac{11}{21}=$

㉑ $\frac{3}{22}+\frac{9}{22}=$

㉒ $\frac{3}{23}+\frac{2}{23}=$

㉓ $\frac{5}{23}+\frac{7}{23}=$

㉔ $\frac{4}{25}+\frac{12}{25}=$

㉕ $\frac{11}{26}+\frac{10}{26}=$

㉖ $\frac{11}{27}+\frac{11}{27}=$

㉗ $\frac{5}{29}+\frac{4}{29}=$

㉘ $\frac{15}{29}+\frac{3}{29}=$

㉙ $\frac{7}{30}+\frac{1}{30}=$

㉚ $\frac{12}{31}+\frac{3}{31}=$

㉛ $\frac{3}{32}+\frac{15}{32}=$

㉜ $\frac{10}{33}+\frac{10}{33}=$

㉝ $\frac{13}{35}+\frac{16}{35}=$

㉞ $\frac{22}{35}+\frac{4}{35}=$

㉟ $\frac{12}{37}+\frac{3}{37}=$

㊱ $\frac{22}{39}+\frac{7}{39}=$

㊲ $\frac{21}{40}+\frac{13}{40}=$

㊳ $\frac{12}{41}+\frac{10}{41}=$

㊴ $\frac{24}{42}+\frac{5}{42}=$

㊵ $\frac{13}{45}+\frac{3}{45}=$

㊶ $\frac{27}{46}+\frac{11}{46}=$

㊷ $\frac{21}{50}+\frac{7}{50}=$

2 합이 1보다 크고 분모가 같은 (진분수)+(진분수)

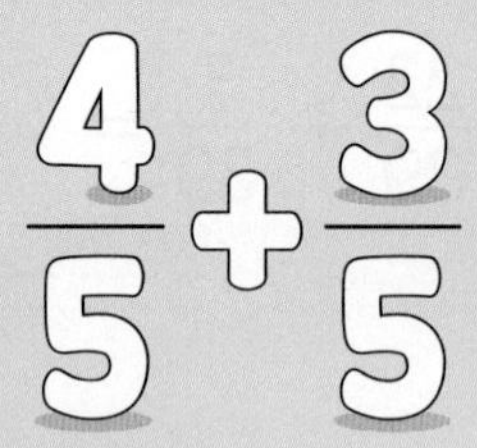

$$=\frac{7}{5}=1\frac{2}{5}$$

계산 결과가 가분수이면 대분수로 바꿔!

- 합이 1보다 크고 분모가 같은 (진분수)+(진분수)

① 분모는 그대로 두고 분자끼리 더합니다.

② 계산 결과가 가분수이면 대분수로 바꿉니다.

$$\frac{4}{5}+\frac{3}{5}=\frac{4+3}{5}=\frac{7}{5}=1\frac{2}{5}$$

대분수로 바꿉니다.

참고 분자끼리 더한 값이 분모와 같으면 자연수로 나타냅니다.

$$\frac{5}{12}+\frac{7}{12}=\frac{12}{12}=1$$

○ 계산해 보시오.

❶ $\frac{2}{3}+\frac{2}{3}=$

❷ $\frac{3}{4}+\frac{2}{4}=$

❸ $\frac{2}{5}+\frac{4}{5}=$

❹ $\frac{5}{6}+\frac{3}{6}=$

❺ $\frac{4}{7}+\frac{4}{7}=$

❻ $\frac{6}{7}+\frac{5}{7}=$

❼ $\frac{7}{8}+\frac{3}{8}=$

❽ $\frac{7}{8}+\frac{5}{8}=$

❾ $\frac{3}{9}+\frac{7}{9}=$

❿ $\frac{9}{10}+\frac{7}{10}=$

⓫ $\frac{6}{11}+\frac{8}{11}=$

⓬ $\frac{8}{11}+\frac{7}{11}=$

⓭ $\frac{7}{12}+\frac{11}{12}=$

⓮ $\frac{5}{13}+\frac{9}{13}=$

⑮ $\frac{6}{13}+\frac{12}{13}=$

⑯ $\frac{7}{14}+\frac{8}{14}=$

⑰ $\frac{11}{15}+\frac{8}{15}=$

⑱ $\frac{13}{17}+\frac{9}{17}=$

⑲ $\frac{17}{19}+\frac{13}{19}=$

⑳ $\frac{10}{21}+\frac{19}{21}=$

㉑ $\frac{16}{22}+\frac{6}{22}=$

㉒ $\frac{17}{22}+\frac{13}{22}=$

㉓ $\frac{15}{23}+\frac{13}{23}=$

㉔ $\frac{11}{24}+\frac{17}{24}=$

㉕ $\frac{9}{25}+\frac{19}{25}=$

㉖ $\frac{15}{26}+\frac{23}{26}=$

㉗ $\frac{26}{27}+\frac{5}{27}=$

㉘ $\frac{11}{29}+\frac{20}{29}=$

㉙ $\frac{17}{30}+\frac{19}{30}=$

㉚ $\frac{14}{31}+\frac{18}{31}=$

㉛ $\frac{16}{33}+\frac{17}{33}=$

㉜ $\frac{26}{36}+\frac{13}{36}=$

㉝ $\frac{32}{41}+\frac{21}{41}=$

㉞ $\frac{31}{43}+\frac{22}{43}=$

㉟ $\frac{45}{47}+\frac{15}{47}=$

2 합이 1보다 크고 분모가 같은 (진분수) + (진분수)

○ 계산해 보시오.

❶ $\frac{3}{4}+\frac{3}{4}=$

❷ $\frac{3}{5}+\frac{4}{5}=$

❸ $\frac{5}{6}+\frac{1}{6}=$

❹ $\frac{2}{7}+\frac{6}{7}=$

❺ $\frac{5}{8}+\frac{4}{8}=$

❻ $\frac{7}{10}+\frac{6}{10}=$

❼ $\frac{9}{10}+\frac{4}{10}=$

❽ $\frac{5}{11}+\frac{8}{11}=$

❾ $\frac{7}{11}+\frac{10}{11}=$

❿ $\frac{9}{13}+\frac{6}{13}=$

⓫ $\frac{11}{13}+\frac{10}{13}=$

⓬ $\frac{5}{14}+\frac{13}{14}=$

⓭ $\frac{13}{15}+\frac{2}{15}=$

⓮ $\frac{15}{17}+\frac{5}{17}=$

⓯ $\frac{9}{17}+\frac{15}{17}=$

⓰ $\frac{17}{18}+\frac{11}{18}=$

⓱ $\frac{9}{19}+\frac{18}{19}=$

⓲ $\frac{16}{19}+\frac{7}{19}=$

⓳ $\frac{17}{20}+\frac{9}{20}=$

⓴ $\frac{8}{21}+\frac{16}{21}=$

㉑ $\frac{19}{22}+\frac{13}{22}=$

㉒ $\frac{5}{23}+\frac{20}{23}=$

㉓ $\frac{11}{23}+\frac{18}{23}=$

㉔ $\frac{19}{24}+\frac{7}{24}=$

㉕ $\frac{16}{25}+\frac{13}{25}=$

㉖ $\frac{21}{25}+\frac{6}{25}=$

㉗ $\frac{11}{26}+\frac{15}{26}=$

㉘ $\frac{10}{27}+\frac{23}{27}=$

㉙ $\frac{18}{27}+\frac{22}{27}=$

㉚ $\frac{15}{28}+\frac{17}{28}=$

㉛ $\frac{25}{28}+\frac{19}{28}=$

㉜ $\frac{12}{29}+\frac{20}{29}=$

㉝ $\frac{17}{29}+\frac{18}{29}=$

㉞ $\frac{14}{31}+\frac{22}{31}=$

㉟ $\frac{20}{31}+\frac{25}{31}=$

㊱ $\frac{21}{32}+\frac{29}{32}=$

㊲ $\frac{25}{33}+\frac{20}{33}=$

㊳ $\frac{16}{35}+\frac{22}{35}=$

㊴ $\frac{17}{37}+\frac{23}{37}=$

㊵ $\frac{31}{38}+\frac{9}{38}=$

㊶ $\frac{28}{43}+\frac{25}{43}=$

㊷ $\frac{26}{45}+\frac{19}{45}=$

3 진분수 부분의 합이 1보다 작고 분모가 같은 (대분수)+(대분수)

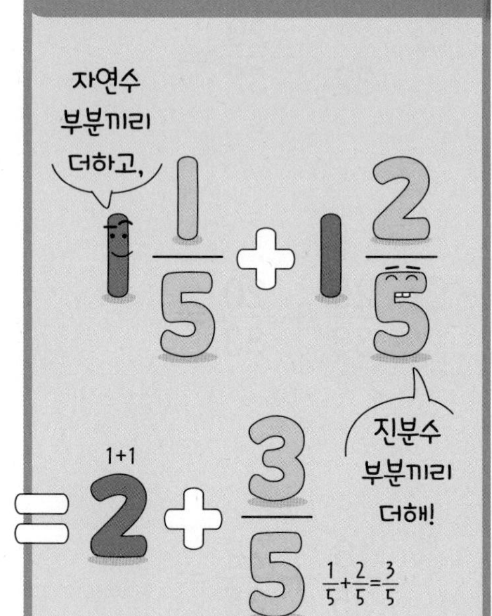

자연수 부분끼리 더하고,
진분수 부분끼리 더해!
1+1

$=2+\frac{3}{5}$ $\quad \frac{1}{5}+\frac{2}{5}=\frac{3}{5}$

$=2\frac{3}{5}$

- 진분수 부분의 합이 1보다 작고 분모가 같은 (대분수)+(대분수)

방법 1 자연수 부분과 진분수 부분으로 나누어 더하기

$$1\frac{1}{5}+1\frac{2}{5}=(1+1)+\left(\frac{1}{5}+\frac{2}{5}\right)$$
$$=2+\frac{3}{5}=2\frac{3}{5}$$

방법 2 대분수를 가분수로 바꾸어 더하기

$$1\frac{1}{5}+1\frac{2}{5}=\frac{6}{5}+\frac{7}{5}=\frac{13}{5}=2\frac{3}{5}$$

○ 계산해 보시오.

❶ $1\frac{1}{3}+1\frac{1}{3}=$

❷ $1\frac{1}{4}+1\frac{2}{4}=$

❸ $1\frac{3}{5}+2\frac{1}{5}=$

❹ $2\frac{1}{6}+1\frac{3}{6}=$

❺ $1\frac{2}{7}+1\frac{3}{7}=$

❻ $2\frac{5}{7}+2\frac{1}{7}=$

❼ $1\frac{5}{9}+2\frac{2}{9}=$

❽ $2\frac{1}{9}+2\frac{4}{9}=$

❾ $2\frac{6}{11}+3\frac{4}{11}=$

❿ $3\frac{7}{11}+3\frac{2}{11}=$

⓫ $4\frac{5}{12}+1\frac{1}{12}=$

⓬ $2\frac{5}{13}+2\frac{7}{13}=$

⑬ $3\frac{1}{13}+1\frac{10}{13}=$

⑭ $2\frac{9}{14}+3\frac{3}{14}=$

⑮ $4\frac{1}{15}+1\frac{2}{15}=$

⑯ $2\frac{10}{17}+1\frac{3}{17}=$

⑰ $3\frac{5}{19}+3\frac{9}{19}=$

⑱ $5\frac{8}{21}+2\frac{11}{21}=$

⑲ $1\frac{7}{22}+1\frac{9}{22}=$

⑳ $2\frac{9}{23}+2\frac{8}{23}=$

㉑ $3\frac{7}{23}+6\frac{1}{23}=$

㉒ $2\frac{3}{25}+3\frac{1}{25}=$

㉓ $5\frac{15}{26}+3\frac{8}{26}=$

㉔ $3\frac{12}{29}+2\frac{11}{29}=$

㉕ $1\frac{7}{30}+4\frac{7}{30}=$

㉖ $6\frac{9}{32}+3\frac{15}{32}=$

㉗ $7\frac{5}{33}+4\frac{8}{33}=$

㉘ $8\frac{5}{37}+2\frac{6}{37}=$

㉙ $2\frac{7}{39}+9\frac{10}{39}=$

㉚ $8\frac{13}{41}+8\frac{12}{41}=$

3 진분수 부분의 합이 1보다 작고 분모가 같은 (대분수)+(대분수)

○ 계산해 보시오.

❶ $1\frac{2}{5}+1\frac{1}{5}=$

❷ $1\frac{1}{6}+3\frac{4}{6}=$

❸ $1\frac{2}{6}+2\frac{1}{6}=$

❹ $3\frac{4}{8}+1\frac{3}{8}=$

❺ $2\frac{5}{9}+1\frac{3}{9}=$

❻ $2\frac{3}{10}+2\frac{1}{10}=$

❼ $3\frac{5}{11}+3\frac{4}{11}=$

❽ $4\frac{6}{13}+2\frac{6}{13}=$

❾ $5\frac{3}{13}+4\frac{8}{13}=$

❿ $4\frac{8}{15}+4\frac{4}{15}=$

⓫ $3\frac{11}{16}+2\frac{2}{16}=$

⓬ $2\frac{6}{17}+7\frac{10}{17}=$

⓭ $3\frac{7}{18}+7\frac{1}{18}=$

⓮ $4\frac{6}{19}+8\frac{7}{19}=$

⓯ $7\frac{13}{19}+3\frac{4}{19}=$

⓰ $9\frac{1}{20}+5\frac{3}{20}=$

⓱ $3\frac{2}{21}+9\frac{2}{21}=$

⓲ $8\frac{9}{22}+8\frac{3}{22}=$

⑲ $1\frac{6}{23}+1\frac{6}{23}=$

⑳ $2\frac{14}{23}+5\frac{8}{23}=$

㉑ $4\frac{6}{25}+2\frac{3}{25}=$

㉒ $3\frac{8}{25}+4\frac{9}{25}=$

㉓ $4\frac{11}{26}+1\frac{7}{26}=$

㉔ $5\frac{5}{27}+4\frac{2}{27}=$

㉕ $2\frac{11}{27}+1\frac{2}{27}=$

㉖ $3\frac{15}{27}+3\frac{1}{27}=$

㉗ $4\frac{3}{28}+2\frac{9}{28}=$

㉘ $5\frac{7}{29}+1\frac{13}{29}=$

㉙ $4\frac{11}{29}+3\frac{10}{29}=$

㉚ $6\frac{15}{31}+1\frac{2}{31}=$

㉛ $2\frac{4}{33}+9\frac{1}{33}=$

㉜ $8\frac{3}{34}+4\frac{7}{34}=$

㉝ $6\frac{11}{35}+5\frac{8}{35}=$

㉞ $8\frac{14}{37}+5\frac{12}{37}=$

㉟ $7\frac{25}{40}+6\frac{13}{40}=$

㊱ $7\frac{21}{43}+8\frac{17}{43}=$

4 진분수 부분의 합이 1보다 크고 분모가 같은 (대분수)+(대분수)

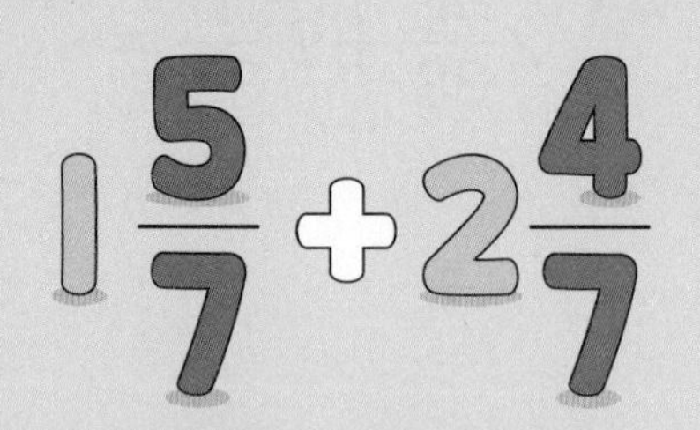

진분수 부분의 합이
가분수이면
대분수로 바꿔.

- 진분수 부분의 합이 1보다 크고 분모가 같은 (대분수)+(대분수)

방법 1 자연수 부분과 진분수 부분으로 나누어 더하기

$$1\frac{5}{7}+2\frac{4}{7}=(1+2)+\left(\frac{5}{7}+\frac{4}{7}\right)$$
$$=3+\frac{9}{7}=3+1\frac{2}{7}$$
$$=4\frac{2}{7}$$

가분수를 대분수로 나타냅니다.

방법 2 대분수를 가분수로 바꾸어 더하기

$$1\frac{5}{7}+2\frac{4}{7}=\frac{12}{7}+\frac{18}{7}$$
$$=\frac{30}{7}=4\frac{2}{7}$$

○ 계산해 보시오.

❶ $1\frac{2}{3}+1\frac{2}{3}=$

❷ $2\frac{2}{4}+1\frac{3}{4}=$

❸ $2\frac{4}{5}+2\frac{2}{5}=$

❹ $3\frac{5}{6}+1\frac{1}{6}=$

❺ $2\frac{5}{7}+4\frac{4}{7}=$

❻ $3\frac{6}{7}+3\frac{3}{7}=$

❼ $1\frac{5}{8}+1\frac{4}{8}=$

❽ $2\frac{8}{9}+2\frac{2}{9}=$

❾ $3\frac{7}{9}+2\frac{4}{9}=$

❿ $2\frac{8}{11}+3\frac{6}{11}=$

⓫ $4\frac{10}{11}+4\frac{3}{11}=$

⓬ $1\frac{7}{12}+4\frac{11}{12}=$

⑬ $2\frac{5}{14}+2\frac{13}{14}=$

⑭ $3\frac{8}{15}+5\frac{11}{15}=$

⑮ $4\frac{7}{17}+4\frac{15}{17}=$

⑯ $5\frac{17}{18}+4\frac{1}{18}=$

⑰ $3\frac{7}{21}+3\frac{16}{21}=$

⑱ $5\frac{3}{22}+1\frac{21}{22}=$

⑲ $5\frac{18}{23}+4\frac{7}{23}=$

⑳ $2\frac{13}{25}+6\frac{16}{25}=$

㉑ $2\frac{22}{25}+3\frac{4}{25}=$

㉒ $4\frac{17}{26}+4\frac{16}{26}=$

㉓ $1\frac{16}{27}+1\frac{11}{27}=$

㉔ $1\frac{23}{29}+2\frac{7}{29}=$

㉕ $1\frac{17}{30}+1\frac{19}{30}=$

㉖ $7\frac{20}{32}+3\frac{13}{32}=$

㉗ $5\frac{19}{33}+6\frac{16}{33}=$

㉘ $9\frac{31}{37}+2\frac{7}{37}=$

㉙ $3\frac{16}{39}+1\frac{25}{39}=$

㉚ $1\frac{11}{40}+2\frac{31}{40}=$

4 진분수 부분의 합이 1보다 크고 분모가 같은 (대분수)+(대분수)

○ 계산해 보시오.

❶ $1\frac{3}{5}+1\frac{4}{5}=$

❷ $2\frac{5}{6}+1\frac{5}{6}=$

❸ $2\frac{6}{7}+3\frac{4}{7}=$

❹ $4\frac{5}{7}+2\frac{5}{7}=$

❺ $3\frac{7}{8}+3\frac{5}{8}=$

❻ $3\frac{9}{10}+2\frac{3}{10}=$

❼ $5\frac{9}{11}+1\frac{6}{11}=$

❽ $2\frac{5}{13}+4\frac{10}{13}=$

❾ $3\frac{12}{13}+3\frac{8}{13}=$

❿ $4\frac{13}{14}+4\frac{11}{14}=$

⓫ $5\frac{8}{15}+1\frac{14}{15}=$

⓬ $1\frac{12}{17}+1\frac{9}{17}=$

⓭ $2\frac{13}{17}+2\frac{15}{17}=$

⓮ $4\frac{16}{17}+3\frac{4}{17}=$

⓯ $8\frac{12}{19}+2\frac{14}{19}=$

⓰ $7\frac{16}{19}+3\frac{5}{19}=$

⓱ $4\frac{17}{20}+6\frac{5}{20}=$

⓲ $2\frac{21}{22}+9\frac{17}{22}=$

⑲ $3\frac{8}{23}+1\frac{16}{23}=$

⑳ $2\frac{13}{23}+2\frac{12}{23}=$

㉑ $4\frac{16}{25}+1\frac{11}{25}=$

㉒ $2\frac{18}{25}+4\frac{13}{25}=$

㉓ $1\frac{21}{26}+3\frac{7}{26}=$

㉔ $1\frac{25}{26}+2\frac{7}{26}=$

㉕ $1\frac{20}{27}+1\frac{8}{27}=$

㉖ $4\frac{19}{27}+3\frac{14}{27}=$

㉗ $5\frac{11}{28}+2\frac{19}{28}=$

㉘ $6\frac{11}{30}+1\frac{23}{30}=$

㉙ $5\frac{29}{31}+4\frac{10}{31}=$

㉚ $1\frac{17}{32}+9\frac{16}{32}=$

㉛ $6\frac{21}{32}+4\frac{11}{32}=$

㉜ $7\frac{23}{34}+4\frac{19}{34}=$

㉝ $8\frac{21}{35}+5\frac{23}{35}=$

㉞ $6\frac{18}{37}+5\frac{30}{37}=$

㉟ $2\frac{27}{39}+1\frac{15}{39}=$

㊱ $6\frac{33}{40}+6\frac{9}{40}=$

5 분모가 같은 (대분수)+(가분수)

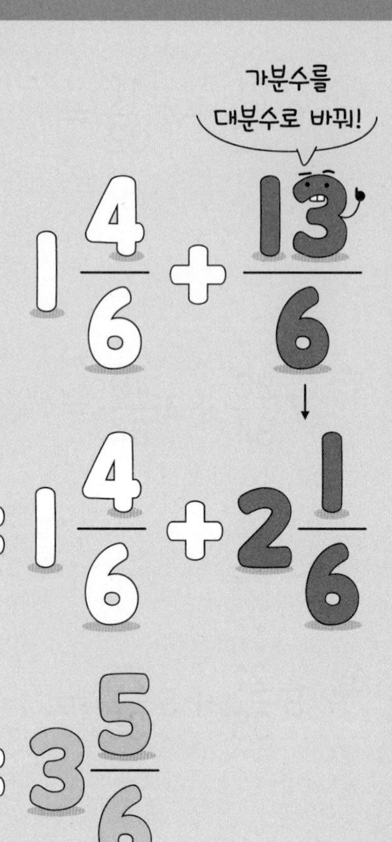

• 분모가 같은 (대분수)+(가분수)

방법 1 가분수를 대분수로 바꾸어 더하기

$1\frac{4}{6}+\frac{13}{6}=1\frac{4}{6}+2\frac{1}{6}$

$=(1+2)+\left(\frac{4}{6}+\frac{1}{6}\right)$

$=3+\frac{5}{6}=3\frac{5}{6}$

방법 2 대분수를 가분수로 바꾸어 더하기

$1\frac{4}{6}+\frac{13}{6}=\frac{10}{6}+\frac{13}{6}$

$=\frac{23}{6}=3\frac{5}{6}$

○ 계산해 보시오.

❶ $2\frac{1}{4}+\frac{6}{4}=$

❷ $1\frac{2}{5}+\frac{6}{5}=$

❸ $2\frac{4}{5}+\frac{8}{5}=$

❹ $2\frac{3}{7}+\frac{9}{7}=$

❺ $4\frac{5}{7}+\frac{20}{7}=$

❻ $4\frac{1}{8}+\frac{21}{8}=$

❼ $5\frac{3}{8}+\frac{14}{8}=$

❽ $2\frac{4}{9}+\frac{10}{9}=$

❾ $3\frac{6}{9}+\frac{11}{9}=$

❿ $2\frac{8}{9}+\frac{14}{9}=$

⓫ $5\frac{4}{10}+\frac{19}{10}=$

⓬ $3\frac{5}{10}+\frac{34}{10}=$

⓭ $4\frac{6}{10}+\frac{21}{10}=$

⓮ $2\frac{5}{11}+\frac{16}{11}=$

정답 • 5쪽

⑮ $2\frac{7}{11}+\frac{28}{11}=$

⑯ $1\frac{8}{11}+\frac{24}{11}=$

⑰ $1\frac{6}{12}+\frac{23}{12}=$

⑱ $1\frac{10}{12}+\frac{37}{12}=$

⑲ $4\frac{11}{12}+\frac{19}{12}=$

⑳ $2\frac{7}{13}+\frac{21}{13}=$

㉑ $3\frac{12}{13}+\frac{22}{13}=$

㉒ $2\frac{5}{14}+\frac{29}{14}=$

㉓ $1\frac{6}{14}+\frac{39}{14}=$

㉔ $2\frac{9}{15}+\frac{23}{15}=$

㉕ $3\frac{3}{16}+\frac{31}{16}=$

㉖ $2\frac{7}{16}+\frac{38}{16}=$

㉗ $1\frac{11}{16}+\frac{19}{16}=$

㉘ $2\frac{5}{17}+\frac{32}{17}=$

㉙ $3\frac{7}{20}+\frac{55}{20}=$

㉚ $1\frac{11}{20}+\frac{33}{20}=$

㉛ $4\frac{8}{21}+\frac{83}{21}=$

㉜ $2\frac{13}{21}+\frac{36}{21}=$

㉝ $3\frac{18}{23}+\frac{61}{23}=$

㉞ $4\frac{19}{24}+\frac{55}{24}=$

㉟ $2\frac{27}{30}+\frac{94}{30}=$

5 분모가 같은 (대분수) + (가분수)

○ 계산해 보시오.

❶ $4\frac{1}{6}+\frac{14}{6}=$

❷ $3\frac{3}{6}+\frac{11}{6}=$

❸ $5\frac{2}{7}+\frac{23}{7}=$

❹ $2\frac{3}{8}+\frac{11}{8}=$

❺ $1\frac{5}{9}+\frac{34}{9}=$

❻ $4\frac{6}{9}+\frac{15}{9}=$

❼ $2\frac{4}{10}+\frac{33}{10}=$

❽ $2\frac{6}{10}+\frac{25}{10}=$

❾ $4\frac{8}{10}+\frac{17}{10}=$

❿ $8\frac{9}{10}+\frac{47}{10}=$

⓫ $3\frac{5}{11}+\frac{27}{11}=$

⓬ $3\frac{6}{11}+\frac{19}{11}=$

⓭ $4\frac{10}{11}+\frac{26}{11}=$

⓮ $4\frac{3}{12}+\frac{17}{12}=$

⓯ $3\frac{8}{12}+\frac{47}{12}=$

⓰ $1\frac{2}{13}+\frac{21}{13}=$

⓱ $1\frac{5}{13}+\frac{14}{13}=$

⓲ $3\frac{11}{13}+\frac{43}{13}=$

⓳ $2\frac{8}{14}+\frac{26}{14}=$

⓴ $3\frac{9}{14}+\frac{35}{14}=$

㉑ $5\frac{2}{15}+\frac{24}{15}=$

㉒ $3\frac{3}{15}+\frac{41}{15}=$

㉓ $4\frac{6}{15}+\frac{27}{15}=$

㉔ $5\frac{14}{15}+\frac{37}{15}=$

㉕ $4\frac{9}{16}+\frac{24}{16}=$

㉖ $1\frac{11}{16}+\frac{44}{16}=$

㉗ $3\frac{6}{17}+\frac{37}{17}=$

㉘ $2\frac{10}{17}+\frac{21}{17}=$

㉙ $3\frac{2}{18}+\frac{47}{18}=$

㉚ $5\frac{9}{20}+\frac{67}{20}=$

㉛ $2\frac{15}{20}+\frac{68}{20}=$

㉜ $2\frac{9}{21}+\frac{36}{21}=$

㉝ $4\frac{10}{21}+\frac{54}{21}=$

㉞ $5\frac{16}{21}+\frac{79}{21}=$

㉟ $4\frac{7}{22}+\frac{41}{22}=$

㊱ $3\frac{9}{25}+\frac{44}{25}=$

㊲ $2\frac{18}{25}+\frac{61}{25}=$

㊳ $7\frac{7}{26}+\frac{74}{26}=$

㊴ $2\frac{7}{29}+\frac{52}{29}=$

㊵ $1\frac{27}{29}+\frac{62}{29}=$

㊶ $3\frac{18}{30}+\frac{80}{30}=$

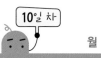

㊷ $6\frac{18}{31}+\frac{76}{31}=$

1 ~ 5 다르게 풀기

○ 빈칸에 알맞은 수를 써넣으시오.

❶

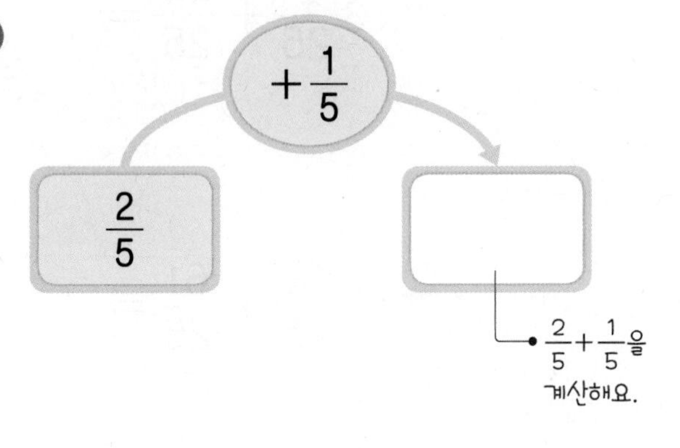

❷

$\frac{5}{7}$ → $+\frac{6}{7}$ → □

❸

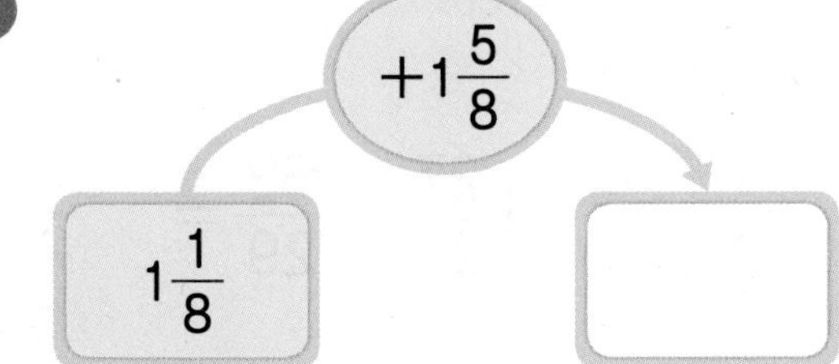

❹

$1\frac{8}{9}$ → $+2\frac{5}{9}$ → □

❺

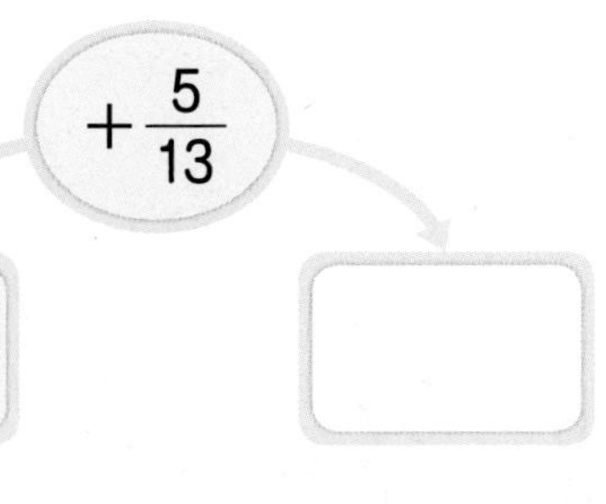

❻

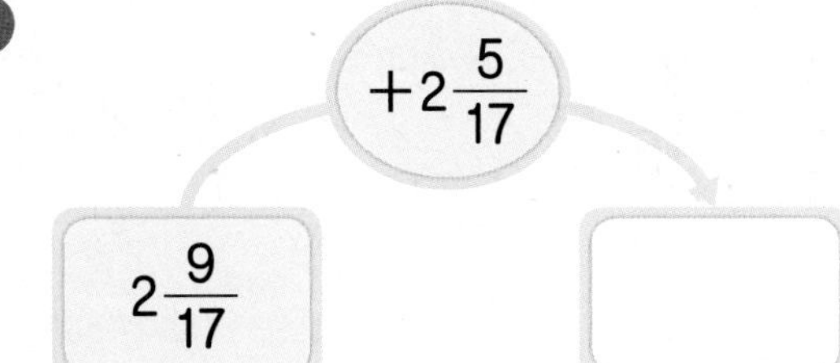

❼

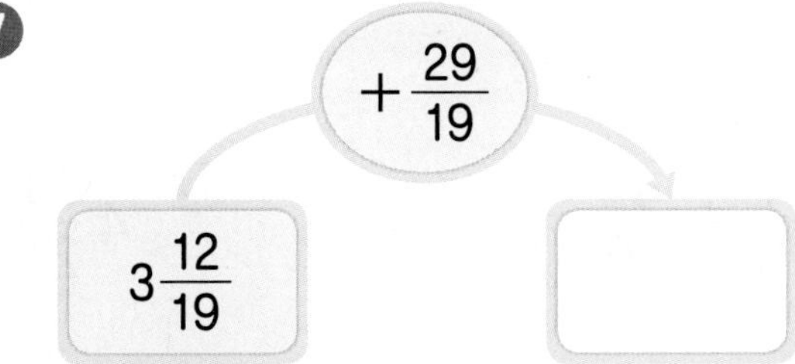

❽

$4\frac{6}{20}$ → $+3\frac{17}{20}$ → □

9 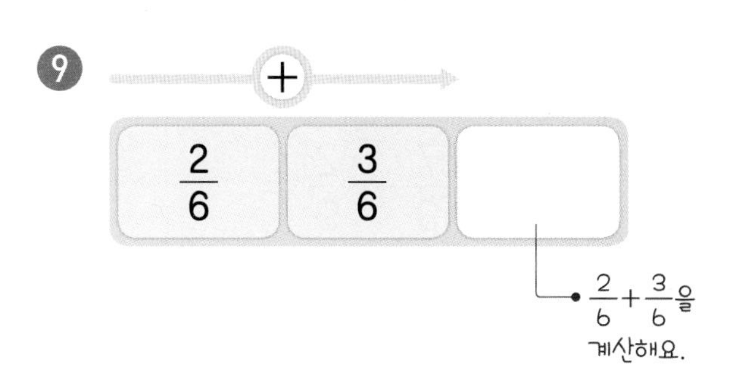

$\frac{2}{6}$ + $\frac{3}{6}$

13 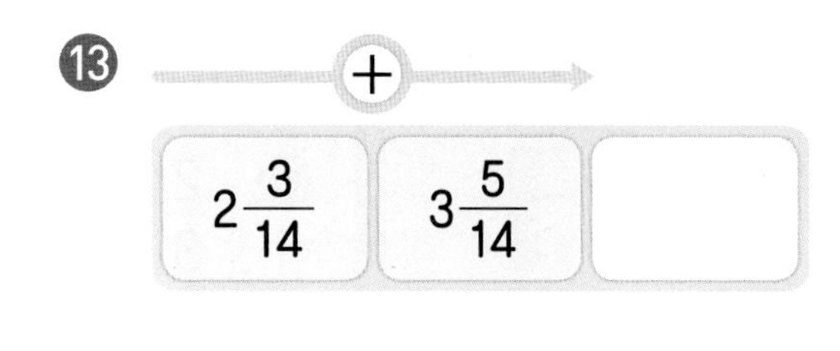

$2\frac{3}{14}$ + $3\frac{5}{14}$

10 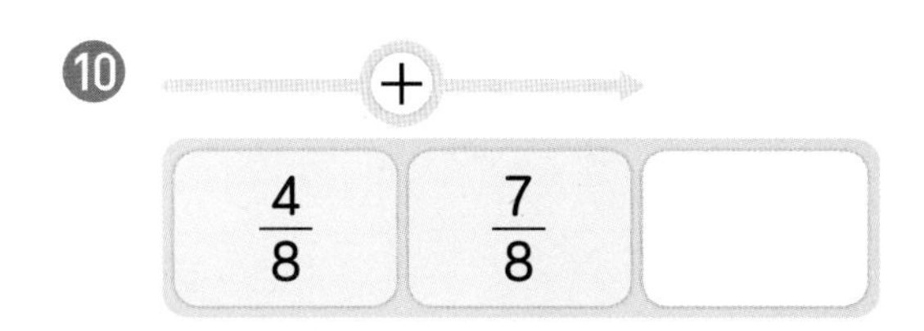

$\frac{4}{8}$ + $\frac{7}{8}$

14 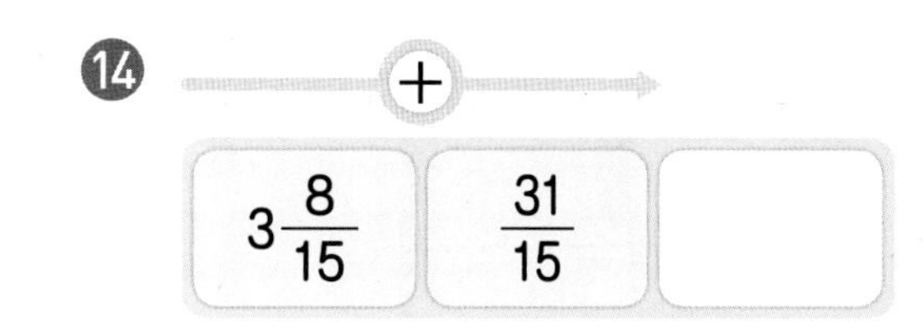

$3\frac{8}{15}$ + $\frac{31}{15}$

11 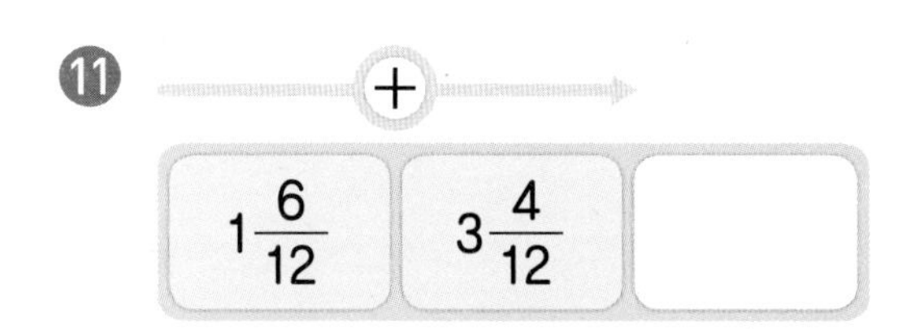

$1\frac{6}{12}$ + $3\frac{4}{12}$

15 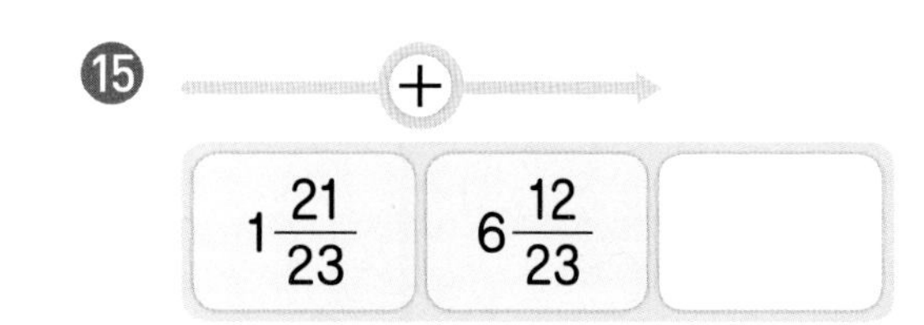

$1\frac{21}{23}$ + $6\frac{12}{23}$

12 +

$\frac{7}{13}$ + $\frac{11}{13}$

16 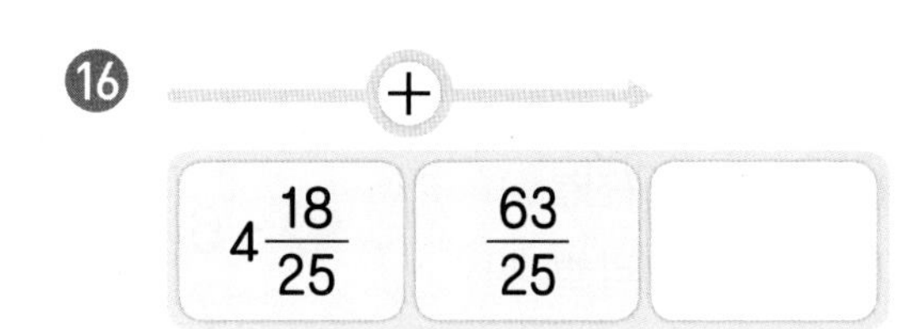

$4\frac{18}{25}$ + $\frac{63}{25}$

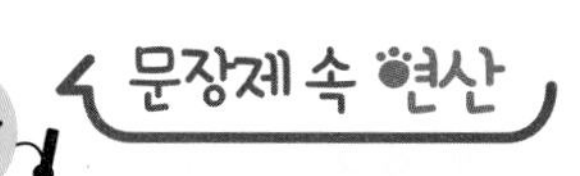

17 소희는 떡볶이를 만드는 데 물 $1\frac{1}{5}$ 컵을, 라면을 만드는 데 물 $2\frac{3}{5}$ 컵을 사용했습니다. 떡볶이와 라면을 만드는 데 사용한 물은 모두 몇 컵인지 구해 보시오.

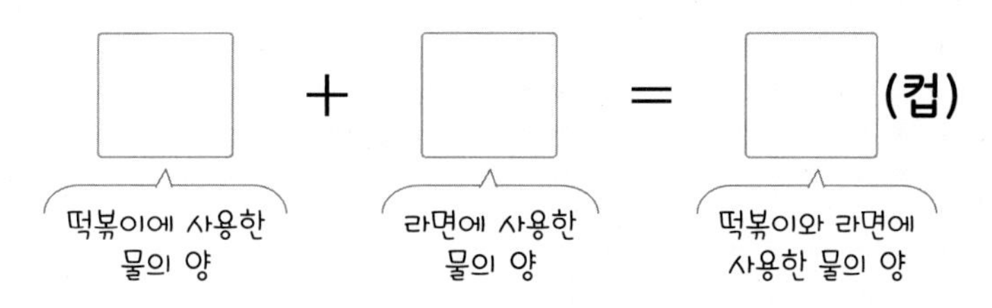

6 분모가 같은 (진분수) – (진분수)

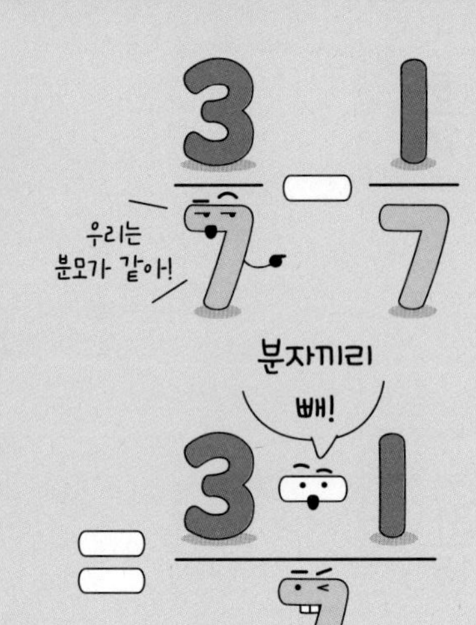

• 분모가 같은 (진분수)—(진분수)

분모는 그대로 두고 분자끼리 뺍니다.

분자끼리 뺍니다.

$$\frac{3}{7}-\frac{1}{7}=\frac{3-1}{7}=\frac{2}{7}$$

분모는 그대로 둡니다.

○ 계산해 보시오.

❶ $\frac{2}{3}-\frac{1}{3}=$

❷ $\frac{3}{4}-\frac{2}{4}=$

❸ $\frac{4}{5}-\frac{2}{5}=$

❹ $\frac{5}{6}-\frac{3}{6}=$

❺ $\frac{6}{7}-\frac{4}{7}=$

❻ $\frac{5}{8}-\frac{4}{8}=$

❼ $\frac{7}{8}-\frac{1}{8}=$

❽ $\frac{7}{9}-\frac{2}{9}=$

❾ $\frac{8}{9}-\frac{4}{9}=$

❿ $\frac{5}{10}-\frac{4}{10}=$

⓫ $\frac{10}{11}-\frac{7}{11}=$

⓬ $\frac{11}{12}-\frac{5}{12}=$

⓭ $\frac{9}{13}-\frac{2}{13}=$

⓮ $\frac{10}{13}-\frac{9}{13}=$

⑮ $\frac{11}{14}-\frac{3}{14}=$

⑯ $\frac{13}{15}-\frac{8}{15}=$

⑰ $\frac{9}{16}-\frac{2}{16}=$

⑱ $\frac{12}{17}-\frac{4}{17}=$

⑲ $\frac{17}{19}-\frac{13}{19}=$

⑳ $\frac{13}{21}-\frac{11}{21}=$

㉑ $\frac{19}{22}-\frac{15}{22}=$

㉒ $\frac{9}{23}-\frac{3}{23}=$

㉓ $\frac{7}{24}-\frac{5}{24}=$

㉔ $\frac{14}{25}-\frac{8}{25}=$

㉕ $\frac{15}{26}-\frac{9}{26}=$

㉖ $\frac{16}{27}-\frac{8}{27}=$

㉗ $\frac{22}{27}-\frac{17}{27}=$

㉘ $\frac{12}{29}-\frac{2}{29}=$

㉙ $\frac{23}{30}-\frac{21}{30}=$

㉚ $\frac{19}{31}-\frac{7}{31}=$

㉛ $\frac{29}{33}-\frac{24}{33}=$

㉜ $\frac{4}{36}-\frac{3}{36}=$

㉝ $\frac{30}{37}-\frac{18}{37}=$

㉞ $\frac{8}{39}-\frac{4}{39}=$

㉟ $\frac{23}{40}-\frac{3}{40}=$

6 분모가 같은 (진분수) − (진분수)

○ 계산해 보시오.

❶ $\frac{3}{4}-\frac{1}{4}=$

❷ $\frac{4}{5}-\frac{3}{5}=$

❸ $\frac{3}{6}-\frac{2}{6}=$

❹ $\frac{5}{7}-\frac{3}{7}=$

❺ $\frac{7}{8}-\frac{3}{8}=$

❻ $\frac{8}{9}-\frac{1}{9}=$

❼ $\frac{9}{10}-\frac{3}{10}=$

❽ $\frac{8}{11}-\frac{7}{11}=$

❾ $\frac{7}{12}-\frac{1}{12}=$

❿ $\frac{10}{13}-\frac{5}{13}=$

⓫ $\frac{12}{13}-\frac{7}{13}=$

⓬ $\frac{9}{14}-\frac{3}{14}=$

⓭ $\frac{11}{15}-\frac{4}{15}=$

⓮ $\frac{7}{16}-\frac{3}{16}=$

⓯ $\frac{15}{16}-\frac{7}{16}=$

⓰ $\frac{8}{17}-\frac{4}{17}=$

⓱ $\frac{15}{17}-\frac{6}{17}=$

⓲ $\frac{11}{19}-\frac{6}{19}=$

⓳ $\frac{7}{20}-\frac{3}{20}=$

⓴ $\frac{19}{21}-\frac{11}{21}=$

㉑ $\frac{17}{22}-\frac{5}{22}=$

㉒ $\frac{15}{23}-\frac{11}{23}=$

㉓ $\frac{9}{24}-\frac{4}{24}=$

㉔ $\frac{21}{24}-\frac{5}{24}=$

㉕ $\frac{17}{25}-\frac{14}{25}=$

㉖ $\frac{23}{26}-\frac{19}{26}=$

㉗ $\frac{8}{27}-\frac{5}{27}=$

㉘ $\frac{16}{27}-\frac{2}{27}=$

㉙ $\frac{23}{28}-\frac{17}{28}=$

㉚ $\frac{3}{29}-\frac{2}{29}=$

㉛ $\frac{12}{29}-\frac{10}{29}=$

㉜ $\frac{29}{30}-\frac{13}{30}=$

㉝ $\frac{27}{31}-\frac{16}{31}=$

㉞ $\frac{25}{32}-\frac{15}{32}=$

㉟ $\frac{8}{33}-\frac{4}{33}=$

㊱ $\frac{11}{34}-\frac{5}{34}=$

㊲ $\frac{28}{35}-\frac{11}{35}=$

㊳ $\frac{25}{36}-\frac{19}{36}=$

㊴ $\frac{30}{37}-\frac{27}{37}=$

㊵ $\frac{8}{39}-\frac{1}{39}=$

㊶ $\frac{20}{41}-\frac{11}{41}=$

㊷ $\frac{7}{43}-\frac{5}{43}=$

7 분수 부분끼리 뺄 수 있고 분모가 같은 (대분수)−(대분수)

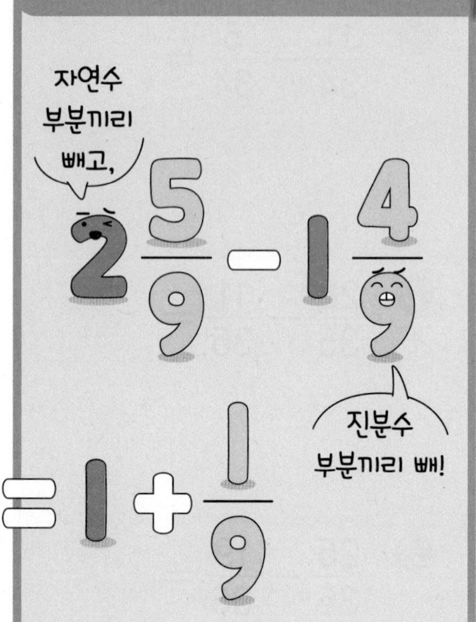

자연수 부분끼리 빼고,
진분수 부분끼리 빼!

$2\frac{5}{9}-1\frac{4}{9}$

$=1+\frac{1}{9}$

$=1\frac{1}{9}$

- 분수 부분끼리 뺄 수 있고 분모가 같은 (대분수)−(대분수)

방법 1 자연수 부분과 진분수 부분으로 나누어 빼기

$2\frac{5}{9}-1\frac{4}{9}=(2-1)+\left(\frac{5}{9}-\frac{4}{9}\right)$
$=1+\frac{1}{9}=1\frac{1}{9}$

방법 2 대분수를 가분수로 바꾸어 빼기

$2\frac{5}{9}-1\frac{4}{9}=\frac{23}{9}-\frac{13}{9}$
$=\frac{10}{9}=1\frac{1}{9}$

대분수로 바꿉니다.

○ 계산해 보시오.

❶ $2\frac{2}{3}-1\frac{1}{3}=$

❷ $3\frac{2}{4}-1\frac{1}{4}=$

❸ $5\frac{5}{6}-3\frac{1}{6}=$

❹ $3\frac{5}{7}-2\frac{3}{7}=$

❺ $4\frac{6}{8}-4\frac{3}{8}=$

❻ $6\frac{7}{8}-5\frac{4}{8}=$

❼ $8\frac{8}{9}-2\frac{7}{9}=$

❽ $7\frac{5}{9}-4\frac{2}{9}=$

❾ $5\frac{7}{10}-2\frac{3}{10}=$

❿ $6\frac{9}{12}-1\frac{7}{12}=$

⓫ $8\frac{11}{12}-6\frac{5}{12}=$

⓬ $7\frac{8}{13}-6\frac{4}{13}=$

⑬ $8\frac{11}{14}-8\frac{9}{14}=$

⑭ $3\frac{7}{16}-1\frac{1}{16}=$

⑮ $5\frac{14}{17}-4\frac{3}{17}=$

⑯ $7\frac{15}{19}-2\frac{6}{19}=$

⑰ $9\frac{20}{21}-8\frac{11}{21}=$

⑱ $4\frac{11}{22}-2\frac{5}{22}=$

⑲ $7\frac{18}{23}-3\frac{2}{23}=$

⑳ $8\frac{19}{24}-4\frac{13}{24}=$

㉑ $3\frac{13}{26}-1\frac{1}{26}=$

㉒ $4\frac{4}{27}-3\frac{2}{27}=$

㉓ $9\frac{25}{27}-2\frac{21}{27}=$

㉔ $6\frac{28}{29}-1\frac{4}{29}=$

㉕ $5\frac{7}{29}-2\frac{2}{29}=$

㉖ $6\frac{9}{31}-5\frac{5}{31}=$

㉗ $7\frac{6}{35}-3\frac{2}{35}=$

㉘ $4\frac{32}{37}-1\frac{10}{37}=$

㉙ $8\frac{11}{39}-3\frac{4}{39}=$

㉚ $9\frac{13}{40}-6\frac{7}{40}=$

7 분수 부분끼리 뺄 수 있고 분모가 같은 (대분수) − (대분수)

○ 계산해 보시오.

1. $4\frac{3}{4}-2\frac{1}{4}=$

2. $3\frac{2}{5}-2\frac{1}{5}=$

3. $5\frac{4}{7}-3\frac{1}{7}=$

4. $4\frac{6}{7}-3\frac{1}{7}=$

5. $8\frac{5}{8}-5\frac{3}{8}=$

6. $8\frac{3}{10}-7\frac{1}{10}=$

7. $5\frac{9}{11}-2\frac{5}{11}=$

8. $6\frac{9}{13}-4\frac{6}{13}=$

9. $9\frac{11}{13}-4\frac{2}{13}=$

10. $4\frac{13}{14}-4\frac{3}{14}=$

11. $9\frac{9}{16}-2\frac{7}{16}=$

12. $3\frac{15}{16}-2\frac{3}{16}=$

13. $5\frac{4}{17}-2\frac{2}{17}=$

14. $7\frac{10}{17}-5\frac{5}{17}=$

15. $6\frac{17}{19}-1\frac{4}{19}=$

16. $2\frac{9}{20}-1\frac{3}{20}=$

17. $8\frac{13}{21}-5\frac{4}{21}=$

18. $7\frac{17}{22}-4\frac{13}{22}=$

⑲ $4\frac{12}{23}-2\frac{6}{23}=$

⑳ $5\frac{14}{23}-1\frac{12}{23}=$

㉑ $3\frac{11}{24}-1\frac{7}{24}=$

㉒ $9\frac{21}{26}-5\frac{19}{26}=$

㉓ $7\frac{14}{27}-6\frac{1}{27}=$

㉔ $9\frac{15}{27}-7\frac{2}{27}=$

㉕ $9\frac{25}{28}-8\frac{23}{28}=$

㉖ $3\frac{10}{29}-1\frac{4}{29}=$

㉗ $4\frac{24}{29}-2\frac{20}{29}=$

㉘ $2\frac{7}{30}-1\frac{1}{30}=$

㉙ $6\frac{29}{31}-3\frac{15}{31}=$

㉚ $9\frac{25}{33}-3\frac{2}{33}=$

㉛ $5\frac{3}{34}-5\frac{1}{34}=$

㉜ $6\frac{31}{36}-2\frac{29}{36}=$

㉝ $5\frac{11}{37}-3\frac{4}{37}=$

㉞ $8\frac{22}{39}-7\frac{8}{39}=$

㉟ $9\frac{30}{41}-2\frac{21}{41}=$

㊱ $7\frac{16}{45}-5\frac{10}{45}=$

6 ~ 7 다르게 풀기

○ 빈칸에 알맞은 수를 써넣으시오.

1

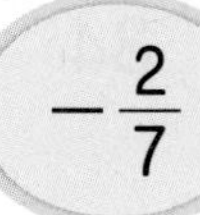

$\frac{4}{7}$ → $-\frac{2}{7}$ → □

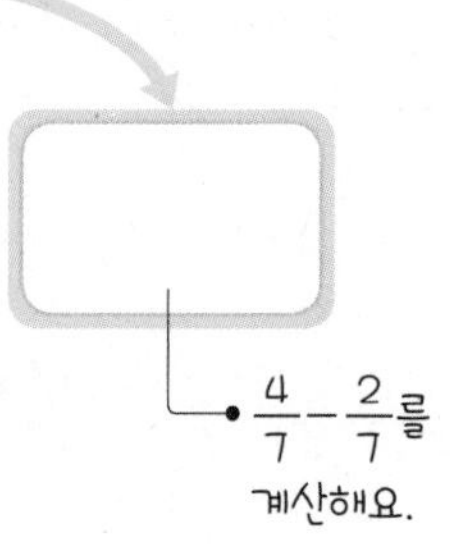

2

$4\frac{3}{10}$ → $-2\frac{1}{10}$ → □

3

$\frac{10}{11}$ → $-\frac{2}{11}$ → □

4

$6\frac{12}{13}$ → $-2\frac{3}{13}$ → □

5

$\frac{7}{14}$ → $-\frac{5}{14}$ → □

6

$9\frac{8}{17}$ → $-4\frac{6}{17}$ → □

7

$\frac{17}{23}$ → $-\frac{11}{23}$ → □

8

$10\frac{20}{29}$ → $-5\frac{14}{29}$ → □

9
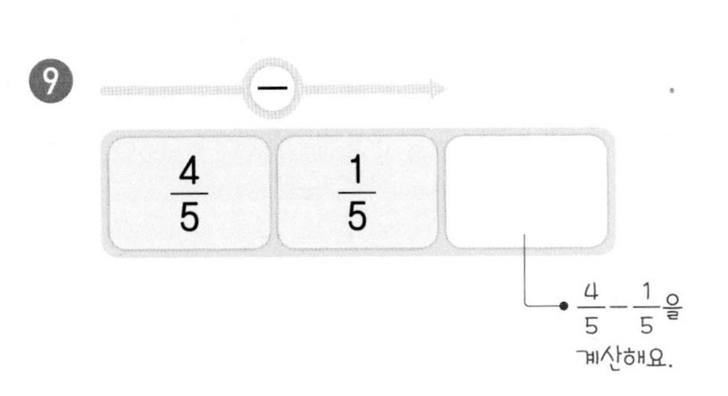

13
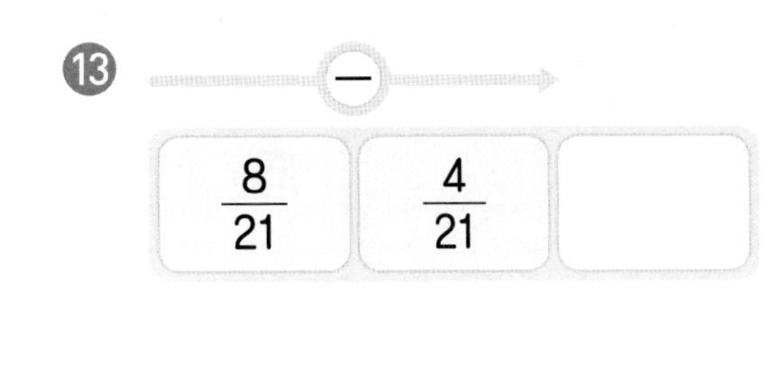

10
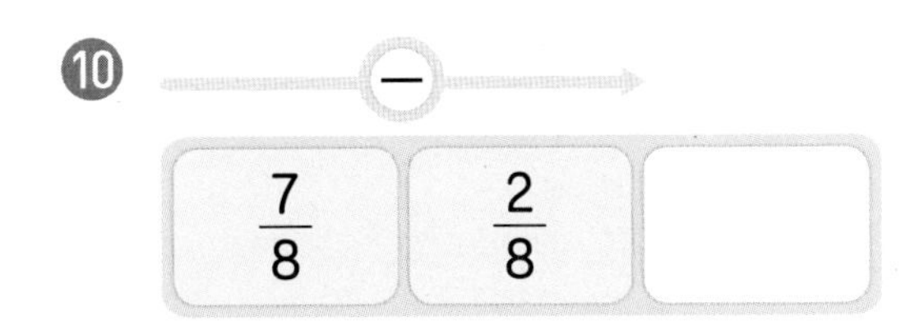

14
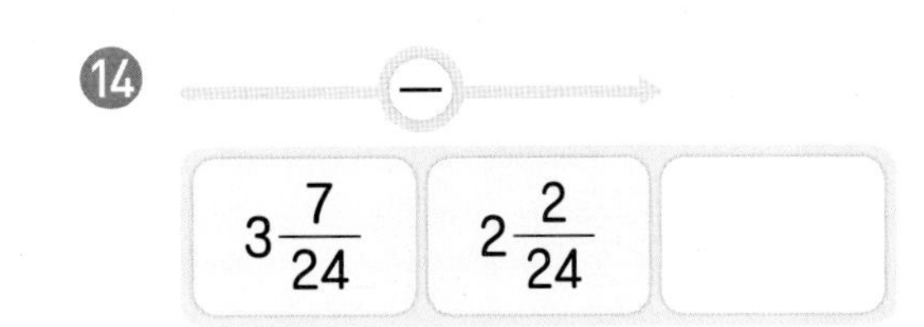

11
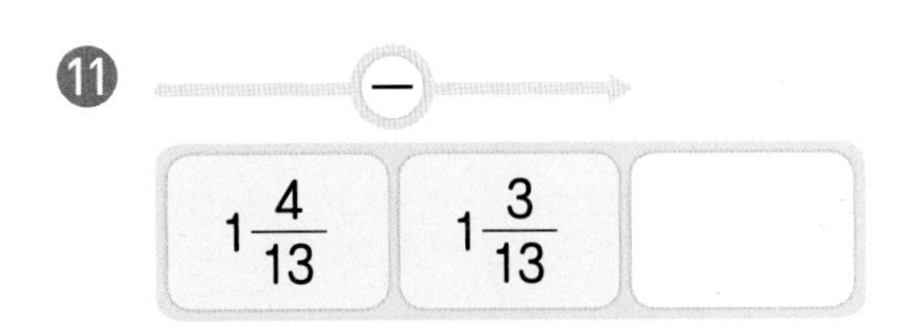

15
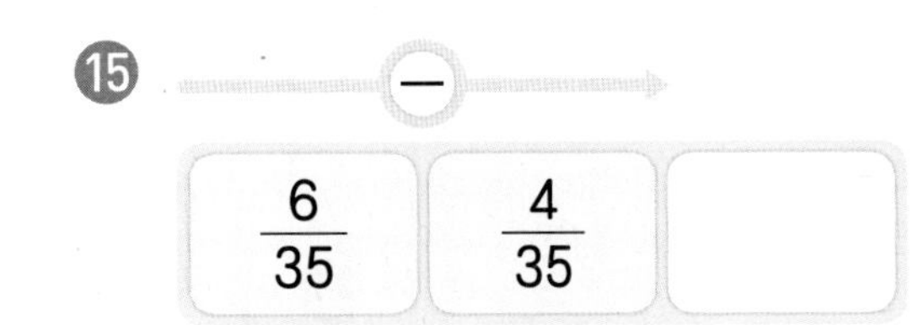

12
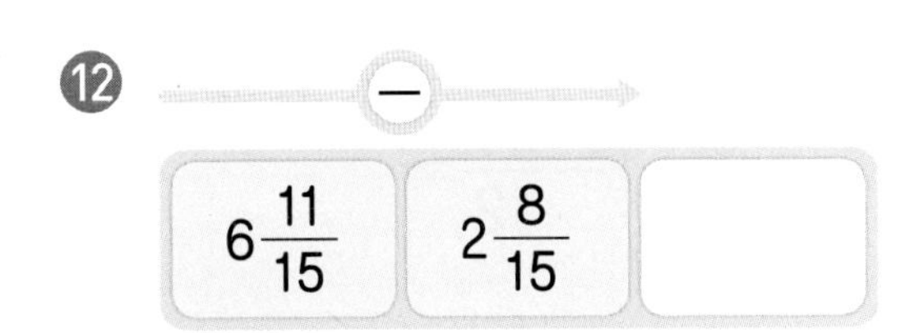

16
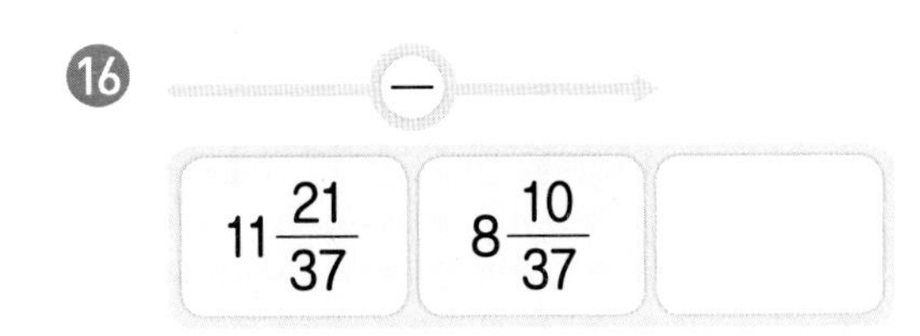

17 진호는 선물을 포장하는 데 테이프 $3\frac{5}{6}$ m 중에서 $1\frac{1}{6}$ m를 사용했습니다. 사용하고 남은 테이프의 길이는 몇 m인지 구해 보시오.

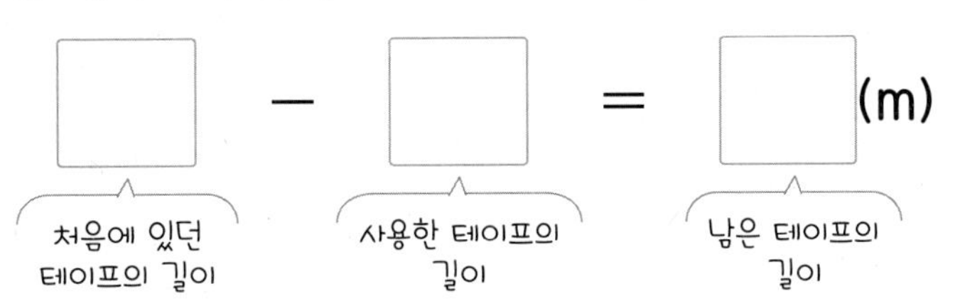

8 1－(진분수)

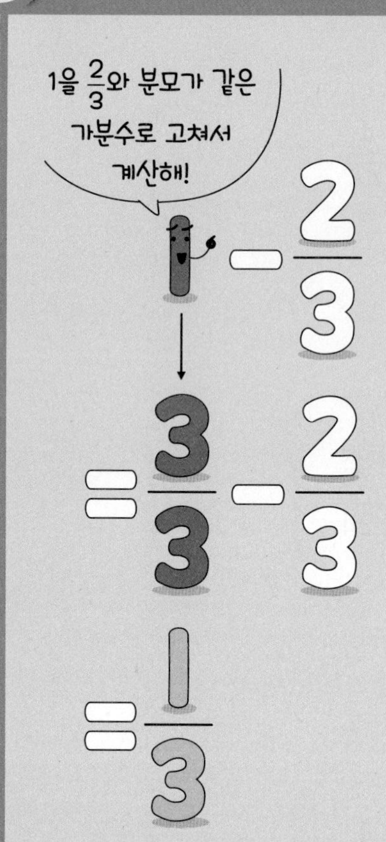

1을 $\frac{2}{3}$와 분모가 같은 가분수로 고쳐서 계산해!

• **1－(진분수)**

1을 분수의 형태로 바꾸어 분모는 그대로 두고 분자끼리 뺍니다.

$$1-\frac{2}{3}=\frac{3}{3}-\frac{2}{3}=\frac{1}{3}$$

빼는 분수의 분모가 3이므로 1을 분모가 3인 분수로 바꿉니다.

참고 1은 $\frac{■}{■}$의 형태로 나타낼 수 있습니다.

○ 계산해 보시오.

❶ $1-\frac{1}{3}=$

❷ $1-\frac{1}{4}=$

❸ $1-\frac{2}{5}=$

❹ $1-\frac{5}{6}=$

❺ $1-\frac{4}{7}=$

❻ $1-\frac{1}{8}=$

❼ $1-\frac{7}{8}=$

❽ $1-\frac{2}{9}=$

❾ $1-\frac{5}{9}=$

❿ $1-\frac{3}{10}=$

⓫ $1-\frac{7}{11}=$

⓬ $1-\frac{11}{12}=$

⓭ $1-\frac{4}{13}=$

⓮ $1-\frac{10}{13}=$

⑮ $1-\frac{3}{14}=$

⑯ $1-\frac{8}{15}=$

⑰ $1-\frac{13}{16}=$

⑱ $1-\frac{6}{17}=$

⑲ $1-\frac{16}{19}=$

⑳ $1-\frac{11}{20}=$

㉑ $1-\frac{4}{21}=$

㉒ $1-\frac{2}{23}=$

㉓ $1-\frac{17}{24}=$

㉔ $1-\frac{9}{25}=$

㉕ $1-\frac{15}{26}=$

㉖ $1-\frac{5}{27}=$

㉗ $1-\frac{20}{27}=$

㉘ $1-\frac{22}{29}=$

㉙ $1-\frac{6}{30}=$

㉚ $1-\frac{21}{31}=$

㉛ $1-\frac{15}{33}=$

㉜ $1-\frac{4}{35}=$

㉝ $1-\frac{24}{37}=$

㉞ $1-\frac{34}{39}=$

㉟ $1-\frac{27}{40}=$

8 1 − (진분수)

○ 계산해 보시오.

❶ $1-\frac{3}{4}=$

❷ $1-\frac{1}{5}=$

❸ $1-\frac{1}{6}=$

❹ $1-\frac{5}{7}=$

❺ $1-\frac{3}{8}=$

❻ $1-\frac{4}{9}=$

❼ $1-\frac{1}{10}=$

❽ $1-\frac{5}{11}=$

❾ $1-\frac{7}{12}=$

❿ $1-\frac{6}{13}=$

⓫ $1-\frac{7}{14}=$

⓬ $1-\frac{11}{14}=$

⓭ $1-\frac{13}{15}=$

⓮ $1-\frac{9}{16}=$

⓯ $1-\frac{1}{17}=$

⓰ $1-\frac{15}{17}=$

⓱ $1-\frac{11}{18}=$

⓲ $1-\frac{13}{19}=$

⓳ $1-\frac{7}{20}=$

⓴ $1-\frac{10}{21}=$

㉑ $1-\frac{17}{22}=$

㉒ $1-\frac{13}{23}=$

㉓ $1-\frac{12}{23}=$

㉔ $1-\frac{19}{24}=$

㉕ $1-\frac{2}{25}=$

㉖ $1-\frac{5}{26}=$

㉗ $1-\frac{8}{27}=$

㉘ $1-\frac{16}{27}=$

㉙ $1-\frac{25}{28}=$

㉚ $1-\frac{12}{29}=$

㉛ $1-\frac{14}{29}=$

㉜ $1-\frac{1}{30}=$

㉝ $1-\frac{23}{30}=$

㉞ $1-\frac{5}{32}=$

㉟ $1-\frac{17}{33}=$

㊱ $1-\frac{1}{34}=$

㊲ $1-\frac{34}{35}=$

㊳ $1-\frac{5}{37}=$

㊴ $1-\frac{33}{37}=$

㊵ $1-\frac{11}{40}=$

㊶ $1-\frac{31}{41}=$

㊷ $1-\frac{40}{43}=$

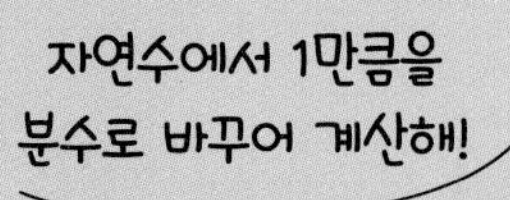

9 (자연수) − (분수)

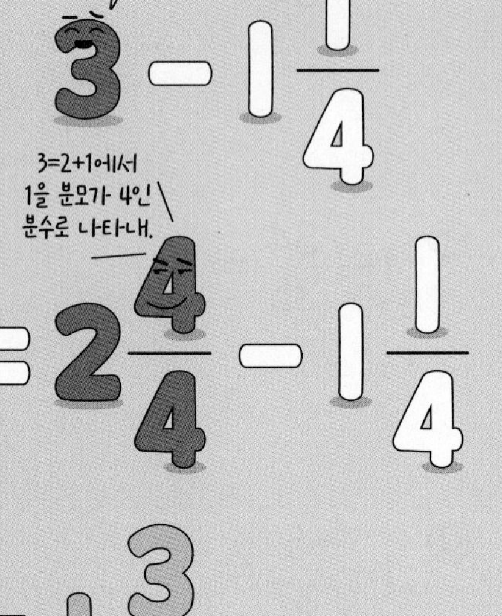

$$3-1\frac{1}{4}=2\frac{4}{4}-1\frac{1}{4}=1\frac{3}{4}$$

● (자연수)−(진분수)

자연수에서 1만큼을 분수로 바꾸어 뺍니다.

$$2-\frac{3}{5}=1\frac{5}{5}-\frac{3}{5}=1\frac{2}{5}$$

$2=1+1=1+\frac{5}{5}=1\frac{5}{5}$

● (자연수)−(대분수)

방법 1 자연수에서 1만큼을 분수로 바꾸어 빼기

$$3-1\frac{1}{4}=2\frac{4}{4}-1\frac{1}{4}$$
$$=(2-1)+\left(\frac{4}{4}-\frac{1}{4}\right)$$
$$=1+\frac{3}{4}=1\frac{3}{4}$$

방법 2 자연수와 대분수를 모두 가분수로 바꾸어 빼기

$$3-1\frac{1}{4}=\frac{12}{4}-\frac{5}{4}=\frac{7}{4}=1\frac{3}{4}$$

○ 계산해 보시오.

1. $2-\frac{2}{3}=$
2. $4-\frac{4}{5}=$
3. $2-\frac{7}{8}=$
4. $3-\frac{2}{9}=$
5. $5-\frac{3}{11}=$
6. $6-\frac{5}{12}=$
7. $4-\frac{3}{14}=$
8. $3-\frac{2}{15}=$
9. $5-\frac{3}{19}=$
10. $7-\frac{17}{21}=$
11. $4-\frac{5}{24}=$
12. $5-\frac{7}{25}=$
13. $9-\frac{3}{29}=$
14. $8-\frac{20}{31}=$

⑮ $4-2\frac{1}{4}=$

⑯ $5-2\frac{5}{6}=$

⑰ $6-4\frac{5}{7}=$

⑱ $2-1\frac{5}{8}=$

⑲ $4-2\frac{8}{9}=$

⑳ $5-3\frac{7}{11}=$

㉑ $7-2\frac{4}{13}=$

㉒ $3-1\frac{11}{13}=$

㉓ $6-3\frac{15}{16}=$

㉔ $5-2\frac{14}{17}=$

㉕ $4-2\frac{9}{20}=$

㉖ $3-1\frac{3}{23}=$

㉗ $7-2\frac{19}{26}=$

㉘ $9-3\frac{4}{27}=$

㉙ $5-4\frac{22}{27}=$

㉚ $3-1\frac{11}{29}=$

㉛ $8-4\frac{25}{33}=$

㉜ $9-2\frac{2}{35}=$

㉝ $6-3\frac{21}{37}=$

㉞ $15-6\frac{7}{39}=$

㉟ $19-6\frac{39}{40}=$

9 (자연수) − (분수)

○ 계산해 보시오.

❶ $4-\frac{3}{4}=$

❷ $3-\frac{1}{6}=$

❸ $8-\frac{3}{7}=$

❹ $5-\frac{7}{9}=$

❺ $8-\frac{11}{12}=$

❻ $7-\frac{13}{14}=$

❼ $9-\frac{6}{17}=$

❽ $2-\frac{13}{18}=$

❾ $5-\frac{11}{20}=$

❿ $6-\frac{7}{22}=$

⓫ $3-\frac{4}{25}=$

⓬ $4-\frac{23}{28}=$

⓭ $5-\frac{6}{29}=$

⓮ $7-\frac{19}{29}=$

⓯ $6-\frac{23}{30}=$

⓰ $5-\frac{7}{32}=$

⓱ $9-\frac{25}{33}=$

⓲ $2-\frac{2}{35}=$

⓳ $11-\frac{3}{38}=$

⓴ $20-\frac{13}{39}=$

㉑ $17-\frac{10}{43}=$

㉒ $3-1\frac{2}{5}=$

㉓ $6-2\frac{3}{8}=$

㉔ $2-1\frac{5}{11}=$

㉕ $5-2\frac{11}{12}=$

㉖ $4-1\frac{9}{14}=$

㉗ $7-2\frac{5}{14}=$

㉘ $11-4\frac{11}{15}=$

㉙ $4-2\frac{7}{16}=$

㉚ $9-7\frac{1}{18}=$

㉛ $5-1\frac{2}{19}=$

㉜ $3-1\frac{5}{22}=$

㉝ $5-2\frac{4}{23}=$

㉞ $9-6\frac{9}{26}=$

㉟ $6-4\frac{11}{27}=$

㊱ $7-5\frac{19}{30}=$

㊲ $2-1\frac{21}{30}=$

㊳ $6-2\frac{1}{32}=$

㊴ $4-2\frac{16}{35}=$

㊵ $9-5\frac{11}{36}=$

㊶ $12-3\frac{3}{40}=$

㊷ $16-4\frac{43}{44}=$

10 분수 부분끼리 뺄 수 없고 분모가 같은 (대분수)−(대분수)

자연수 부분에서 1만큼을 분수로 바꿔.

$\frac{1}{3}$에서 $\frac{2}{3}$를 뺄 수 없어.

$3\frac{1}{3}-1\frac{2}{3}$

$=2\frac{4}{3}-1\frac{2}{3}$

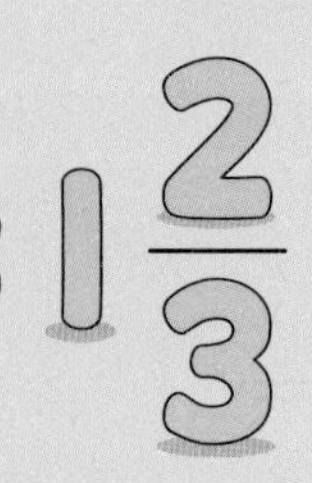

- 분수 부분끼리 뺄 수 없고 분모가 같은 (대분수)−(대분수)

방법 1 자연수 부분에서 1만큼을 분수로 바꾸어 빼기

$$3\frac{1}{3}-1\frac{2}{3}=2\frac{4}{3}-1\frac{2}{3}=(2-1)+\left(\frac{4}{3}-\frac{2}{3}\right)=1+\frac{2}{3}=1\frac{2}{3}$$

방법 2 대분수를 가분수로 바꾸어 빼기

$$3\frac{1}{3}-1\frac{2}{3}=\frac{10}{3}-\frac{5}{3}=\frac{5}{3}=1\frac{2}{3}$$

○ 계산해 보시오.

1. $4\frac{1}{4}-1\frac{3}{4}=$
2. $3\frac{1}{5}-1\frac{2}{5}=$
3. $6\frac{2}{5}-2\frac{4}{5}=$
4. $5\frac{1}{6}-3\frac{5}{6}=$
5. $6\frac{1}{8}-3\frac{7}{8}=$
6. $9\frac{3}{8}-5\frac{5}{8}=$
7. $3\frac{2}{9}-2\frac{4}{9}=$
8. $7\frac{5}{9}-4\frac{8}{9}=$
9. $5\frac{3}{10}-1\frac{9}{10}=$
10. $6\frac{1}{12}-1\frac{5}{12}=$
11. $3\frac{2}{13}-1\frac{7}{13}=$
12. $4\frac{9}{13}-2\frac{10}{13}=$

정답 • 9쪽

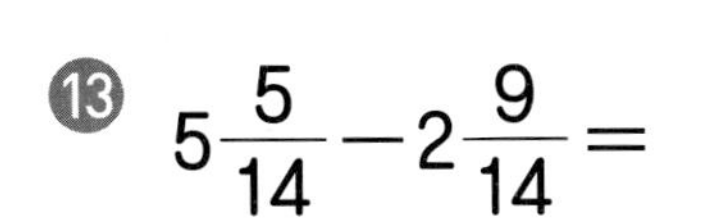

⑬ $5\frac{5}{14}-2\frac{9}{14}=$

⑭ $3\frac{11}{16}-1\frac{13}{16}=$

⑮ $7\frac{3}{17}-4\frac{6}{17}=$

⑯ $6\frac{9}{19}-3\frac{10}{19}=$

⑰ $9\frac{13}{21}-5\frac{17}{21}=$

⑱ $8\frac{1}{22}-4\frac{3}{22}=$

⑲ $6\frac{4}{23}-2\frac{9}{23}=$

⑳ $3\frac{2}{25}-1\frac{8}{25}=$

㉑ $8\frac{9}{25}-2\frac{11}{25}=$

㉒ $4\frac{13}{26}-3\frac{15}{26}=$

㉓ $5\frac{9}{28}-1\frac{19}{28}=$

㉔ $6\frac{2}{29}-3\frac{3}{29}=$

㉕ $3\frac{12}{29}-1\frac{20}{29}=$

㉖ $7\frac{2}{31}-1\frac{5}{31}=$

㉗ $8\frac{8}{35}-1\frac{9}{35}=$

㉘ $10\frac{10}{37}-7\frac{12}{37}=$

㉙ $11\frac{2}{39}-5\frac{8}{39}=$

㉚ $12\frac{9}{40}-3\frac{23}{40}=$

10 분수 부분끼리 뺄 수 없고 분모가 같은 (대분수) − (대분수)

○ 계산해 보시오.

❶ $3\frac{2}{4}-1\frac{3}{4}=$

❷ $4\frac{1}{6}-2\frac{2}{6}=$

❸ $5\frac{4}{7}-3\frac{6}{7}=$

❹ $7\frac{3}{9}-5\frac{5}{9}=$

❺ $6\frac{1}{9}-2\frac{8}{9}=$

❻ $9\frac{3}{10}-7\frac{7}{10}=$

❼ $3\frac{9}{11}-2\frac{10}{11}=$

❽ $8\frac{1}{12}-6\frac{7}{12}=$

❾ $9\frac{3}{14}-3\frac{11}{14}=$

❿ $4\frac{2}{15}-2\frac{4}{15}=$

⓫ $3\frac{7}{15}-1\frac{14}{15}=$

⓬ $6\frac{1}{16}-2\frac{5}{16}=$

⓭ $5\frac{2}{16}-3\frac{9}{16}=$

⓮ $8\frac{4}{17}-4\frac{10}{17}=$

⓯ $4\frac{14}{17}-2\frac{15}{17}=$

⓰ $9\frac{12}{19}-3\frac{18}{19}=$

⓱ $10\frac{1}{20}-1\frac{3}{20}=$

⓲ $14\frac{3}{22}-11\frac{5}{22}=$

⑲ $3\frac{8}{23}-2\frac{10}{23}=$

⑳ $5\frac{10}{23}-1\frac{20}{23}=$

㉑ $4\frac{1}{24}-1\frac{7}{24}=$

㉒ $9\frac{22}{26}-3\frac{25}{26}=$

㉓ $6\frac{2}{27}-1\frac{13}{27}=$

㉔ $7\frac{4}{27}-4\frac{5}{27}=$

㉕ $4\frac{3}{28}-2\frac{5}{28}=$

㉖ $6\frac{4}{29}-1\frac{6}{29}=$

㉗ $7\frac{2}{29}-5\frac{19}{29}=$

㉘ $4\frac{1}{30}-1\frac{23}{30}=$

㉙ $5\frac{7}{32}-3\frac{9}{32}=$

㉚ $9\frac{2}{33}-3\frac{10}{33}=$

㉛ $8\frac{15}{34}-1\frac{17}{34}=$

㉜ $7\frac{4}{35}-5\frac{6}{35}=$

㉝ $4\frac{12}{37}-2\frac{28}{37}=$

㉞ $11\frac{3}{40}-8\frac{21}{40}=$

㉟ $9\frac{1}{43}-3\frac{35}{43}=$

㊱ $15\frac{7}{45}-7\frac{9}{45}=$

11 분모가 같은 (대분수) - (가분수)

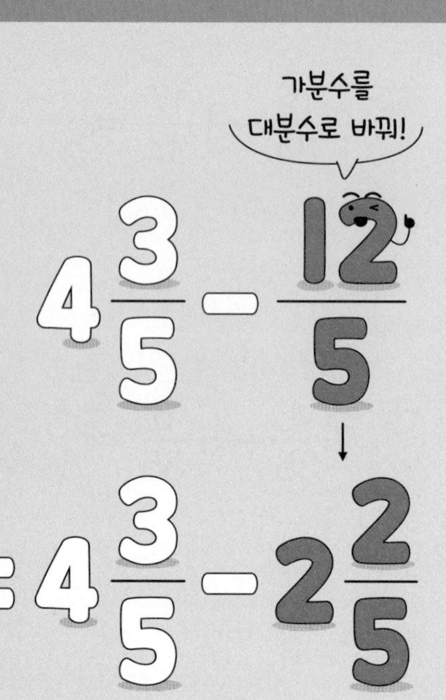
가분수를
대분수로 바꿔!
$4\frac{3}{5} - \frac{12}{5}$
$= 4\frac{3}{5} - 2\frac{2}{5}$
$= 2\frac{1}{5}$

• 분모가 같은 (대분수)－(가분수)

방법 1 가분수를 대분수로 바꾸어 빼기

$4\frac{3}{5}-\frac{12}{5}=4\frac{3}{5}-2\frac{2}{5}$

$=(4-2)+\left(\frac{3}{5}-\frac{2}{5}\right)$

$=2+\frac{1}{5}=2\frac{1}{5}$

방법 2 대분수를 가분수로 바꾸어 빼기

$4\frac{3}{5}-\frac{12}{5}=\frac{23}{5}-\frac{12}{5}$

$=\frac{11}{5}=2\frac{1}{5}$

○ 계산해 보시오.

❶ $5\frac{1}{4}-\frac{10}{4}=$

❷ $3\frac{3}{4}-\frac{6}{4}=$

❸ $5\frac{2}{5}-\frac{13}{5}=$

❹ $6\frac{3}{5}-\frac{17}{5}=$

❺ $2\frac{2}{6}-\frac{10}{6}=$

❻ $5\frac{4}{6}-\frac{15}{6}=$

❼ $4\frac{2}{7}-\frac{17}{7}=$

❽ $6\frac{3}{7}-\frac{18}{7}=$

❾ $6\frac{4}{7}-\frac{30}{7}=$

❿ $3\frac{3}{8}-\frac{12}{8}=$

⓫ $3\frac{5}{8}-\frac{28}{8}=$

⓬ $2\frac{6}{8}-\frac{11}{8}=$

⓭ $6\frac{2}{9}-\frac{30}{9}=$

⓮ $4\frac{7}{9}-\frac{22}{9}=$

⑮ $2\frac{8}{9}-\frac{11}{9}=$

⑯ $4\frac{1}{10}-\frac{32}{10}=$

⑰ $4\frac{2}{10}-\frac{17}{10}=$

⑱ $9\frac{10}{11}-\frac{27}{11}=$

⑲ $6\frac{3}{12}-\frac{19}{12}=$

⑳ $8\frac{11}{12}-\frac{37}{12}=$

㉑ $5\frac{2}{13}-\frac{30}{13}=$

㉒ $7\frac{6}{13}-\frac{15}{13}=$

㉓ $3\frac{2}{14}-\frac{23}{14}=$

㉔ $6\frac{5}{14}-\frac{25}{14}=$

㉕ $5\frac{9}{14}-\frac{20}{14}=$

㉖ $9\frac{4}{15}-\frac{26}{15}=$

㉗ $4\frac{14}{15}-\frac{16}{15}=$

㉘ $8\frac{3}{16}-\frac{24}{16}=$

㉙ $5\frac{8}{20}-\frac{49}{20}=$

㉚ $3\frac{13}{20}-\frac{36}{20}=$

㉛ $7\frac{19}{20}-\frac{37}{20}=$

㉜ $4\frac{2}{21}-\frac{38}{21}=$

㉝ $8\frac{5}{21}-\frac{58}{21}=$

㉞ $2\frac{2}{24}-\frac{39}{24}=$

㉟ $6\frac{16}{25}-\frac{33}{25}=$

11 분모가 같은 (대분수) − (가분수)

○ 계산해 보시오.

❶ $4\frac{1}{5}-\frac{9}{5}=$

❷ $6\frac{3}{5}-\frac{14}{5}=$

❸ $4\frac{3}{6}-\frac{17}{6}=$

❹ $1\frac{5}{6}-\frac{10}{6}=$

❺ $7\frac{5}{6}-\frac{26}{6}=$

❻ $4\frac{2}{7}-\frac{12}{7}=$

❼ $5\frac{4}{7}-\frac{10}{7}=$

❽ $5\frac{5}{7}-\frac{24}{7}=$

❾ $5\frac{1}{8}-\frac{19}{8}=$

❿ $5\frac{7}{8}-\frac{21}{8}=$

⓫ $3\frac{4}{9}-\frac{17}{9}=$

⓬ $3\frac{6}{9}-\frac{14}{9}=$

⓭ $6\frac{7}{9}-\frac{20}{9}=$

⓮ $7\frac{5}{10}-\frac{28}{10}=$

⓯ $5\frac{7}{10}-\frac{19}{10}=$

⓰ $5\frac{9}{10}-\frac{32}{10}=$

⓱ $2\frac{4}{11}-\frac{20}{11}=$

⓲ $3\frac{6}{11}-\frac{19}{11}=$

⓳ $2\frac{5}{12}-\frac{20}{12}=$

⓴ $4\frac{6}{12}-\frac{34}{12}=$

㉑ $8\frac{9}{12}-\frac{47}{12}=$

㉒ $8\frac{3}{13}-\frac{20}{13}=$

㉓ $3\frac{6}{13}-\frac{22}{13}=$

㉔ $2\frac{7}{13}-\frac{19}{13}=$

㉕ $4\frac{6}{14}-\frac{21}{14}=$

㉖ $4\frac{1}{15}-\frac{34}{15}=$

㉗ $5\frac{14}{15}-\frac{43}{15}=$

㉘ $2\frac{10}{16}-\frac{31}{16}=$

㉙ $4\frac{11}{16}-\frac{21}{16}=$

㉚ $5\frac{2}{17}-\frac{65}{17}=$

㉛ $8\frac{3}{17}-\frac{27}{17}=$

㉜ $8\frac{1}{19}-\frac{22}{19}=$

㉝ $7\frac{8}{19}-\frac{31}{19}=$

㉞ $4\frac{3}{20}-\frac{38}{20}=$

㉟ $7\frac{4}{20}-\frac{67}{20}=$

㊱ $6\frac{5}{20}-\frac{32}{20}=$

㊲ $9\frac{2}{21}-\frac{37}{21}=$

㊳ $4\frac{4}{23}-\frac{54}{23}=$

㊴ $8\frac{3}{25}-\frac{69}{25}=$

㊵ $9\frac{11}{25}-\frac{66}{25}=$

㊶ $5\frac{21}{25}-\frac{59}{25}=$

㊷ $5\frac{30}{31}-\frac{74}{31}=$

8 ~ 11 다르게 풀기

○ 빈칸에 알맞은 수를 써넣으시오.

1
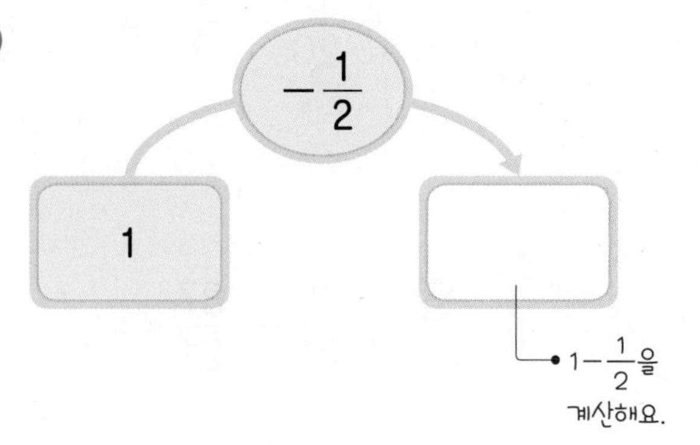

2
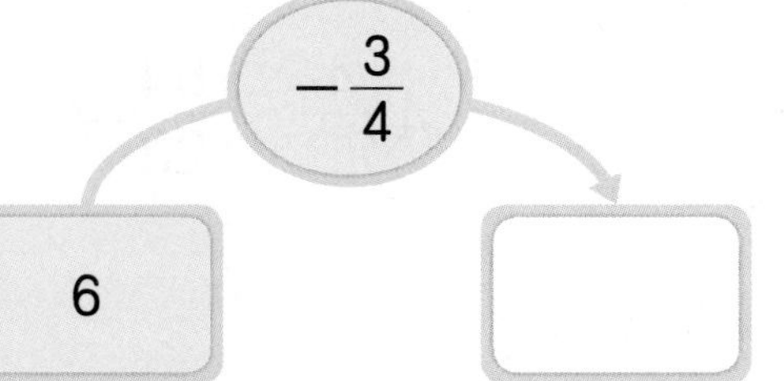

3
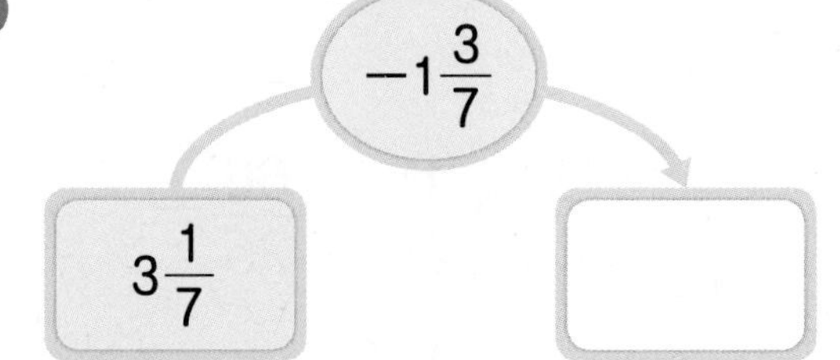

4
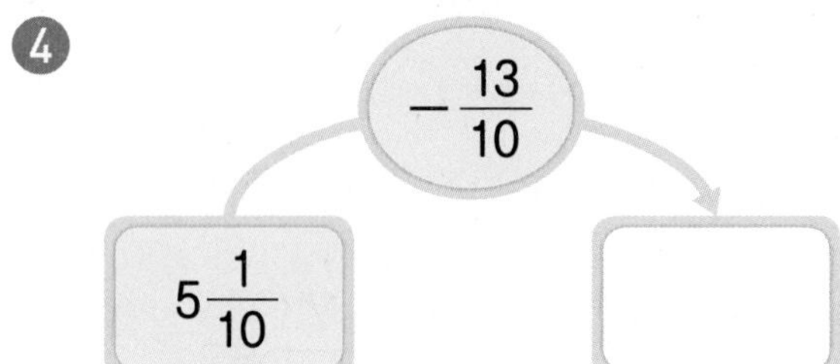

5
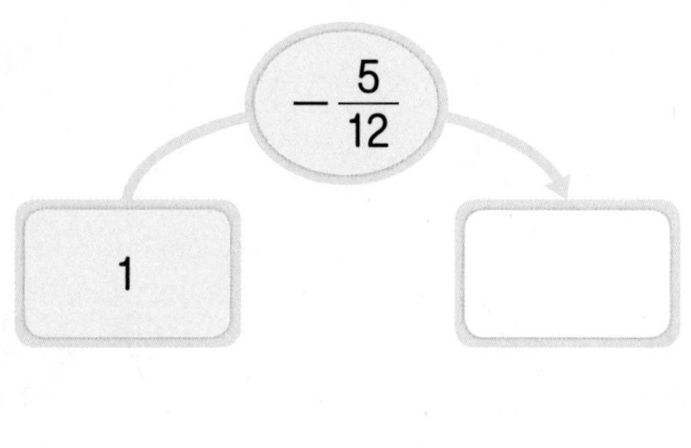

6
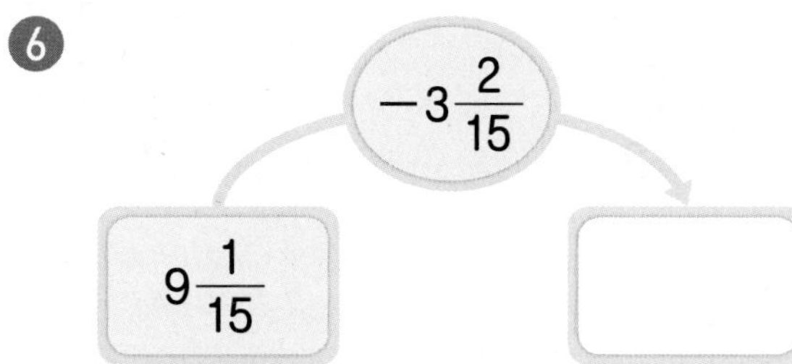

7
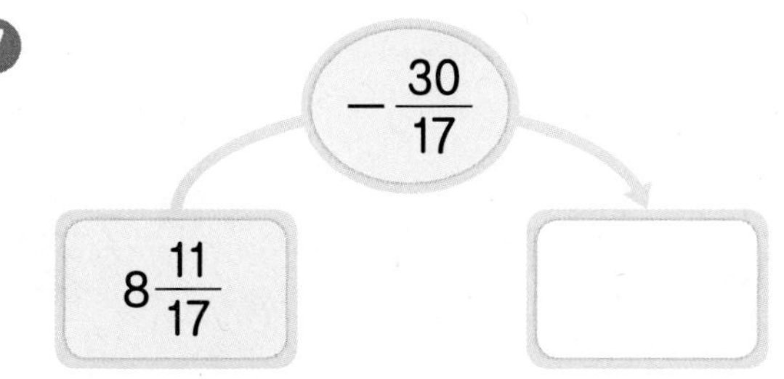

8
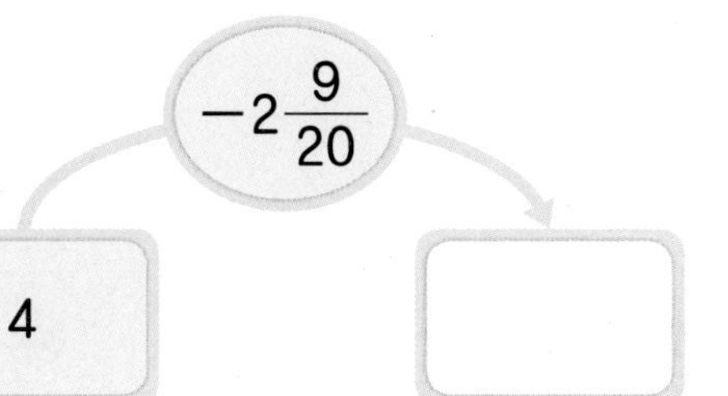

9
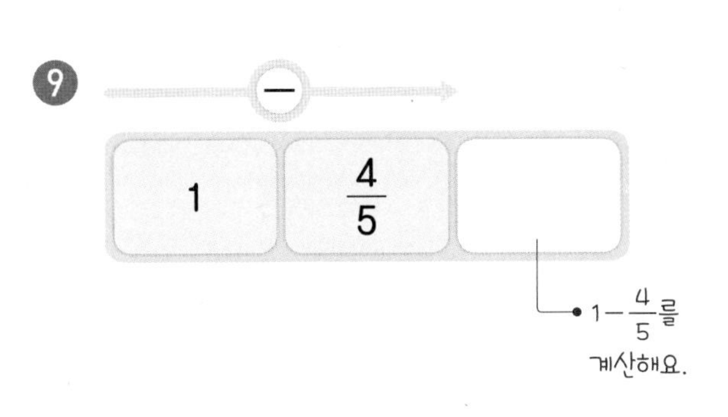

13
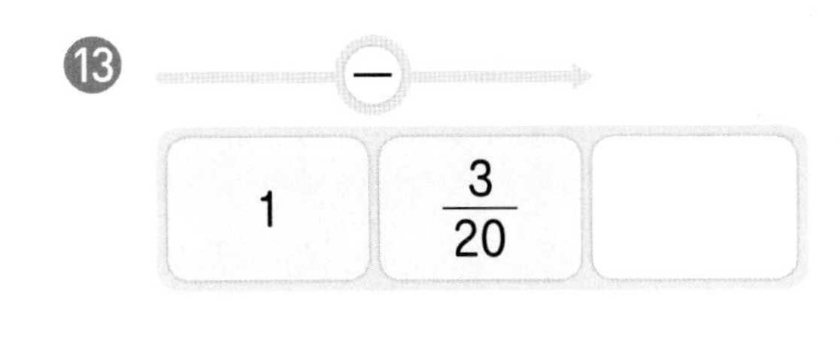

10
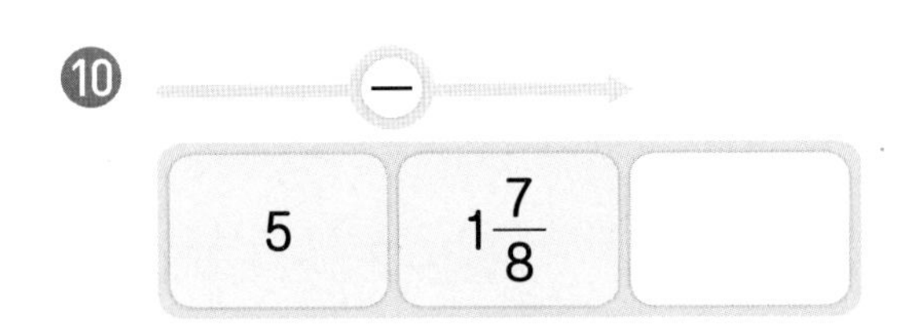

14
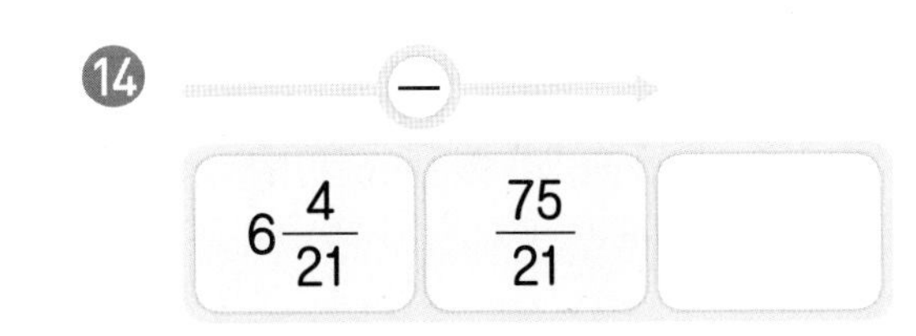

11
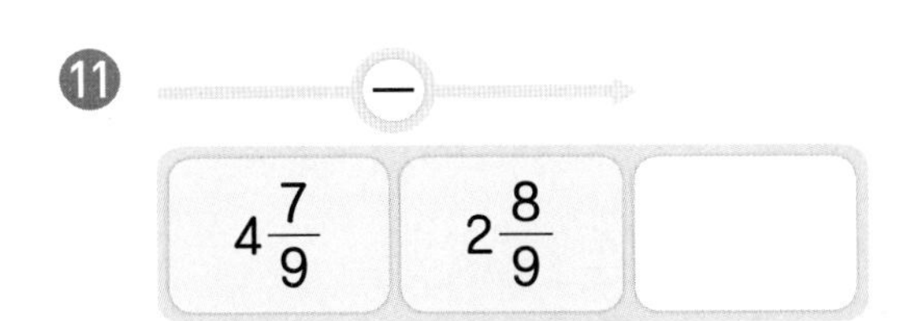

15
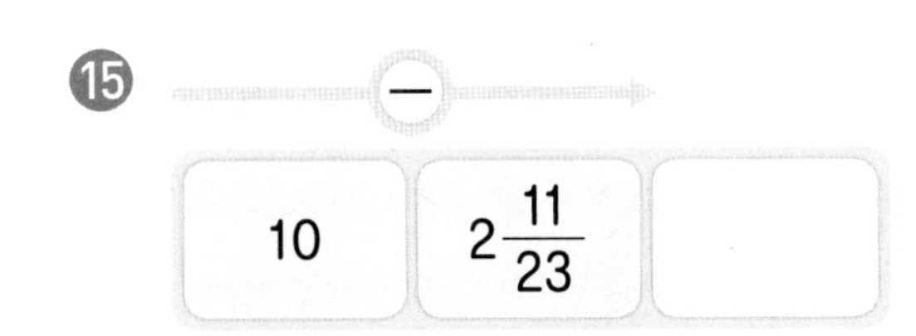

12
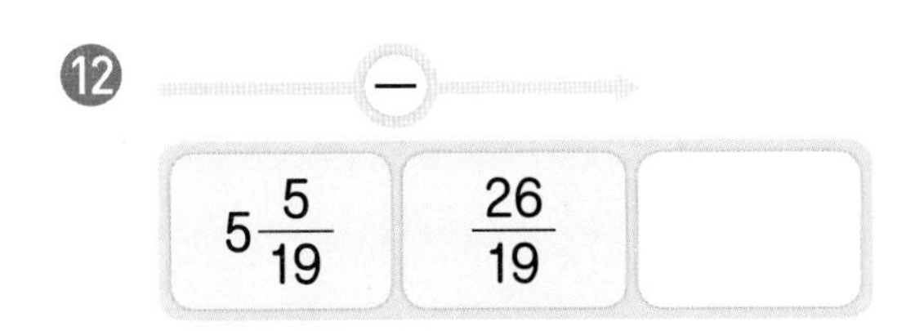

16
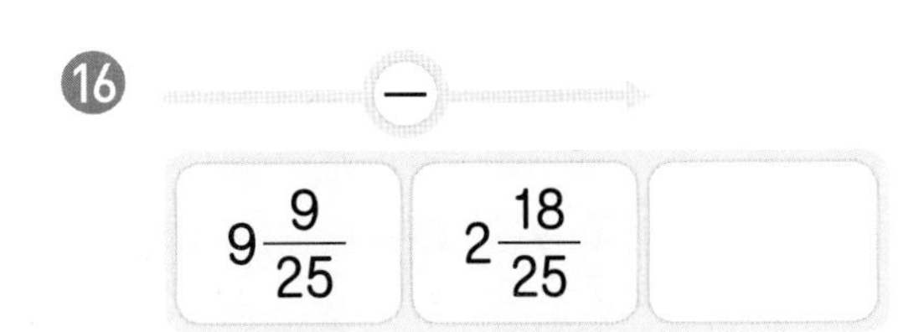

17 물 $4\frac{1}{5}$ L가 있었습니다. 해주와 민호가 마시고 남은 물은 $2\frac{4}{5}$ L입니다. 해주와 민호가 마신 물의 양은 몇 L인지 구해 보시오.

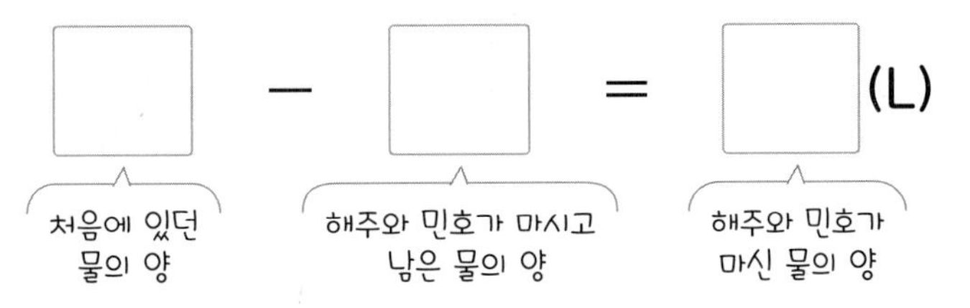

비법 강의

비법 강의 QR

초등에서 푸는 방정식 계산 비법

원리 덧셈과 뺄셈의 관계

$$5+3=8 \Rightarrow \begin{cases} 8-3=5 \\ 8-5=3 \end{cases}$$

적용 덧셈식의 어떤 수(□) 구하기

- $\square+\frac{1}{5}=\frac{3}{5} \rightarrow \square=\frac{3}{5}-\frac{1}{5}=\frac{2}{5}$
- $\frac{2}{5}+\square=\frac{3}{5} \rightarrow \square=\frac{3}{5}-\frac{2}{5}=\frac{1}{5}$

원리 덧셈과 뺄셈의 관계

$$8-5=3 \Rightarrow \begin{cases} 3+5=8 \\ 5+3=8 \end{cases}$$

적용 뺄셈식의 어떤 수(□) 구하기

- $\square-1\frac{3}{7}=1\frac{1}{7} \rightarrow \square=1\frac{1}{7}+1\frac{3}{7}=2\frac{4}{7}$
- $2\frac{4}{7}-\square=1\frac{1}{7} \rightarrow 1\frac{1}{7}+\square=2\frac{4}{7}$

$\Rightarrow \square=2\frac{4}{7}-1\frac{1}{7}$

$=1\frac{3}{7}$

○ 어떤 수(□)를 구하려고 합니다. □ 안에 알맞은 수를 써넣으시오.

1. $\square+\frac{4}{6}=\frac{5}{6}$

   $\frac{5}{6}-\frac{4}{6}=\square$

2. $\square+6\frac{5}{8}=7\frac{7}{8}$

   $7\frac{7}{8}-6\frac{5}{8}=\square$

3. $\square+\frac{5}{9}=1$

   $1-\frac{5}{9}=\square$

4. $\square-\frac{1}{4}=\frac{2}{4}$

   $\frac{2}{4}+\frac{1}{4}=\square$

5. $\square-\frac{2}{5}=\frac{3}{5}$

   $\frac{3}{5}+\frac{2}{5}=\square$

6. $\square-1\frac{1}{6}=2\frac{3}{6}$

   $2\frac{3}{6}+1\frac{1}{6}=\square$

⑦ $\frac{3}{7}+\square=\frac{5}{7}$

$\frac{5}{7}-\frac{3}{7}=\square$

⑧ $5\frac{3}{5}+\square=9\frac{4}{5}$

$9\frac{4}{5}-5\frac{3}{5}=\square$

⑨ $\frac{6}{8}+\square=3$

$3-\frac{6}{8}=\square$

⑩ $2\frac{5}{9}+\square=4\frac{3}{9}$

$4\frac{3}{9}-2\frac{5}{9}=\square$

⑪ $\frac{27}{12}+\square=3\frac{1}{12}$

$3\frac{1}{12}-\frac{27}{12}=\square$

⑫ $\frac{16}{19}-\square=\frac{7}{19}$

$\frac{16}{19}-\frac{7}{19}=\square$

⑬ $3\frac{13}{14}-\square=3\frac{8}{14}$

$3\frac{13}{14}-3\frac{8}{14}=\square$

⑭ $4-\square=3\frac{2}{11}$

$4-3\frac{2}{11}=\square$

⑮ $9\frac{8}{17}-\square=8\frac{9}{17}$

$9\frac{8}{17}-8\frac{9}{17}=\square$

⑯ $4\frac{6}{9}-\square=\frac{23}{9}$

$4\frac{6}{9}-\frac{23}{9}=\square$

평가 1. 분수의 덧셈과 뺄셈

○ 계산해 보시오.

1 $\frac{2}{5}+\frac{1}{5}=$

2 $\frac{7}{9}+\frac{4}{9}=$

3 $\frac{8}{11}+\frac{6}{11}=$

4 $4\frac{5}{7}+5\frac{1}{7}=$

5 $3\frac{2}{9}+1\frac{3}{9}=$

6 $2\frac{9}{10}+2\frac{7}{10}=$

7 $1\frac{11}{15}+6\frac{8}{15}=$

8 $2\frac{2}{3}+\frac{11}{3}=$

9 $7\frac{8}{17}+\frac{20}{17}=$

10 $\frac{5}{6}-\frac{2}{6}=$

11 $\frac{7}{11}-\frac{3}{11}=$

12 $3\frac{7}{12}-1\frac{5}{12}=$

13 $9\frac{11}{19}-6\frac{8}{19}=$

14 $1-\frac{7}{8}=$

15 $5-\frac{2}{9}=$

16 $9-3\frac{3}{10}=$

17 $3\frac{2}{13}-2\frac{8}{13}=$

18 $9\frac{5}{17}-1\frac{13}{17}=$

19 $11\frac{10}{23}-4\frac{19}{23}=$

20 $5\frac{3}{16}-\frac{27}{16}=$

21 $10\frac{9}{21}-\frac{44}{21}=$

○ 빈칸에 알맞은 수를 써넣으시오.

22

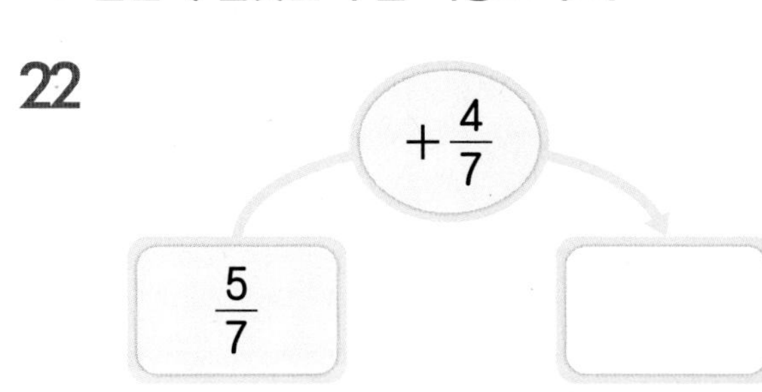

23

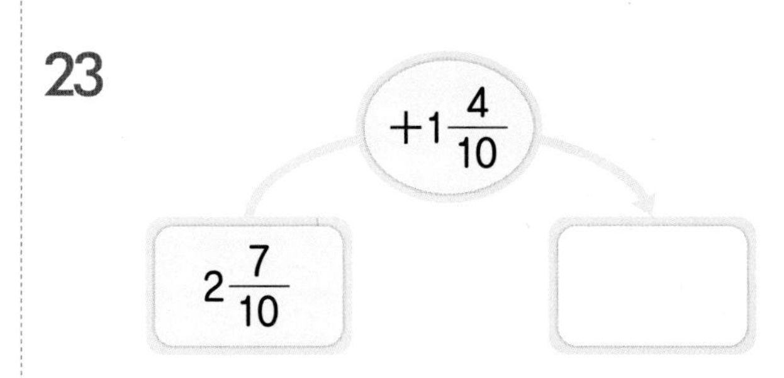

24

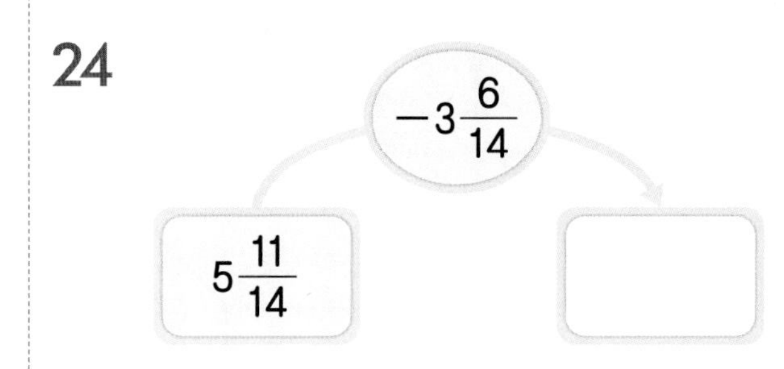

25

$-\frac{62}{25}$

$3\frac{4}{25}$

1단원의 연산 실력을 보충하고 싶다면 **클리닉 북 1~11쪽**을 풀어 보세요.

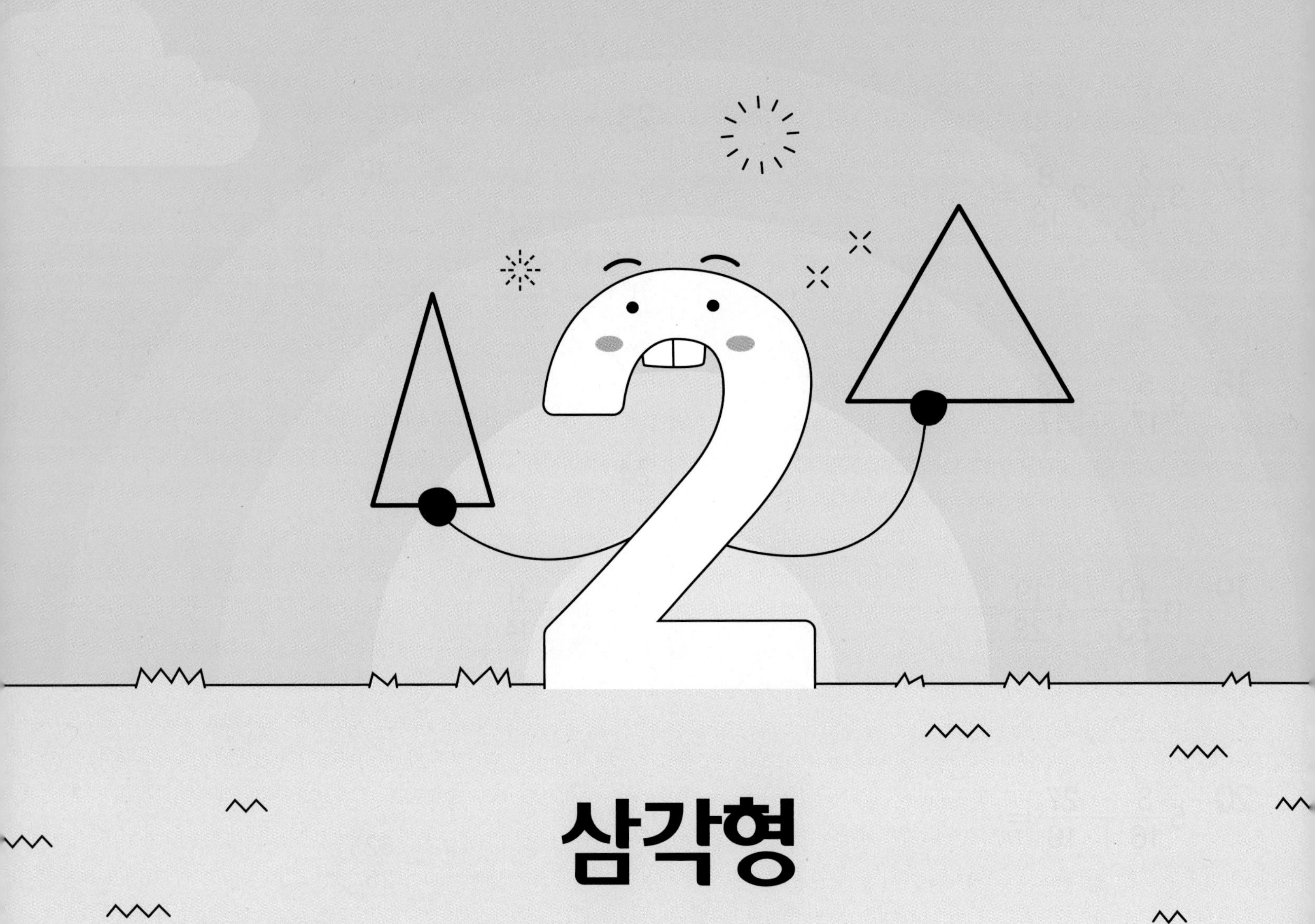

삼각형

학습하는 데 걸린 시간을 작성해 봐요!

학습 내용	학습 회차	걸린 시간
1 이등변삼각형, 정삼각형	1일 차	/4분
2 이등변삼각형의 성질	2일 차	/5분
3 정삼각형의 성질	3일 차	/5분
4 예각삼각형, 둔각삼각형	4일 차	/3분
평가 2. 삼각형	5일 차	/11분

1 이등변삼각형, 정삼각형

삼각형에서
두 변의 길이가 같으면
이등변삼각형이라고 하고,

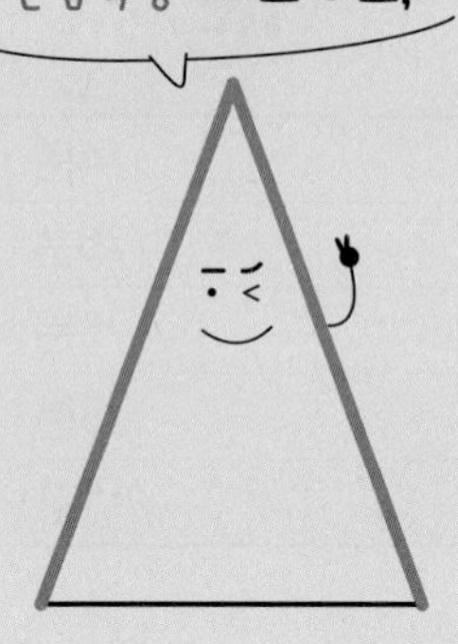

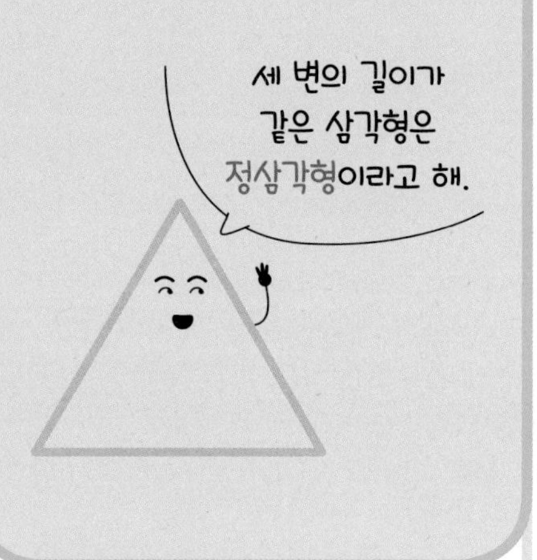

• **이등변삼각형**

이등변삼각형: 두 변의 길이가 같은 삼각형

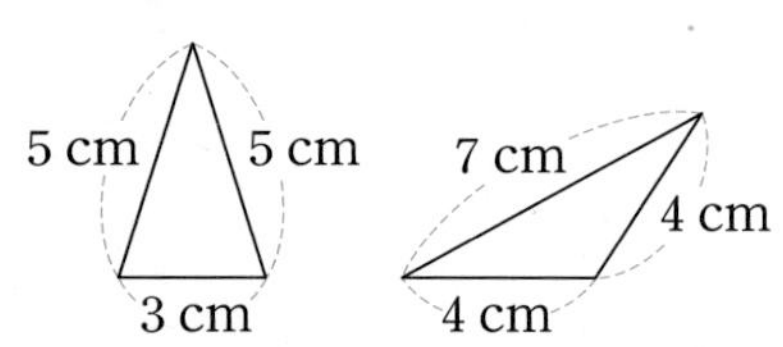

• **정삼각형**

정삼각형: 세 변의 길이가 같은 삼각형

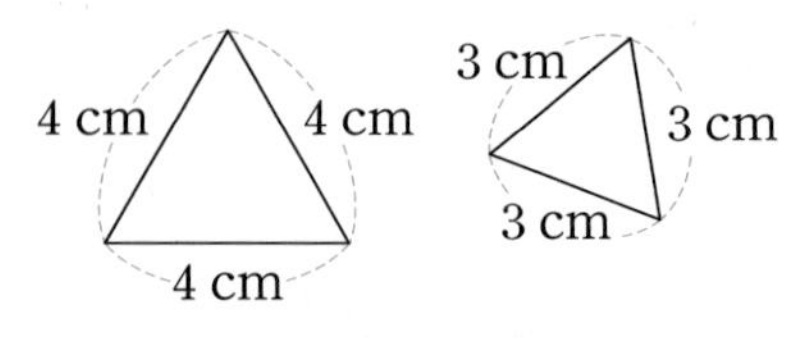

참고 정삼각형도 두 변의 길이가 같으므로 이등변삼각형입니다.

○ 이등변삼각형과 정삼각형을 각각 모두 찾아보시오.

1

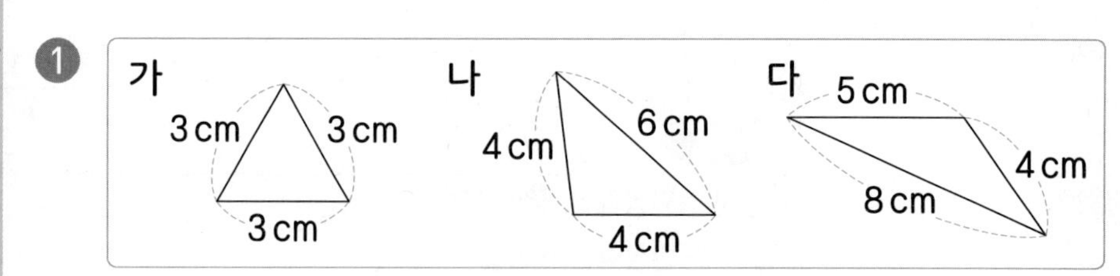

이등변삼각형	정삼각형

2

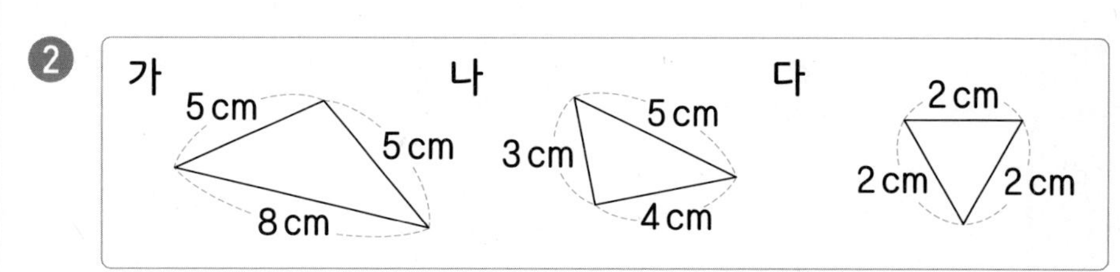

이등변삼각형	정삼각형

3

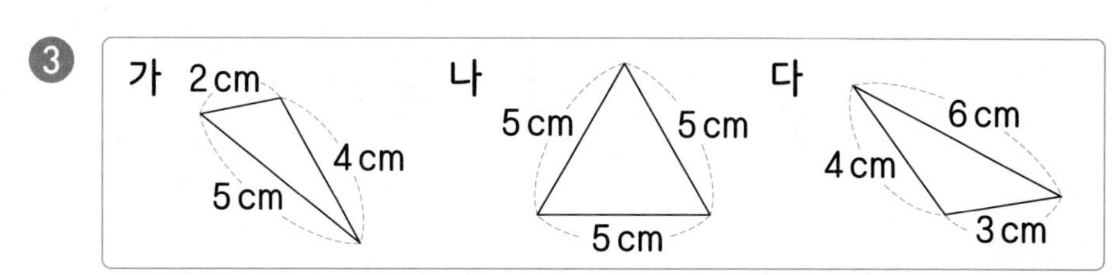

이등변삼각형	정삼각형

4

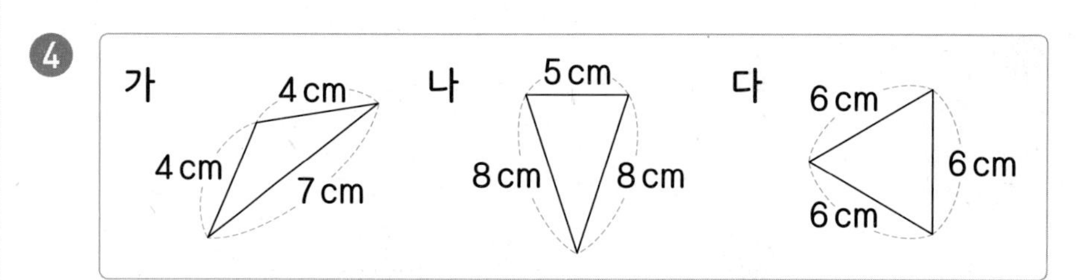

이등변삼각형	정삼각형

◎ 삼각형의 변의 길이를 구하려고 합니다. □ 안에 알맞은 수를 써넣으시오.

5 이등변삼각형

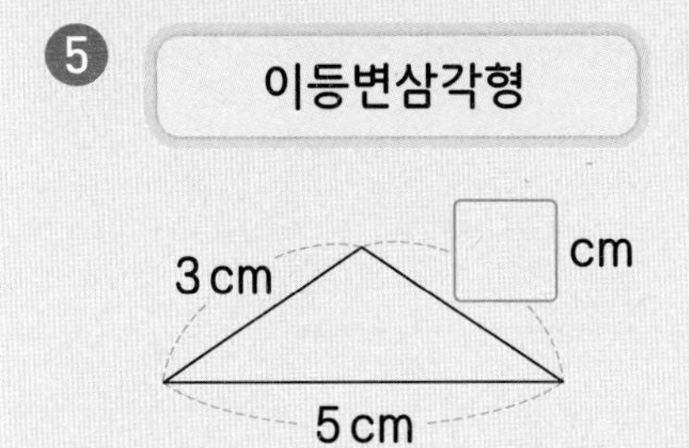

6 이등변삼각형

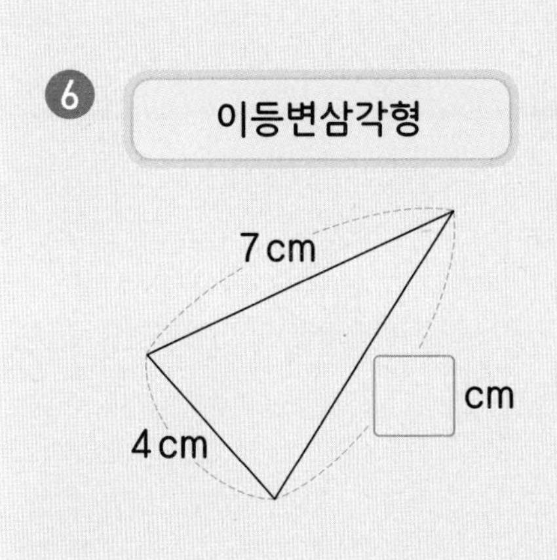

7 이등변삼각형

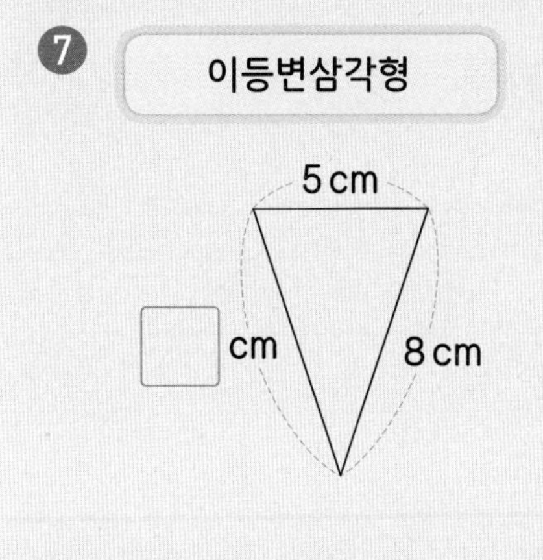

8 이등변삼각형

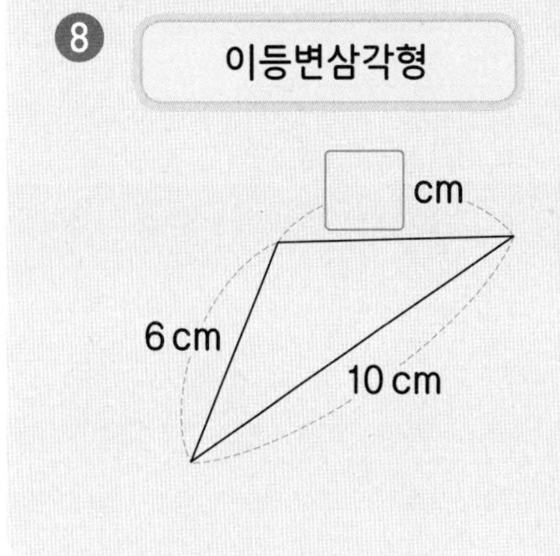

9 정삼각형

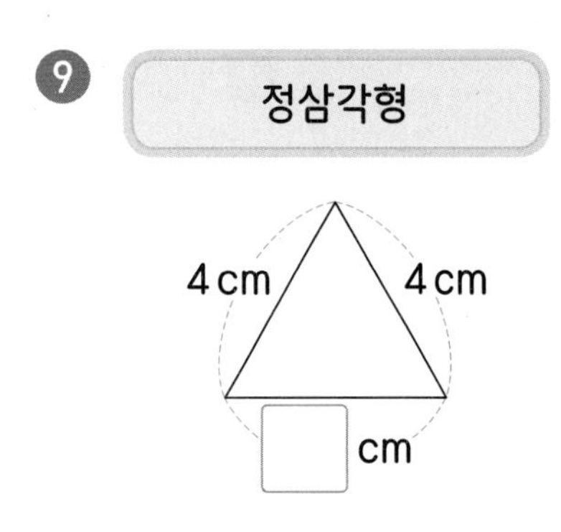

10 정삼각형

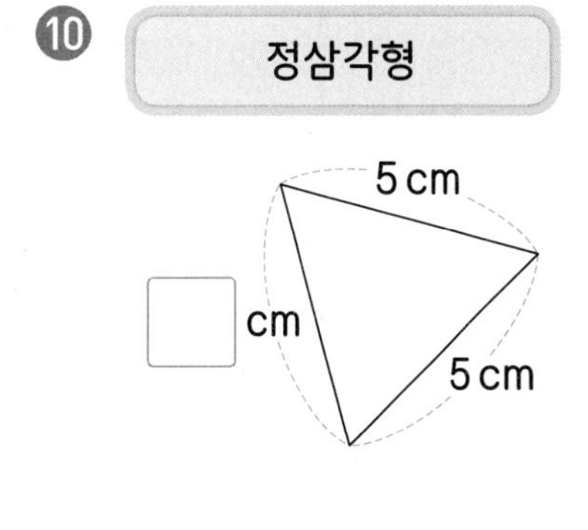

11 정삼각형

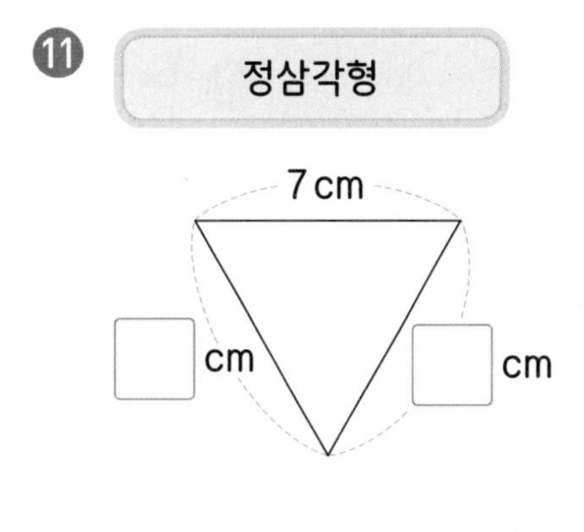

12 정삼각형

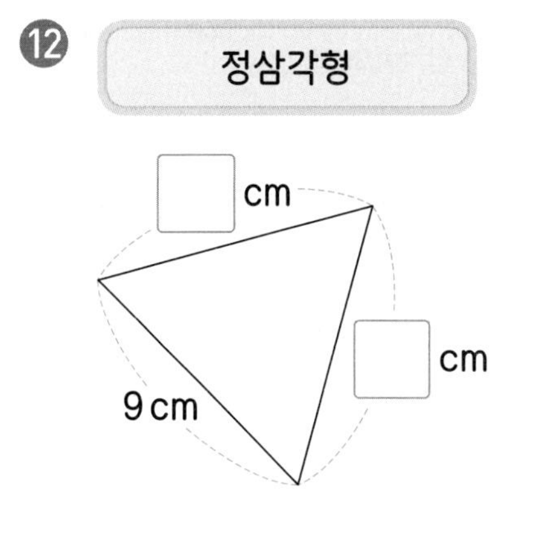

2 이등변삼각형의 성질

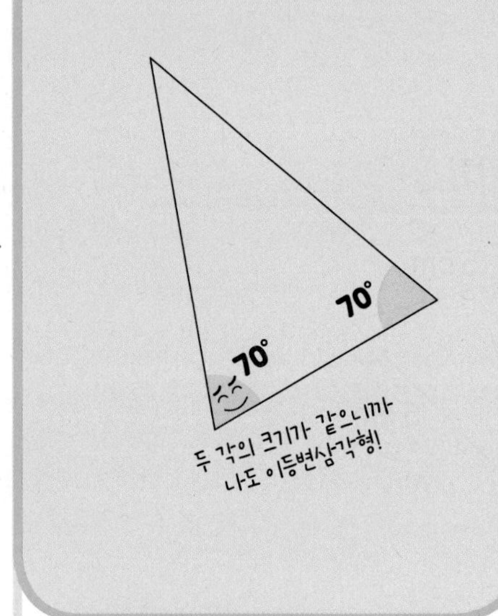

이등변삼각형은
두 각의 크기가 같아.
50°
50°
70°
70°
두 각의 크기가 같으니까
나도 이등변삼각형!

• **이등변삼각형의 성질**

이등변삼각형에서 길이가 같은 두 변에 있는 두 각의 크기가 같습니다.

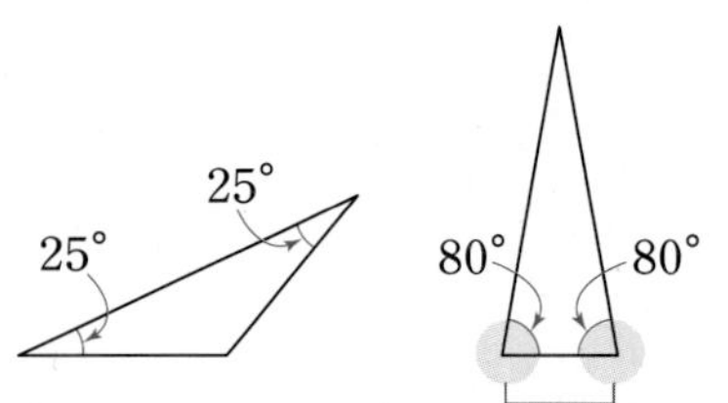

참고 세 각의 크기가 같은 삼각형도 이등변삼각형입니다.

○ 이등변삼각형입니다. □ 안에 알맞은 수를 써넣으시오.

❶
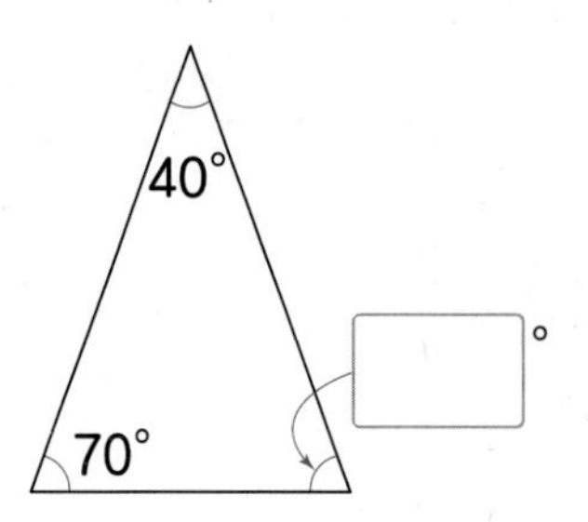

❷
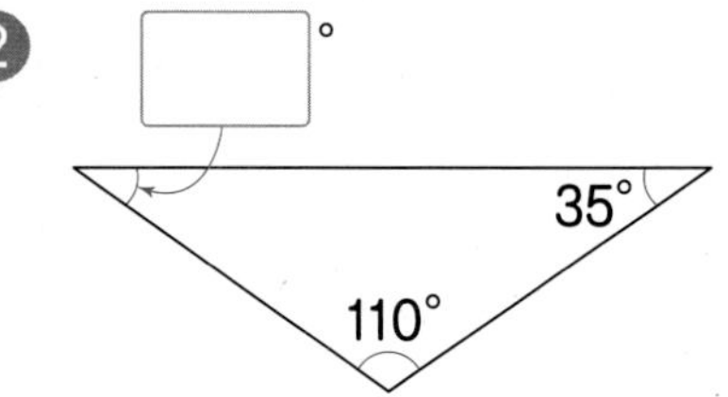

❸
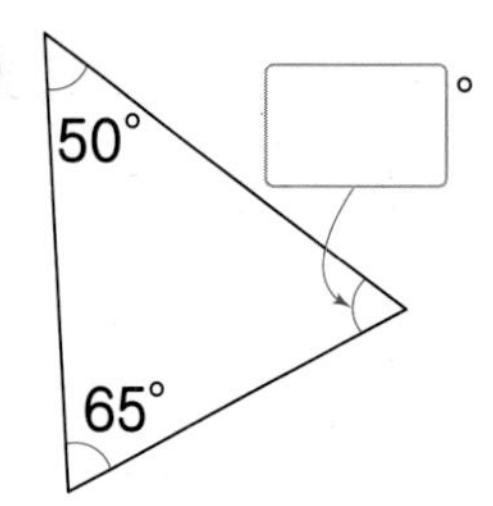

❹
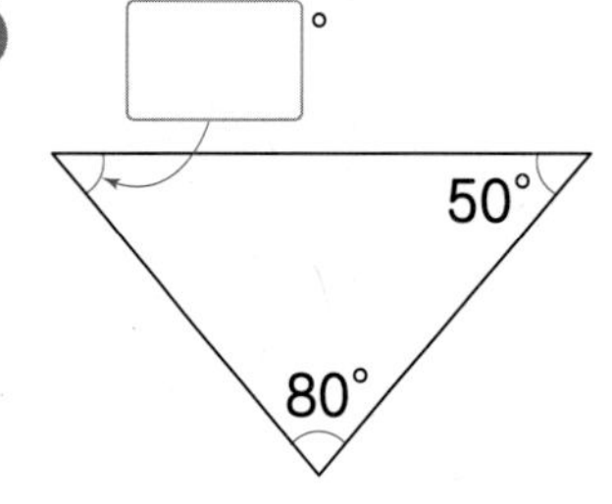

❺
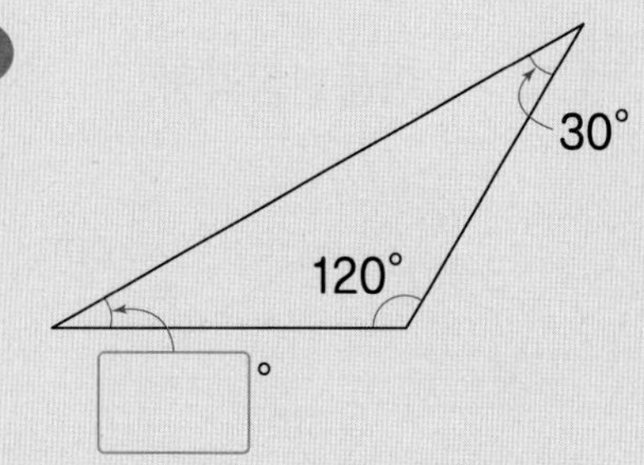

❻
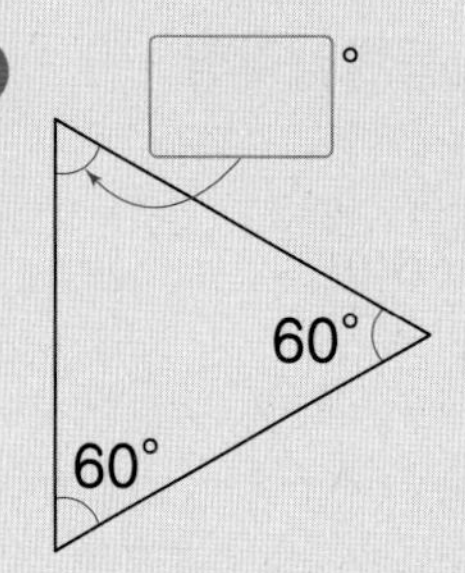

❼
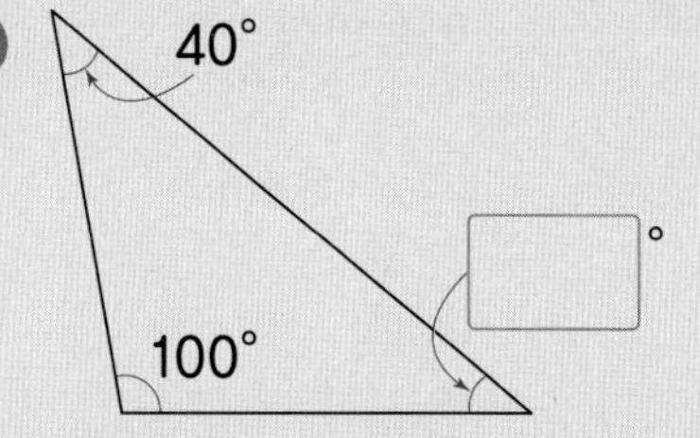

❽
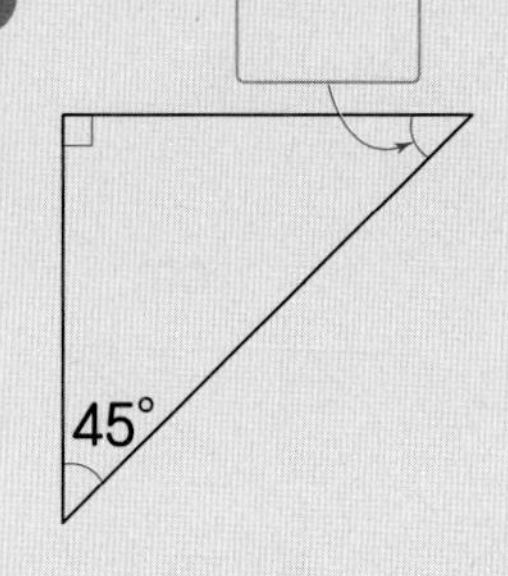

○ 삼각형의 각의 크기를 구하려고 합니다. □ 안에 알맞은 수를 써넣으시오.

9
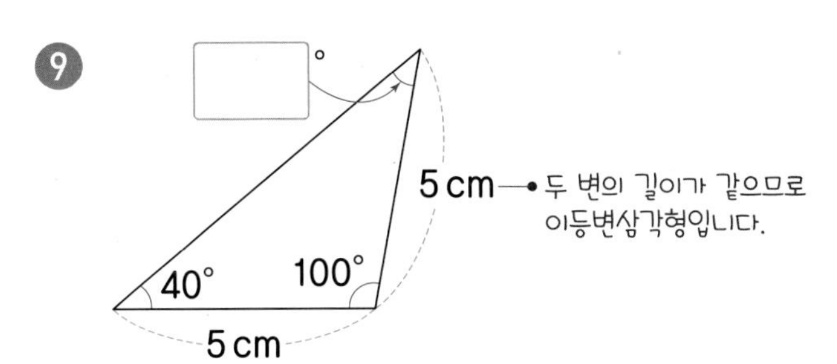

10
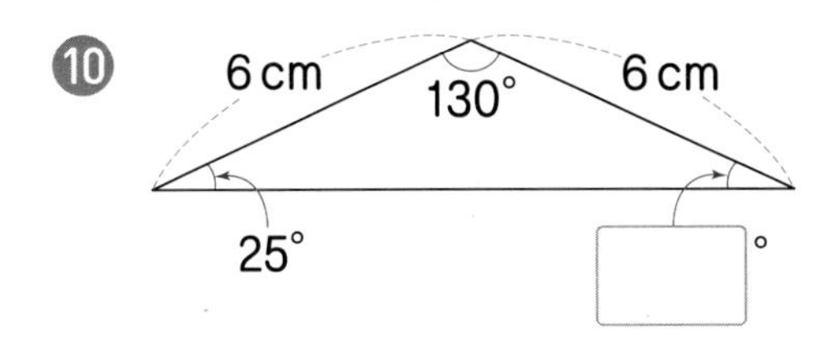

11
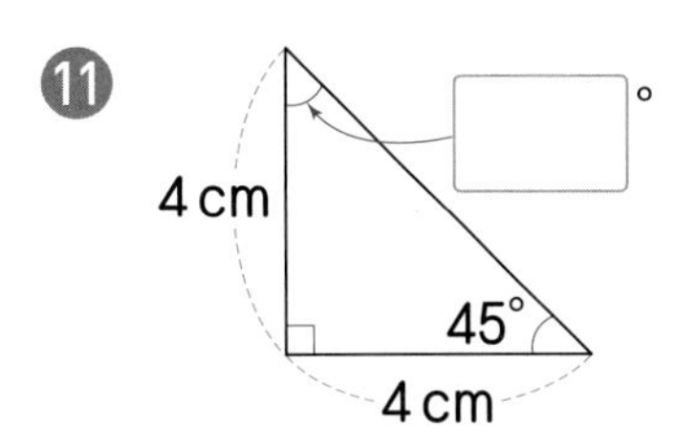

12
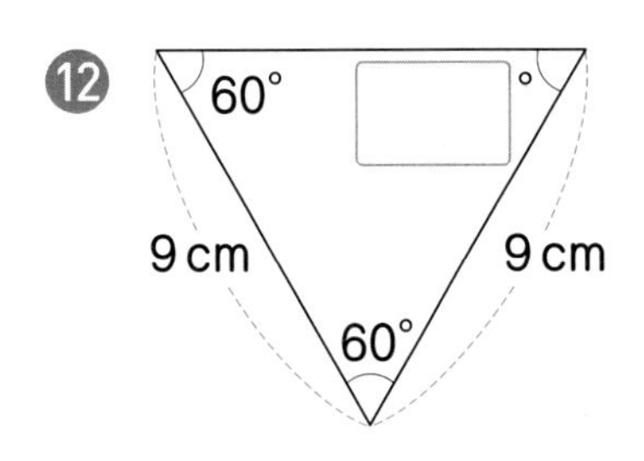

13
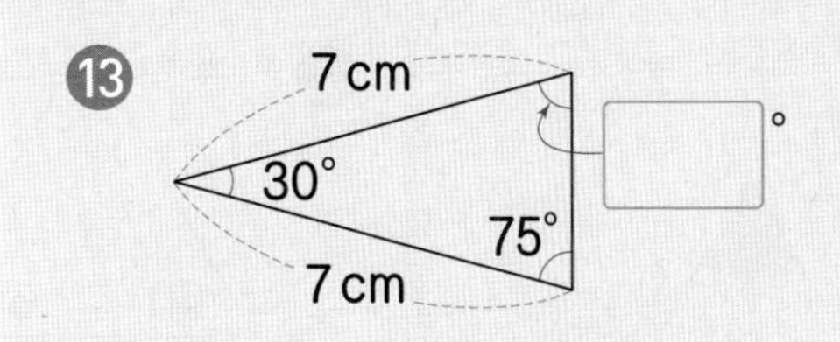

14
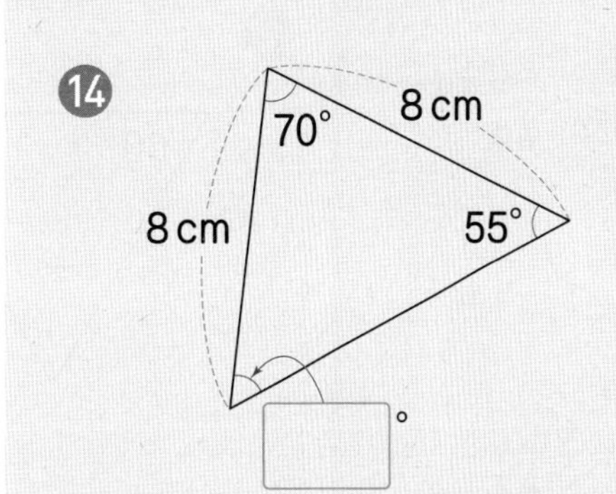

15
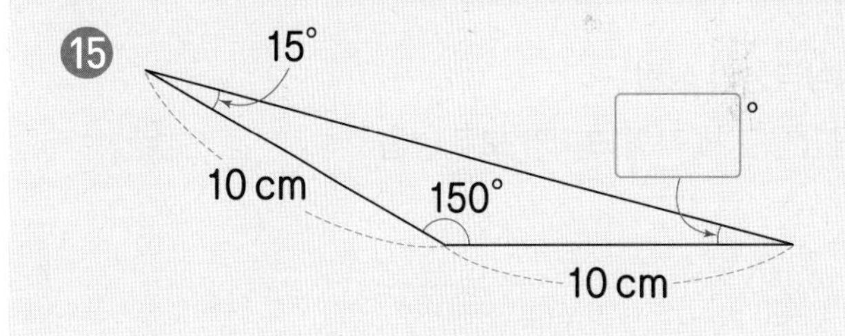

16
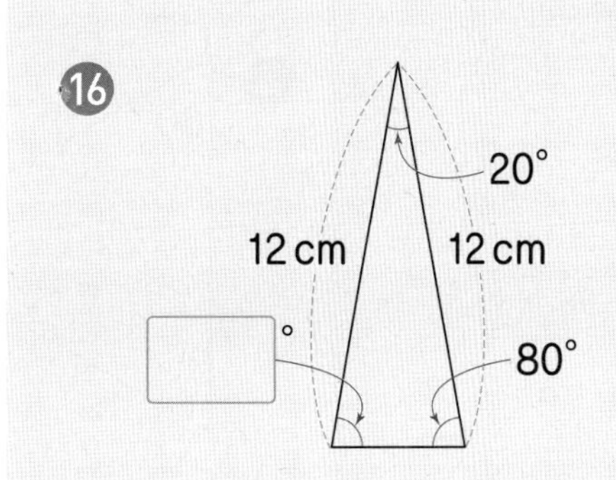

3 정삼각형의 성질

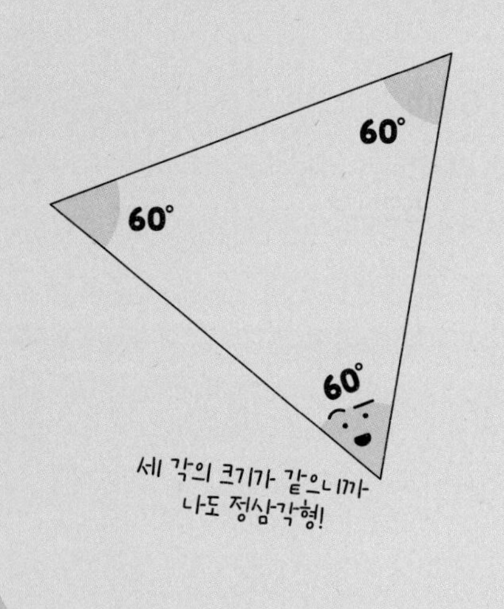

● **정삼각형의 성질**

정삼각형은 세 각의 크기가 모두 같습니다.

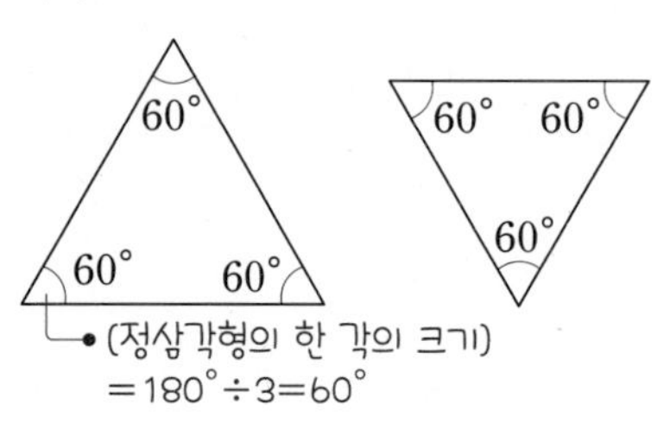

○ 정삼각형입니다. □ 안에 알맞은 수를 써넣으시오.

1

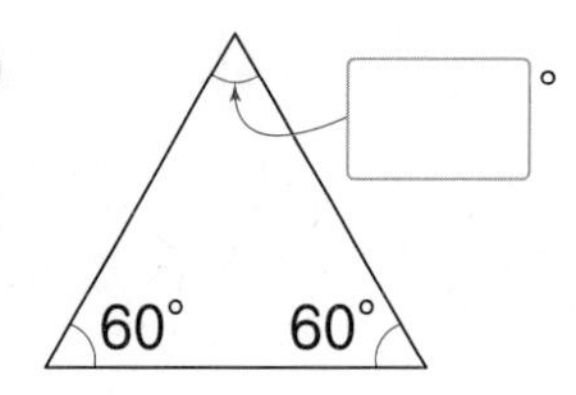

2

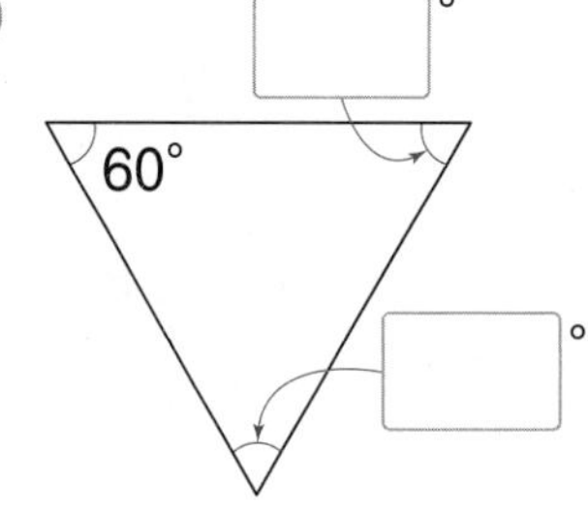

3

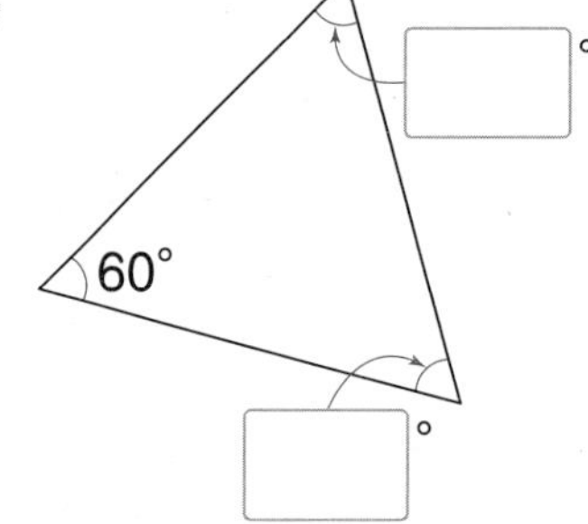

4

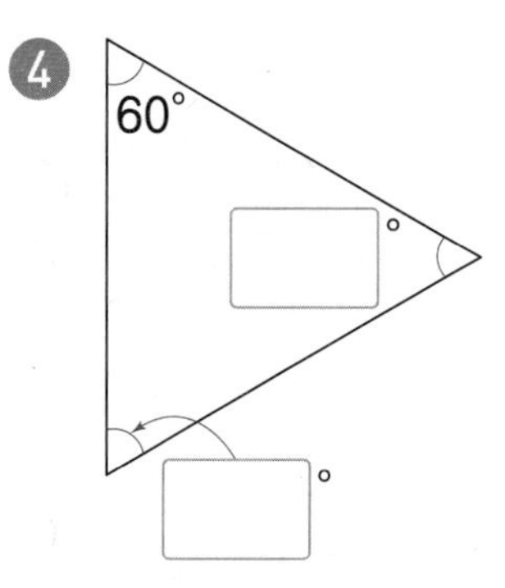

5

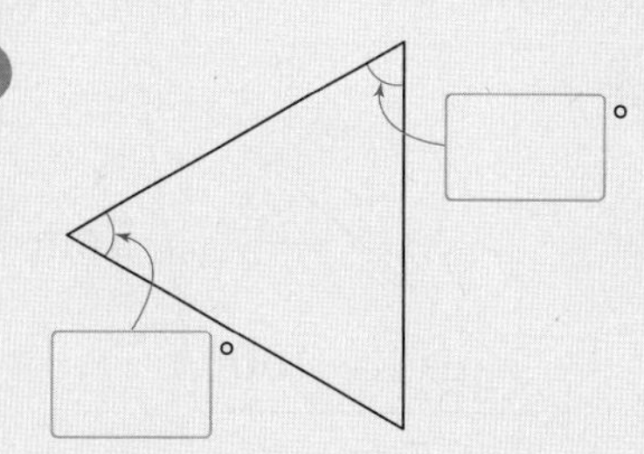

6

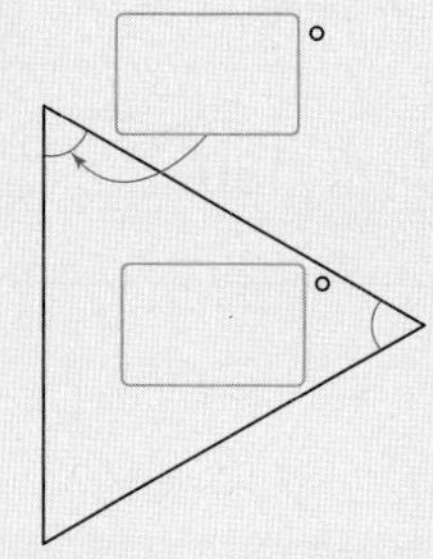

7

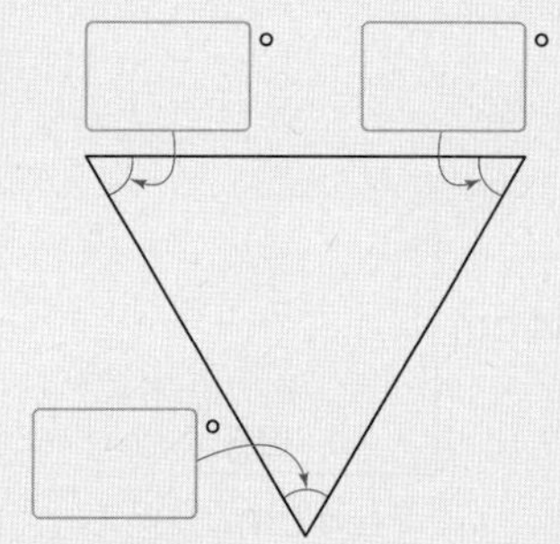

8

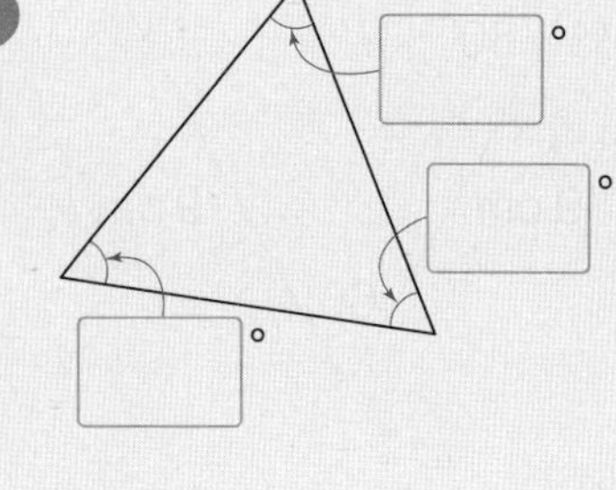

정답 • 12쪽

◎ 삼각형의 각의 크기를 구하려고 합니다. ☐ 안에 알맞은 수를 써넣으시오.

9
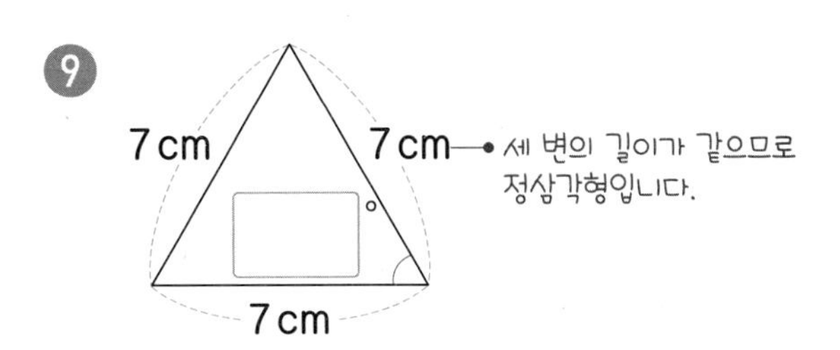

10
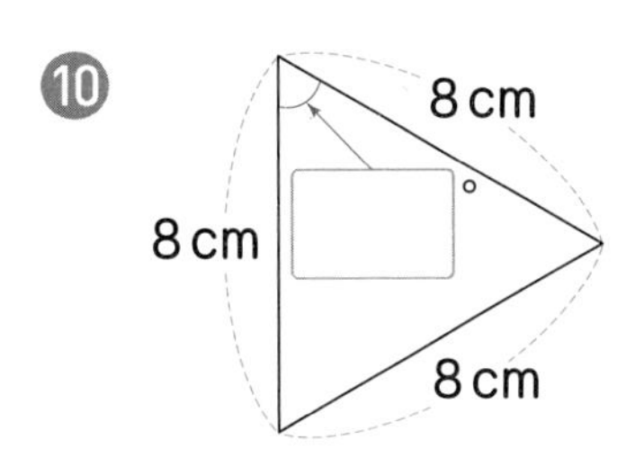

11
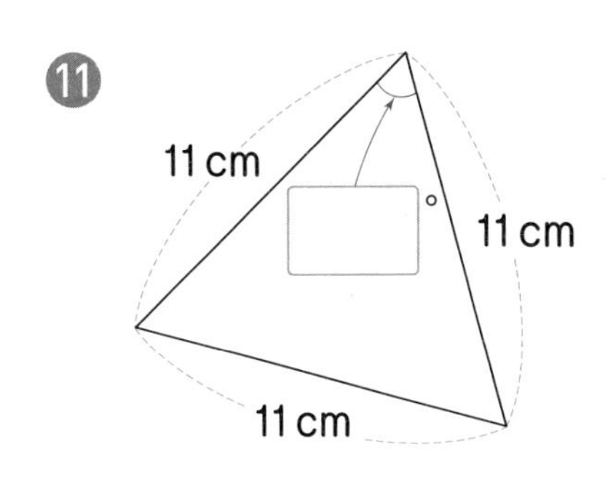

12
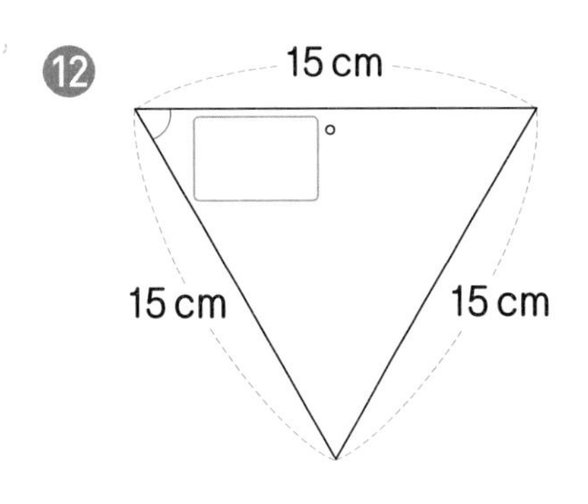

13
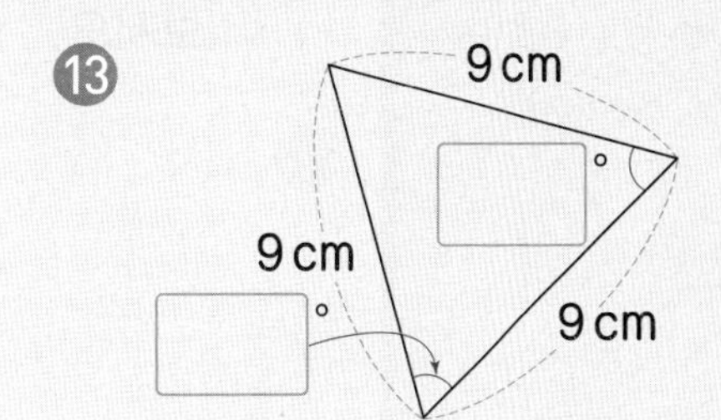

14
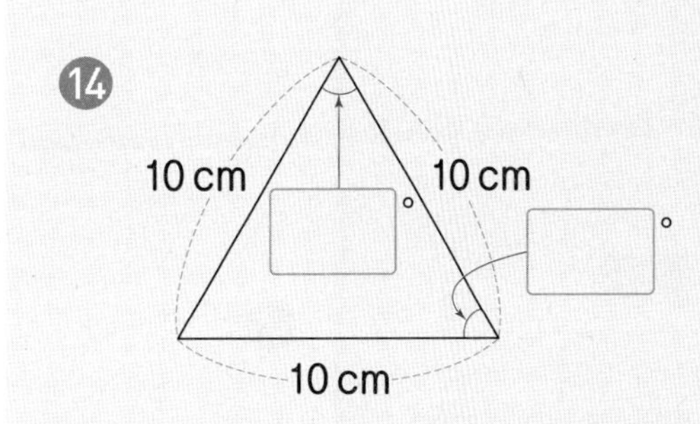

15
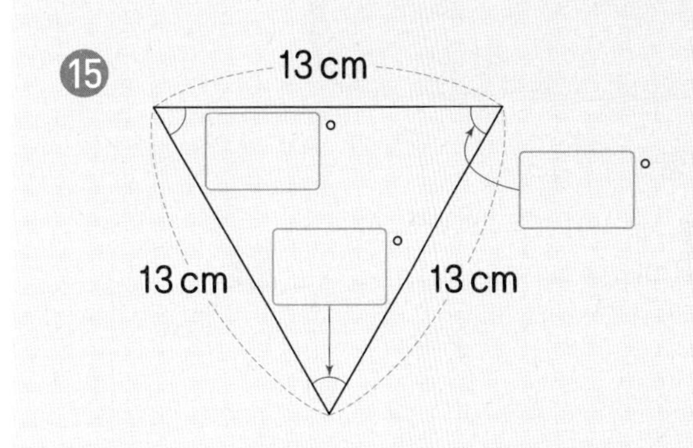

16
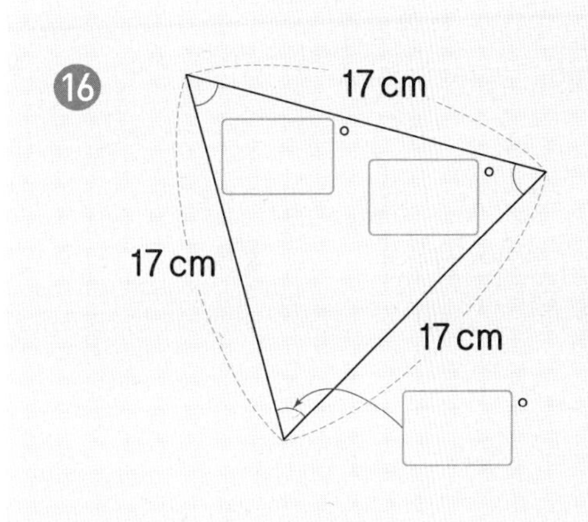

4 예각삼각형, 둔각삼각형

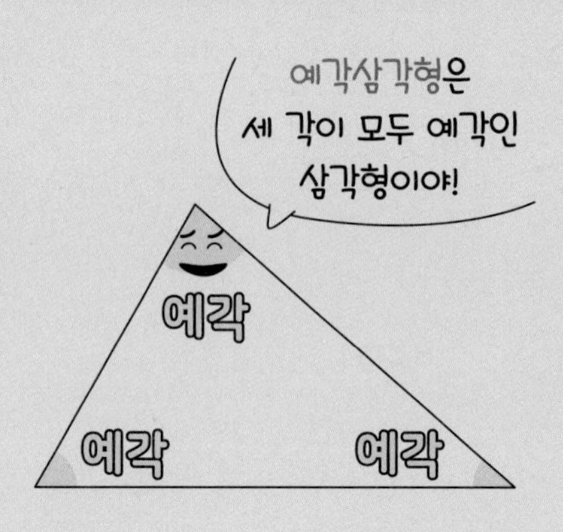

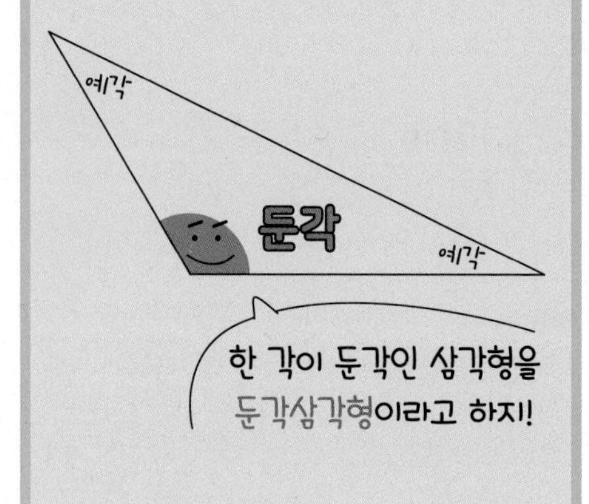

• **예각삼각형**

예각삼각형: 세 각이 모두 예각인 삼각형

0°<예각<90°

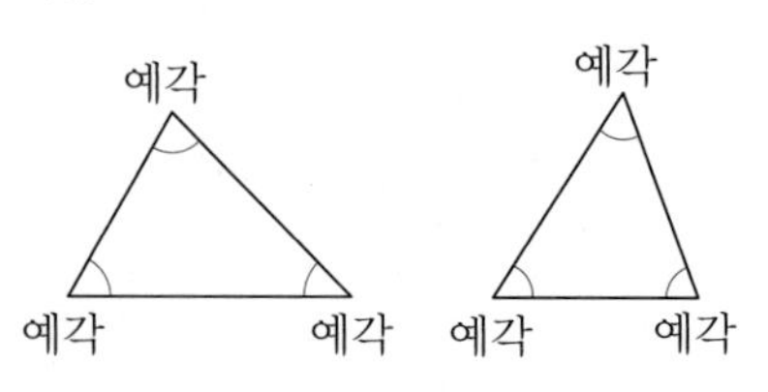

참고 예각이 있다고 해서 모두 예각삼각형이 아니라 세 각이 모두 예각이어야 예각삼각형입니다.

• **둔각삼각형**

둔각삼각형: 한 각이 둔각인 삼각형

90°<둔각<180°

예각

예각 둔각

○ 예각삼각형은 '예', 직각삼각형은 '직', 둔각삼각형은 '둔'이라고 써 보시오.

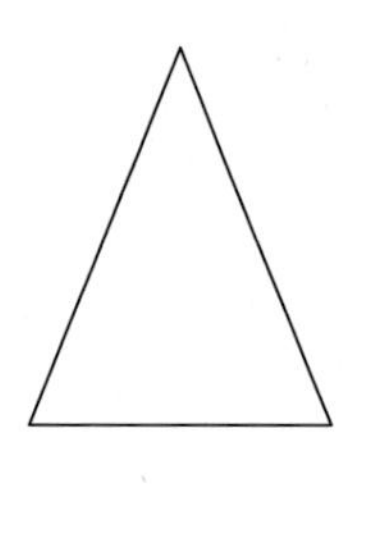

( )

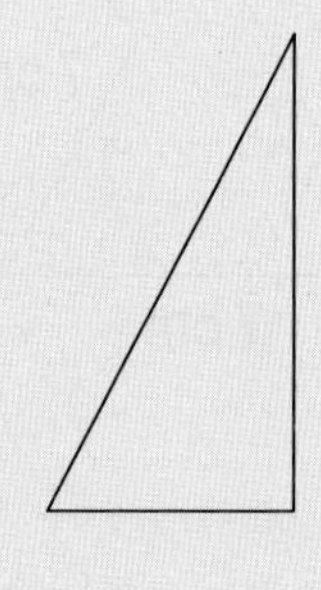

( )

2

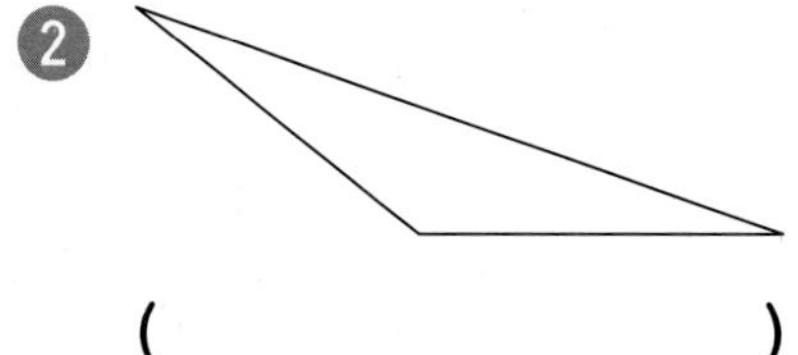

( )

6

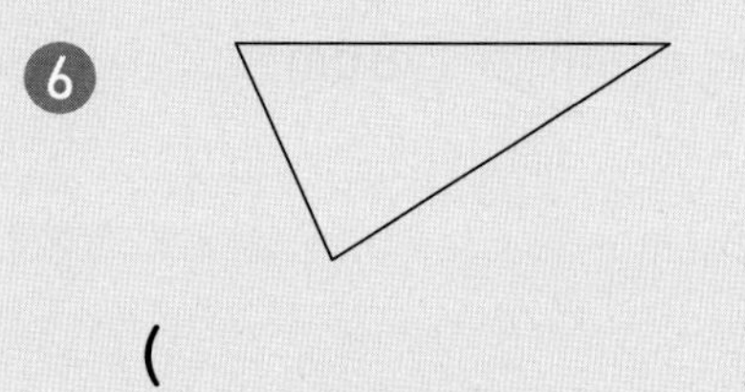

( )

3

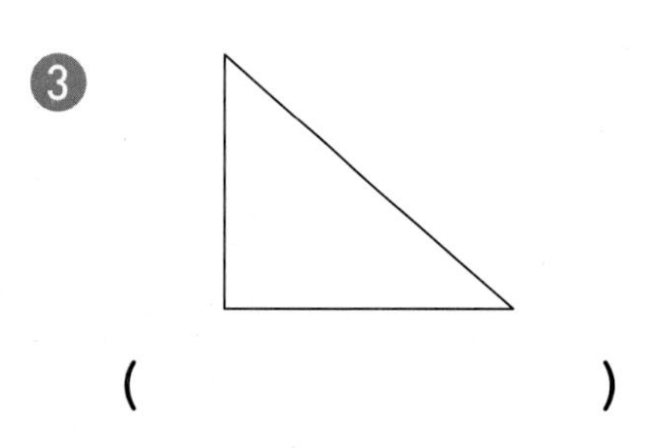

( )

7

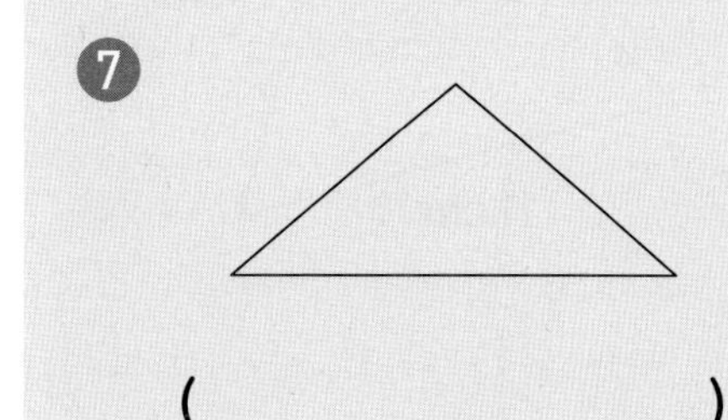

( )

4

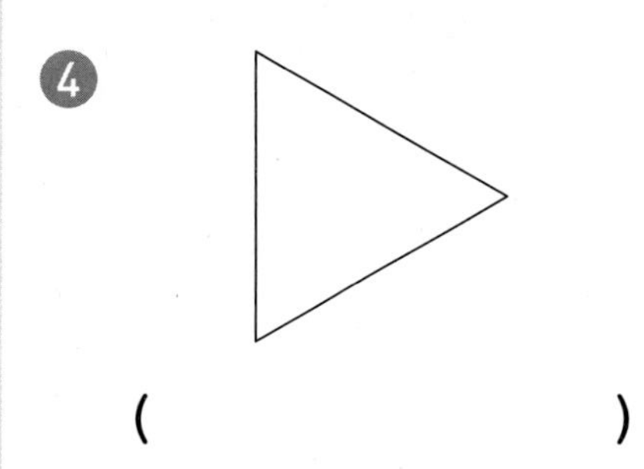

( )

8

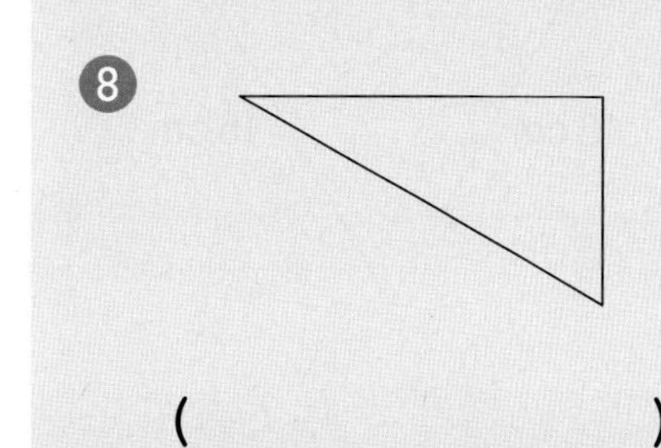

( )

○ 삼각형을 예각삼각형, 직각삼각형, 둔각삼각형으로 분류해 보시오.

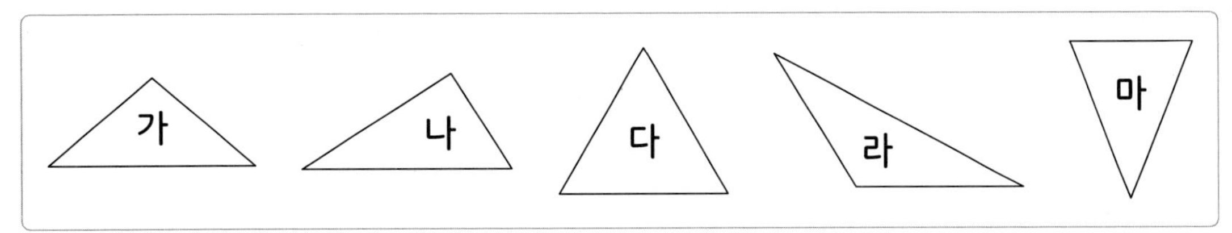

예각삼각형	직각삼각형	둔각삼각형

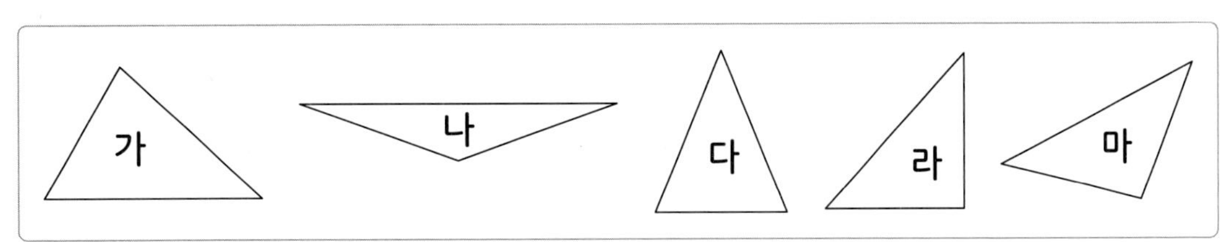

예각삼각형	직각삼각형	둔각삼각형

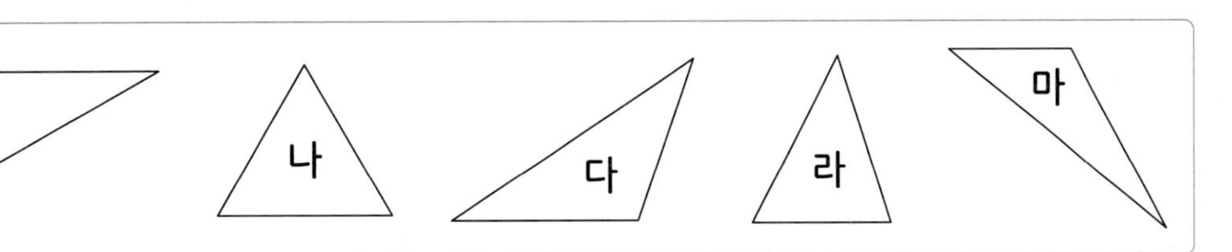

예각삼각형	직각삼각형	둔각삼각형

12

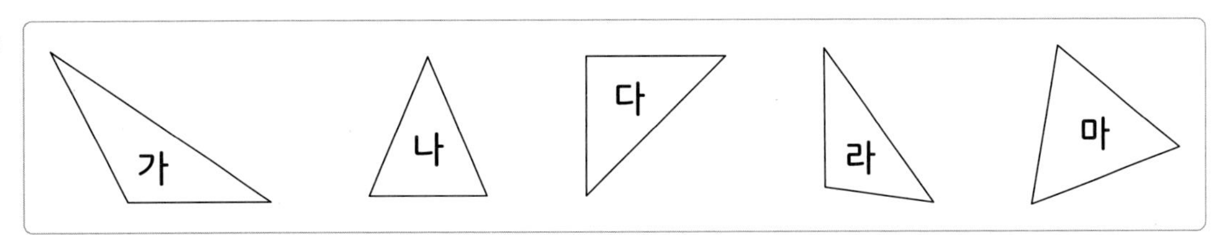

예각삼각형	직각삼각형	둔각삼각형

○ 이등변삼각형과 정삼각형을 각각 모두 찾아보시오.

1

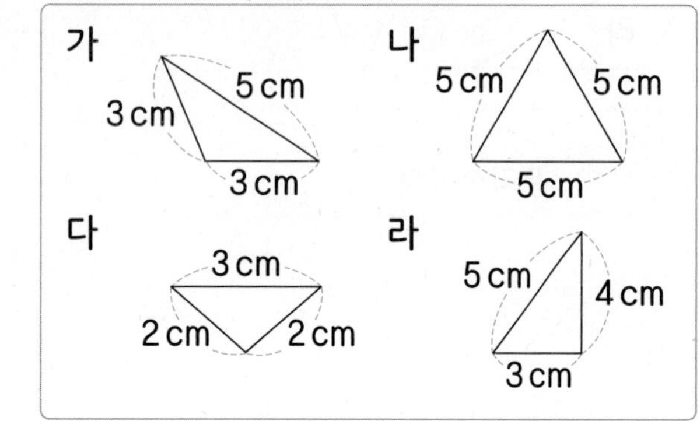

이등변삼각형	정삼각형

2

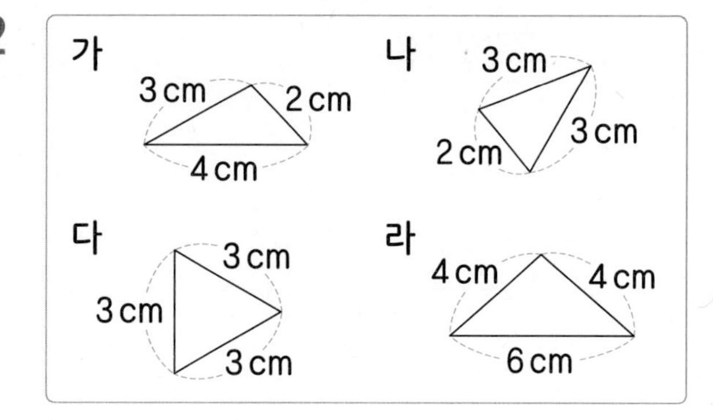

이등변삼각형	정삼각형

3

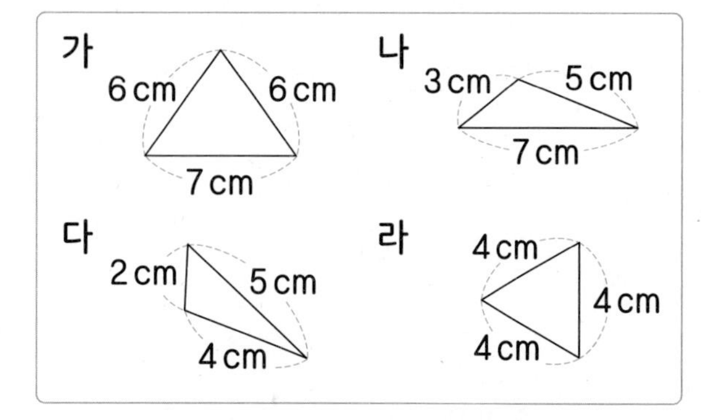

이등변삼각형	정삼각형

○ □ 안에 알맞은 수를 써넣으시오.

4

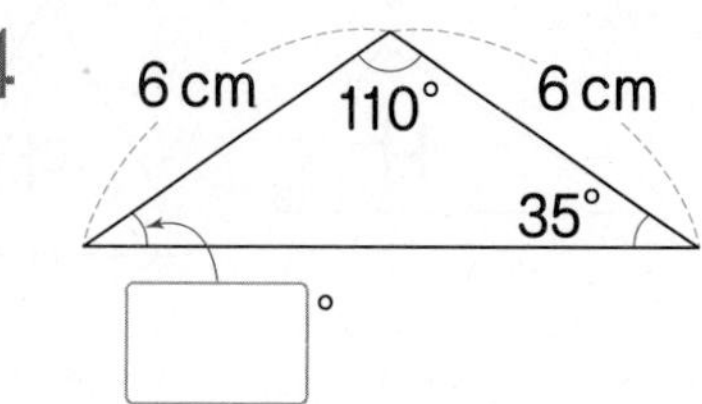

5

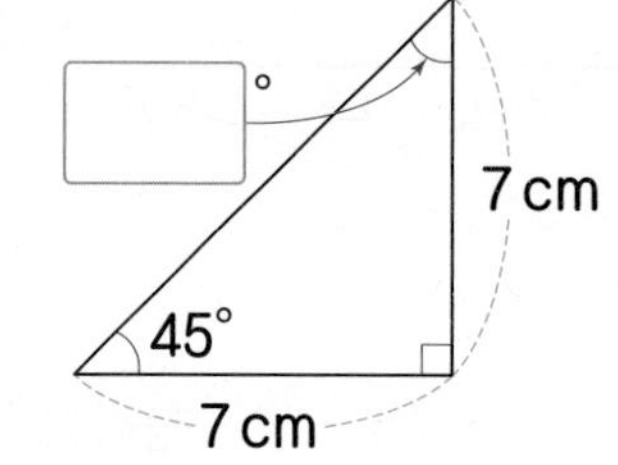

6

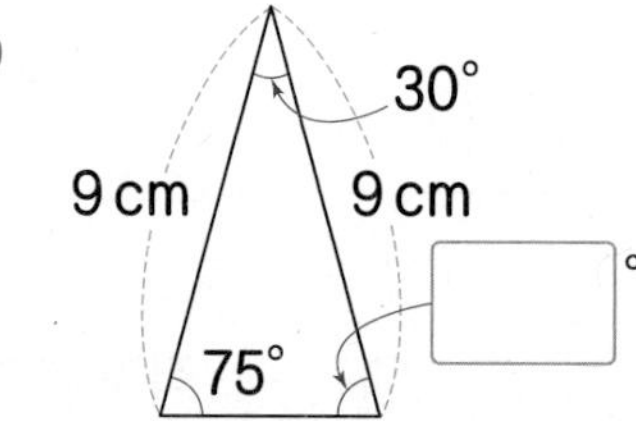

7

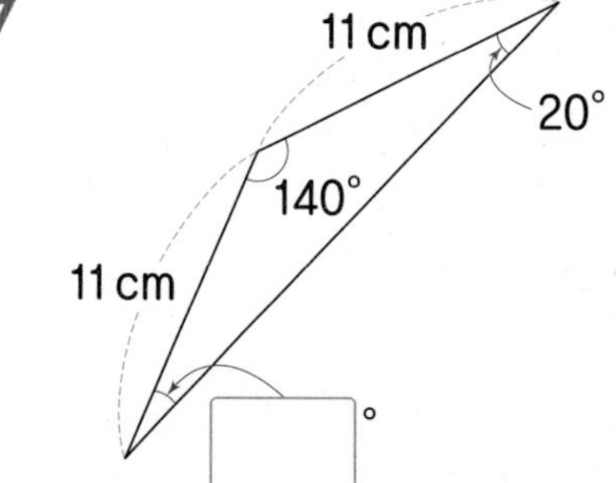

8

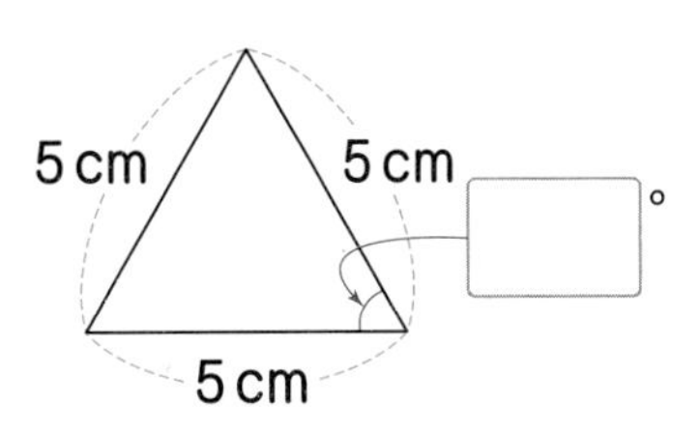

9

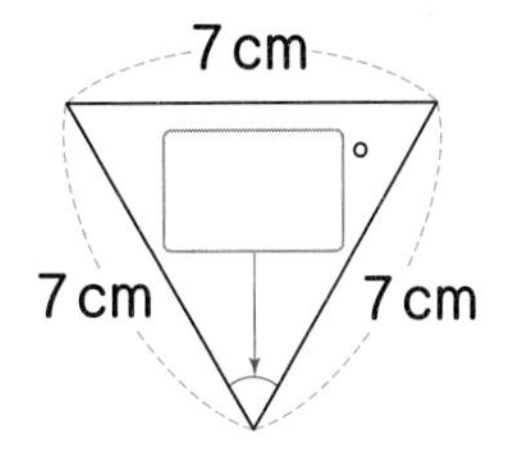

10

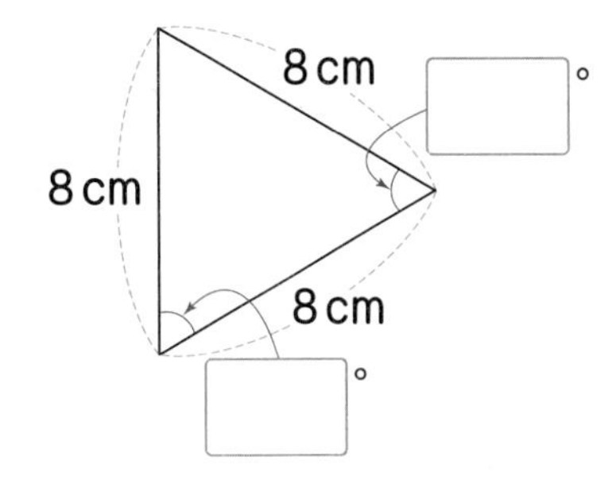

11

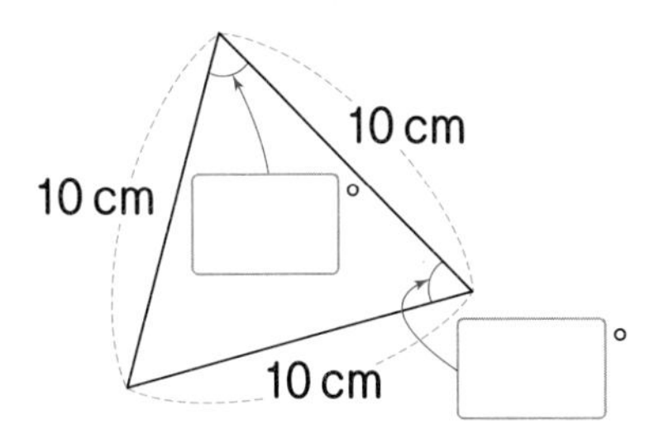

○ 삼각형을 예각삼각형, 직각삼각형, 둔각삼각형으로 분류해 보시오.

12

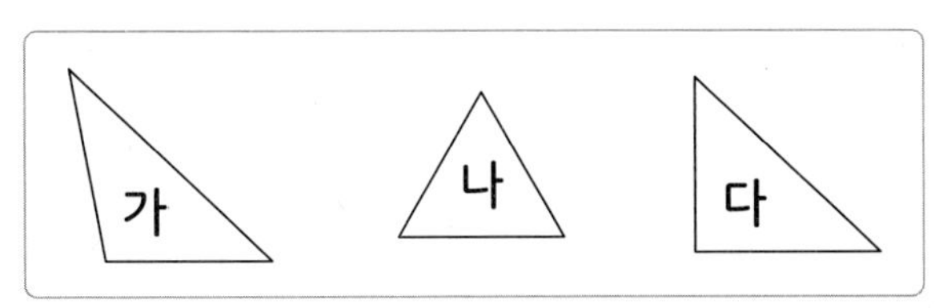

예각삼각형	
직각삼각형	
둔각삼각형	

13

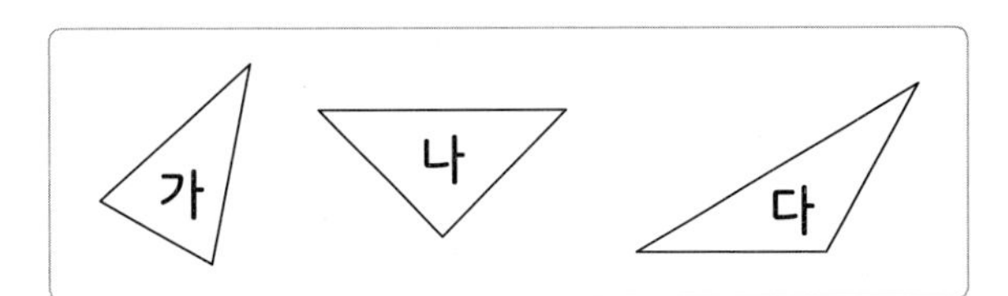

예각삼각형	
직각삼각형	
둔각삼각형	

14

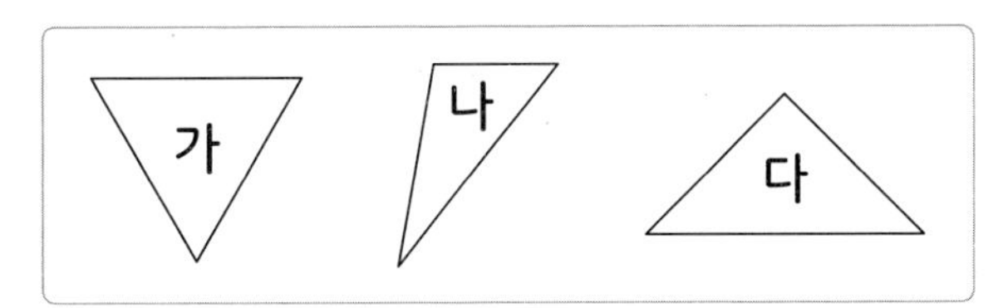

예각삼각형	
직각삼각형	
둔각삼각형	

2단원의 연산 실력을 보충하고 싶다면 **클리닉 북 13~16쪽**을 풀어 보세요.

소수의
덧셈과 뺄셈

학습하는 데 걸린 시간을 작성해 봐요!

학습 내용	학습 회차	걸린 시간
1 소수 두 자리 수	1일 차	/5분
2 소수 세 자리 수	2일 차	/5분
3 소수의 크기 비교	3일 차	/9분
4 소수 사이의 관계	4일 차	/8분
5 받아올림이 없는 소수 한 자리 수의 덧셈	5일 차	/7분
	6일 차	/10분
6 받아올림이 없는 소수 두 자리 수의 덧셈	7일 차	/8분
	8일 차	/11분
5 ~ 6 다르게 풀기	9일 차	/8분
7 받아올림이 있는 소수 한 자리 수의 덧셈	10일 차	/7분
	11일 차	/10분
8 받아올림이 있는 소수 두 자리 수의 덧셈	12일 차	/8분
	13일 차	/11분
9 자릿수가 다른 소수의 덧셈	14일 차	/9분
	15일 차	/13분
7 ~ 9 다르게 풀기	16일 차	/9분
10 받아내림이 없는 소수 한 자리 수의 뺄셈	17일 차	/7분
	18일 차	/10분
11 받아내림이 없는 소수 두 자리 수의 뺄셈	19일 차	/8분
	20일 차	/11분
10 ~ 11 다르게 풀기	21일 차	/8분
12 받아내림이 있는 소수 한 자리 수의 뺄셈	22일 차	/7분
	23일 차	/10분
13 받아내림이 있는 소수 두 자리 수의 뺄셈	24일 차	/8분
	25일 차	/11분
14 자릿수가 다른 소수의 뺄셈	26일 차	/9분
	27일 차	/13분
12 ~ 14 다르게 풀기	28일 차	/9분
비법 강의 초등에서 푸는 방정식 계산 비법	29일 차	/9분
평가 3. 소수의 덧셈과 뺄셈	30일 차	/13분

1 소수 두 자리 수

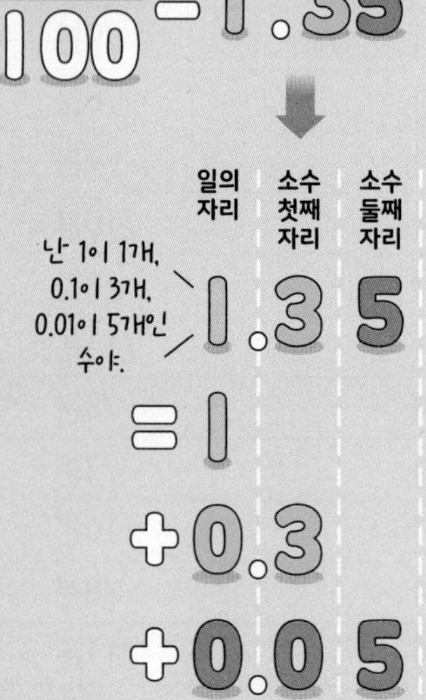

● 소수 두 자리 수

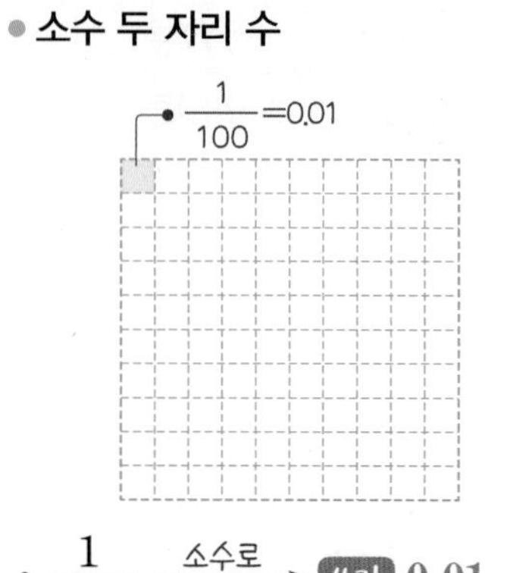

• $\frac{1}{100}$ $\xrightarrow{\text{소수로}}$ 쓰기 0.01
읽기 영 점 영일

• $\frac{45}{100}$ $\xrightarrow{\text{소수로}}$ 쓰기 0.45
읽기 영 점 사오

● 소수 두 자리 수의 자릿값

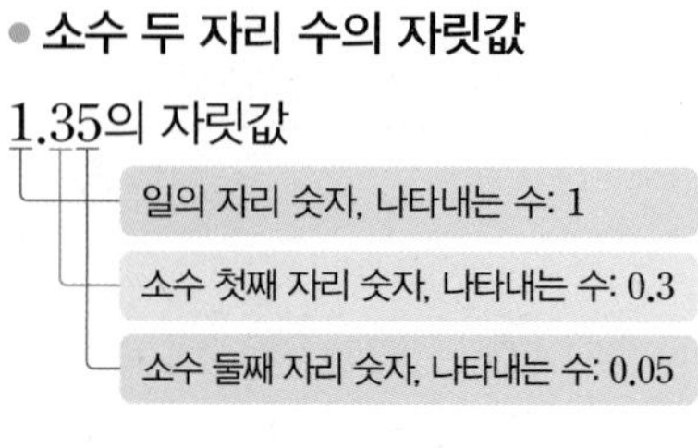

1.35의 자릿값
일의 자리 숫자, 나타내는 수: 1
소수 첫째 자리 숫자, 나타내는 수: 0.3
소수 둘째 자리 숫자, 나타내는 수: 0.05

○ 분수를 소수로 쓰고 읽어 보시오.

❶ $\frac{5}{100}$

쓰기 ____________

읽기 ____________

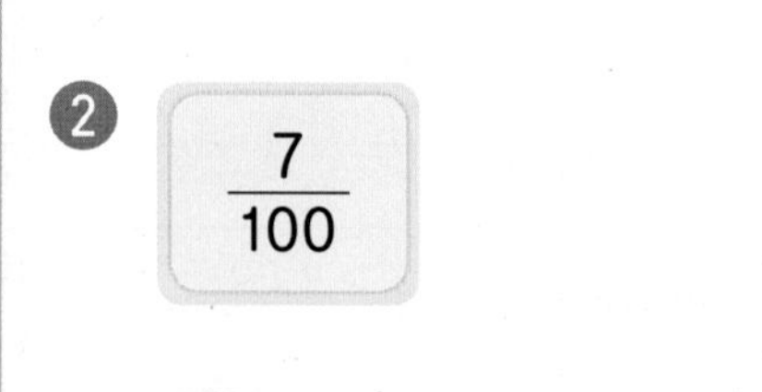

❷ $\frac{7}{100}$

쓰기 ____________

읽기 ____________

❸ $\frac{29}{100}$

쓰기 ____________

읽기 ____________

❹ $\frac{38}{100}$

쓰기 ____________

읽기 ____________

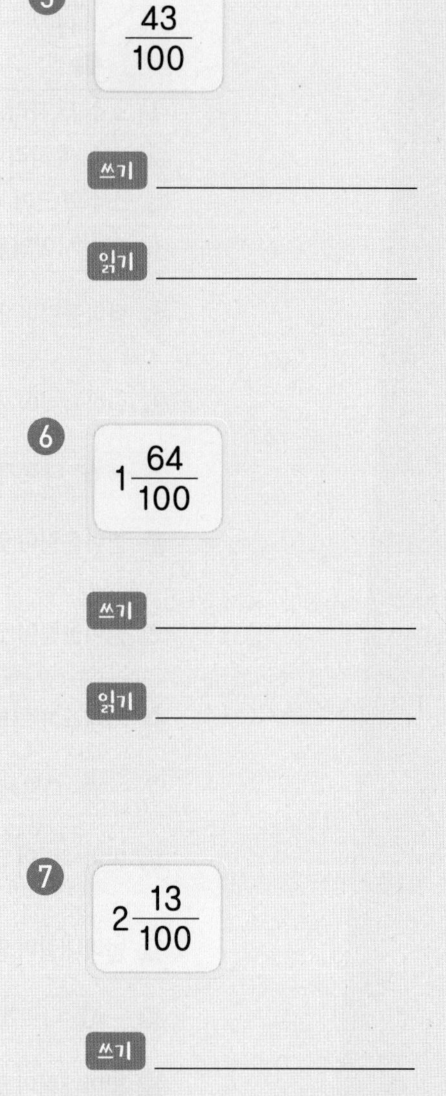

❺ $\frac{43}{100}$

쓰기 ____________

읽기 ____________

❻ $1\frac{64}{100}$

쓰기 ____________

읽기 ____________

❼ $2\frac{13}{100}$

쓰기 ____________

읽기 ____________

❽ $5\frac{59}{100}$

쓰기 ____________

읽기 ____________

정답 • 13쪽

○ ☐ 안에 알맞은 수나 말을 써넣으시오.

9 0.14에서 4는 ☐ 자리 숫자이고 ☐ 을/를 나타냅니다.

10 2.45에서 2는 ☐ 자리 숫자이고 ☐ 을/를 나타냅니다.

11 3.21에서 2는 ☐ 자리 숫자이고 ☐ 을/를 나타냅니다.

12 4.93에서 3은 ☐ 자리 숫자이고 ☐ 을/를 나타냅니다.

13 5.67에서 5는 ☐ 자리 숫자이고 ☐ 을/를 나타냅니다.

14 6.08에서 8은 ☐ 자리 숫자이고 ☐ 을/를 나타냅니다.

15 7.31에서 1은 ☐ 자리 숫자이고 ☐ 을/를 나타냅니다.

16 8.19에서 1은 ☐ 자리 숫자이고 ☐ 을/를 나타냅니다.

17 9.87에서 9는 ☐ 자리 숫자이고 ☐ 을/를 나타냅니다.

18 19.28에서 2는 ☐ 자리 숫자이고 ☐ 을/를 나타냅니다.

19 21.46에서 6은 ☐ 자리 숫자이고 ☐ 을/를 나타냅니다.

20 30.92에서 9는 ☐ 자리 숫자이고 ☐ 을/를 나타냅니다.

2 소수 세 자리 수

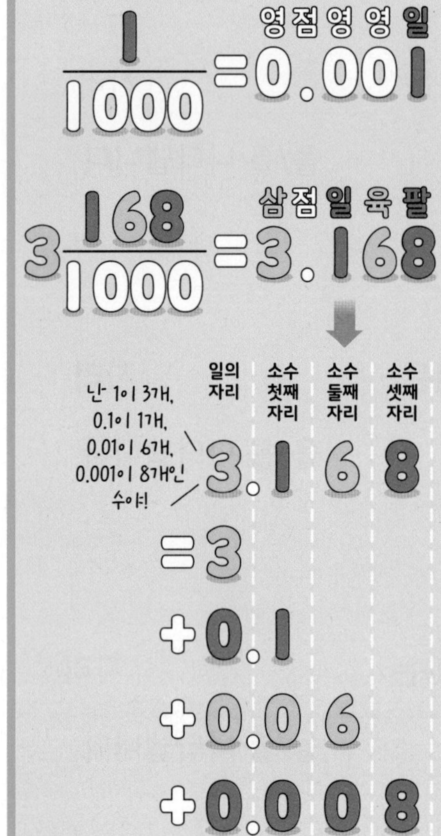

- 소수 세 자리 수

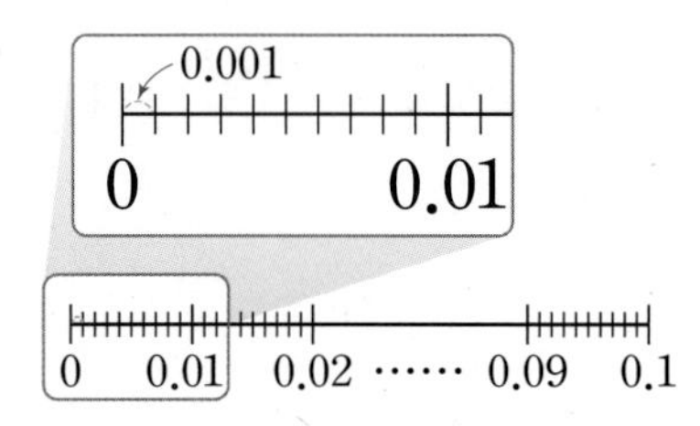

- $\frac{1}{1000}$ 소수로→ 쓰기 0.001
  읽기 영 점 영영일
- $\frac{517}{1000}$ 소수로→ 쓰기 0.517
  읽기 영 점 오일칠

- 소수 세 자리 수의 자릿값

3.168의 자릿값
- 일의 자리 숫자, 나타내는 수: 3
- 소수 첫째 자리 숫자, 나타내는 수: 0.1
- 소수 둘째 자리 숫자, 나타내는 수: 0.06
- 소수 셋째 자리 숫자, 나타내는 수: 0.008

○ 분수를 소수로 쓰고 읽어 보시오.

❶ $\frac{4}{1000}$

쓰기 ____________

읽기 ____________

❷ $\frac{12}{1000}$

쓰기 ____________

읽기 ____________

❸ $\frac{97}{1000}$

쓰기 ____________

읽기 ____________

❹ $\frac{113}{1000}$

쓰기 ____________

읽기 ____________

❺ $\frac{276}{1000}$

쓰기 ____________

읽기 ____________

❻ $\frac{607}{1000}$

쓰기 ____________

읽기 ____________

❼ $2\frac{528}{1000}$

쓰기 ____________

읽기 ____________

❽ $8\frac{904}{1000}$

쓰기 ____________

읽기 ____________

정답 • 13쪽

○ ☐ 안에 알맞은 수나 말을 써넣으시오.

❾ 0.821에서 1은 ☐ 자리 숫자이고 ☐ 을/를 나타냅니다.

❿ 1.457에서 4는 ☐ 자리 숫자이고 ☐ 을/를 나타냅니다.

⓫ 1.253에서 5는 ☐ 자리 숫자이고 ☐ 을/를 나타냅니다.

⓬ 2.176에서 2는 ☐ 자리 숫자이고 ☐ 을/를 나타냅니다.

⓭ 3.928에서 8은 ☐ 자리 숫자이고 ☐ 을/를 나타냅니다.

⓮ 4.136에서 3은 ☐ 자리 숫자이고 ☐ 을/를 나타냅니다.

⓯ 5.264에서 6은 ☐ 자리 숫자이고 ☐ 을/를 나타냅니다.

⓰ 7.105에서 7은 ☐ 자리 숫자이고 ☐ 을/를 나타냅니다.

⓱ 9.534에서 5는 ☐ 자리 숫자이고 ☐ 을/를 나타냅니다.

⓲ 10.182에서 2는 ☐ 자리 숫자이고 ☐ 을/를 나타냅니다.

⓳ 24.357에서 3은 ☐ 자리 숫자이고 ☐ 을/를 나타냅니다.

⓴ 34.159에서 9는 ☐ 자리 숫자이고 ☐ 을/를 나타냅니다.

3 소수의 크기 비교

일의 자리 수부터
같은 자리 수끼리
차례대로 비교해 봐!

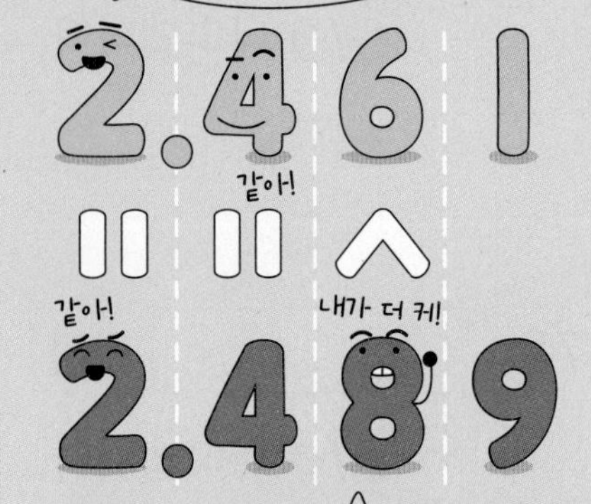

일의 자리 수와
소수 첫째 자리 수가
각각 서로 같으니까
소수 둘째 자리 수를 비교하면 돼.

• 소수의 크기를 비교하는 방법

① 일의 자리 수를 먼저 비교합니다.

② 일의 자리 수가 같으면 소수 첫째 자리 수, 소수 둘째 자리 수, 소수 셋째 자리 수의 크기를 차례대로 비교합니다.

$4.13 > 2.78$ (4>2)

$0.641 < 0.8$ (6<8)

$1.27 > 1.257$ (7>5)

$9.031 < 9.033$ (1<3)

참고 0.2와 0.20은 같은 수입니다. 필요한 경우 소수의 오른쪽 끝자리에 0을 붙여서 나타낼 수 있습니다.

$0.2=0.20$

○ 두 수의 크기를 비교하여 ◯ 안에 >, =, <를 알맞게 써넣으시오.

1. 0.12 ◯ 0.44
2. 0.76 ◯ 0.72
3. 1.04 ◯ 1.11
4. 1.51 ◯ 1.53
5. 3.23 ◯ 2.32
6. 4.24 ◯ 4.27
7. 7.18 ◯ 6.17
8. 0.915 ◯ 0.705
9. 1.026 ◯ 1.035
10. 2.134 ◯ 1.749
11. 2.834 ◯ 2.836
12. 7.307 ◯ 7.108
13. 8.952 ◯ 9.179
14. 8.932 ◯ 8.936

⑮ 0.6 ◯ 0.48

⑯ 1.73 ◯ 1.8

⑰ 2.5 ◯ 3.48

⑱ 3.9 ◯ 0.11

⑲ 6.20 ◯ 6.2

⑳ 8.69 ◯ 8.6

㉑ 20.4 ◯ 19.97

㉒ 0.166 ◯ 0.1

㉓ 1.5 ◯ 1.054

㉔ 2.918 ◯ 4.1

㉕ 5.4 ◯ 5.407

㉖ 6.7 ◯ 5.734

㉗ 9.2 ◯ 9.231

㉘ 15.732 ◯ 15.8

㉙ 0.279 ◯ 0.27

㉚ 1.41 ◯ 1.423

㉛ 4.251 ◯ 4.92

㉜ 6.15 ◯ 6.089

㉝ 7.65 ◯ 7.654

㉞ 8.120 ◯ 8.12

㉟ 19.167 ◯ 18.95

4 소수 사이의 관계

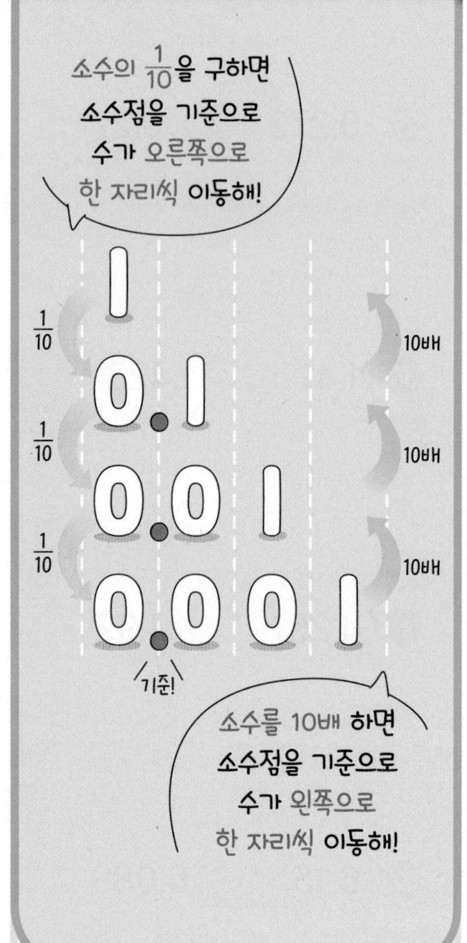

- **1, 0.1, 0.01, 0.001 사이의 관계**
  - 소수를 10배 하면 소수점을 기준으로 수가 왼쪽으로 한 자리씩 이동합니다.

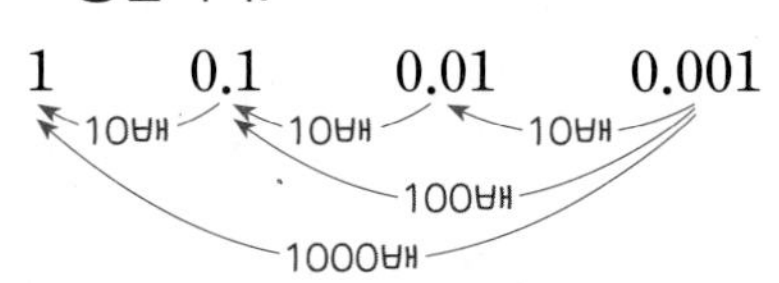

  - 소수의 $\frac{1}{10}$을 구하면 소수점을 기준으로 수가 오른쪽으로 한 자리씩 이동합니다.

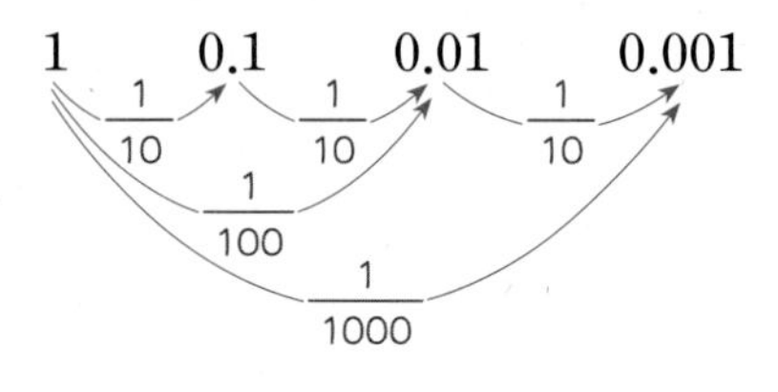

○ 빈칸에 알맞은 수를 써넣으시오.

❶

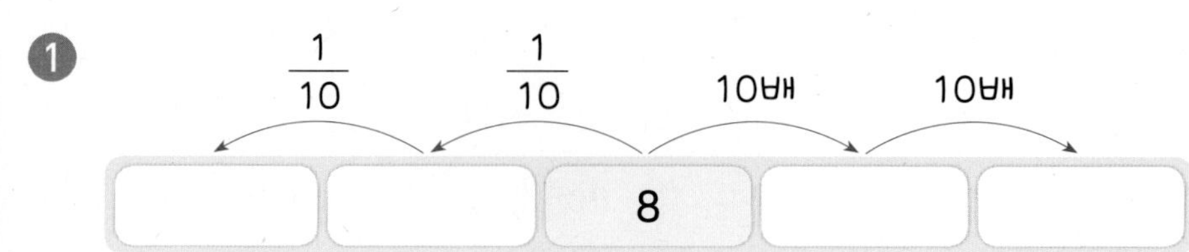

❷

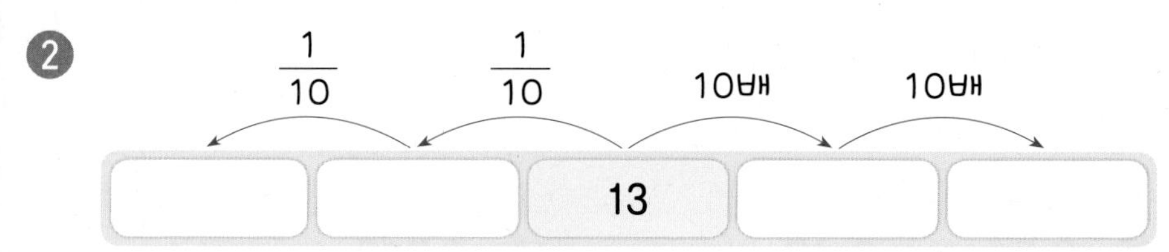

❸

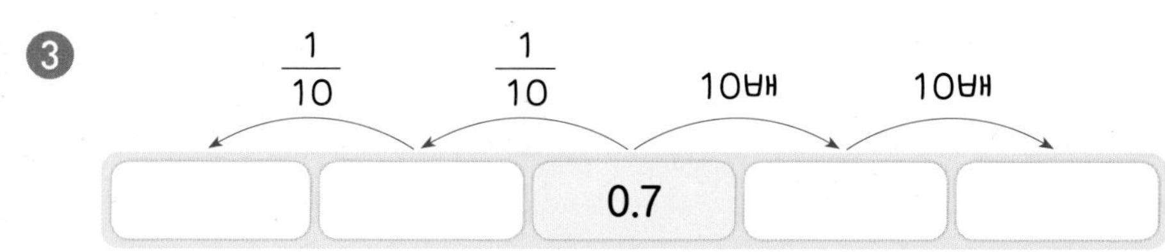

❹

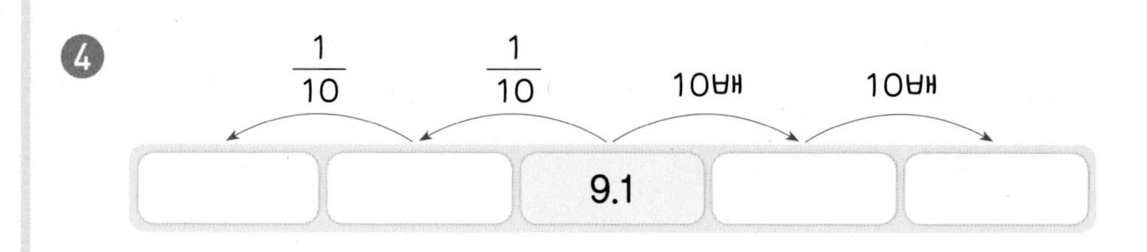

❺

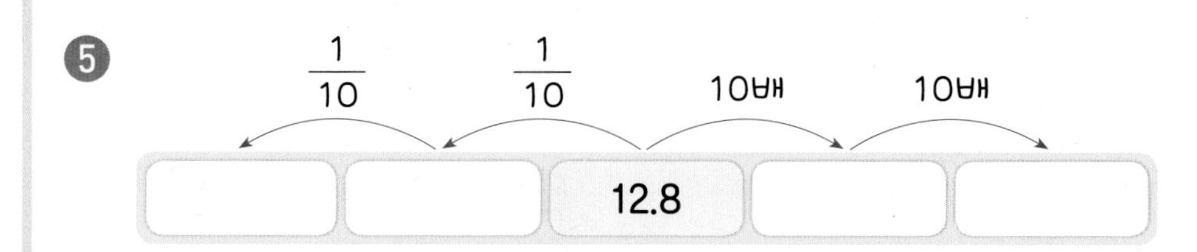

○ □ 안에 알맞은 수를 써넣으시오.

❻ 0.5의 10배는 5이고,

100배는 □ 입니다.

❼ 0.47의 10배는 4.7이고,

100배는 □ 입니다.

❽ 1.813의 10배는 18.13이고,

100배는 □ 입니다.

❾ 2.8의 100배는 280이고,

1000배는 □ 입니다.

❿ 3.11의 100배는 311이고,

1000배는 □ 입니다.

⓫ 4의 $\frac{1}{10}$은 0.4이고,

$\frac{1}{100}$은 □ 입니다.

⓬ 6.8의 $\frac{1}{10}$은 0.68이고,

$\frac{1}{100}$은 □ 입니다.

⓭ 96.1의 $\frac{1}{10}$은 9.61이고,

$\frac{1}{100}$은 □ 입니다.

⓮ 23의 $\frac{1}{100}$은 0.23이고,

$\frac{1}{1000}$은 □ 입니다.

⓯ 392의 $\frac{1}{100}$은 3.92이고,

$\frac{1}{1000}$은 □ 입니다.

5 받아올림이 없는 소수 한 자리 수의 덧셈

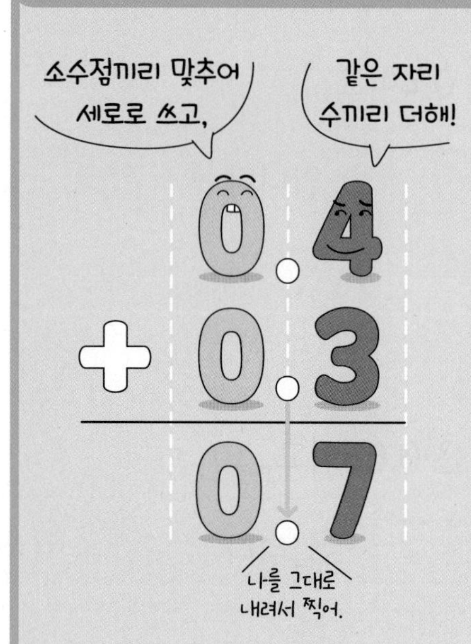

소수점끼리 맞추어 세로로 쓰고,
같은 자리 수끼리 더해!
0.4
+ 0.3
0.7
나를 그대로 내려서 찍어.

● **받아올림이 없는 소수 한 자리 수의 덧셈**

소수점끼리 맞추어 세로로 쓰고 같은 자리 수끼리 더한 다음 소수점을 그대로 내려 찍습니다.

$$\begin{array}{r} 0.4 \\ +\ 0.3 \\ \hline 7 \end{array} \Rightarrow \begin{array}{r} 0.4 \\ +\ 0.3 \\ \hline 0.7 \end{array}$$

(4+3=7)

○ 계산해 보시오.

❶
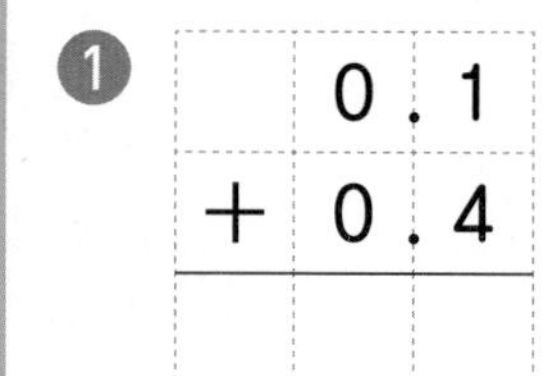

$$\begin{array}{r} 0.1 \\ +\ 0.4 \\ \hline \end{array}$$

❷ $$\begin{array}{r} 0.2 \\ +\ 0.3 \\ \hline \end{array}$$

❸ $$\begin{array}{r} 0.3 \\ +\ 0.1 \\ \hline \end{array}$$

❹ $$\begin{array}{r} 0.4 \\ +\ 0.5 \\ \hline \end{array}$$

❺ $$\begin{array}{r} 1.6 \\ +\ 2.3 \\ \hline \end{array}$$

❻ $$\begin{array}{r} 2.1 \\ +\ 1.2 \\ \hline \end{array}$$

❼ $$\begin{array}{r} 2.4 \\ +\ 1.3 \\ \hline \end{array}$$

❽ $$\begin{array}{r} 3.1 \\ +\ 1.7 \\ \hline \end{array}$$

❾ $$\begin{array}{r} 3.8 \\ +\ 2.1 \\ \hline \end{array}$$

❿ $$\begin{array}{r} 4.3 \\ +\ 5.5 \\ \hline \end{array}$$

⓫ $$\begin{array}{r} 5.5 \\ +\ 2.2 \\ \hline \end{array}$$

⓬ $$\begin{array}{r} 6.2 \\ +\ 3.7 \\ \hline \end{array}$$

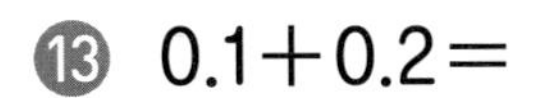
⑬ $0.1+0.2=$

⑭ $0.1+0.8=$

⑮ $0.2+0.5=$

⑯ $0.3+0.4=$

⑰ $0.4+0.2=$

⑱ $0.6+0.2=$

⑲ $1.3+2.3=$

⑳ $1.5+1.2=$

㉑ $2.2+0.4=$

㉒ $3.3+1.6=$

㉓ $4.1+5.5=$

㉔ $4.4+3.4=$

㉕ $5.6+1.2=$

㉖ $6.5+1.4=$

㉗ $7.2+2.6=$

5 받아올림이 없는 소수 한 자리 수의 덧셈

○ 계산해 보시오.

❶ $\begin{array}{r} 0.1 \\ +\ 0.3 \\ \hline \end{array}$

❷ $\begin{array}{r} 0.2 \\ +\ 0.2 \\ \hline \end{array}$

❸ $\begin{array}{r} 0.2 \\ +\ 0.6 \\ \hline \end{array}$

❹ $\begin{array}{r} 0.5 \\ +\ 8.4 \\ \hline \end{array}$

❺ $\begin{array}{r} 0.7 \\ +\ 3.1 \\ \hline \end{array}$

❻ $\begin{array}{r} 1.3 \\ +\ 1.5 \\ \hline \end{array}$

❼ $\begin{array}{r} 1.4 \\ +\ 0.3 \\ \hline \end{array}$

❽ $\begin{array}{r} 2.8 \\ +\ 0.1 \\ \hline \end{array}$

❾ $\begin{array}{r} 4.4 \\ +\ 2.2 \\ \hline \end{array}$

❿ $\begin{array}{r} 5.7 \\ +\ 3.2 \\ \hline \end{array}$

⓫ $\begin{array}{r} 7.3 \\ +\ 2.4 \\ \hline \end{array}$

⓬ $\begin{array}{r} 8.5 \\ +\ 0.3 \\ \hline \end{array}$

⓭ $\begin{array}{r} 10.1 \\ +\ \ \ 0.2 \\ \hline \end{array}$

⓮ $\begin{array}{r} 11.2 \\ +\ \ \ 0.4 \\ \hline \end{array}$

⓯ $\begin{array}{r} 13.3 \\ +\ \ \ 0.6 \\ \hline \end{array}$

⓰ $\begin{array}{r} 15.4 \\ +\ \ \ 1.5 \\ \hline \end{array}$

⓱ $\begin{array}{r} 16.6 \\ +\ \ \ 1.2 \\ \hline \end{array}$

⓲ $\begin{array}{r} 19.1 \\ +\ \ \ 0.5 \\ \hline \end{array}$

⑲ $0.1+0.7=$

⑳ $0.3+0.3=$

㉑ $0.3+0.5=$

㉒ $0.4+0.1=$

㉓ $0.5+0.2=$

㉔ $1.2+0.3=$

㉕ $1.4+7.2=$

㉖ $2.1+6.3=$

㉗ $2.5+1.2=$

㉘ $3.2+6.5=$

㉙ $4.7+4.1=$

㉚ $5.3+4.4=$

㉛ $7.4+1.1=$

㉜ $7.6+2.2=$

㉝ $8.3+1.1=$

㉞ $9.7+0.2=$

㉟ $10.6+3.1=$

㊱ $11.4+4.4=$

㊲ $12.6+0.3=$

㊳ $14.3+2.6=$

㊴ $20.1+4.6=$

6 받아올림이 없는 소수 두 자리 수의 덧셈

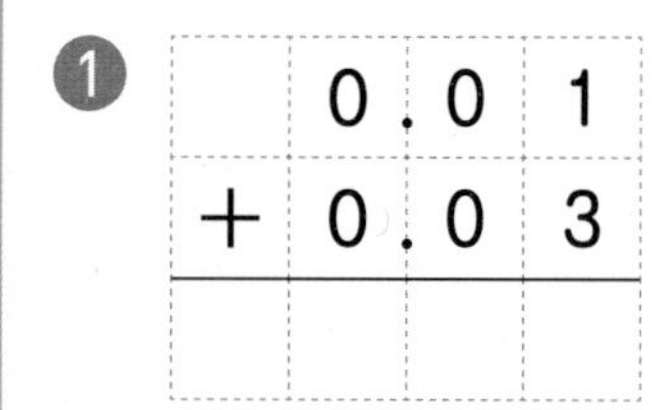

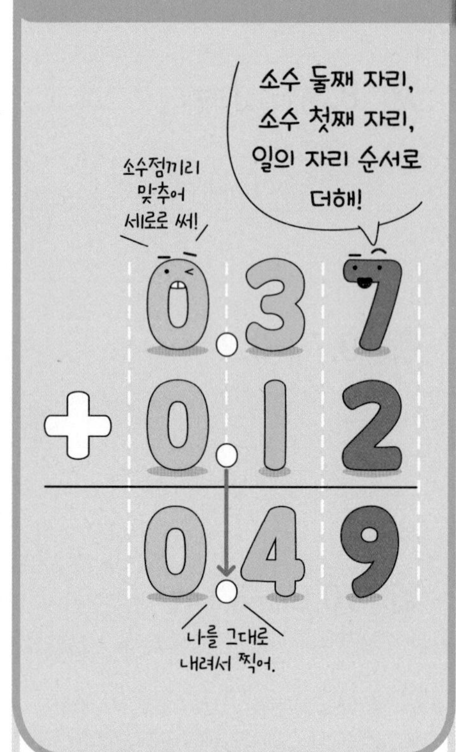
소수 둘째 자리, 소수 첫째 자리, 일의 자리 순서로 더해!
소수점끼리 맞추어 세로로 써!
나를 그대로 내려서 찍어.

- **받아올림이 없는 소수 두 자리 수의 덧셈**

소수점끼리 맞추어 세로로 쓰고 소수 둘째 자리, 소수 첫째 자리, 일의 자리 순서로 더한 다음 소수점을 그대로 내려 찍습니다.

소수 둘째 자리의 계산

$$\begin{array}{r} 0.37 \\ +\ 0.12 \\ \hline 9 \end{array}$$

7+2=9

⇩

소수 첫째 자리의 계산

$$\begin{array}{r} 0.37 \\ +\ 0.12 \\ \hline 49 \end{array}$$

3+1=4

⇩

일의 자리의 계산

$$\begin{array}{r} 0.37 \\ +\ 0.12 \\ \hline 0.49 \end{array}$$

○ 계산해 보시오.

❶ $\begin{array}{r} 0.01 \\ +\ 0.03 \\ \hline \end{array}$

❷ $\begin{array}{r} 0.02 \\ +\ 0.35 \\ \hline \end{array}$

❸ $\begin{array}{r} 0.13 \\ +\ 0.51 \\ \hline \end{array}$

❹ $\begin{array}{r} 1.24 \\ +\ 0.04 \\ \hline \end{array}$

❺ $\begin{array}{r} 2.45 \\ +\ 4.31 \\ \hline \end{array}$

❻ $\begin{array}{r} 2.43 \\ +\ 6.54 \\ \hline \end{array}$

❼ $\begin{array}{r} 3.52 \\ +\ 0.17 \\ \hline \end{array}$

❽ $\begin{array}{r} 4.67 \\ +\ 1.22 \\ \hline \end{array}$

❾ $\begin{array}{r} 5.62 \\ +\ 1.33 \\ \hline \end{array}$

❿ $\begin{array}{r} 6.71 \\ +\ 3.26 \\ \hline \end{array}$

⓫ $\begin{array}{r} 7.84 \\ +\ 2.02 \\ \hline \end{array}$

⓬ $\begin{array}{r} 9.87 \\ +\ 0.11 \\ \hline \end{array}$

정답 • 14쪽

⑬ $0.05+0.03=$

⑭ $0.11+0.47=$

⑮ $1.02+0.02=$

⑯ $1.06+3.21=$

⑰ $2.25+2.54=$

⑱ $3.21+2.72=$

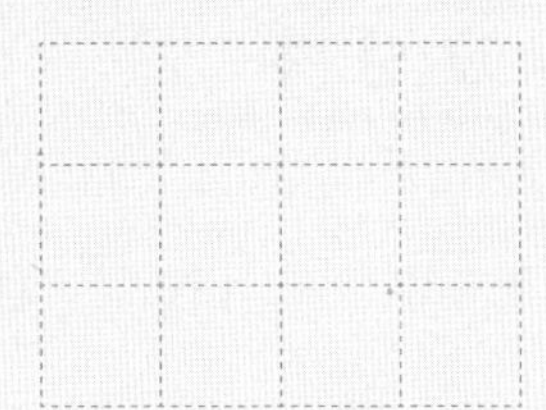

⑲ $4.34+5.33=$

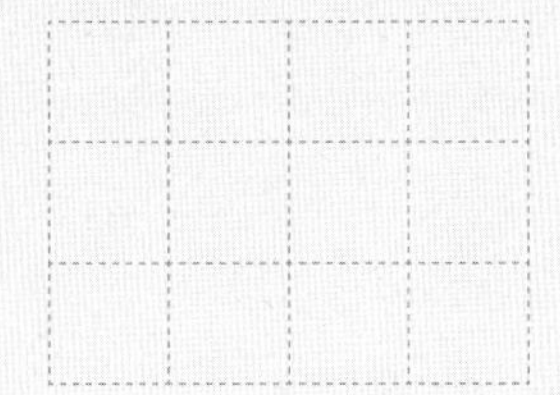

⑳ $5.32+3.64=$

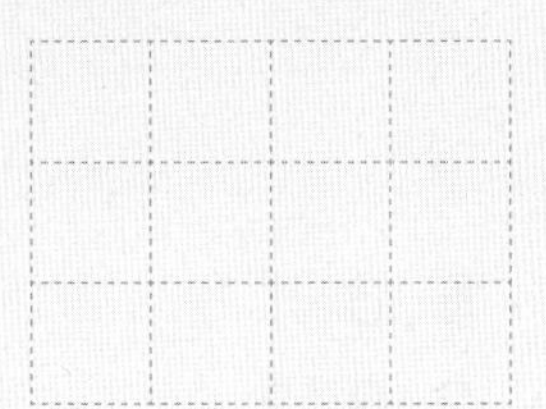

㉑ $5.43+2.22=$

㉒ $6.08+0.51=$

㉓ $6.53+1.02=$

㉔ $7.51+1.44=$

㉕ $8.13+0.73=$

㉖ $8.86+1.11=$

㉗ $9.02+0.96=$

6 받아올림이 없는 소수 두 자리 수의 덧셈

○ 계산해 보시오.

❶ $\begin{array}{r} 0.12 \\ +\ 0.06 \\ \hline \end{array}$

❷ $\begin{array}{r} 0.23 \\ +\ 0.06 \\ \hline \end{array}$

❸ $\begin{array}{r} 1.34 \\ +\ 0.11 \\ \hline \end{array}$

❹ $\begin{array}{r} 1.85 \\ +\ 2.12 \\ \hline \end{array}$

❺ $\begin{array}{r} 2.32 \\ +\ 4.51 \\ \hline \end{array}$

❻ $\begin{array}{r} 2.91 \\ +\ 3.08 \\ \hline \end{array}$

❼ $\begin{array}{r} 3.01 \\ +\ 0.91 \\ \hline \end{array}$

❽ $\begin{array}{r} 3.51 \\ +\ 5.44 \\ \hline \end{array}$

❾ $\begin{array}{r} 4.62 \\ +\ 1.07 \\ \hline \end{array}$

❿ $\begin{array}{r} 5.61 \\ +\ 2.23 \\ \hline \end{array}$

⓫ $\begin{array}{r} 8.22 \\ +\ 1.45 \\ \hline \end{array}$

⓬ $\begin{array}{r} 9.36 \\ +\ 0.41 \\ \hline \end{array}$

⓭ $\begin{array}{r} 10.73 \\ +\ 1.05 \\ \hline \end{array}$

⓮ $\begin{array}{r} 12.72 \\ +\ 3.13 \\ \hline \end{array}$

⓯ $\begin{array}{r} 13.04 \\ +\ 1.53 \\ \hline \end{array}$

⓰ $\begin{array}{r} 15.56 \\ +\ 4.12 \\ \hline \end{array}$

⓱ $\begin{array}{r} 16.44 \\ +\ 2.15 \\ \hline \end{array}$

⓲ $\begin{array}{r} 19.45 \\ +\ 0.44 \\ \hline \end{array}$

⑲ $0.51+0.26=$

⑳ $0.63+0.12=$

㉑ $1.37+3.01=$

㉒ $2.46+0.53=$

㉓ $2.51+1.27=$

㉔ $3.14+6.22=$

㉕ $4.31+4.32=$

㉖ $4.73+3.14=$

㉗ $6.14+2.41=$

㉘ $6.22+1.14=$

㉙ $7.04+1.23=$

㉚ $8.31+0.33=$

㉛ $8.53+1.31=$

㉜ $9.05+0.61=$

㉝ $10.25+0.71=$

㉞ $11.05+4.62=$

㉟ $12.02+5.83=$

㊱ $14.82+2.12=$

㊲ $15.15+1.22=$

㊳ $15.91+0.03=$

㊴ $19.26+0.72=$

5 ~ 6 다르게 풀기

○ 빈칸에 알맞은 수를 써넣으시오.

❶ 0.2 → (+0.4) → ☐

0.2+0.4를 계산해요.

❷ 0.51 → (+0.23) → ☐

❸ 1.35 → (+3.43) → ☐

❹ 3.1 → (+5.8) → ☐

❺ 6.6 → (+2.1) → ☐

❻ 9.54 → (+0.14) → ☐

❼ 10.28 → (+2.41) → ☐

❽ 11.2 → (+8.1) → ☐

❾ 12.5 → (+1.4) → ☐

❿ 16.42 → (+3.05) → ☐

⑪
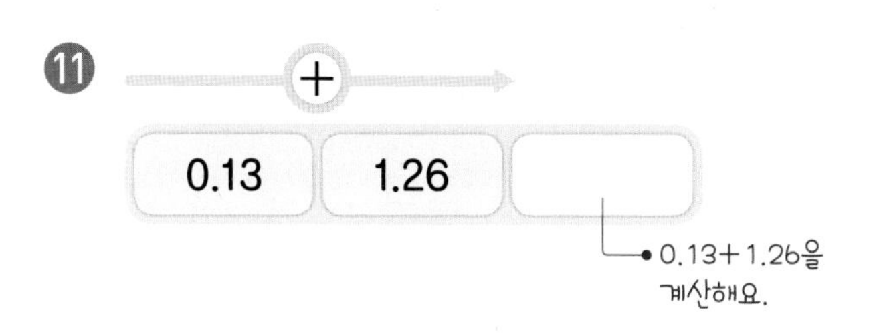

⑮
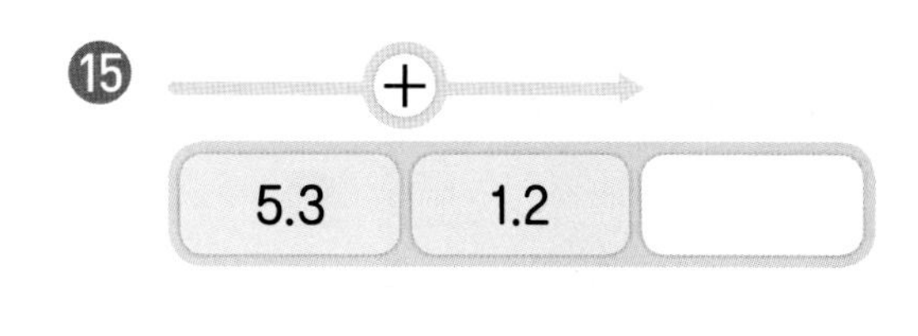

⑫
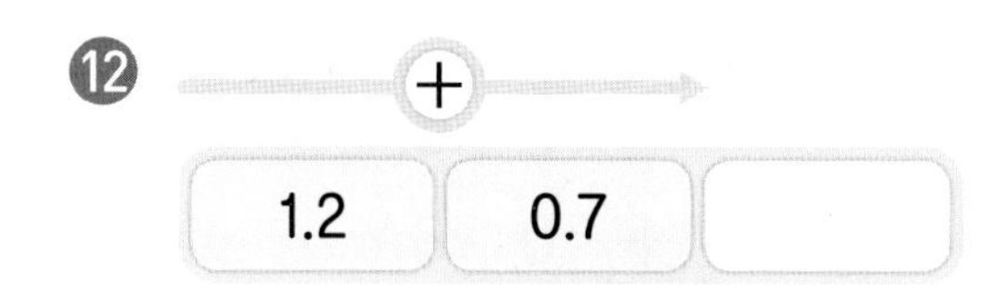

⑯
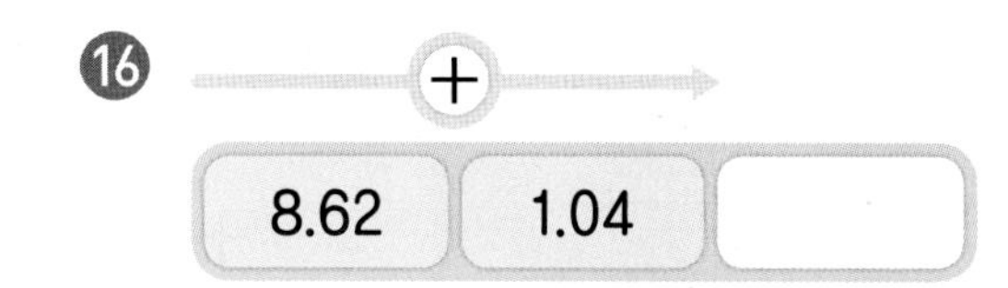

⑬
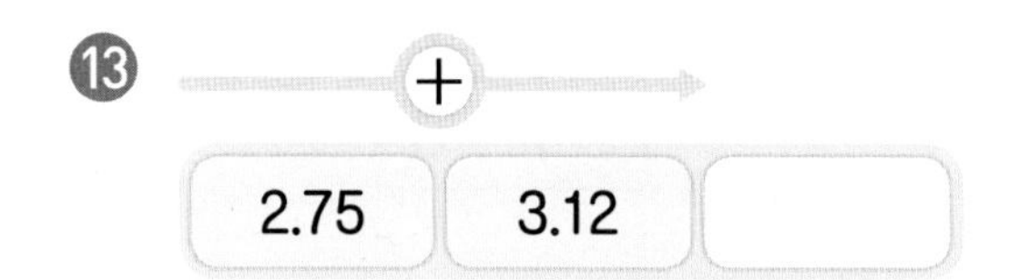

⑰
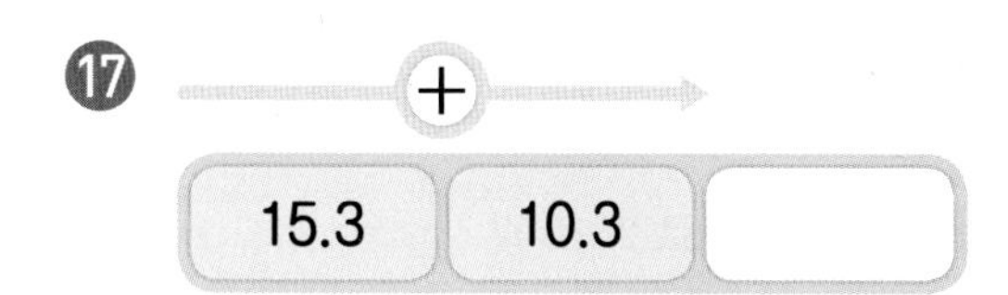

⑭
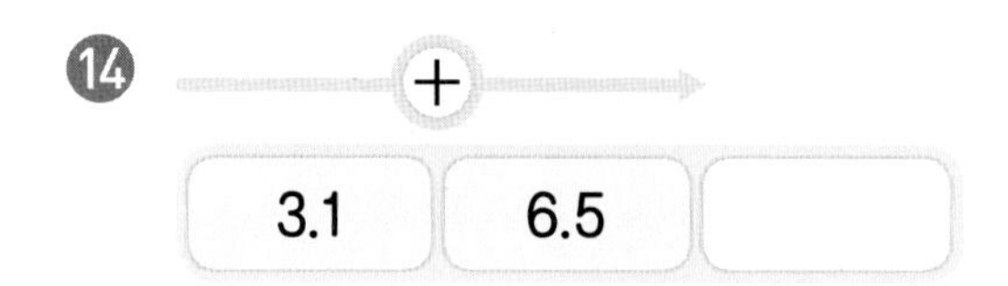

⑱
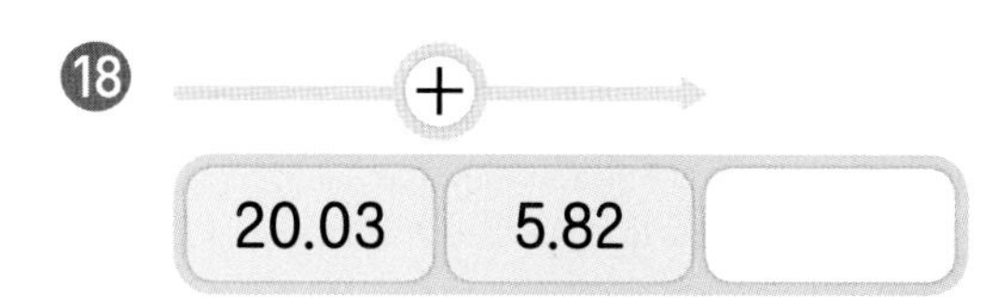

문장제 속 연산

⑲ 두 달 전에 강낭콩 줄기의 길이를 재었더니 0.5 m였습니다. 오늘 다시 재어 보니 두 달 전보다 0.3 m가 더 자랐습니다. 오늘 잰 강낭콩 줄기의 길이는 몇 m인지 구해 보시오.

7 받아올림이 있는 소수 한 자리 수의 덧셈

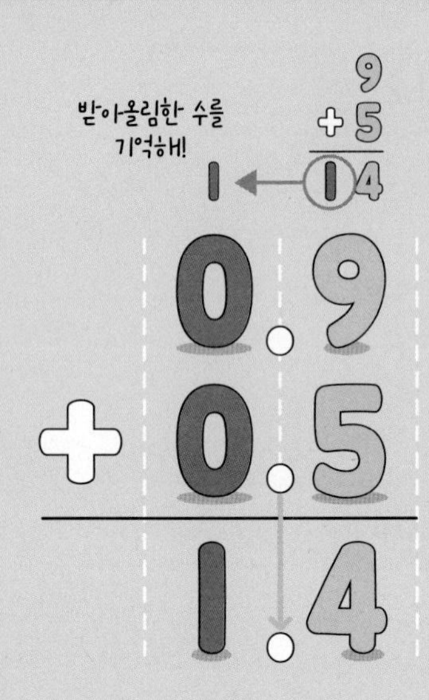

- **받아올림이 있는 소수 한 자리 수의 덧셈**

소수점끼리 맞추어 세로로 쓰고 같은 자리 수끼리 더한 다음 소수점을 그대로 내려 찍습니다.

$$\begin{array}{r} {}^{1} \\ 0.9 \\ +\ 0.5 \\ \hline 4 \end{array} \quad (9+5=14) \quad \Rightarrow \quad \begin{array}{r} {}^{1} \\ 0.9 \\ +\ 0.5 \\ \hline 1.4 \end{array}$$

○ 계산해 보시오.

❶ $\begin{array}{r} 0.2 \\ +\ 0.9 \\ \hline \end{array}$

❷ $\begin{array}{r} 0.4 \\ +\ 0.8 \\ \hline \end{array}$

❸ $\begin{array}{r} 0.5 \\ +\ 0.7 \\ \hline \end{array}$

❹ $\begin{array}{r} 0.6 \\ +\ 0.8 \\ \hline \end{array}$

❺ $\begin{array}{r} 0.9 \\ +\ 0.4 \\ \hline \end{array}$

❻ $\begin{array}{r} 1.6 \\ +\ 0.7 \\ \hline \end{array}$

❼ $\begin{array}{r} 1.7 \\ +\ 3.4 \\ \hline \end{array}$

❽ $\begin{array}{r} 2.6 \\ +\ 0.6 \\ \hline \end{array}$

❾ $\begin{array}{r} 4.7 \\ +\ 7.3 \\ \hline \end{array}$

❿ $\begin{array}{r} 4.9 \\ +\ 5.4 \\ \hline \end{array}$

⓫ $\begin{array}{r} 6.9 \\ +\ 3.8 \\ \hline \end{array}$

⓬ $\begin{array}{r} 8.8 \\ +\ 7.5 \\ \hline \end{array}$

⑬ $0.3+0.8=$

⑭ $0.4+0.9=$

⑮ $0.5+0.8=$

⑯ $0.6+0.4=$

⑰ $0.7+1.5=$

⑱ $1.5+1.6=$

⑲ $1.9+6.7=$

⑳ $2.3+0.9=$

㉑ $2.5+3.7=$

㉒ $2.7+5.9=$

㉓ $3.9+6.1=$

㉔ $5.7+4.5=$

㉕ $5.8+7.3=$

㉖ $6.8+9.6=$

㉗ $7.9+3.5=$

7 받아올림이 있는 소수 한 자리 수의 덧셈

○ 계산해 보시오.

❶ $\begin{array}{r} 0.3 \\ +\ 0.9 \\ \hline \end{array}$

❷ $\begin{array}{r} 0.4 \\ +\ 0.7 \\ \hline \end{array}$

❸ $\begin{array}{r} 0.8 \\ +\ 1.3 \\ \hline \end{array}$

❹ $\begin{array}{r} 1.5 \\ +\ 3.9 \\ \hline \end{array}$

❺ $\begin{array}{r} 2.5 \\ +\ 5.5 \\ \hline \end{array}$

❻ $\begin{array}{r} 2.6 \\ +\ 4.7 \\ \hline \end{array}$

❼ $\begin{array}{r} 3.8 \\ +\ 1.4 \\ \hline \end{array}$

❽ $\begin{array}{r} 4.8 \\ +\ 2.8 \\ \hline \end{array}$

❾ $\begin{array}{r} 5.9 \\ +\ 3.2 \\ \hline \end{array}$

❿ $\begin{array}{r} 6.6 \\ +\ 5.5 \\ \hline \end{array}$

⓫ $\begin{array}{r} 7.4 \\ +\ 2.7 \\ \hline \end{array}$

⓬ $\begin{array}{r} 7.7 \\ +\ 3.8 \\ \hline \end{array}$

⓭ $\begin{array}{r} 8.7 \\ +\ 4.9 \\ \hline \end{array}$

⓮ $\begin{array}{r} 9.6 \\ +\ 7.8 \\ \hline \end{array}$

⓯ $\begin{array}{r} 9.8 \\ +\ 9.4 \\ \hline \end{array}$

⓰ $\begin{array}{r} 13.3 \\ +\ 0.7 \\ \hline \end{array}$

⓱ $\begin{array}{r} 17.9 \\ +\ 2.3 \\ \hline \end{array}$

⓲ $\begin{array}{r} 19.5 \\ +\ 5.7 \\ \hline \end{array}$

⑲ $0.6+0.9=$

⑳ $1.2+1.8=$

㉑ $1.5+3.7=$

㉒ $2.9+5.6=$

㉓ $3.6+2.6=$

㉔ $3.9+9.4=$

㉕ $3.7+6.6=$

㉖ $4.3+3.8=$

㉗ $4.7+1.7=$

㉘ $5.5+3.9=$

㉙ $5.8+2.7=$

㉚ $6.5+3.8=$

㉛ $6.8+5.2=$

㉜ $7.8+8.5=$

㉝ $8.4+9.6=$

㉞ $8.9+1.9=$

㉟ $9.6+2.8=$

㊱ $13.9+5.2=$

㊲ $16.9+2.8=$

㊳ $17.4+4.9=$

㊴ $20.5+8.6=$

8 받아올림이 있는 소수 두 자리 수의 덧셈

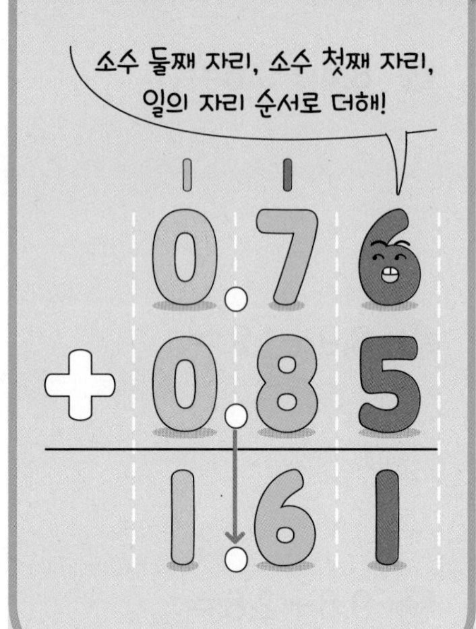

소수 둘째 자리, 소수 첫째 자리, 일의 자리 순서로 더해!

- **받아올림이 있는 소수 두 자리 수의 덧셈**

소수점끼리 맞추어 세로로 쓰고 소수 둘째 자리, 소수 첫째 자리, 일의 자리 순서로 더한 다음 소수점을 그대로 내려 찍습니다.

소수 둘째 자리의 계산

	0.	7	6
+	0.	8	5
			1

6+5=11

⇩

소수 첫째 자리의 계산

	0.	7	6
+	0.	8	5
		6	1

1+7+8=16

⇩

일의 자리의 계산

	0.	7	6
+	0.	8	5
	1.	6	1

○ 계산해 보시오.

❶ 0.13 + 0.49 =

❷ 1.19 + 0.54 =

❸ 1.27 + 4.37 =

❹ 2.28 + 0.56 =

❺ 2.53 + 5.94 =

❻ 3.84 + 4.71 =

❼ 4.75 + 3.53 =

❽ 4.94 + 2.62 =

❾ 5.67 + 1.84 =

❿ 6.78 + 2.59 =

⓫ 7.58 + 0.85 =

⓬ 8.69 + 0.37 =

⑬ $0.27+0.68=$

⑭ $0.64+1.19=$

⑮ $1.38+3.28=$

⑯ $1.49+6.07=$

⑰ $2.54+2.16=$

⑱ $2.96+4.22=$

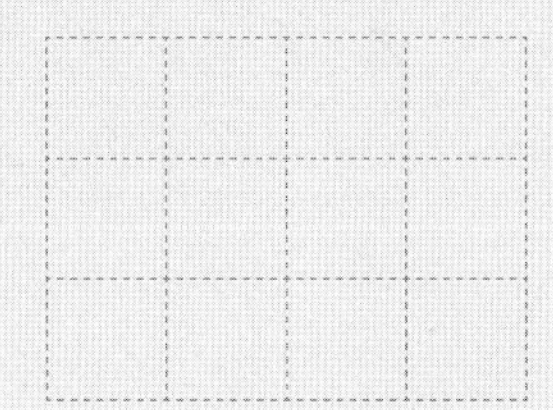

⑲ $3.43+2.75=$

⑳ $3.62+1.91=$

㉑ $3.91+5.83=$

㉒ $4.33+0.83=$

㉓ $4.51+1.69=$

㉔ $5.78+2.64=$

㉕ $6.69+0.65=$

㉖ $6.89+1.59=$

㉗ $7.95+1.67=$

8 받아올림이 있는 소수 두 자리 수의 덧셈

○ 계산해 보시오.

❶ $0.25 + 1.47$

❷ $1.63 + 5.09$

❸ $2.15 + 3.35$

❹ $2.87 + 6.05$

❺ $3.49 + 0.34$

❻ $3.68 + 5.28$

❼ $3.72 + 3.42$

❽ $4.61 + 1.51$

❾ $5.45 + 1.82$

❿ $6.53 + 0.81$

⓫ $6.83 + 2.93$

⓬ $7.54 + 1.71$

⓭ $8.27 + 0.93$

⓮ $8.46 + 0.97$

⓯ $9.96 + 0.76$

⓰ $10.55 + 4.87$

⓱ $12.64 + 3.67$

⓲ $15.68 + 2.52$

정답 • 16쪽

⑲ $0.73+0.18=$

⑳ $1.46+1.24=$

㉑ $1.89+7.05=$

㉒ $3.24+1.47=$

㉓ $3.58+5.14=$

㉔ $4.25+2.38=$

㉕ $4.39+5.53=$

㉖ $4.81+1.83=$

㉗ $4.92+3.84=$

㉘ $5.63+1.55=$

㉙ $5.85+0.92=$

㉚ $6.94+0.14=$

㉛ $7.72+0.42=$

㉜ $7.75+1.84=$

㉝ $8.54+1.87=$

㉞ $8.68+1.93=$

㉟ $9.76+0.56=$

㊱ $11.76+4.69=$

㊲ $12.97+4.29=$

㊳ $15.53+2.67=$

㊴ $16.95+2.97=$

9 자릿수가 다른 소수의 덧셈

0.49와 0.8은 자릿수가 다르니까 0.8 뒤에 0이 있다고 생각하여 계산해!
1
0.49
내가 있다고 생각해!

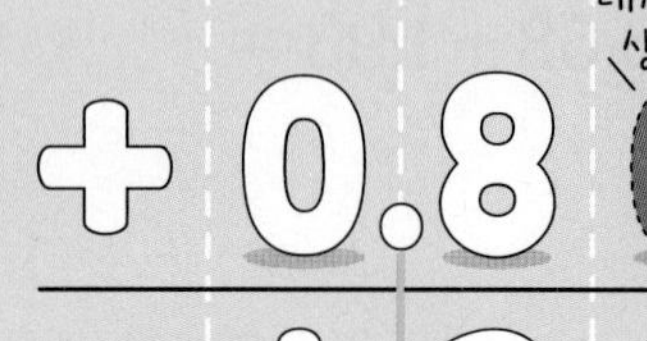

1.29

● 자릿수가 다른 소수의 덧셈

소수점끼리 맞추어 세로로 쓰고 같은 자리 수끼리 더한 다음 소수점을 그대로 내려 찍습니다.

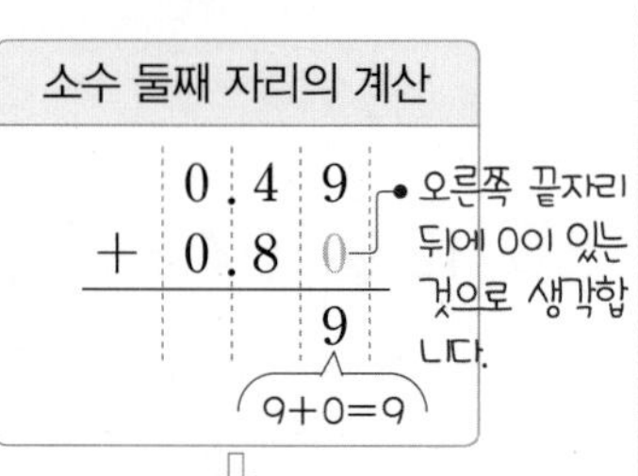

소수 둘째 자리의 계산
0.49
+ 0.80
9
9+0=9
오른쪽 끝자리 뒤에 0이 있는 것으로 생각합니다.

⇩

소수 첫째 자리의 계산

	1		
	0.	4	9
+	0.	8	0
		2	9

4+8=12

⇩

일의 자리의 계산

	1		
	0.	4	9
+	0.	8	0
	1.	2	9

○ 계산해 보시오.

❶
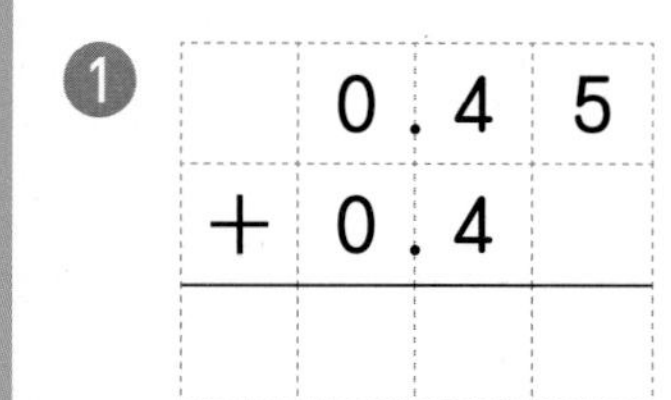

	0.	4	5
+	0.	4	

❷

	1.	0	7
+	7.	7	

❸

	1.	6	3
+	2.	6	

❹

	2.	2	9
+	5.	8	

❺

	2.	4	1
+	4.	8	

❻

	7.	9	1
+	0.	5	

❼

	1.	2	
+	3.	5	2

❽

	4.	2	
+	1.	6	8

❾

	5.	4	
+	2.	7	5

❿

	6.	8	
+	1.	3	4

⓫

	8.	1	
+	0.	9	7

⓬

	8.	6	
+	0.	9	7

정답 • 16쪽

⑬ $0.15+0.2=$

⑭ $1.34+0.6=$

⑮ $1.51+3.9=$

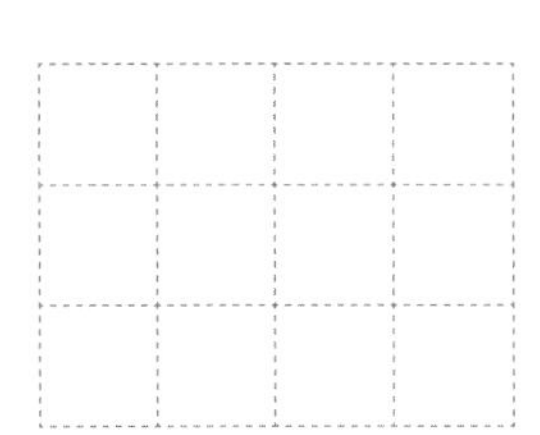

⑯ $2.36+0.8=$

⑰ $2.69+3.6=$

⑱ $2.74+3.5=$

⑲ $3.62+0.8=$

⑳ $3.3+1.47=$

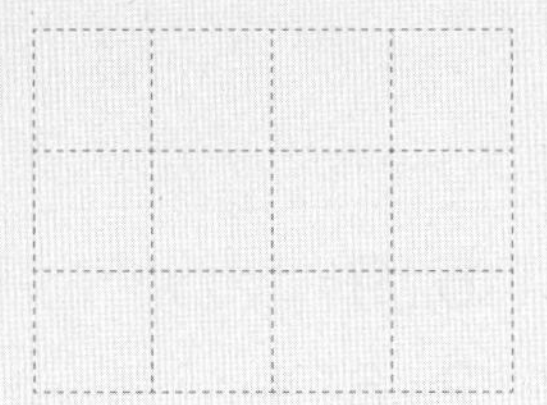

㉑ $3.4+1.26=$

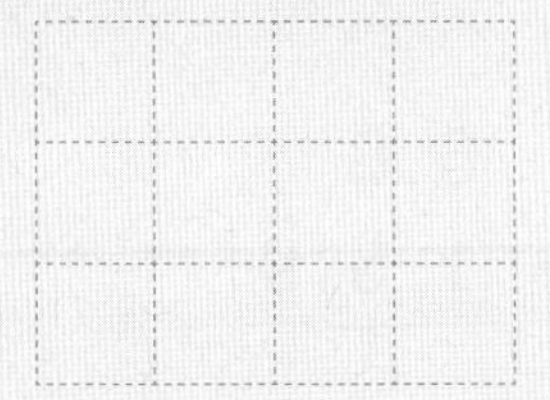

㉒ $4.7+0.82=$

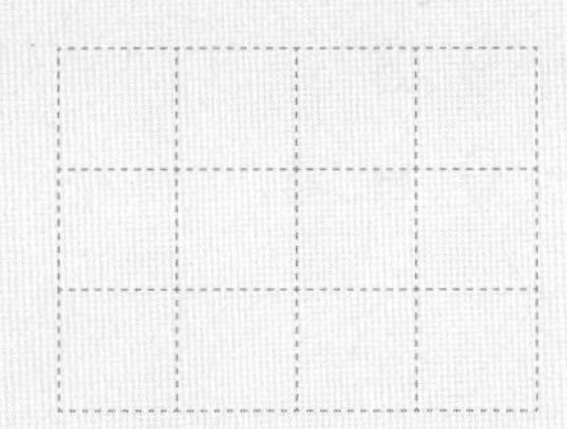

㉓ $4.9+2.48=$

㉔ $5.2+0.93=$

㉕ $6.7+1.32=$

㉖ $7.4+1.98=$

㉗ $8.8+0.25=$

9 자릿수가 다른 소수의 덧셈

○ 계산해 보시오.

❶ $\begin{array}{r} 1.29 \\ +\ 2.5 \\ \hline \end{array}$

❷ $\begin{array}{r} 1.62 \\ +\ 8.2 \\ \hline \end{array}$

❸ $\begin{array}{r} 1.84 \\ +\ 2.2 \\ \hline \end{array}$

❹ $\begin{array}{r} 2.63 \\ +\ 1.5 \\ \hline \end{array}$

❺ $\begin{array}{r} 3.61 \\ +\ 2.7 \\ \hline \end{array}$

❻ $\begin{array}{r} 4.76 \\ +\ 0.7 \\ \hline \end{array}$

❼ $\begin{array}{r} 3.1 \\ +\ 6.47 \\ \hline \end{array}$

❽ $\begin{array}{r} 4.2 \\ +\ 1.32 \\ \hline \end{array}$

❾ $\begin{array}{r} 4.8 \\ +\ 3.56 \\ \hline \end{array}$

❿ $\begin{array}{r} 5.9 \\ +\ 2.61 \\ \hline \end{array}$

⓫ $\begin{array}{r} 6.8 \\ +\ 1.59 \\ \hline \end{array}$

⓬ $\begin{array}{r} 9.3 \\ +\ 0.94 \\ \hline \end{array}$

⓭ $\begin{array}{r} 10.41 \\ +\ 2.7 \\ \hline \end{array}$

⓮ $\begin{array}{r} 11.85 \\ +\ 3.9 \\ \hline \end{array}$

⓯ $\begin{array}{r} 15.53 \\ +\ 2.8 \\ \hline \end{array}$

⓰ $\begin{array}{r} 16.7 \\ +\ 0.51 \\ \hline \end{array}$

⓱ $\begin{array}{r} 18.9 \\ +\ 0.37 \\ \hline \end{array}$

⓲ $\begin{array}{r} 20.8 \\ +\ 1.27 \\ \hline \end{array}$

⑲ $0.27+0.6=$

⑳ $1.11+1.3=$

㉑ $1.76+5.4=$

㉒ $2.57+4.6=$

㉓ $2.85+7.4=$

㉔ $3.29+0.9=$

㉕ $3.81+4.8=$

㉖ $3.4+6.53=$

㉗ $4.3+5.33=$

㉘ $4.9+0.26=$

㉙ $5.7+2.43=$

㉚ $6.4+1.64=$

㉛ $8.6+1.54=$

㉜ $9.9+0.21=$

㉝ $10.93+1.9=$

㉞ $11.72+4.6=$

㉟ $15.67+2.8=$

㊱ $18.4+1.91=$

㊲ $20.3+2.86=$

㊳ $21.5+0.94=$

㊴ $25.7+1.82=$

7 ~ 9 다르게 풀기

○ 빈칸에 알맞은 수를 써넣으시오.

❶

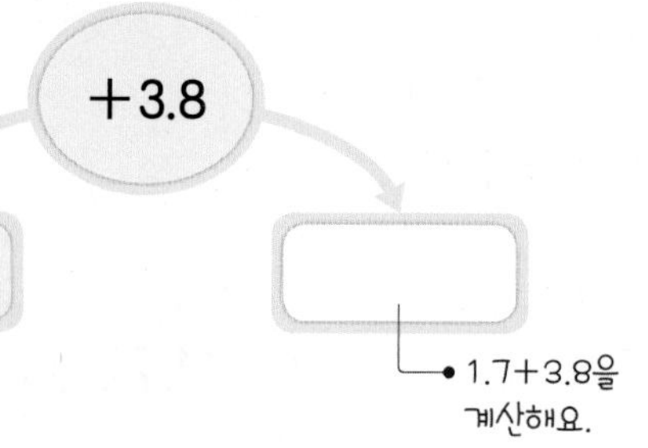

❷

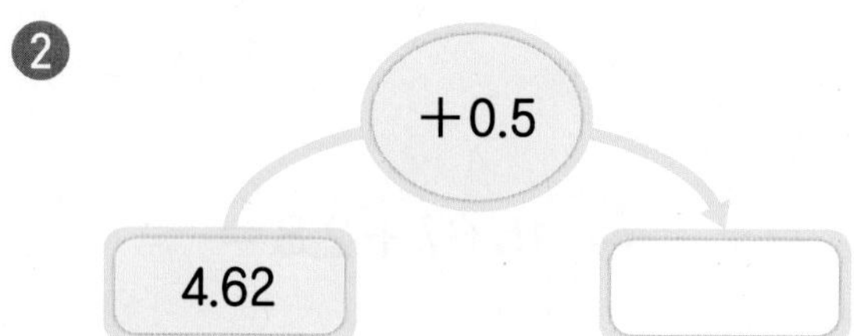

❸

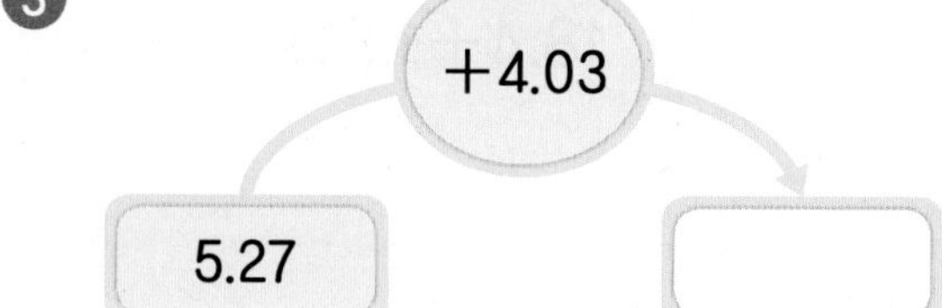

❹

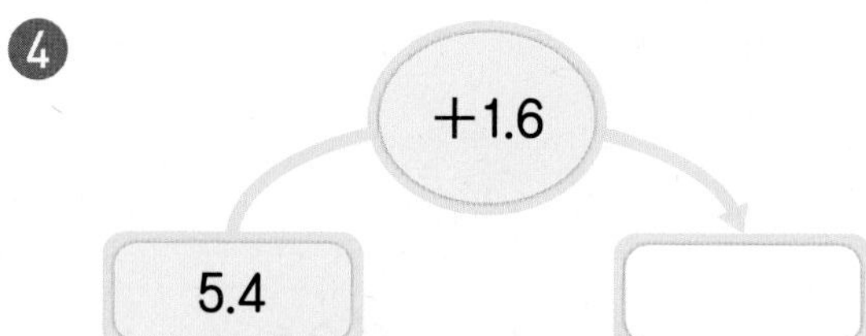

❺

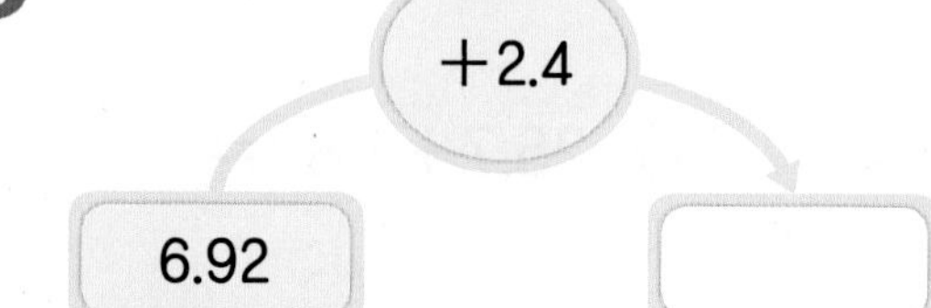

❻

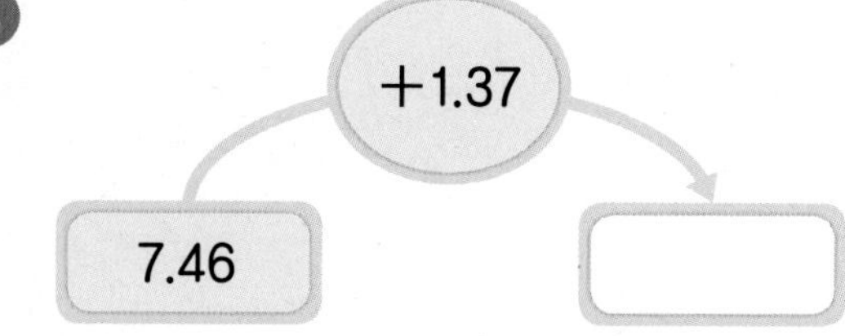

❼

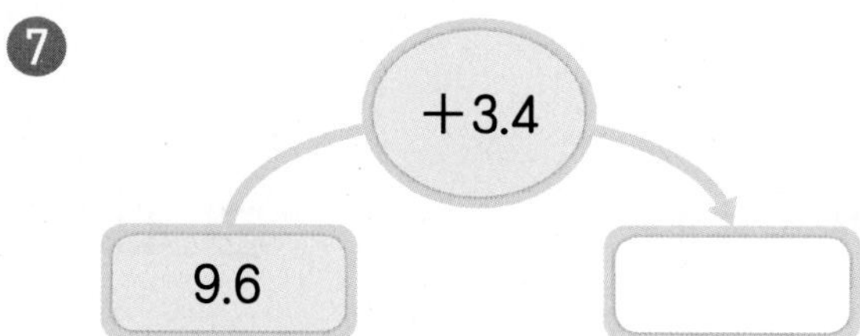

❽

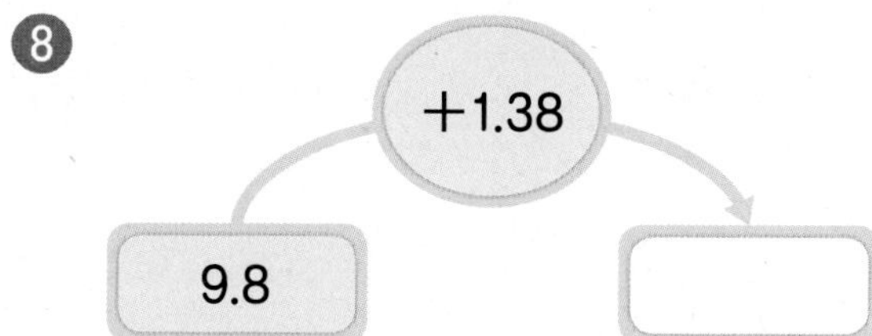

❾

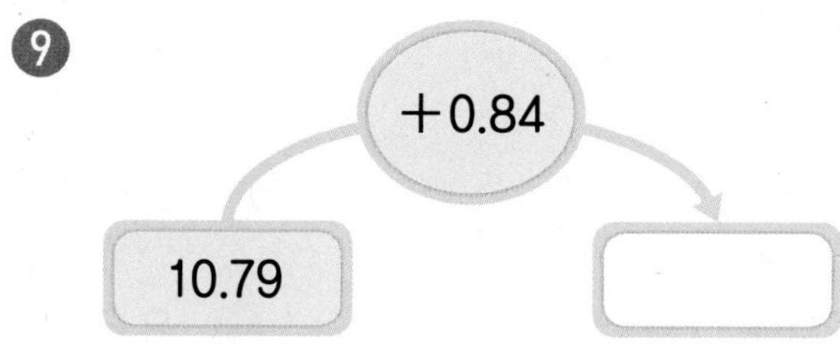

❿

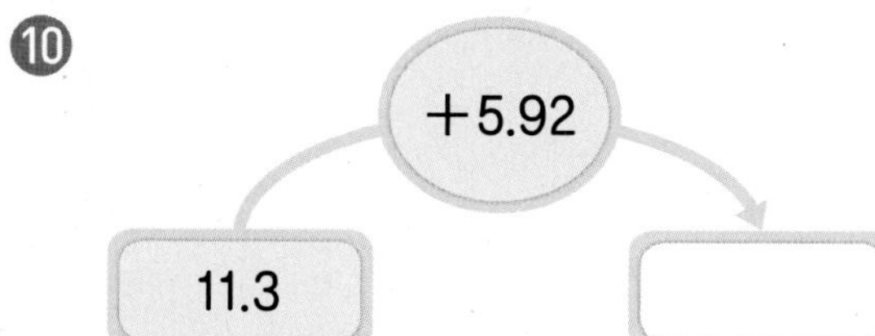

11
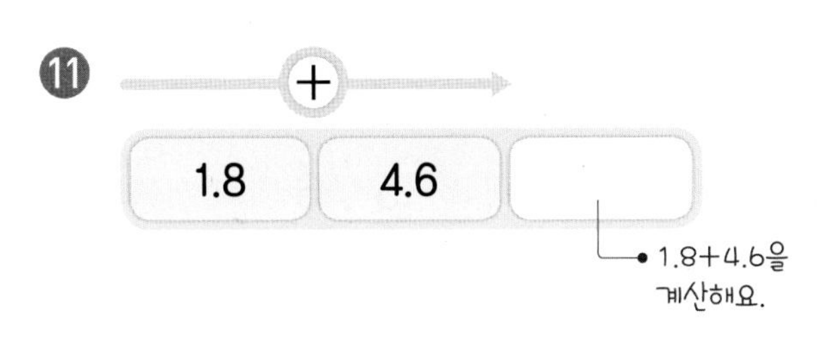

15
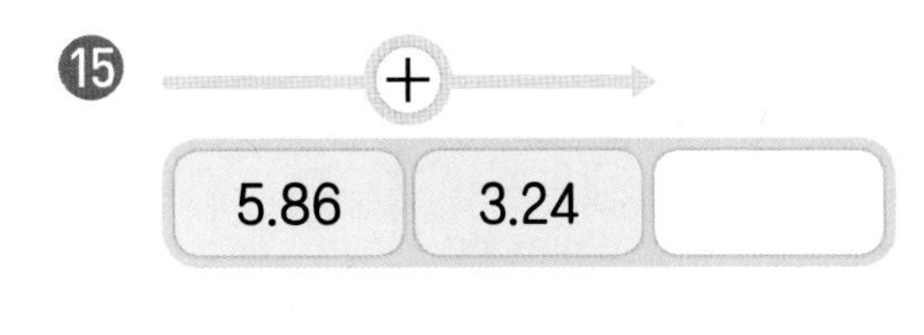

12
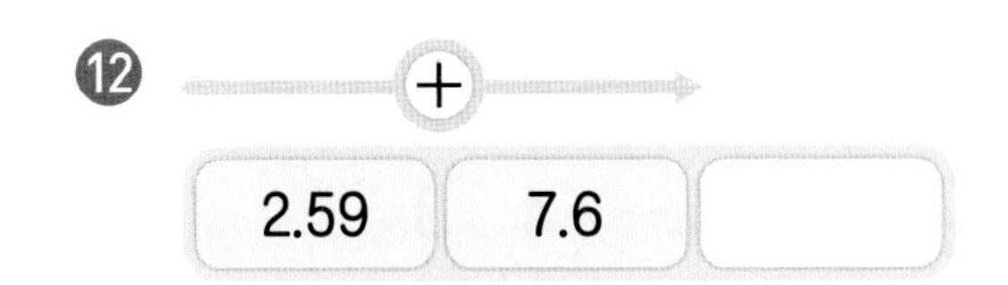

16
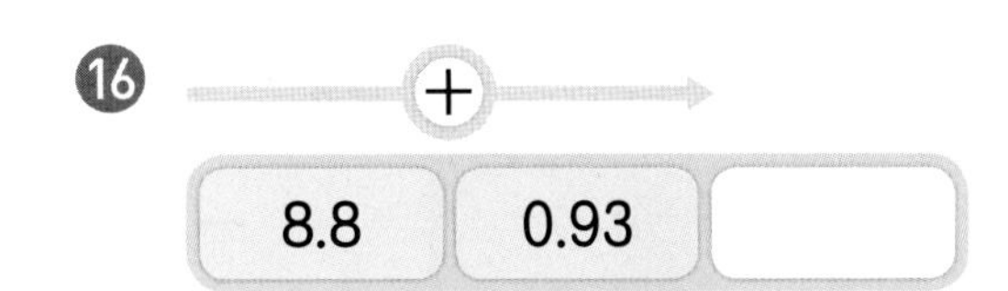

13
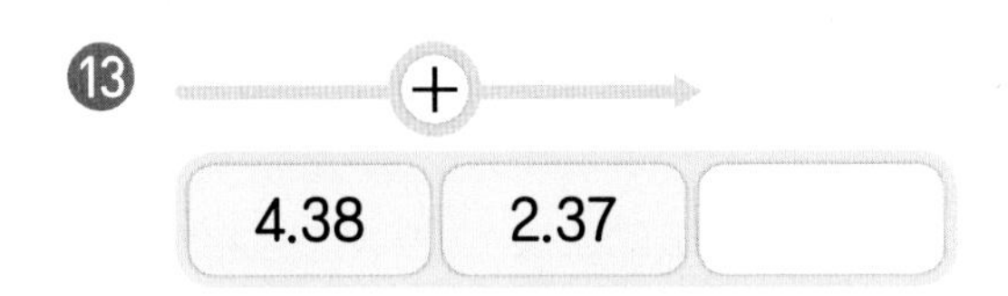

17
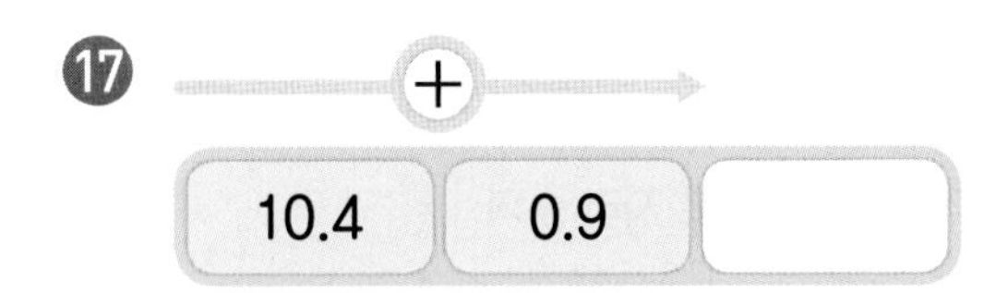

14
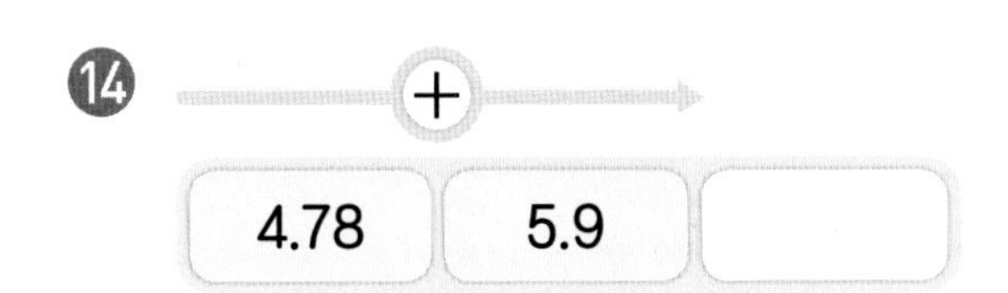

18
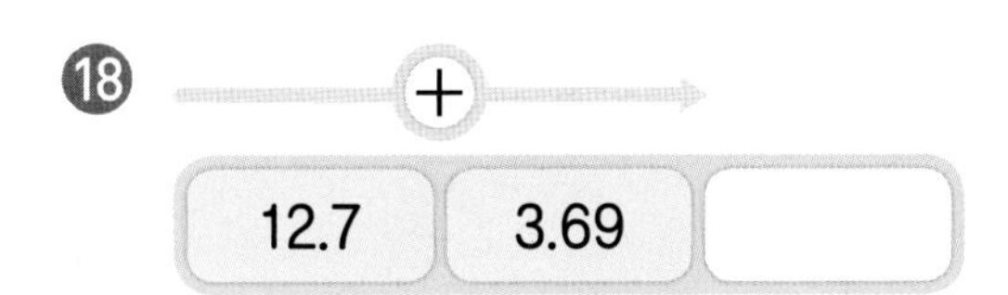

문장제 속 연산

19 제자리 멀리뛰기 경기에서 선규는 0.57 m를 뛰었고, 민주는 선규보다 0.16 m 더 멀리 뛰었습니다. 민주가 뛴 거리는 몇 m인지 구해 보시오.

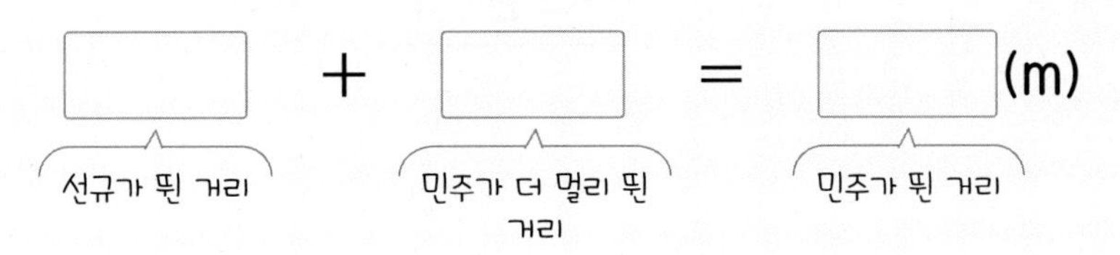

10 받아내림이 없는 소수 한 자리 수의 뺄셈

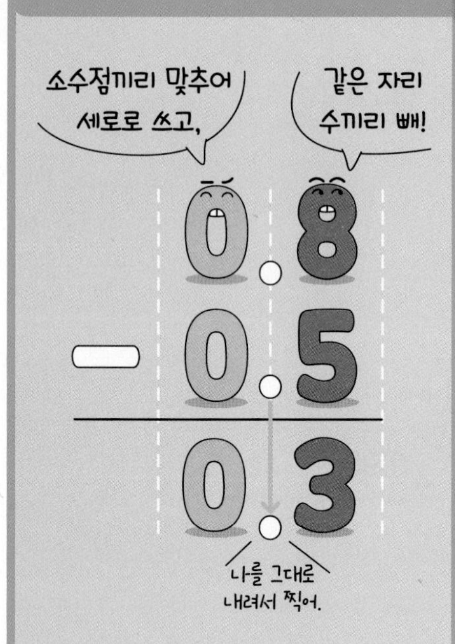

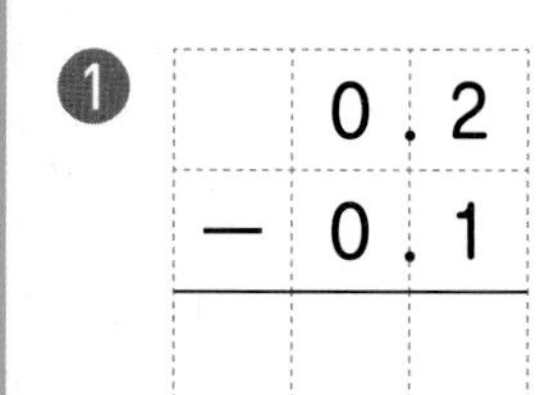

- **받아내림이 없는 소수 한 자리 수의 뺄셈**

소수점끼리 맞추어 세로로 쓰고 같은 자리 수끼리 뺀 다음 소수점을 그대로 내려 찍습니다.

$$\begin{array}{r} 0.8 \\ -\ 0.5 \\ \hline 3 \end{array} \quad \Rightarrow \quad \begin{array}{r} 0.8 \\ -\ 0.5 \\ \hline 0.3 \end{array}$$

8−5=3

○ 계산해 보시오.

❶ $$\begin{array}{r} 0.2 \\ -\ 0.1 \\ \hline \end{array}$$

❷ $$\begin{array}{r} 0.3 \\ -\ 0.2 \\ \hline \end{array}$$

❸ $$\begin{array}{r} 1.4 \\ -\ 1.2 \\ \hline \end{array}$$

❹ $$\begin{array}{r} 2.3 \\ -\ 0.3 \\ \hline \end{array}$$

❺ $$\begin{array}{r} 2.5 \\ -\ 1.2 \\ \hline \end{array}$$

❻ $$\begin{array}{r} 4.6 \\ -\ 2.1 \\ \hline \end{array}$$

❼ $$\begin{array}{r} 5.6 \\ -\ 3.3 \\ \hline \end{array}$$

❽ $$\begin{array}{r} 5.7 \\ -\ 4.3 \\ \hline \end{array}$$

❾ $$\begin{array}{r} 6.7 \\ -\ 2.5 \\ \hline \end{array}$$

❿ $$\begin{array}{r} 7.8 \\ -\ 7.3 \\ \hline \end{array}$$

⓫ $$\begin{array}{r} 8.9 \\ -\ 3.2 \\ \hline \end{array}$$

⓬ $$\begin{array}{r} 9.8 \\ -\ 1.7 \\ \hline \end{array}$$

⑬ 0.4－0.1＝

⑭ 0.5－0.5＝

⑮ 1.5－0.3＝

⑯ 1.6－1.4＝

⑰ 2.6－0.2＝

⑱ 3.8－1.4＝

⑲ 4.7－1.4＝

⑳ 5.8－4.5＝

㉑ 6.5－6.1＝

㉒ 6.9－2.3＝

㉓ 7.9－1.9＝

㉔ 8.8－5.2＝

㉕ 9.6－6.4＝

㉖ 9.7－2.1＝

㉗ 9.9－7.5＝

10 받아내림이 없는 소수 한 자리 수의 뺄셈

○ 계산해 보시오.

❶ $0.7 - 0.6$

❷ $0.9 - 0.5$

❸ $1.5 - 0.2$

❹ $1.9 - 1.3$

❺ $2.4 - 1.4$

❻ $3.4 - 1.1$

❼ $4.6 - 2.2$

❽ $4.9 - 4.6$

❾ $6.8 - 3.2$

❿ $7.8 - 1.6$

⓫ $8.7 - 3.3$

⓬ $9.9 - 9.4$

⓭ $10.5 - 0.5$

⓮ $11.7 - 1.4$

⓯ $12.7 - 1.3$

⓰ $15.3 - 2.1$

⓱ $16.7 - 4.5$

⓲ $17.9 - 3.2$

⑲ $0.6-0.4=$

⑳ $1.4-1.3=$

㉑ $1.8-0.5=$

㉒ $2.7-2.3=$

㉓ $3.9-0.5=$

㉔ $4.2-0.2=$

㉕ $5.5-3.4=$

㉖ $5.8-5.1=$

㉗ $6.6-0.2=$

㉘ $6.7-1.1=$

㉙ $7.7-2.5=$

㉚ $8.5-3.2=$

㉛ $9.3-0.2=$

㉜ $9.8-8.8=$

㉝ $10.4-0.3=$

㉞ $11.6-0.1=$

㉟ $12.6-2.6=$

㊱ $13.4-2.2=$

㊲ $14.8-1.4=$

㊳ $17.3-1.2=$

㊴ $20.5-0.3=$

11 받아내림이 없는 소수 두 자리 수의 뺄셈

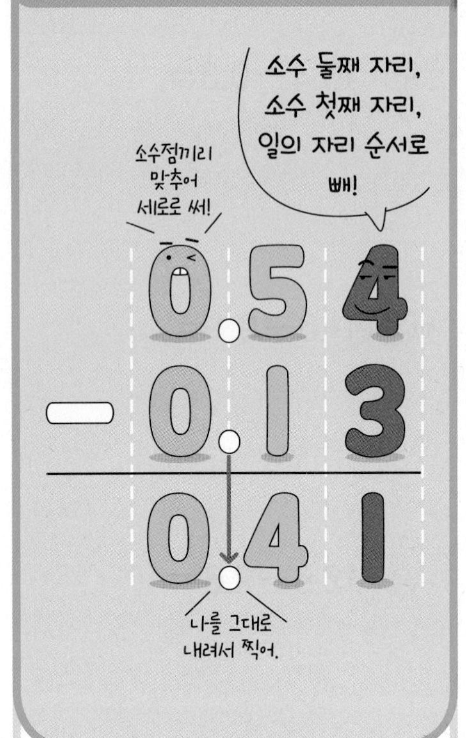

소수점끼리 맞추어 세로로 써!
소수 둘째 자리, 소수 첫째 자리, 일의 자리 순서로 빼!
0.54
− 0.13
0.41
나를 그대로 내려서 찍어.

• **받아내림이 없는 소수 두 자리 수의 뺄셈**

소수점끼리 맞추어 세로로 쓰고 소수 둘째 자리, 소수 첫째 자리, 일의 자리 순서로 뺀 다음 소수점을 그대로 내려 찍습니다.

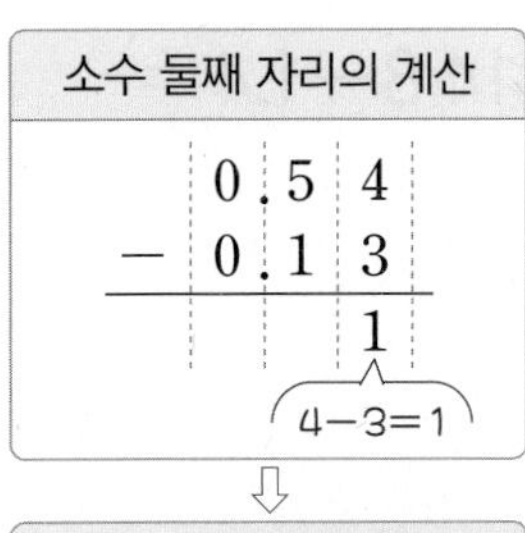

⇩

소수 첫째 자리의 계산

$$\begin{array}{r} 0.54 \\ -\ 0.13 \\ \hline .41 \end{array}$$

5−1=4

⇩

일의 자리의 계산

$$\begin{array}{r} 0.54 \\ -\ 0.13 \\ \hline 0.41 \end{array}$$

○ 계산해 보시오.

❶ $$\begin{array}{r} 0.06 \\ -\ 0.03 \\ \hline \end{array}$$

❷ $$\begin{array}{r} 0.67 \\ -\ 0.05 \\ \hline \end{array}$$

❸ $$\begin{array}{r} 1.48 \\ -\ 0.21 \\ \hline \end{array}$$

❹ $$\begin{array}{r} 2.86 \\ -\ 0.72 \\ \hline \end{array}$$

❺ $$\begin{array}{r} 3.79 \\ -\ 2.21 \\ \hline \end{array}$$

❻ $$\begin{array}{r} 4.55 \\ -\ 0.53 \\ \hline \end{array}$$

❼ $$\begin{array}{r} 5.37 \\ -\ 3.24 \\ \hline \end{array}$$

❽ $$\begin{array}{r} 5.72 \\ -\ 4.61 \\ \hline \end{array}$$

❾ $$\begin{array}{r} 6.23 \\ -\ 2.03 \\ \hline \end{array}$$

❿ $$\begin{array}{r} 7.89 \\ -\ 5.35 \\ \hline \end{array}$$

⓫ $$\begin{array}{r} 8.76 \\ -\ 3.14 \\ \hline \end{array}$$

⓬ $$\begin{array}{r} 9.98 \\ -\ 1.23 \\ \hline \end{array}$$

정답 • 17쪽

⑬ 0.08 − 0.04 =

⑭ 0.85 − 0.65 =

⑮ 1.97 − 1.31 =

⑯ 2.48 − 1.12 =

⑰ 3.79 − 0.54 =

⑱ 4.39 − 3.29 =

⑲ 4.67 − 2.42 =

⑳ 5.68 − 1.33 =

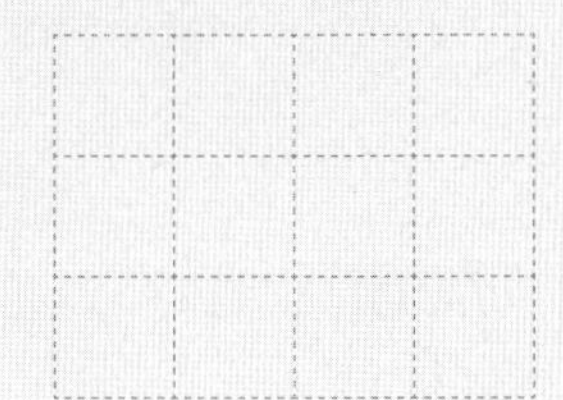

㉑ 5.69 − 2.06 =

㉒ 6.29 − 5.14 =

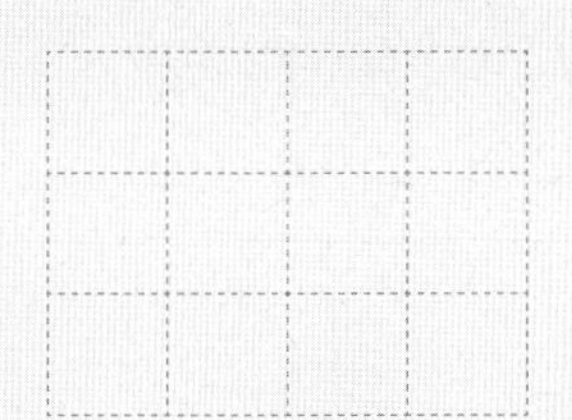

㉓ 6.58 − 4.17 =

㉔ 7.73 − 2.41 =

㉕ 8.48 − 1.25 =

㉖ 9.36 − 4.32 =

㉗ 9.95 − 6.23 =

11 받아내림이 없는 소수 두 자리 수의 뺄셈

○ 계산해 보시오.

❶ $\begin{array}{r} 0.09 \\ -\ 0.01 \\ \hline \end{array}$

❷ $\begin{array}{r} 0.68 \\ -\ 0.23 \\ \hline \end{array}$

❸ $\begin{array}{r} 2.79 \\ -\ 0.43 \\ \hline \end{array}$

❹ $\begin{array}{r} 3.94 \\ -\ 1.42 \\ \hline \end{array}$

❺ $\begin{array}{r} 4.82 \\ -\ 1.12 \\ \hline \end{array}$

❻ $\begin{array}{r} 5.57 \\ -\ 0.31 \\ \hline \end{array}$

❼ $\begin{array}{r} 6.58 \\ -\ 3.15 \\ \hline \end{array}$

❽ $\begin{array}{r} 6.83 \\ -\ 6.81 \\ \hline \end{array}$

❾ $\begin{array}{r} 7.27 \\ -\ 3.13 \\ \hline \end{array}$

❿ $\begin{array}{r} 7.68 \\ -\ 4.34 \\ \hline \end{array}$

⓫ $\begin{array}{r} 8.93 \\ -\ 0.72 \\ \hline \end{array}$

⓬ $\begin{array}{r} 9.87 \\ -\ 1.65 \\ \hline \end{array}$

⓭ $\begin{array}{r} 10.85 \\ -\ 0.24 \\ \hline \end{array}$

⓮ $\begin{array}{r} 12.96 \\ -\ 2.54 \\ \hline \end{array}$

⓯ $\begin{array}{r} 15.76 \\ -\ 4.56 \\ \hline \end{array}$

⓰ $\begin{array}{r} 16.74 \\ -\ 5.21 \\ \hline \end{array}$

⓱ $\begin{array}{r} 17.78 \\ -\ 3.02 \\ \hline \end{array}$

⓲ $\begin{array}{r} 19.95 \\ -\ 8.22 \\ \hline \end{array}$

⑲ $0.48-0.15=$

⑳ $1.72-0.21=$

㉑ $2.59-1.38=$

㉒ $3.37-2.31=$

㉓ $3.63-1.21=$

㉔ $4.78-4.67=$

㉕ $4.95-1.45=$

㉖ $5.65-2.41=$

㉗ $5.91-4.61=$

㉘ $6.49-4.22=$

㉙ $7.58-2.04=$

㉚ $7.84-3.34=$

㉛ $8.68-5.36=$

㉜ $9.45-6.32=$

㉝ $10.27-0.25=$

㉞ $12.79-1.73=$

㉟ $15.93-2.72=$

㊱ $17.69-5.15=$

㊲ $18.17-7.14=$

㊳ $21.49-1.41=$

㊴ $25.86-4.25=$

10 ~ 11 다르게 풀기

○ 빈칸에 알맞은 수를 써넣으시오.

❶
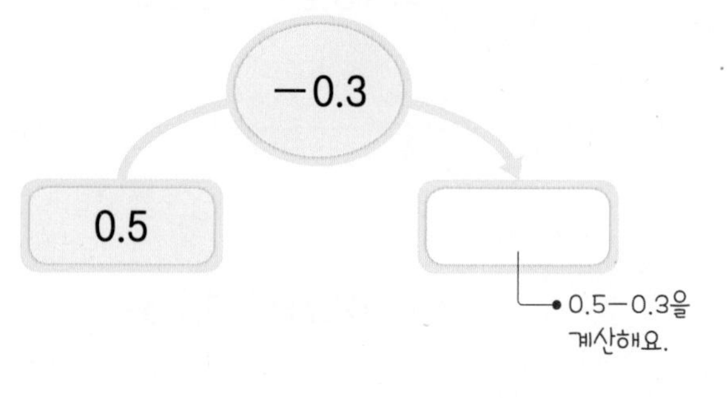

❷
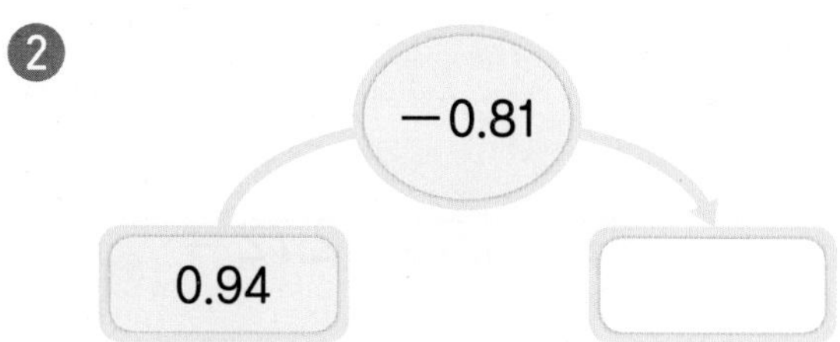

❸
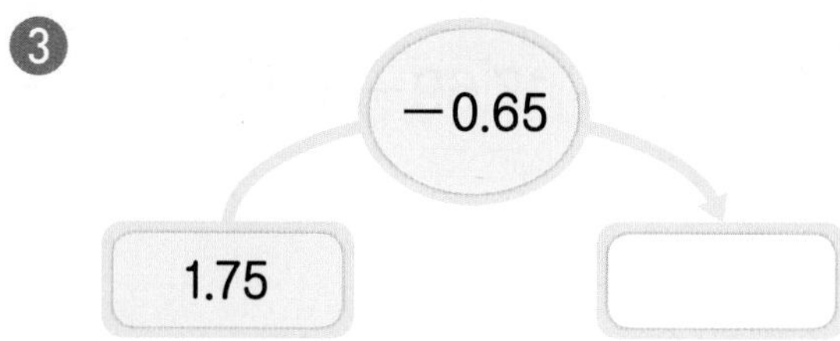

❹
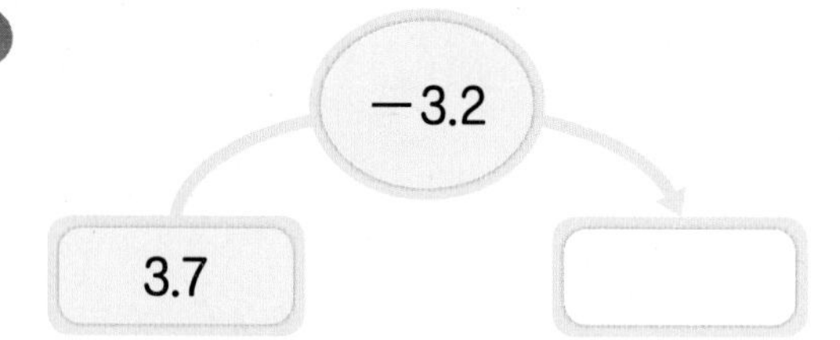

❺
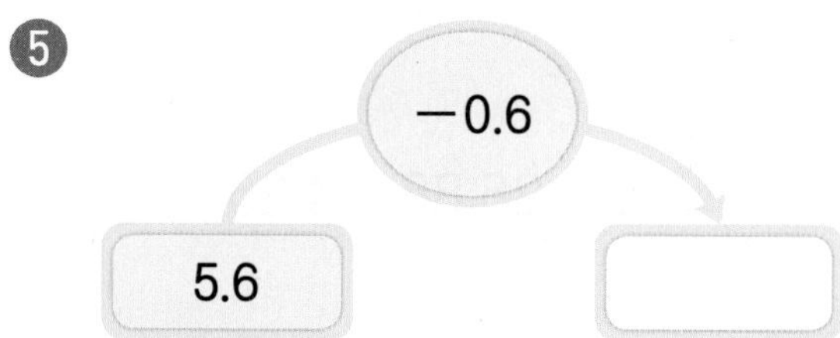

❻
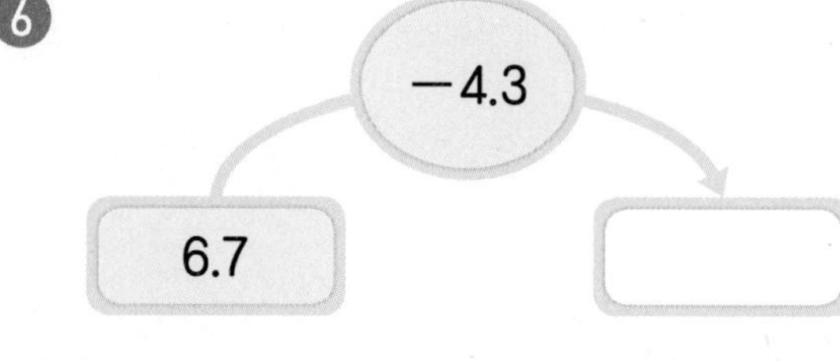

❼
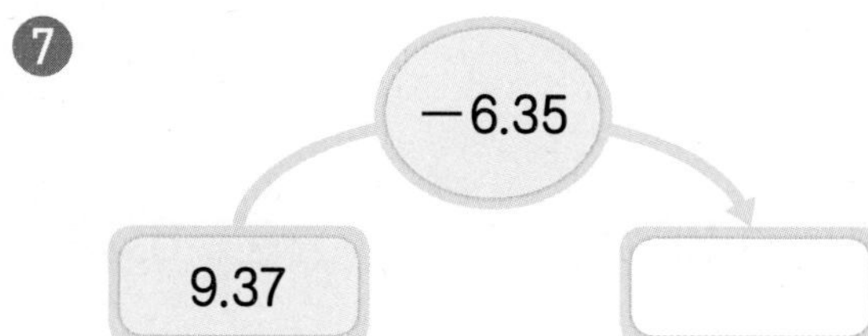

❽
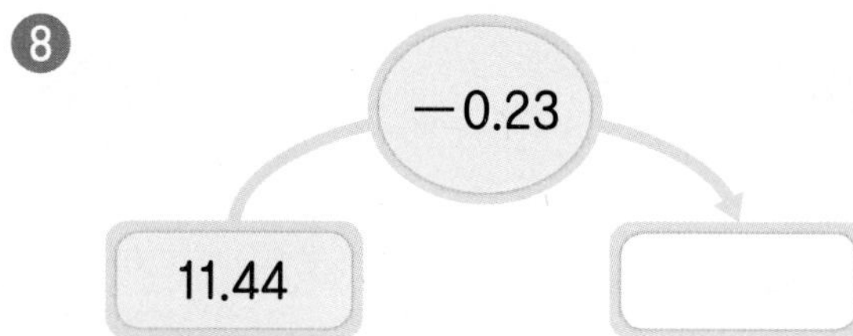

❾
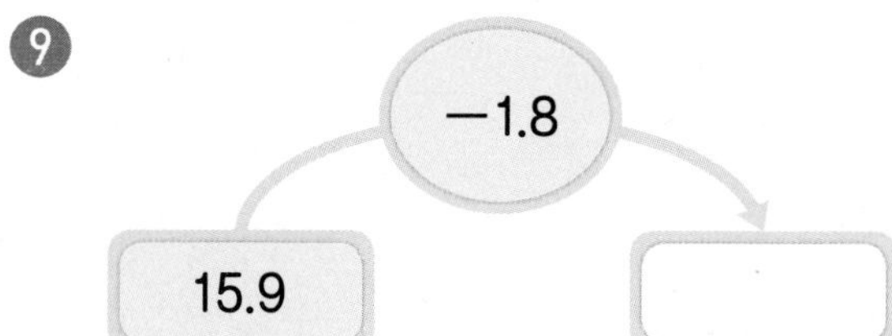

❿
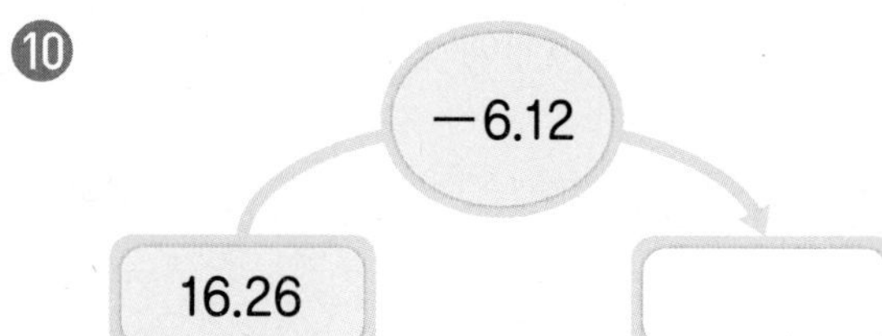

정답 • 18쪽

⑪
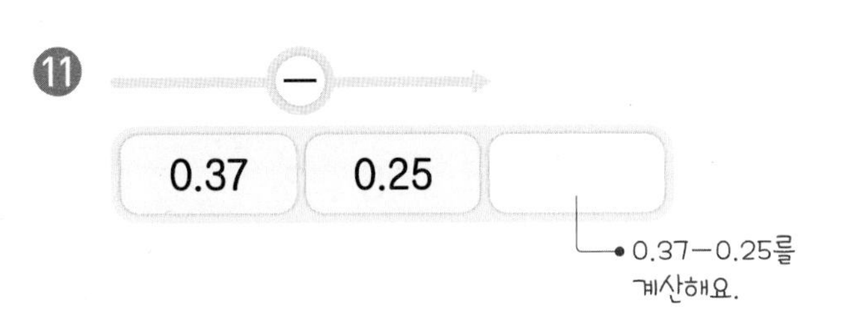

⑫
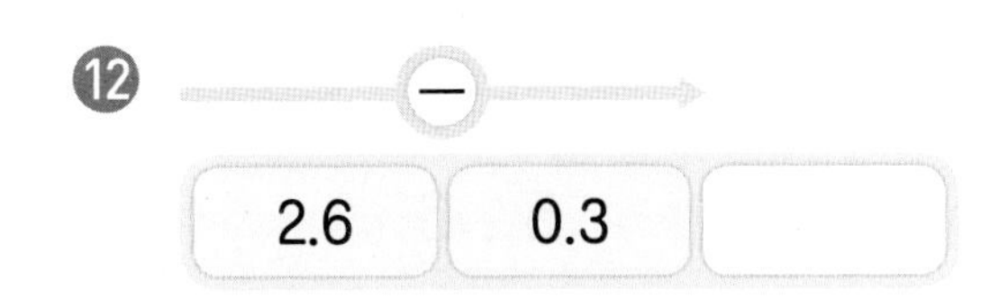

⑬
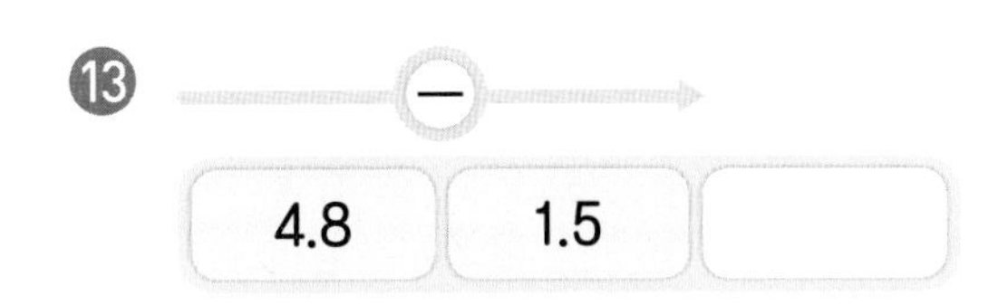

⑭
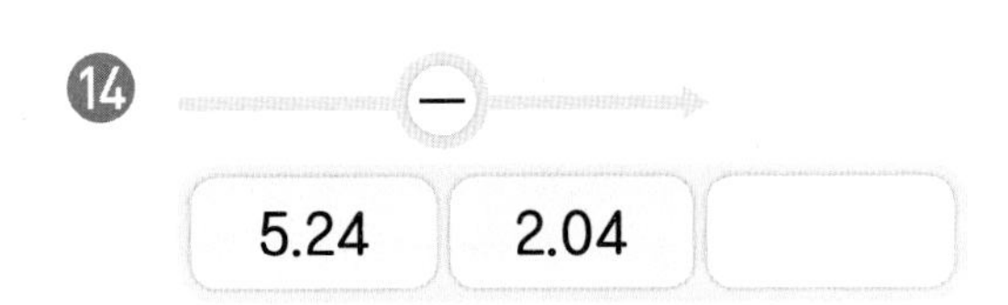

⑮
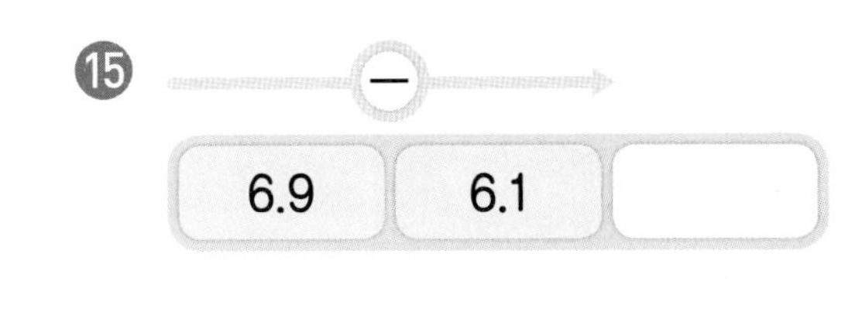

⑯
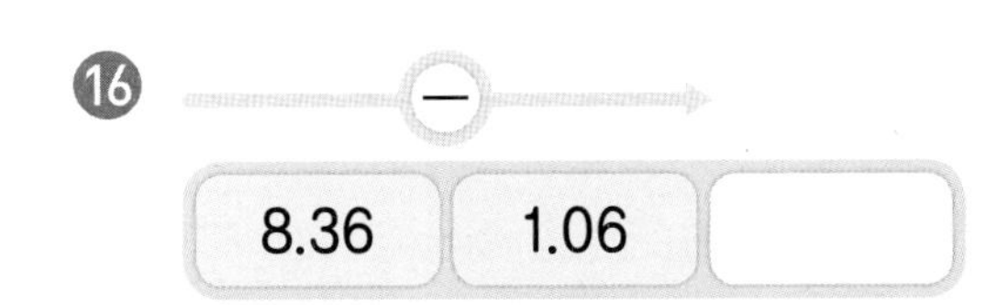

⑰
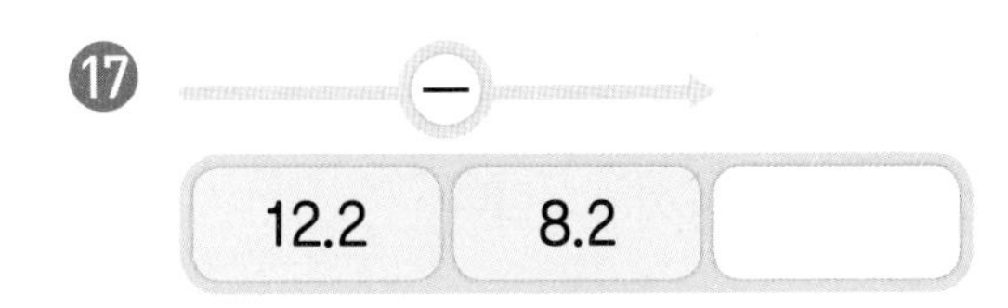

⑱
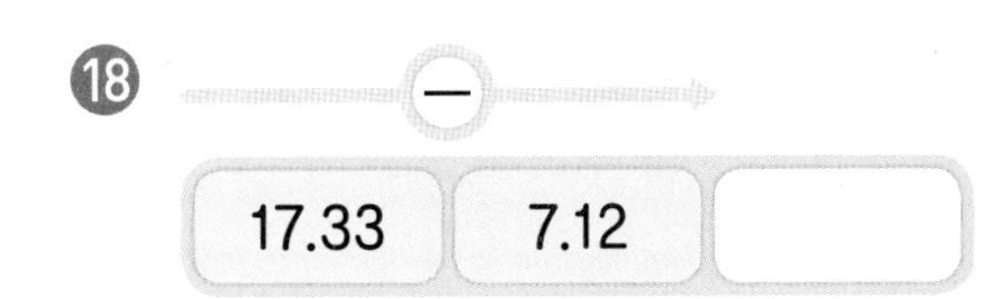

문장제 속 연산

⑲ 병에 주스가 1.6 L 들어 있었습니다. 경준이가 마시고 남은 주스는 1.1 L입니다. 경준이가 마신 주스는 몇 L인지 구해 보시오.

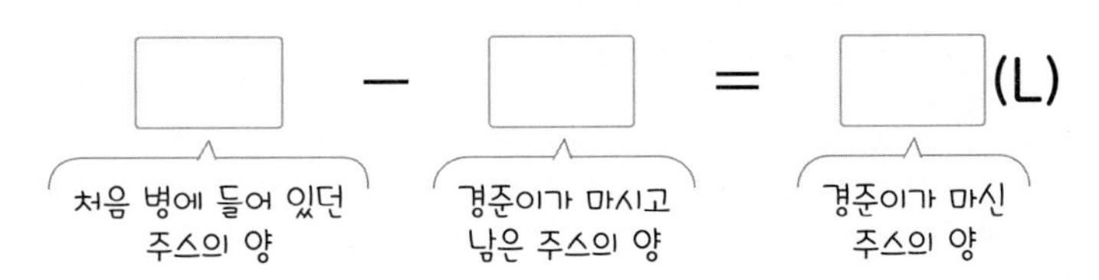

12 받아내림이 있는 소수 한 자리 수의 뺄셈

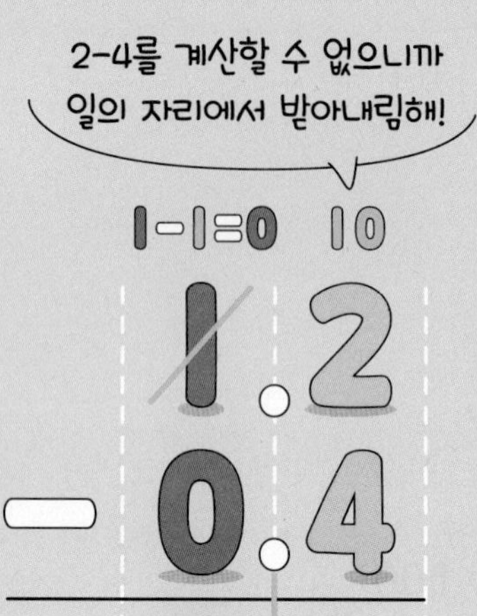

2-4를 계산할 수 없으니까
일의 자리에서 받아내림해!
1-1=0 10
1.2
- 0.4
0.8

- **받아내림이 있는 소수 한 자리 수의 뺄셈**

소수점끼리 맞추어 세로로 쓰고 같은 자리 수끼리 뺀 다음 소수점을 그대로 내려 찍습니다.

$$\begin{array}{r} \overset{0}{\cancel{1}}.\overset{10}{2} \\ -\ 0.4 \\ \hline 8 \end{array} \Rightarrow \begin{array}{r} \overset{0}{\cancel{1}}.\overset{10}{2} \\ -\ 0.4 \\ \hline 0.8 \end{array}$$

10+2-4=8

○ 계산해 보시오.

❶ $\begin{array}{r} 1.1 \\ -\ 0.2 \\ \hline \end{array}$

❷ $\begin{array}{r} 2.4 \\ -\ 1.6 \\ \hline \end{array}$

❸ $\begin{array}{r} 3.6 \\ -\ 2.7 \\ \hline \end{array}$

❹ $\begin{array}{r} 3.7 \\ -\ 0.9 \\ \hline \end{array}$

❺ $\begin{array}{r} 4.5 \\ -\ 0.8 \\ \hline \end{array}$

❻ $\begin{array}{r} 5.2 \\ -\ 3.5 \\ \hline \end{array}$

❼ $\begin{array}{r} 5.3 \\ -\ 4.9 \\ \hline \end{array}$

❽ $\begin{array}{r} 6.3 \\ -\ 5.6 \\ \hline \end{array}$

❾ $\begin{array}{r} 7.1 \\ -\ 4.6 \\ \hline \end{array}$

❿ $\begin{array}{r} 8.6 \\ -\ 6.8 \\ \hline \end{array}$

⓫ $\begin{array}{r} 9.1 \\ -\ 7.9 \\ \hline \end{array}$

⓬ $\begin{array}{r} 9.2 \\ -\ 8.4 \\ \hline \end{array}$

⑬ $1.2-0.3=$

⑭ $2.4-0.7=$

⑮ $3.3-1.4=$

⑯ $4.1-2.8=$

⑰ $4.3-3.5=$

⑱ $5.5-1.9=$

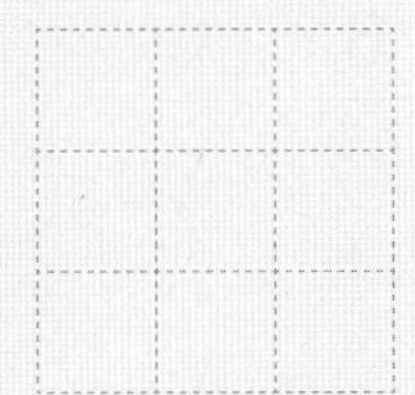

⑲ $6.2-0.8=$

⑳ $6.5-3.6=$

㉑ $7.1-3.4=$

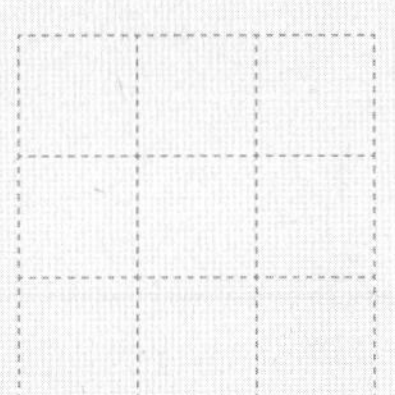

㉒ $7.4-5.9=$

㉓ $8.2-7.4=$

㉔ $8.3-5.8=$

㉕ $9.1-1.7=$

㉖ $9.3-3.6=$

㉗ $9.5-5.7=$

12 받아내림이 있는 소수 한 자리 수의 뺄셈

○ 계산해 보시오.

❶ $\begin{array}{r} 1.4 \\ -\ 0.5 \\ \hline \end{array}$

❷ $\begin{array}{r} 3.4 \\ -\ 1.9 \\ \hline \end{array}$

❸ $\begin{array}{r} 4.8 \\ -\ 2.9 \\ \hline \end{array}$

❹ $\begin{array}{r} 5.5 \\ -\ 2.7 \\ \hline \end{array}$

❺ $\begin{array}{r} 6.2 \\ -\ 4.7 \\ \hline \end{array}$

❻ $\begin{array}{r} 6.6 \\ -\ 3.9 \\ \hline \end{array}$

❼ $\begin{array}{r} 7.2 \\ -\ 2.6 \\ \hline \end{array}$

❽ $\begin{array}{r} 7.7 \\ -\ 6.8 \\ \hline \end{array}$

❾ $\begin{array}{r} 8.4 \\ -\ 1.5 \\ \hline \end{array}$

❿ $\begin{array}{r} 8.5 \\ -\ 2.9 \\ \hline \end{array}$

⓫ $\begin{array}{r} 9.1 \\ -\ 2.3 \\ \hline \end{array}$

⓬ $\begin{array}{r} 9.4 \\ -\ 0.6 \\ \hline \end{array}$

⓭ $\begin{array}{r} 11.3 \\ -\ 0.9 \\ \hline \end{array}$

⓮ $\begin{array}{r} 12.4 \\ -\ 1.8 \\ \hline \end{array}$

⓯ $\begin{array}{r} 14.2 \\ -\ 2.9 \\ \hline \end{array}$

⓰ $\begin{array}{r} 14.6 \\ -\ 4.8 \\ \hline \end{array}$

⓱ $\begin{array}{r} 16.4 \\ -\ 7.7 \\ \hline \end{array}$

⓲ $\begin{array}{r} 20.3 \\ -\ 8.9 \\ \hline \end{array}$

정답 • 18쪽

⑲ $2.5-1.8=$

⑳ $3.1-0.7=$

㉑ $3.2-1.6=$

㉒ $4.3-2.4=$

㉓ $4.7-1.9=$

㉔ $5.2-2.8=$

㉕ $5.6-4.7=$

㉖ $6.4-3.9=$

㉗ $7.3-6.5=$

㉘ $7.5-3.6=$

㉙ $8.1-5.2=$

㉚ $8.4-6.6=$

㉛ $9.1-4.8=$

㉜ $9.2-2.9=$

㉝ $10.1-0.8=$

㉞ $11.2-9.8=$

㉟ $12.3-0.7=$

㊱ $14.3-3.8=$

㊲ $15.7-8.9=$

㊳ $19.1-5.4=$

㊴ $21.2-4.4=$

13 받아내림이 있는 소수 두 자리 수의 뺄셈

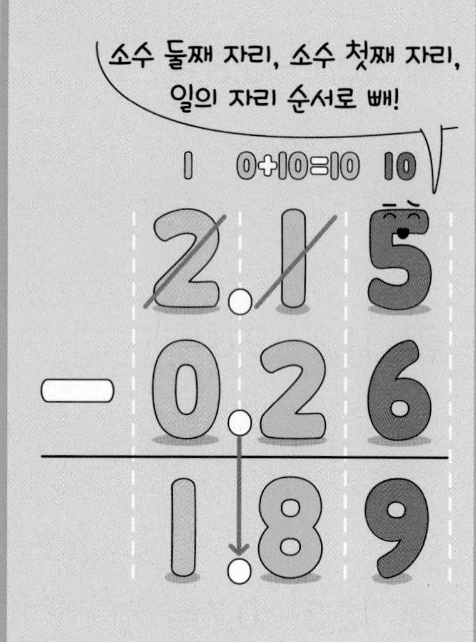

• 받아내림이 있는 소수 두 자리 수의 뺄셈

소수점끼리 맞추어 세로로 쓰고 소수 둘째 자리, 소수 첫째 자리, 일의 자리 순서로 뺀 다음 소수점을 그대로 내려 찍습니다.

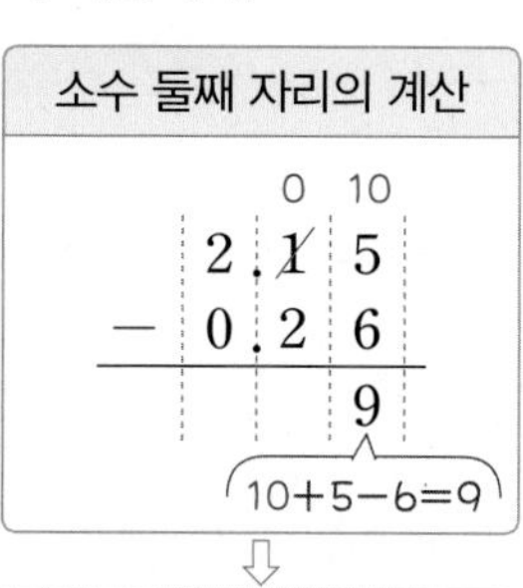

⇩

소수 첫째 자리의 계산

	1	10	10
	2.	1.	5
−	0.	2	6
		8	9

10−2=8

⇩

일의 자리의 계산

	1	10	10
	2.	1	5
−	0.	2	6
	1.	8	9

○ 계산해 보시오.

❶ $0.32 - 0.15$

❷ $0.81 - 0.47$

❸ $1.64 - 0.38$

❹ $2.95 - 0.16$

❺ $3.38 - 1.91$

❻ $4.37 - 1.62$

❼ $4.69 - 2.73$

❽ $5.15 - 2.34$

❾ $5.57 - 1.98$

❿ $7.02 - 2.59$

⓫ $7.24 - 4.87$

⓬ $8.71 - 5.95$

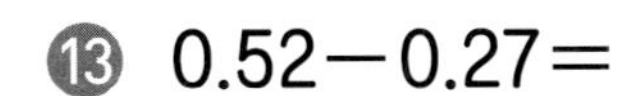

⑬ 0.52－0.27＝

⑭ 1.76－0.58＝

⑮ 1.94－1.56＝

⑯ 2.41－2.29＝

⑰ 2.61－1.14＝

⑱ 3.08－0.76＝

⑲ 3.27－2.32＝

⑳ 4.59－0.87＝

㉑ 5.18－3.25＝

㉒ 6.13－4.84＝

㉓ 6.26－3.62＝

㉔ 7.41－1.93＝

㉕ 8.06－2.29＝

㉖ 9.35－3.87＝

㉗ 9.71－6.86＝

13 받아내림이 있는 소수 두 자리 수의 뺄셈

○ 계산해 보시오.

❶ $\begin{array}{r} 0.54 \\ -\ 0.16 \\ \hline \end{array}$

❷ $\begin{array}{r} 0.61 \\ -\ 0.58 \\ \hline \end{array}$

❸ $\begin{array}{r} 1.86 \\ -\ 1.39 \\ \hline \end{array}$

❹ $\begin{array}{r} 2.23 \\ -\ 0.07 \\ \hline \end{array}$

❺ $\begin{array}{r} 3.62 \\ -\ 0.43 \\ \hline \end{array}$

❻ $\begin{array}{r} 3.91 \\ -\ 2.27 \\ \hline \end{array}$

❼ $\begin{array}{r} 4.53 \\ -\ 1.72 \\ \hline \end{array}$

❽ $\begin{array}{r} 5.37 \\ -\ 2.91 \\ \hline \end{array}$

❾ $\begin{array}{r} 5.79 \\ -\ 0.86 \\ \hline \end{array}$

❿ $\begin{array}{r} 6.04 \\ -\ 4.61 \\ \hline \end{array}$

⓫ $\begin{array}{r} 8.47 \\ -\ 0.83 \\ \hline \end{array}$

⓬ $\begin{array}{r} 9.15 \\ -\ 1.44 \\ \hline \end{array}$

⓭ $\begin{array}{r} 10.23 \\ -\ 2.95 \\ \hline \end{array}$

⓮ $\begin{array}{r} 12.48 \\ -\ 3.59 \\ \hline \end{array}$

⓯ $\begin{array}{r} 13.14 \\ -\ 1.57 \\ \hline \end{array}$

⓰ $\begin{array}{r} 15.32 \\ -\ 4.84 \\ \hline \end{array}$

⓱ $\begin{array}{r} 16.34 \\ -\ 2.49 \\ \hline \end{array}$

⓲ $\begin{array}{r} 19.52 \\ -\ 7.97 \\ \hline \end{array}$

⑲ $1.53-0.36=$

⑳ $1.86-1.27=$

㉑ $2.83-2.78=$

㉒ $2.92-1.49=$

㉓ $3.26-0.18=$

㉔ $4.61-2.43=$

㉕ $5.14-5.09=$

㉖ $6.19-3.22=$

㉗ $6.28-4.54=$

㉘ $6.56-1.83=$

㉙ $7.77-0.91=$

㉚ $8.18-3.65=$

㉛ $8.25-5.94=$

㉜ $9.07-1.45=$

㉝ $9.34-3.87=$

㉞ $10.24-5.38=$

㉟ $11.03-1.79=$

㊱ $14.67-2.98=$

㊲ $15.24-5.65=$

㊳ $18.32-7.57=$

㊴ $24.15-12.49=$

14 자릿수가 다른 소수의 뺄셈

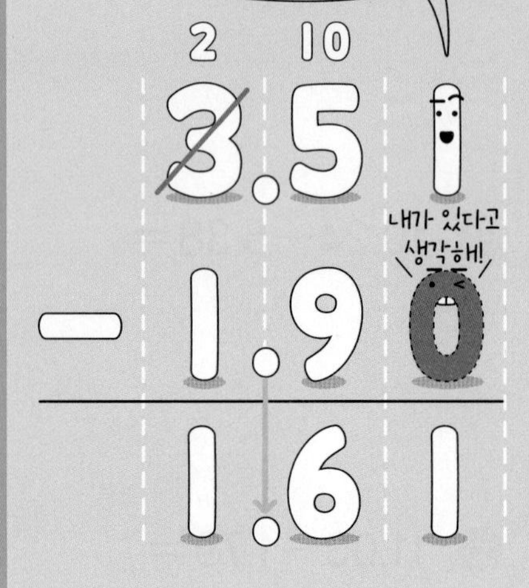

3.51과 1.9는 자릿수가 다르니까
1.9 뒤에 0이 있다고 생각하여
계산해!
2 10
3.51
내가 있다고 생각해!
− 1.90
1.61

● **자릿수가 다른 소수의 뺄셈**

소수점끼리 맞추어 세로로 쓰고 같은 자리 수끼리 뺀 다음 소수점을 그대로 내려 찍습니다.

소수 둘째 자리의 계산

$$\begin{array}{r} 3.51 \\ -\ 1.90 \\ \hline 1 \end{array}$$

← 오른쪽 끝자리 뒤에 0이 있는 것으로 생각합니다.

1−0=1

⇩

소수 첫째 자리의 계산

$$\begin{array}{r} \overset{2}{\not3}.\overset{10}{5}1 \\ -\ 1.90 \\ \hline 61 \end{array}$$

10+5−9=6

⇩

일의 자리의 계산

$$\begin{array}{r} \overset{2}{\not3}.\overset{10}{5}1 \\ -\ 1.90 \\ \hline 1.61 \end{array}$$

2−1=1

○ **계산해 보시오.**

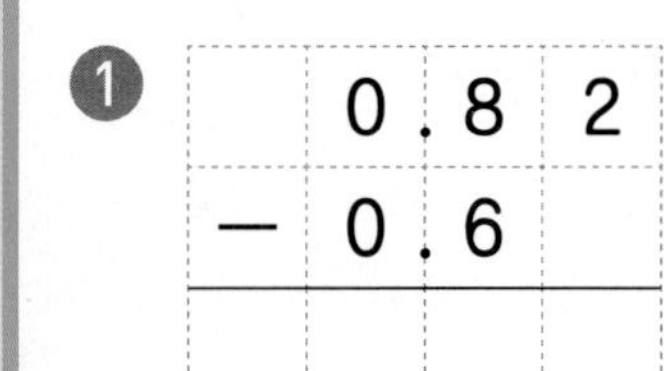

❶ $\begin{array}{r} 0.82 \\ -\ 0.6 \\ \hline \end{array}$

❷ $\begin{array}{r} 1.57 \\ -\ 0.2 \\ \hline \end{array}$

❸ $\begin{array}{r} 1.59 \\ -\ 0.7 \\ \hline \end{array}$

❹ $\begin{array}{r} 2.15 \\ -\ 1.8 \\ \hline \end{array}$

❺ $\begin{array}{r} 3.54 \\ -\ 1.6 \\ \hline \end{array}$

❻ $\begin{array}{r} 5.43 \\ -\ 0.5 \\ \hline \end{array}$

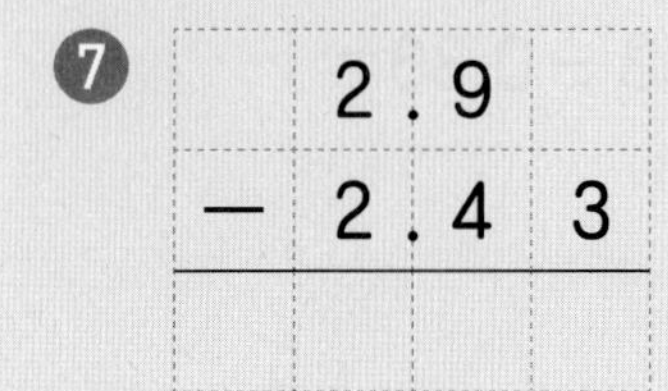

❼ $\begin{array}{r} 2.9 \\ -\ 2.43 \\ \hline \end{array}$

❽ $\begin{array}{r} 3.7 \\ -\ 1.39 \\ \hline \end{array}$

❾ $\begin{array}{r} 4.6 \\ -\ 2.31 \\ \hline \end{array}$

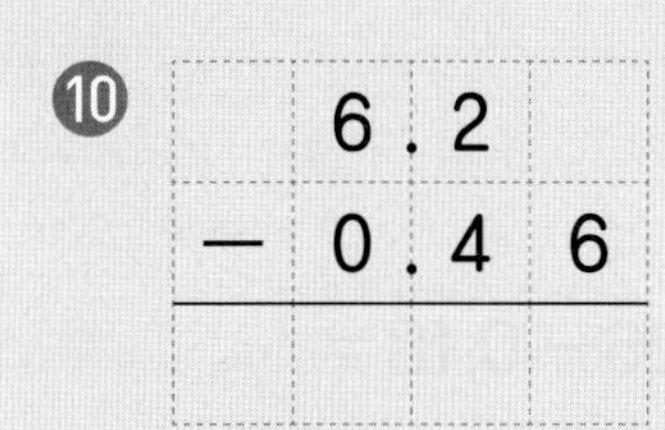

❿ $\begin{array}{r} 6.2 \\ -\ 0.46 \\ \hline \end{array}$

⓫ $\begin{array}{r} 8.1 \\ -\ 6.72 \\ \hline \end{array}$

⓬ $\begin{array}{r} 9.4 \\ -\ 1.73 \\ \hline \end{array}$

정답 • 19쪽

⑬ $0.45-0.3=$

⑭ $1.53-1.1=$

⑮ $2.26-0.4=$

⑯ $2.67-1.9=$

⑰ $3.22-0.8=$

⑱ $3.51-2.9=$

⑲ $4.18-0.3=$

⑳ $5.9-2.54=$

㉑ $6.8-3.63=$

㉒ $7.2-2.07=$

㉓ $7.5-4.71=$

㉔ $8.4-5.86=$

㉕ $8.5-7.92=$

㉖ $9.1-6.58=$

㉗ $9.3-2.45=$

14 자릿수가 다른 소수의 뺄셈

○ 계산해 보시오.

❶ $\begin{array}{r} 1.73 \\ -\ 0.5 \\ \hline \end{array}$

❷ $\begin{array}{r} 2.65 \\ -\ 1.3 \\ \hline \end{array}$

❸ $\begin{array}{r} 3.61 \\ -\ 2.9 \\ \hline \end{array}$

❹ $\begin{array}{r} 4.17 \\ -\ 1.2 \\ \hline \end{array}$

❺ $\begin{array}{r} 5.26 \\ -\ 3.5 \\ \hline \end{array}$

❻ $\begin{array}{r} 5.35 \\ -\ 0.4 \\ \hline \end{array}$

❼ $\begin{array}{r} 4.7 \\ -\ 4.23 \\ \hline \end{array}$

❽ $\begin{array}{r} 5.6 \\ -\ 0.38 \\ \hline \end{array}$

❾ $\begin{array}{r} 5.7 \\ -\ 1.24 \\ \hline \end{array}$

❿ $\begin{array}{r} 6.3 \\ -\ 1.77 \\ \hline \end{array}$

⓫ $\begin{array}{r} 8.3 \\ -\ 4.82 \\ \hline \end{array}$

⓬ $\begin{array}{r} 9.8 \\ -\ 3.84 \\ \hline \end{array}$

⓭ $\begin{array}{r} 10.39 \\ -\ 2.4 \\ \hline \end{array}$

⓮ $\begin{array}{r} 12.48 \\ -\ 3.5 \\ \hline \end{array}$

⓯ $\begin{array}{r} 15.03 \\ -\ 4.5 \\ \hline \end{array}$

⓰ $\begin{array}{r} 16.7 \\ -\ 2.69 \\ \hline \end{array}$

⓱ $\begin{array}{r} 17.6 \\ -\ 3.87 \\ \hline \end{array}$

⓲ $\begin{array}{r} 20.1 \\ -\ 8.35 \\ \hline \end{array}$

⑲ $1.94-0.6=$

⑳ $2.76-0.2=$

㉑ $3.41-0.7=$

㉒ $4.15-3.7=$

㉓ $4.53-2.8=$

㉔ $5.19-3.5=$

㉕ $6.51-3.8=$

㉖ $5.4-5.18=$

㉗ $5.8-0.27=$

㉘ $6.7-5.48=$

㉙ $7.2-1.65=$

㉚ $8.2-3.27=$

㉛ $8.6-6.65=$

㉜ $9.1-6.49=$

㉝ $11.26-2.3=$

㉞ $11.32-1.5=$

㉟ $13.38-2.9=$

㊱ $14.5-3.06=$

㊲ $17.8-0.37=$

㊳ $19.2-1.68=$

㊴ $22.5-2.68=$

12 ~ 14 다르게 풀기

○ 빈칸에 알맞은 수를 써넣으시오.

❶ 2.4 → −1.5 → [ ]

2.4−1.5를 계산해요.

❷ 3.54 → −1.2 → [ ]

❸ 4.72 → −3.24 → [ ]

❹ 5.36 → −2.85 → [ ]

❺ 6.48 → −5.6 → [ ]

❻ 7.2 → −5.9 → [ ]

❼ 8.8 → −6.35 → [ ]

❽ 9.02 → −7.34 → [ ]

❾ 9.1 → −3.29 → [ ]

❿ 12.1 → −2.47 → [ ]

⑪
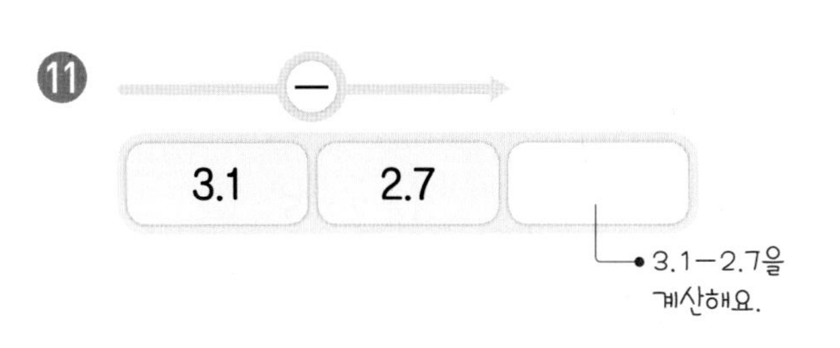

⑮
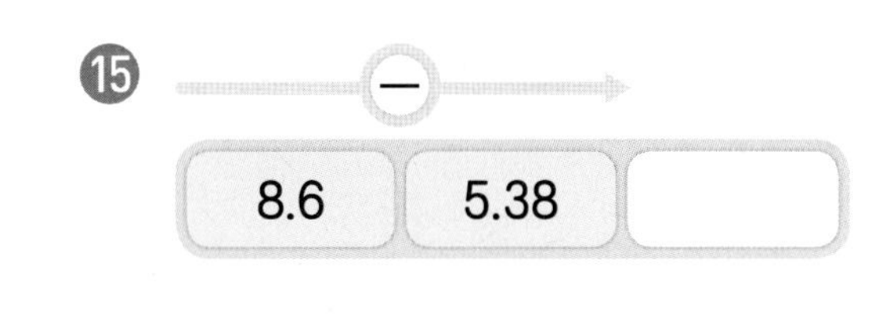

⑫
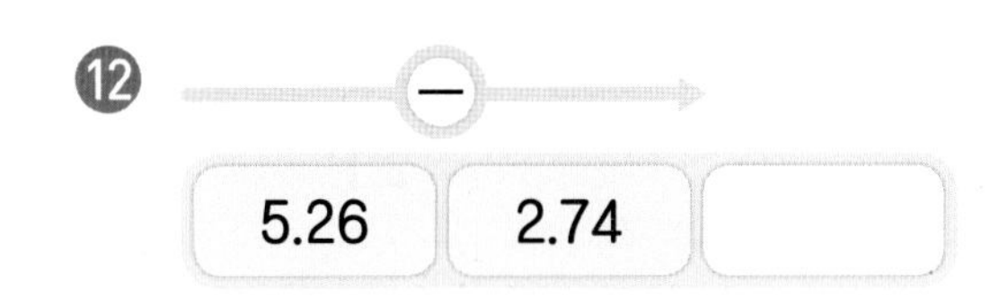

⑯
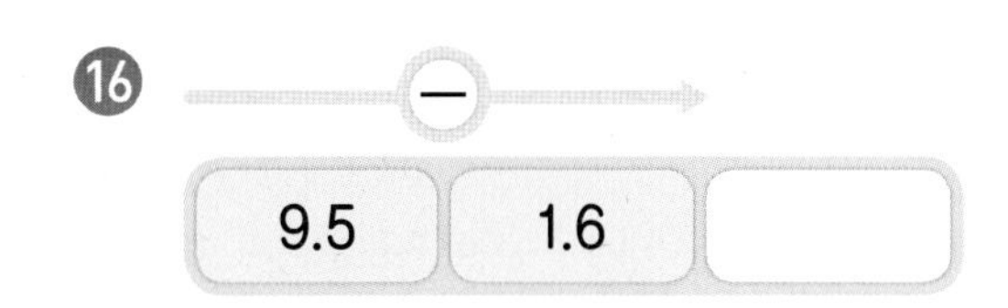

⑬
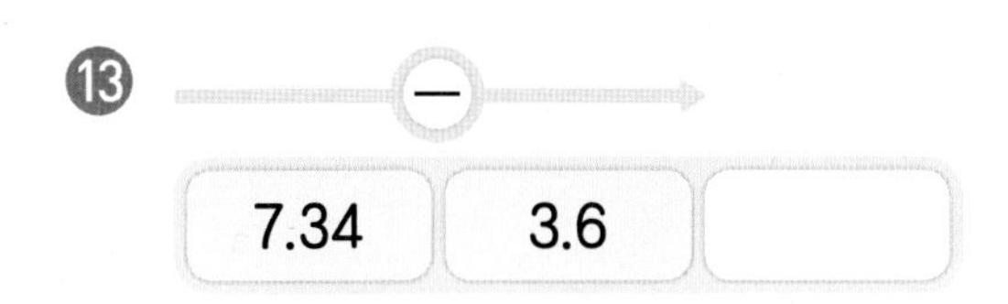

⑰
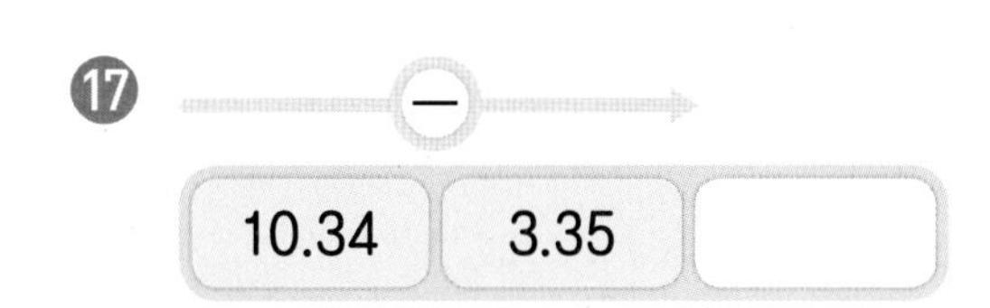

⑭
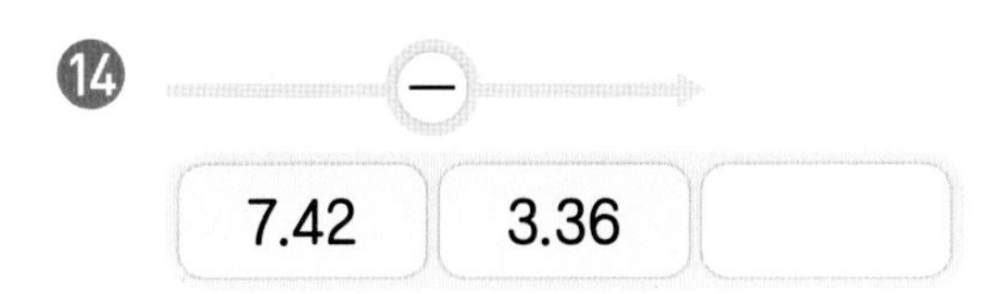

⑱
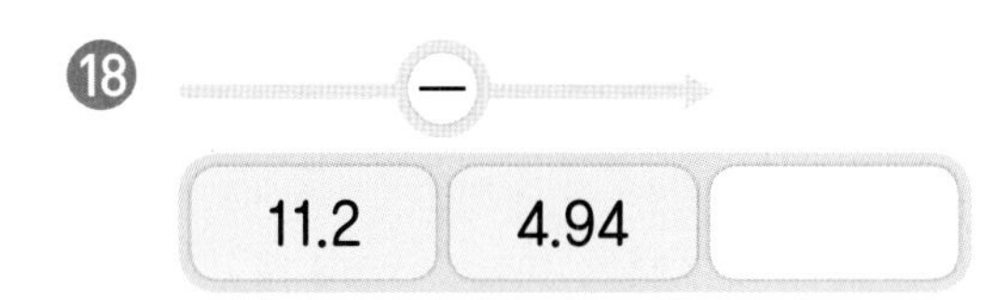

문장제 속 연산

⑲ 고구마가 들어 있는 바구니의 무게는 2.44 kg입니다. 빈 바구니가 0.25 kg일 때 바구니에 들어 있는 고구마는 몇 kg인지 구해 보시오.

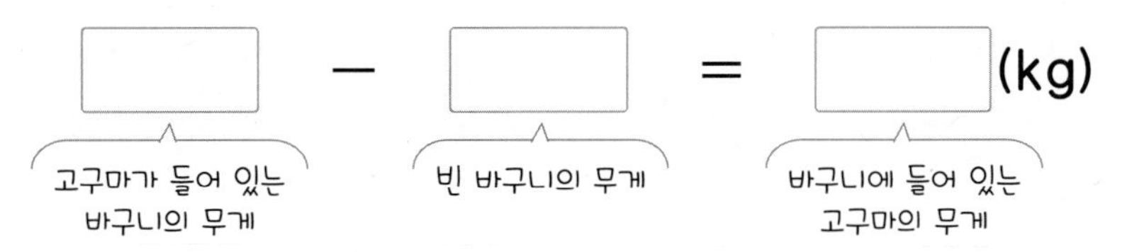

초등에서 푸는 방정식 계산 비법

원리 덧셈과 뺄셈의 관계

$2+3=5 \Rightarrow \begin{cases} 5-3=2 \\ 5-2=3 \end{cases}$

적용 덧셈식의 어떤 수(□) 구하기

- $\square+1.4=2.9 \rightarrow \square=2.9-1.4=1.5$
- $1.5+\square=2.9 \rightarrow \square=2.9-1.5=1.4$

원리 덧셈과 뺄셈의 관계

$5-2=3 \Rightarrow \begin{cases} 3+2=5 \\ 2+3=5 \end{cases}$

적용 뺄셈식의 어떤 수(□) 구하기

- $\square-2.1=3.4 \rightarrow \square=3.4+2.1=5.5$
- $5.5-\square=3.4 \rightarrow 3.4+\square=5.5$
  $\Rightarrow \square=5.5-3.4$
  $=2.1$

○ 어떤 수(□)를 구하려고 합니다. □ 안에 알맞은 수를 써넣으시오.

1. $\square+0.2=1.5$

   $1.5-0.2=\square$

2. $\square+3.8=6.5$

   $6.5-3.8=\square$

3. $\square+1.42=2.79$

   $2.79-1.42=\square$

4. $\square+2.08=2.62$

   $2.62-2.08=\square$

5. $\square-0.4=2.1$

   $2.1+0.4=\square$

6. $\square-1.4=2.8$

   $2.8+1.4=\square$

7. $\square-4.52=1.47$

   $1.47+4.52=\square$

8. $\square-0.7=6.25$

   $6.25+0.7=\square$

⑨ 0.3+ ☐ =2.9

2.9−0.3= ☐

⑩ 2.6+ ☐ =7.1

7.1−2.6= ☐

⑪ 3.49+ ☐ =8.72

8.72−3.49= ☐

⑫ 4.56+ ☐ =7.16

7.16−4.56= ☐

⑬ 6.1+ ☐ =7.86

7.86−6.1= ☐

⑭ 7.13− ☐ =6.12

7.13−6.12= ☐

⑮ 9.53− ☐ =0.81

9.53−0.81= ☐

⑯ 9.62− ☐ =5.9

9.62−5.9= ☐

⑰ 12.5− ☐ =8.14

12.5−8.14= ☐

⑱ 16.8− ☐ =11.87

16.8−11.87= ☐

평가 3. 소수의 덧셈과 뺄셈

○ 분수를 소수로 쓰고 읽어 보시오.

1

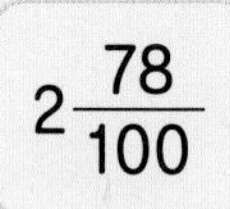

쓰기 ____________________

읽기 ____________________

2

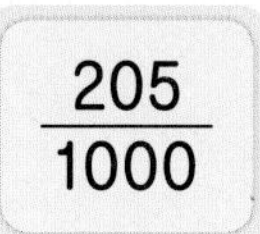

쓰기 ____________________

읽기 ____________________

○ 두 수의 크기를 비교하여 ◯ 안에 >, <를 알맞게 써넣으시오.

3 8.71 ◯ 8.75

4 4.2 ◯ 4.132

○ 빈칸에 알맞은 수를 써넣으시오.

5

$\frac{1}{10}$ $\frac{1}{10}$ 10배 10배

		7		

6

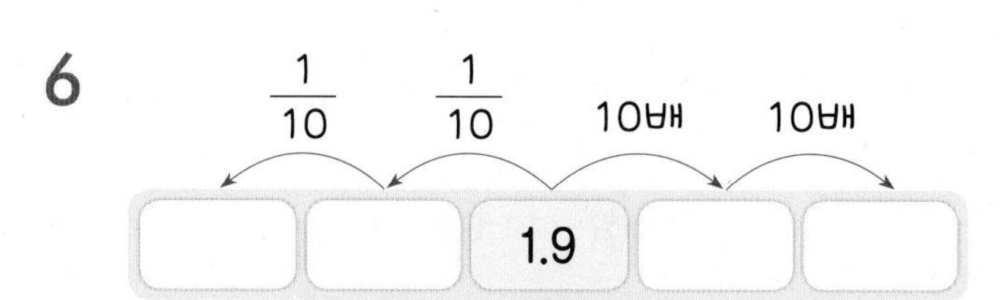

○ 계산해 보시오.

7

$$\begin{array}{r} 3.6 \\ +\ 2.8 \\ \hline \end{array}$$

8

$$\begin{array}{r} 7.49 \\ +\ 1.46 \\ \hline \end{array}$$

9

$$\begin{array}{r} 5.82 \\ +\ 2.4 \\ \hline \end{array}$$

10

$$\begin{array}{r} 6.1 \\ -\ 4.5 \\ \hline \end{array}$$

11

$$\begin{array}{r} 4.71 \\ -\ 2.67 \\ \hline \end{array}$$

12

$$\begin{array}{r} 5.2 \\ -\ 0.24 \\ \hline \end{array}$$

13 $0.5+2.3=$

14 $4.3+4.7=$

15 $5.47+1.96=$

16 $6.3+0.78=$

17 $3.8-0.3=$

18 $8.2-6.4=$

19 $9.85-5.07=$

20 $10.15-7.5=$

○ 빈칸에 알맞은 수를 써넣으시오.

21
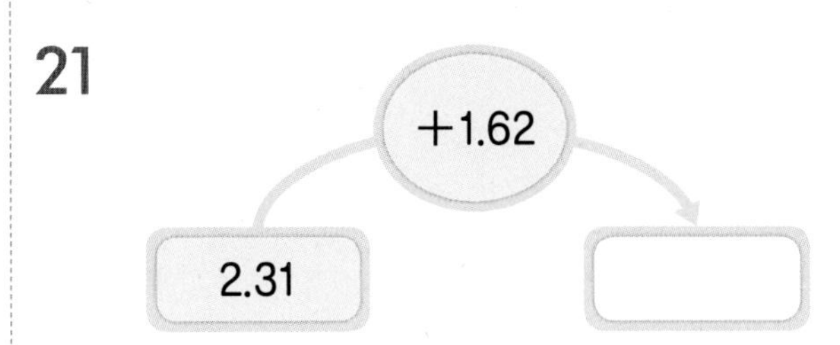

22
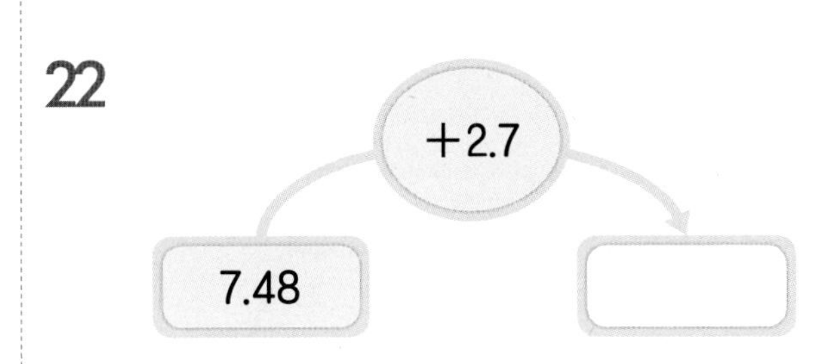

23
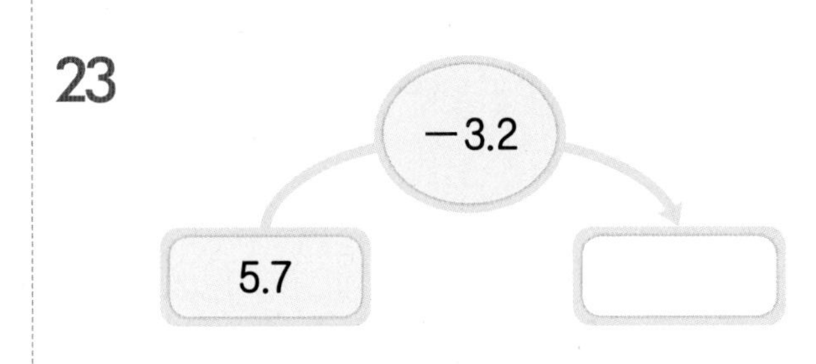

24
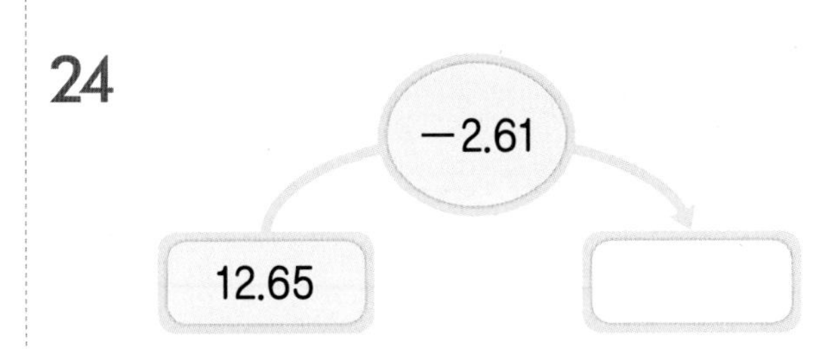

25
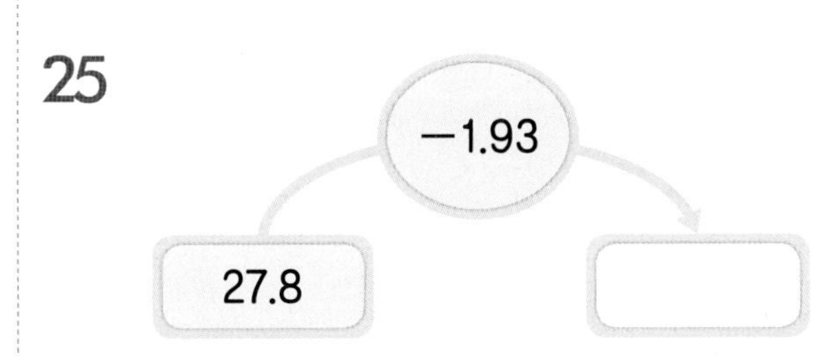

3단원의 연산 실력을 보충하고 싶다면 **클리닉 북 17~30쪽**을 풀어 보세요.

4 사각형

학습하는 데 걸린 시간을 작성해 봐요!

학습 내용	학습 회차	걸린 시간
1 수직	1일 차	/5분
2 평행	2일 차	/6분
3 사다리꼴	3일 차	/5분
4 평행사변형	4일 차	/6분
5 마름모	5일 차	/6분
평가 4. 사각형	6일 차	/11분

1 수직

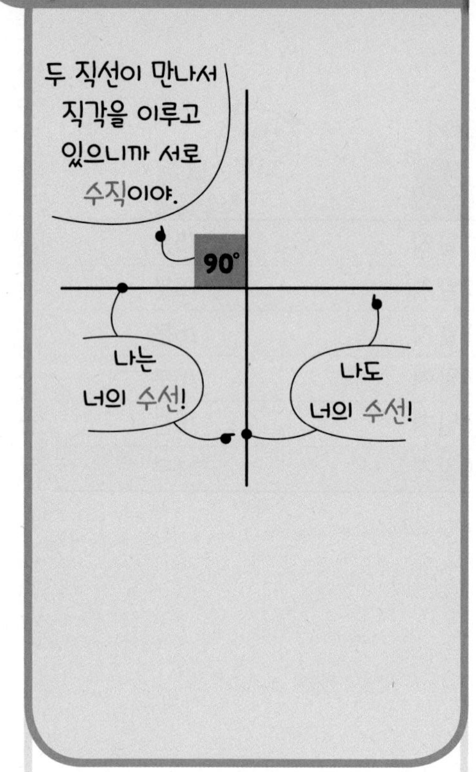

두 직선이 만나서
직각을 이루고
있으니까 서로
수직이야.
90°
나는
너의 수선!
나도
너의 수선!

- 수직과 수선
  - 두 직선이 만나서 이루는 각이 직각일 때, 두 직선은 서로 **수직**이라고 합니다.
  - 두 직선이 서로 수직으로 만나면, 한 직선을 다른 직선에 대한 **수선**이라고 합니다.

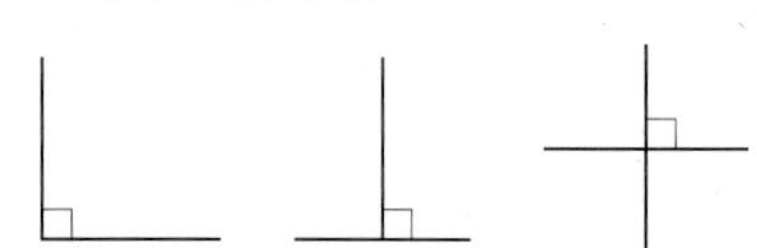

○ 두 직선이 서로 수직이면 ○표, 수직이 아니면 ×표 하시오.

❶ ( )

❷ ( )

❸ ( )

❹ ( )

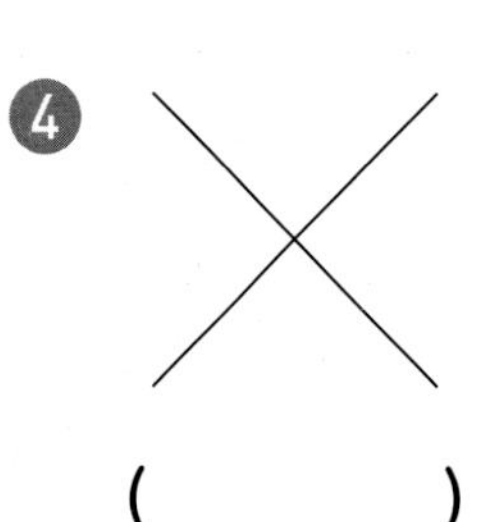

❺ ( )

❻ ( )

❼ ( )

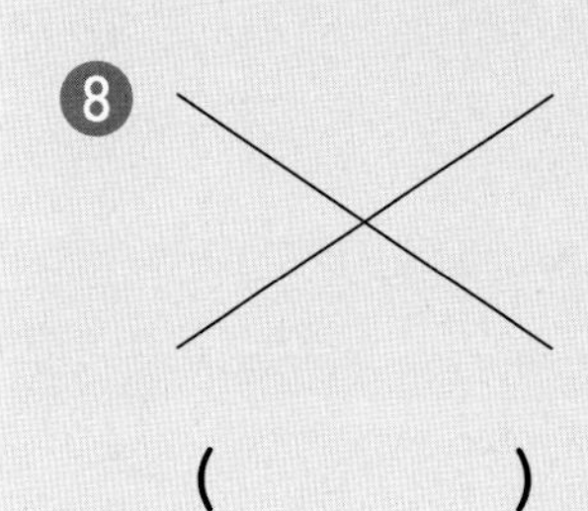

❽ ( )

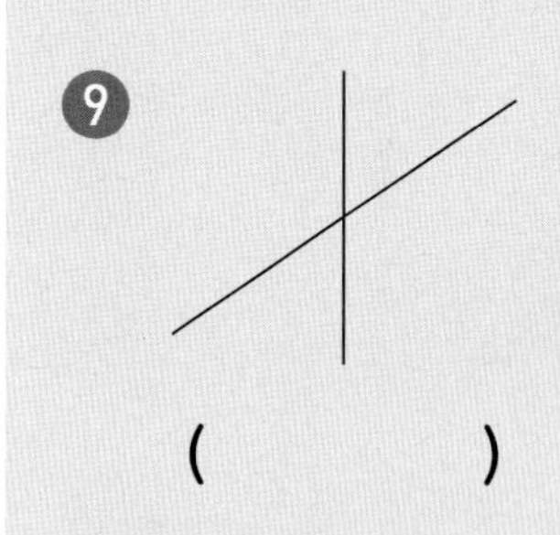

❾ ( )

❿ ( )

○ 서로 수직인 변이 있는 도형을 모두 찾아보시오.

11

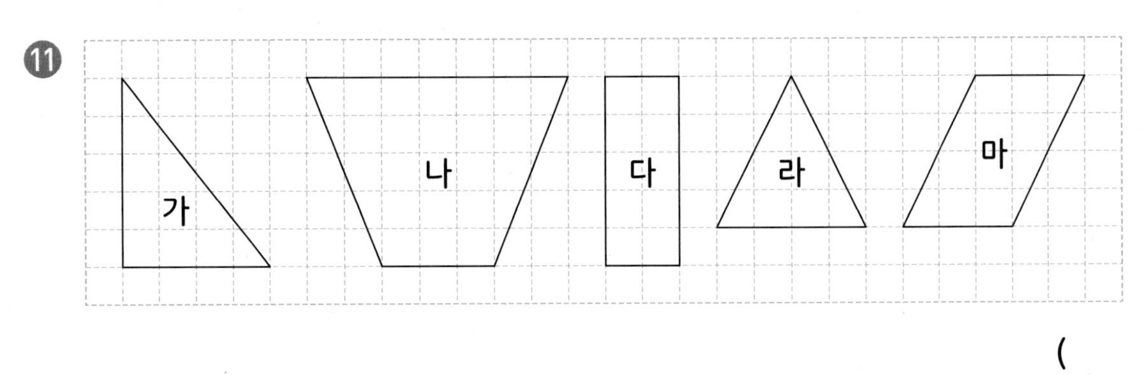

( )

12

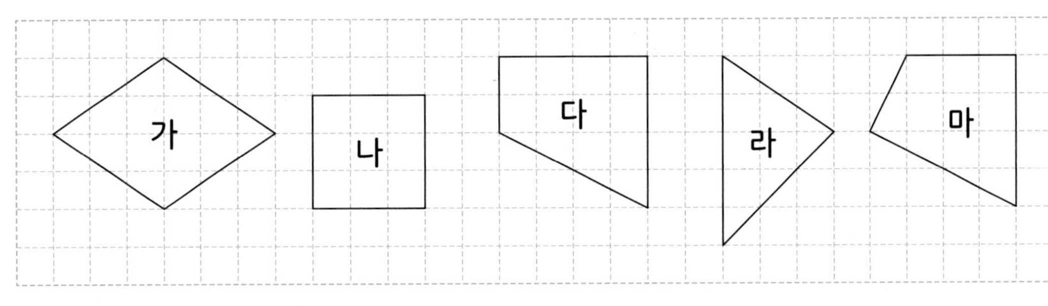

( )

13

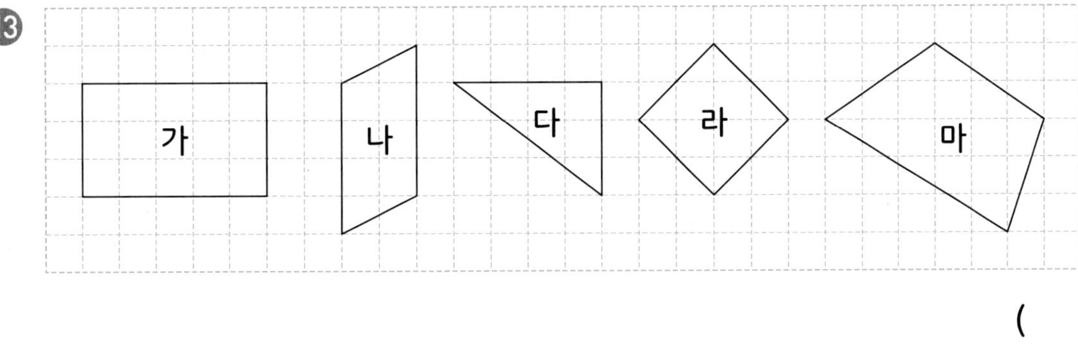

( )

14

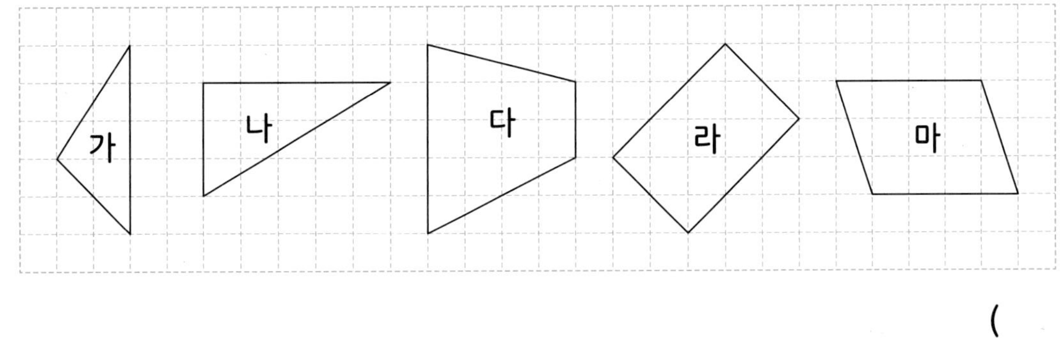

( )

2 평행

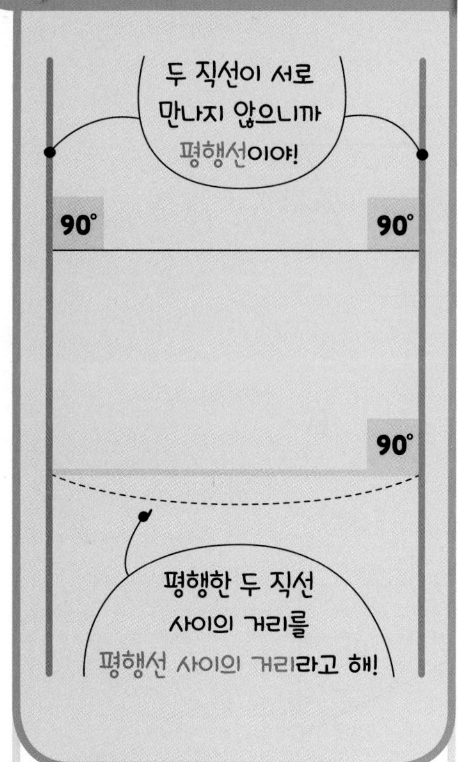

두 직선이 서로
만나지 않으니까
평행선이야!
90°
90°
90°
평행한 두 직선
사이의 거리를
평행선 사이의 거리라고 해!

• 평행

- 한 직선에 수직인 두 직선을 그었을 때, 그 두 직선은 서로 만나지 않습니다. 이와 같이 서로 만나지 않는 두 직선을 평행하다고 합니다.
- 평행선: 평행한 두 직선

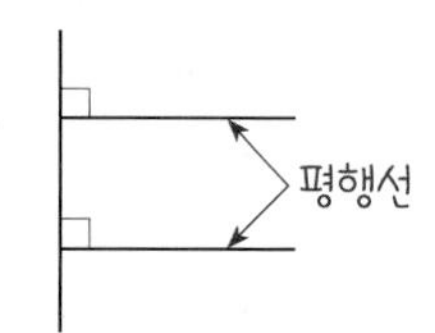

• 평행선 사이의 거리

평행선 사이의 거리: 평행선의 한 직선에서 다른 직선에 수선을 그었을 때 이 수선의 길이

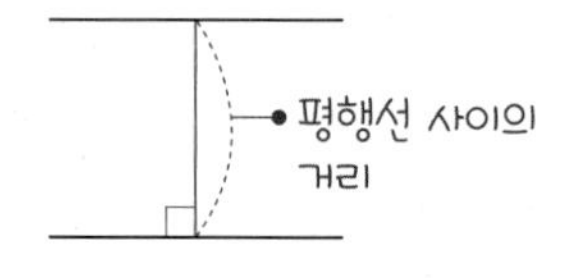

○ 두 직선이 서로 평행하면 ○표, 평행하지 않으면 ×표 하시오.

❶ ( )

❷ ( )

❸ ( )

❹ ( )

❺ ( )

❻ ( )

❼ ( )

❽ ( )

❾ ( )

❿ ( )

○ 직선 가와 직선 나는 서로 평행합니다. 평행선 사이의 거리는 몇 cm인지 구해 보시오.

11

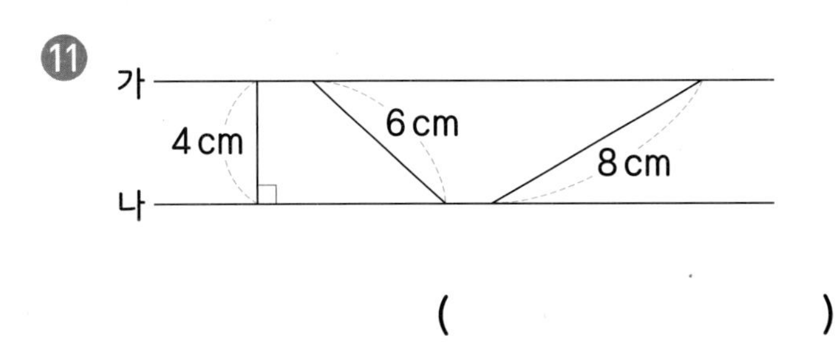

( )

12

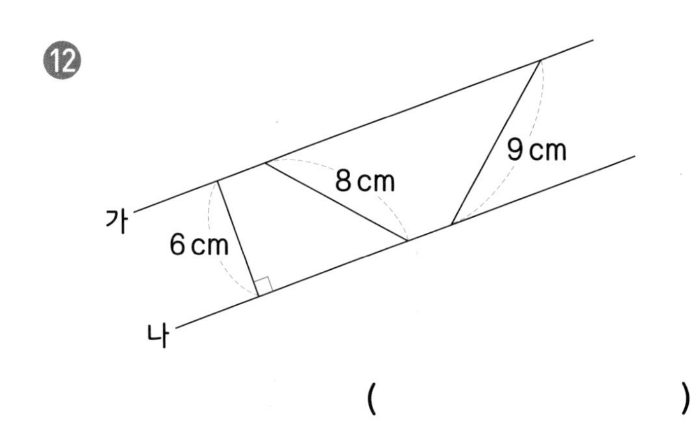

( )

13

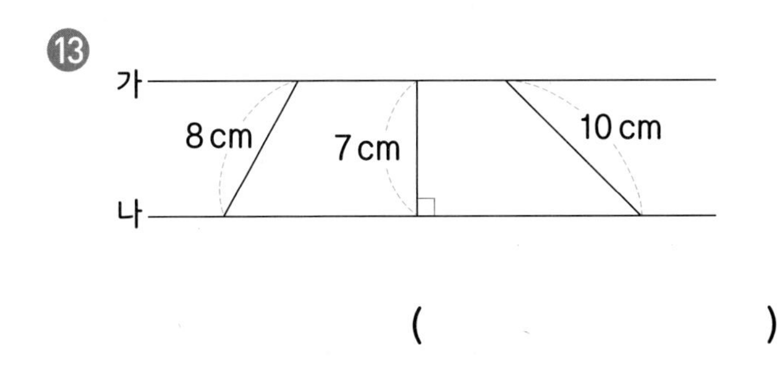

( )

14

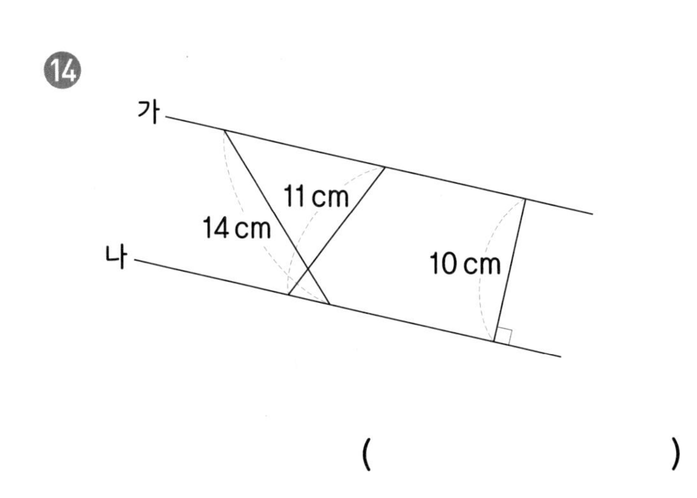

( )

15

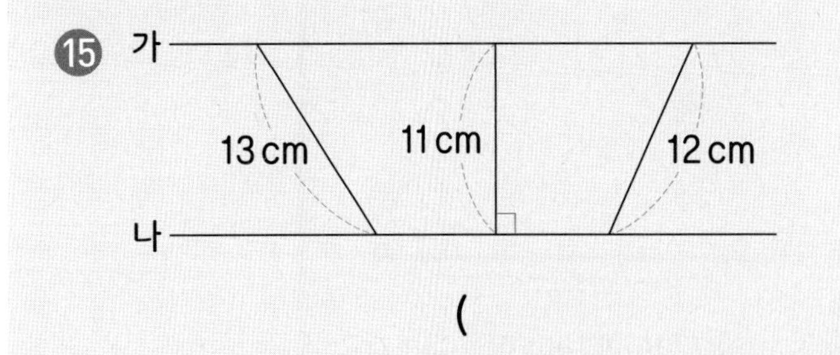

( )

16

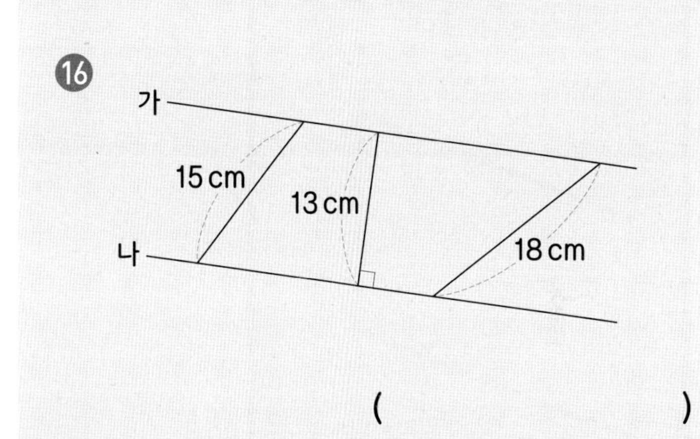

( )

17

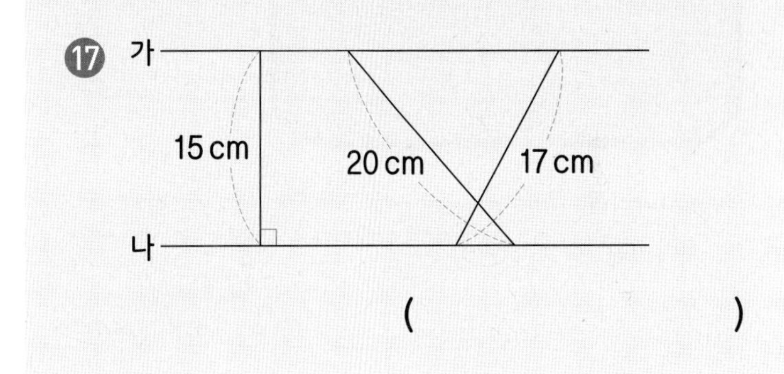

( )

18

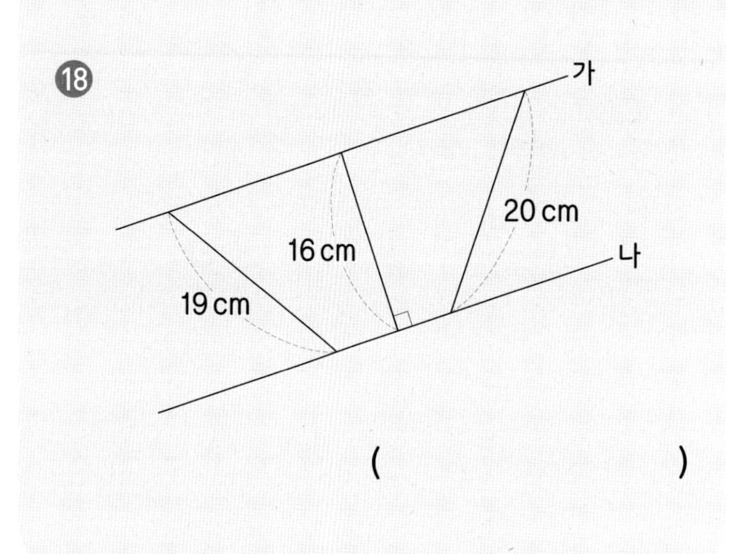

( )

3 사다리꼴

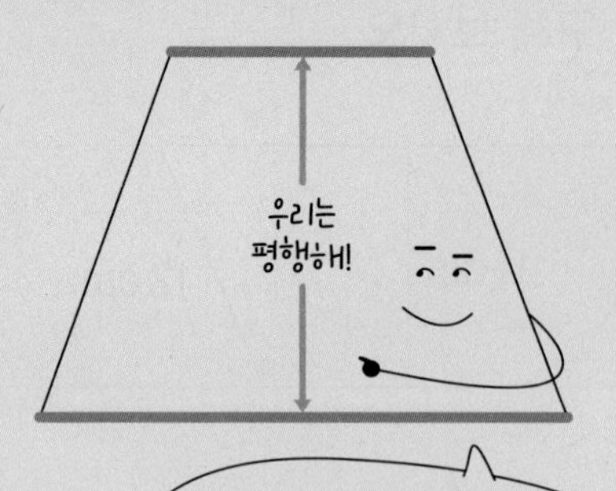

평행한 변이 한 쌍이라도
있는 사각형을
사다리꼴이라고 해!

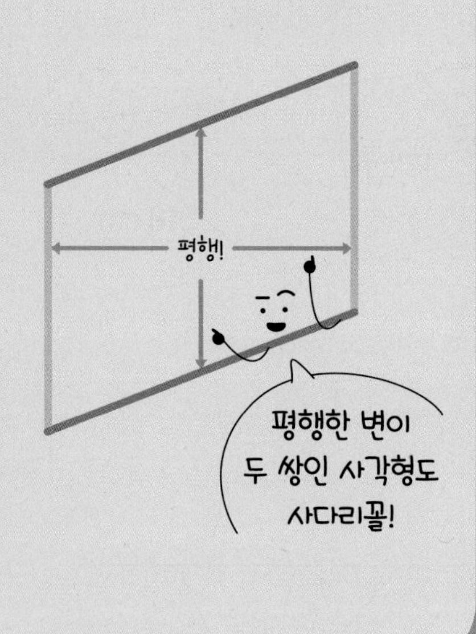

- **사다리꼴**

사다리꼴: 평행한 변이 한 쌍이라도 있는 사각형

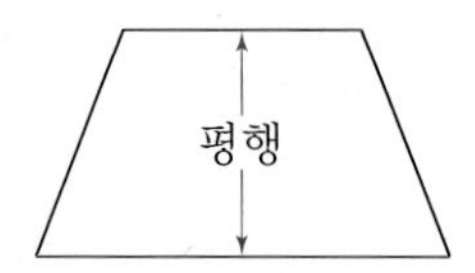

참고 마주 보는 두 쌍의 변이 서로 평행한 사각형도 사다리꼴입니다.

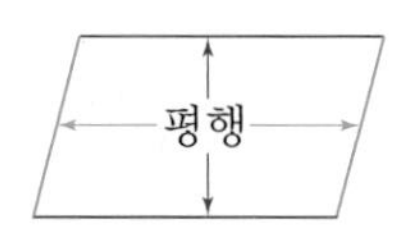

- 사다리꼴이면 ○표, 사다리꼴이 아니면 ×표 하시오.

❶

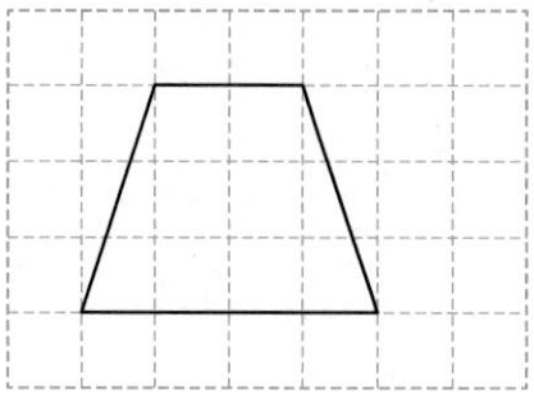

( )

❷

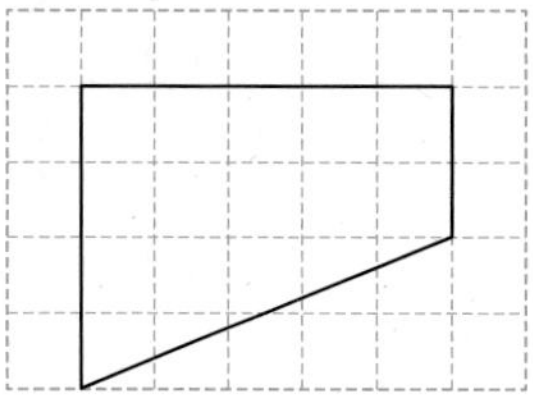

( )

❸

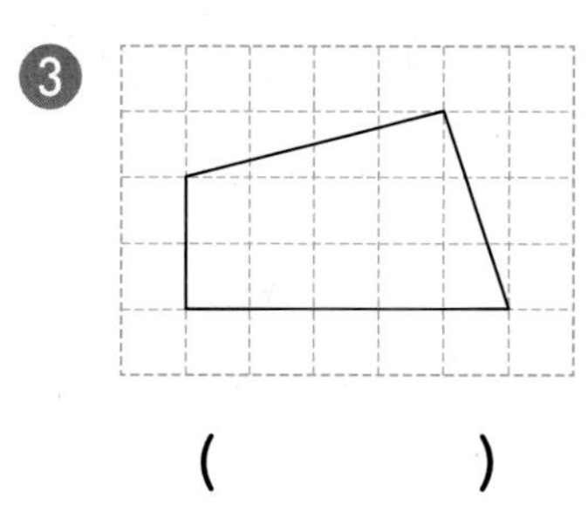

( )

❹

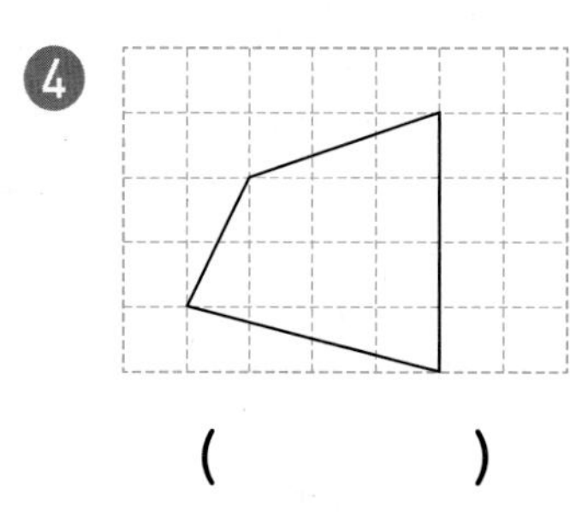

( )

❺

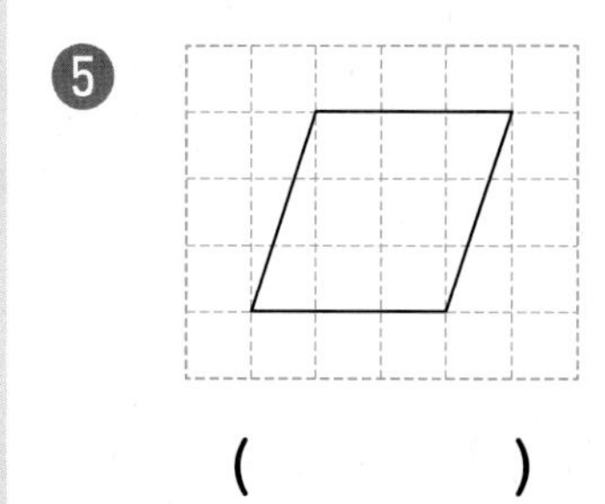

( )

❻

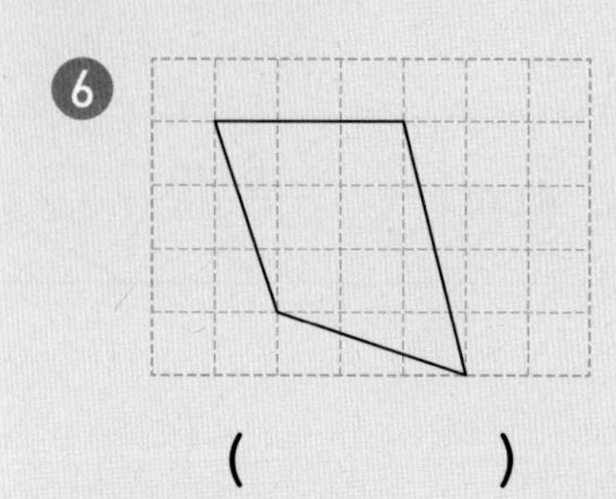

( )

❼

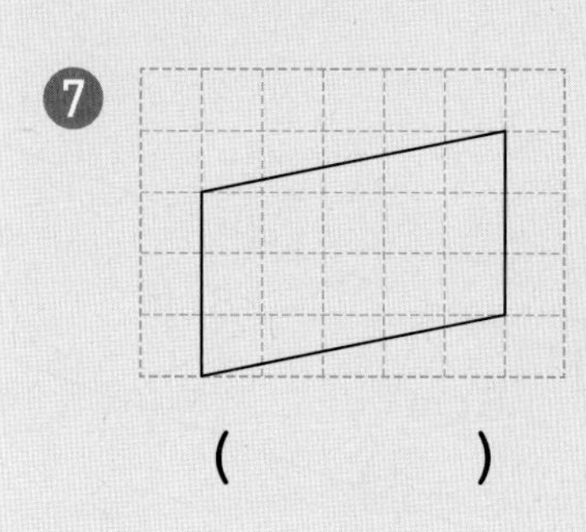

( )

❽

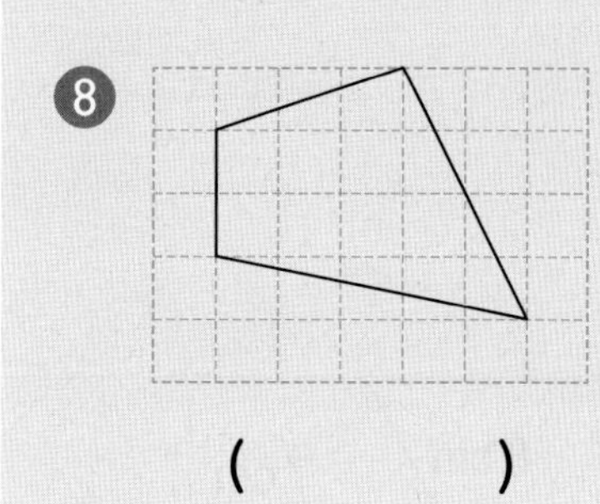

( )

❾

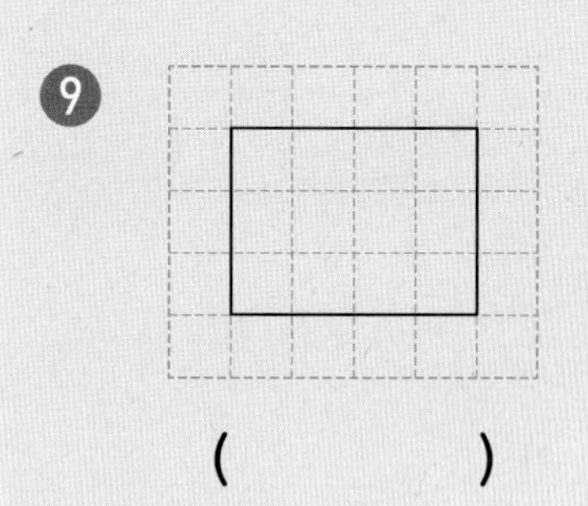

( )

❿

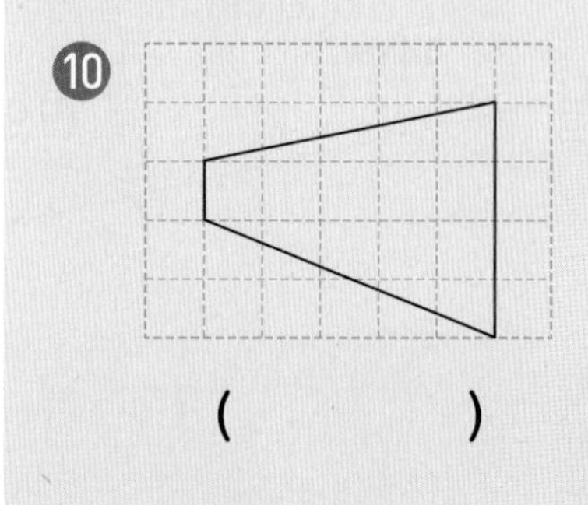

( )

정답 • 21쪽

○ 사다리꼴을 모두 찾아보시오.

11

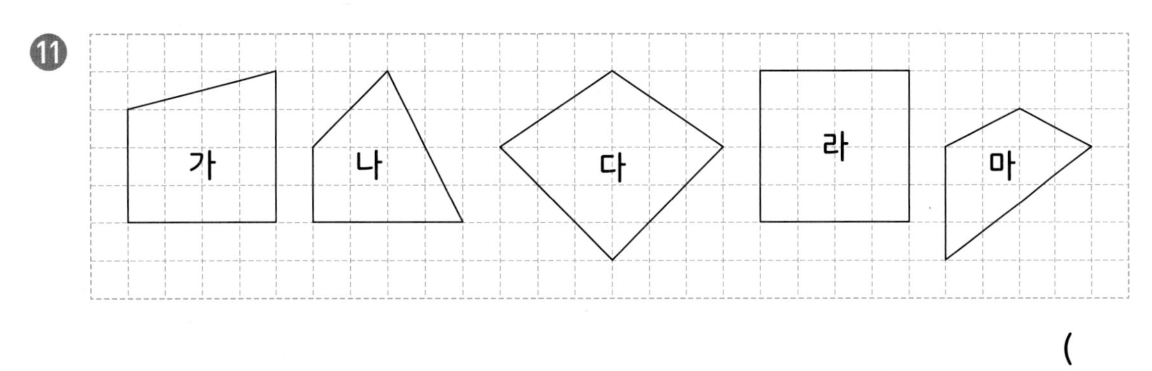

( )

12

가 나 다 라 마

( )

13

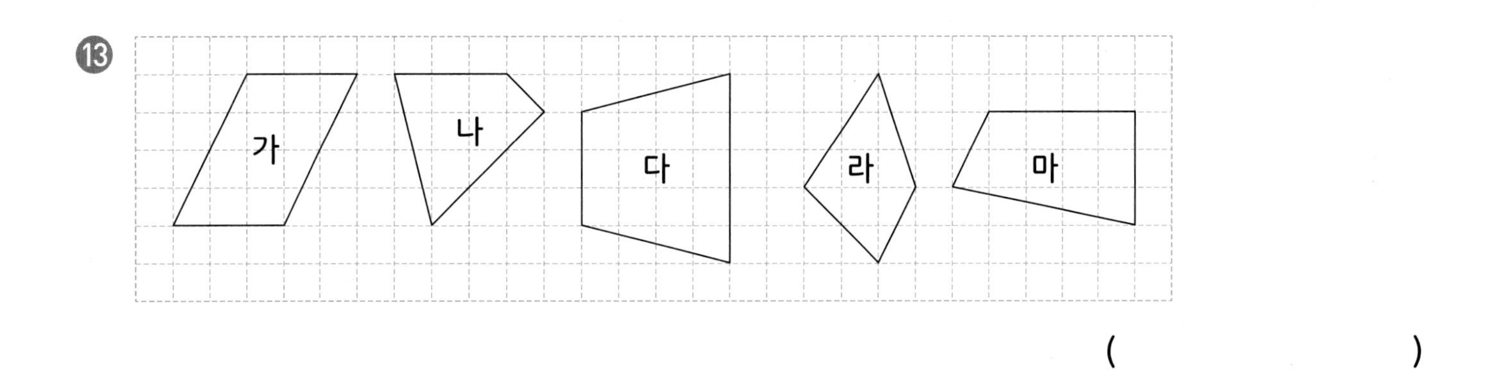

( )

14

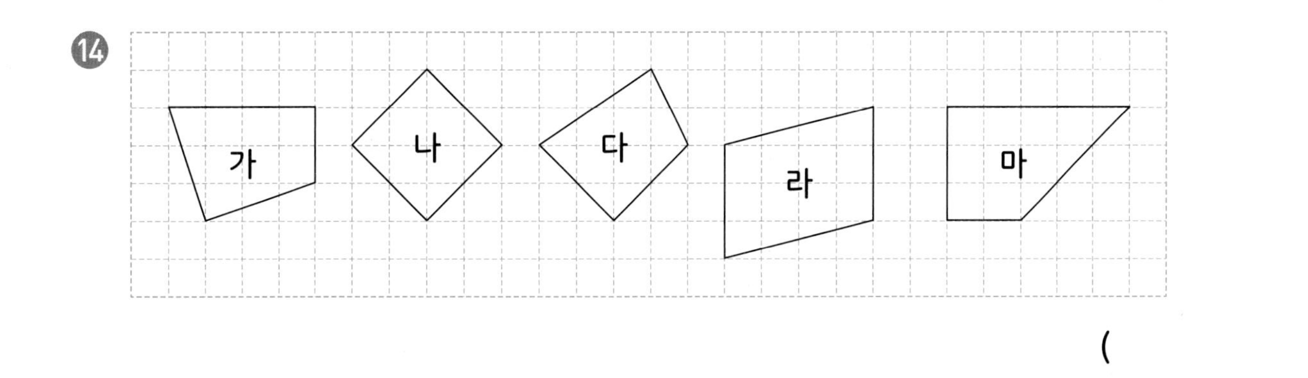

( )

4 평행사변형

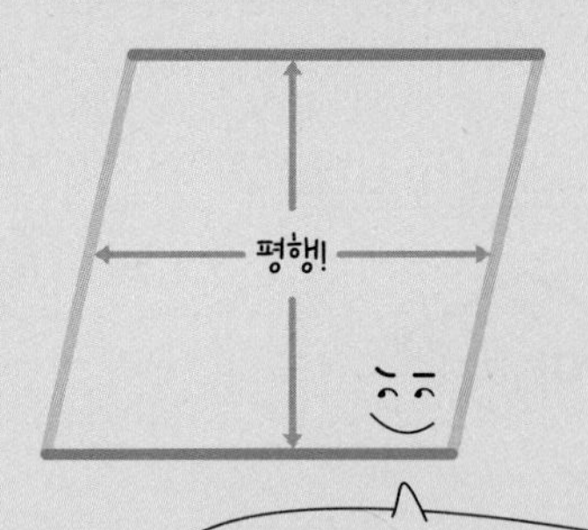
평행!
마주 보는 두 쌍의 변이
서로 평행한 사각형을
평행사변형이라고 해!

평행사변형은
마주 보는
두 변의 길이와
두 각의 크기가
각각 서로 같아.

- **평행사변형**

평행사변형: 마주 보는 두 쌍의 변이 서로 평행한 사각형

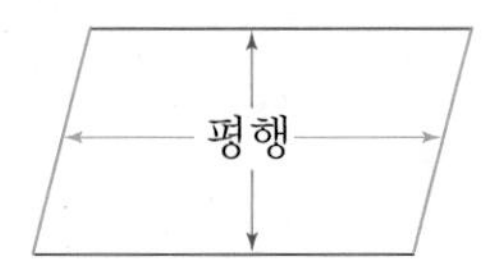
평행

- **평행사변형의 성질**

• 마주 보는 두 변의 길이가 같습니다.
• 마주 보는 두 각의 크기가 같습니다.
• 이웃한 두 각의 크기의 합이 180°입니다.

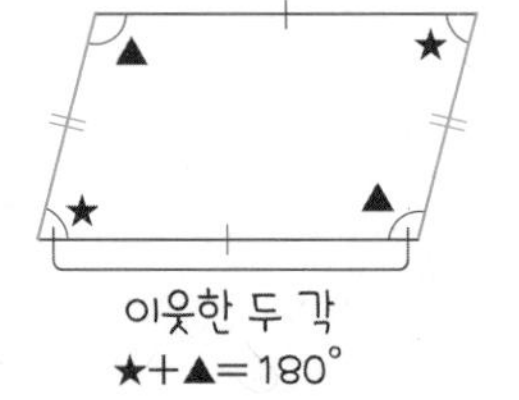
이웃한 두 각
★+▲=180°

○ 평행사변형이면 ○표, 평행사변형이 아니면 ×표 하시오.

❶
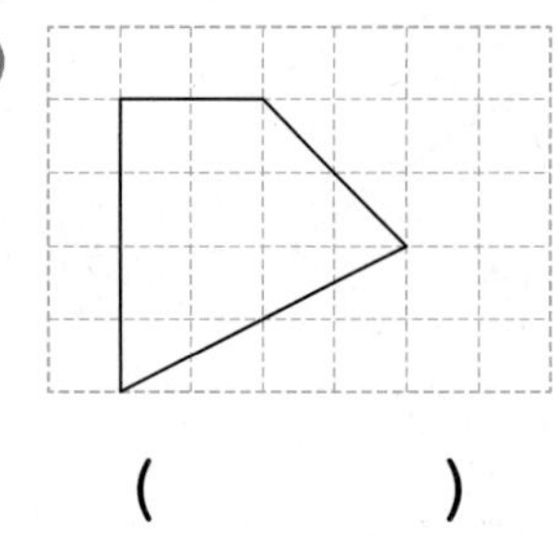
(　　　)

❷
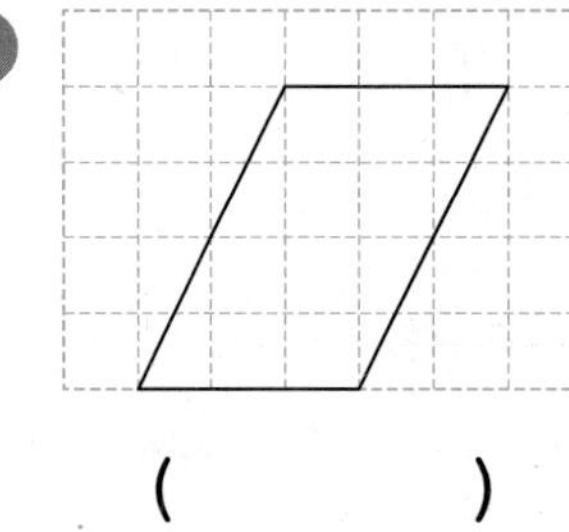
(　　　)

❸
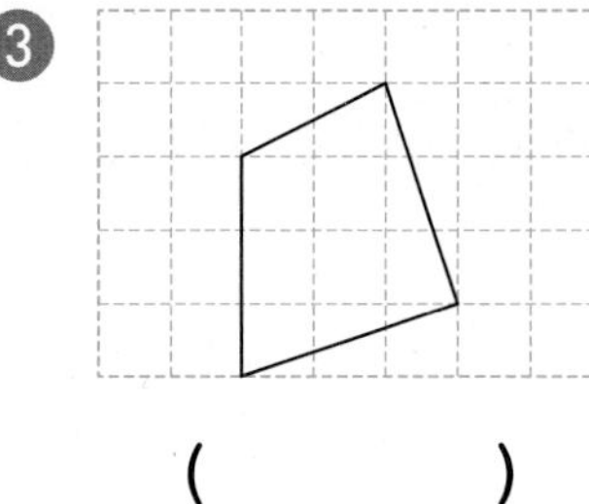
(　　　)

❹
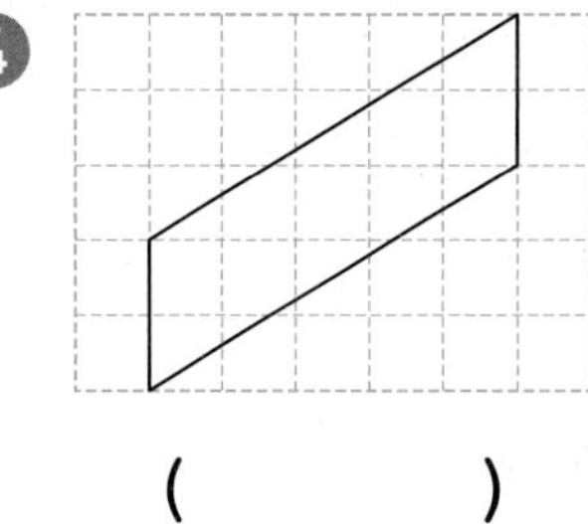
(　　　)

❺
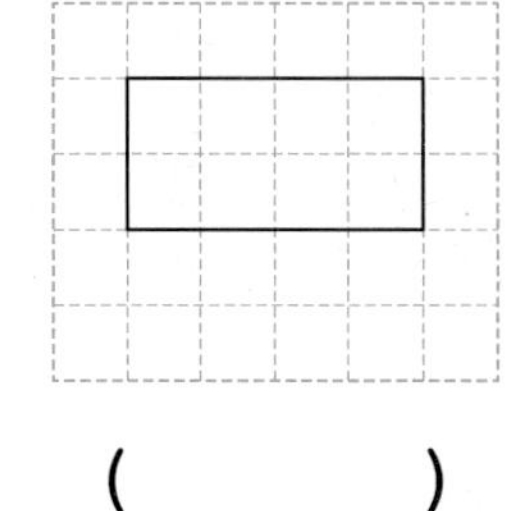
(　　　)

❻
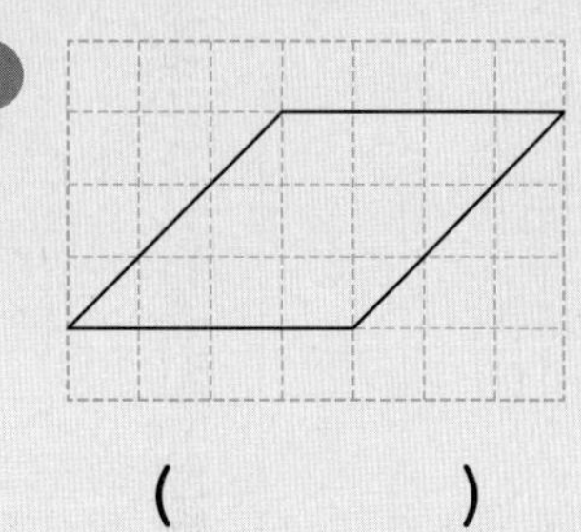
(　　　)

❼
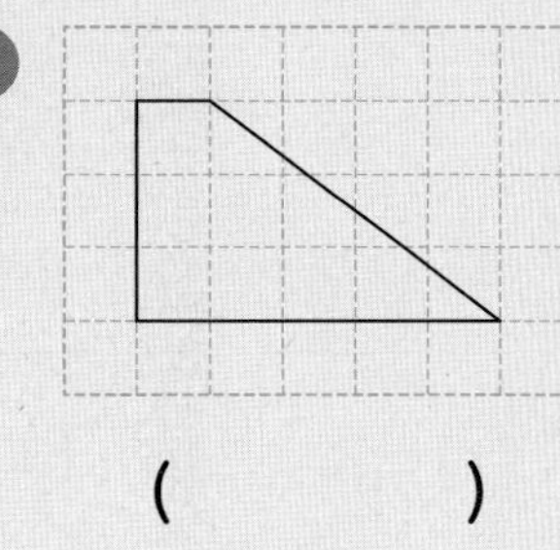
(　　　)

❽
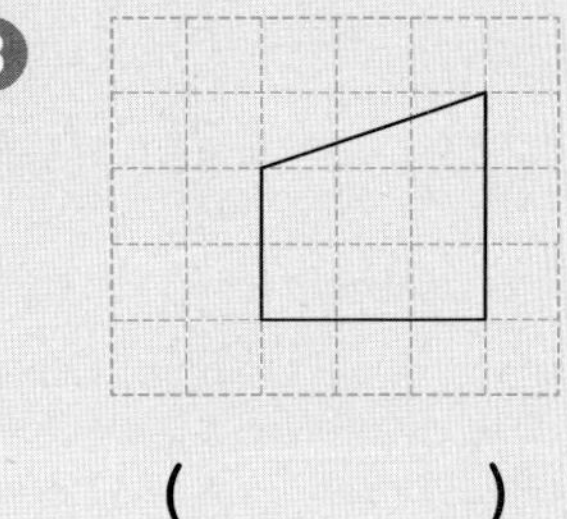
(　　　)

❾
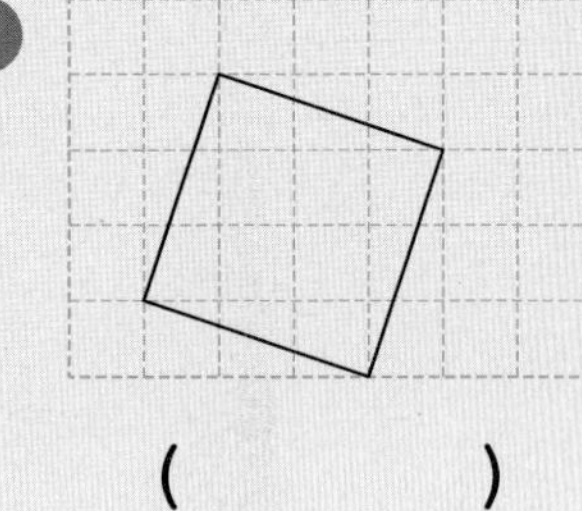
(　　　)

❿
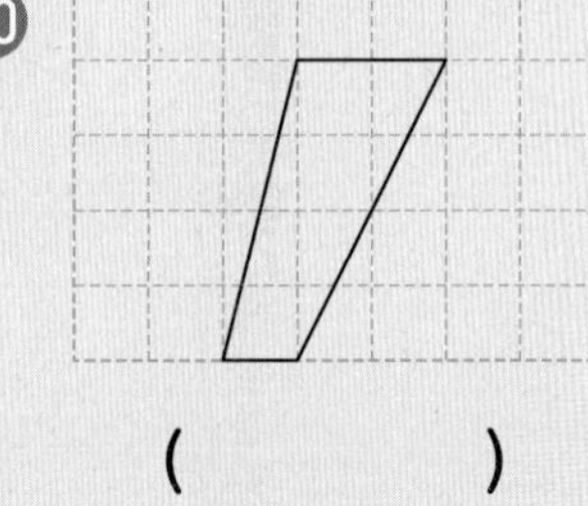
(　　　)

○ 평행사변형을 보고 ☐ 안에 알맞은 수를 써넣으시오.

⑪

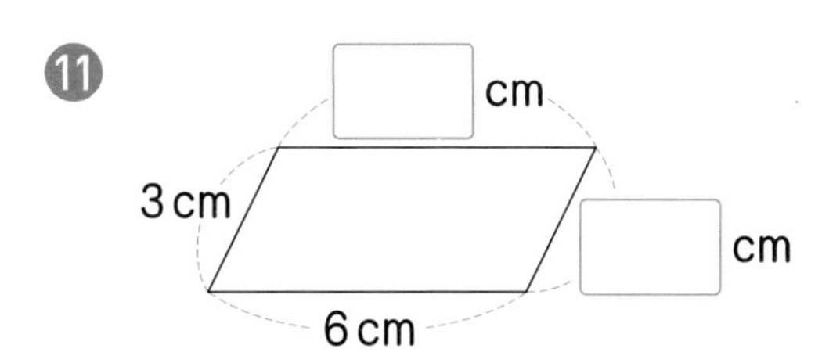

⑫

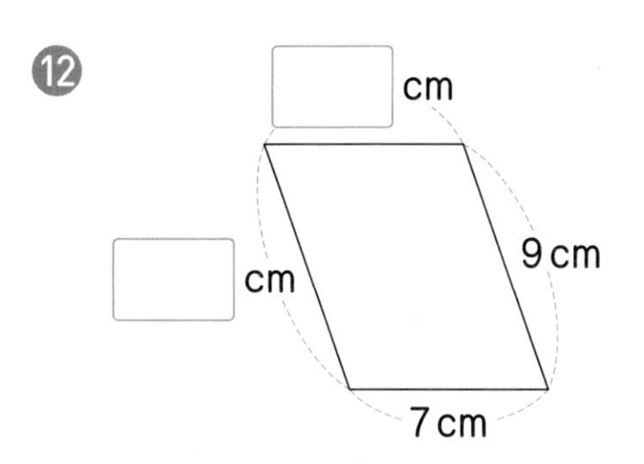

⑬

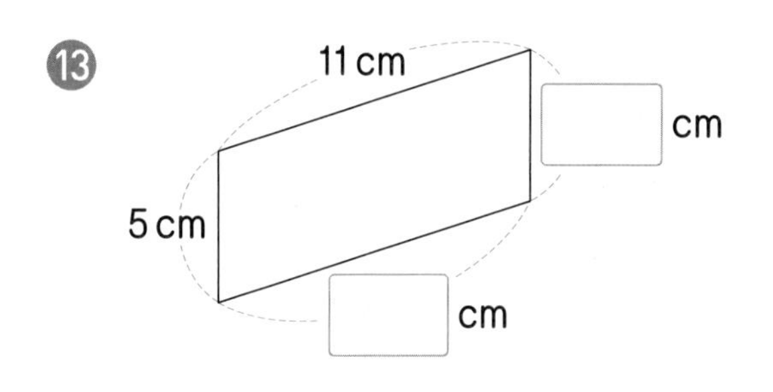

⑭

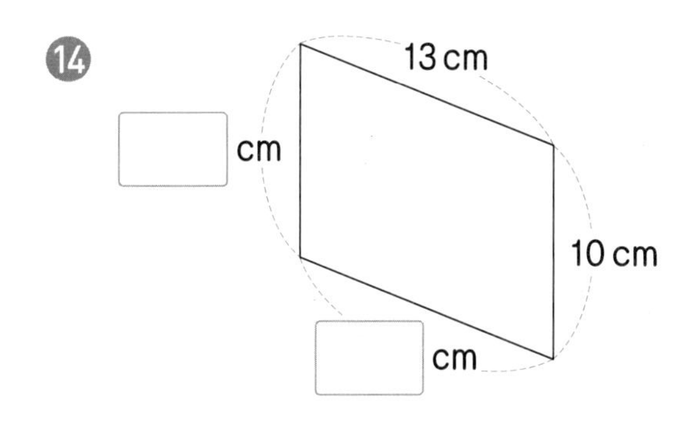

⑮

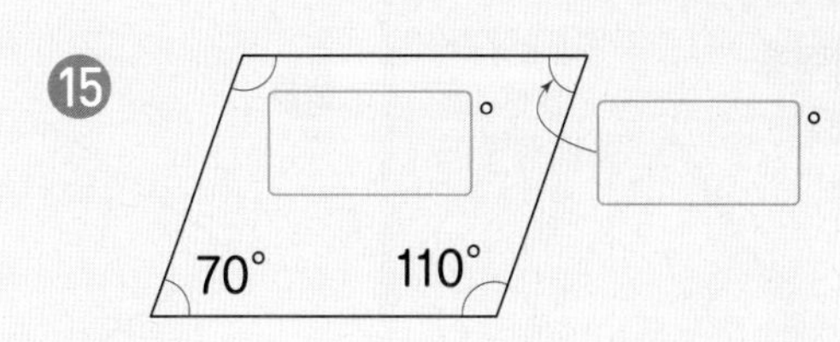

⑯

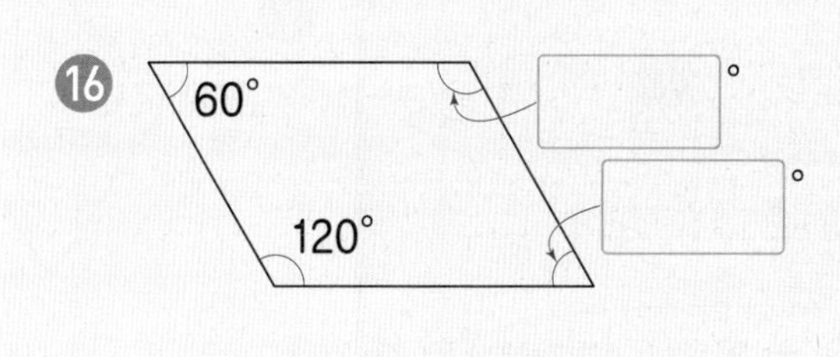

⑰

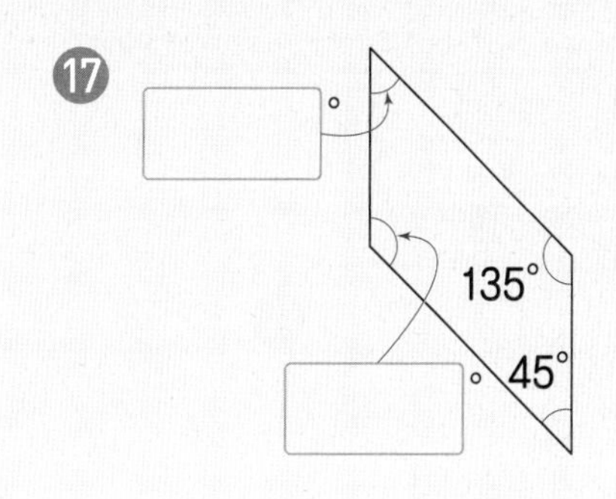

⑱

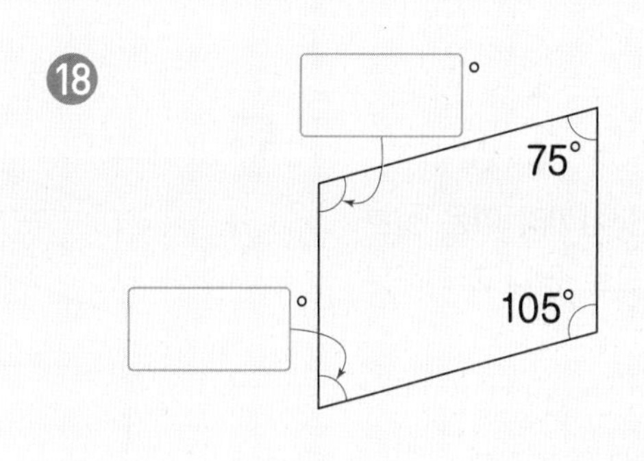

5 마름모

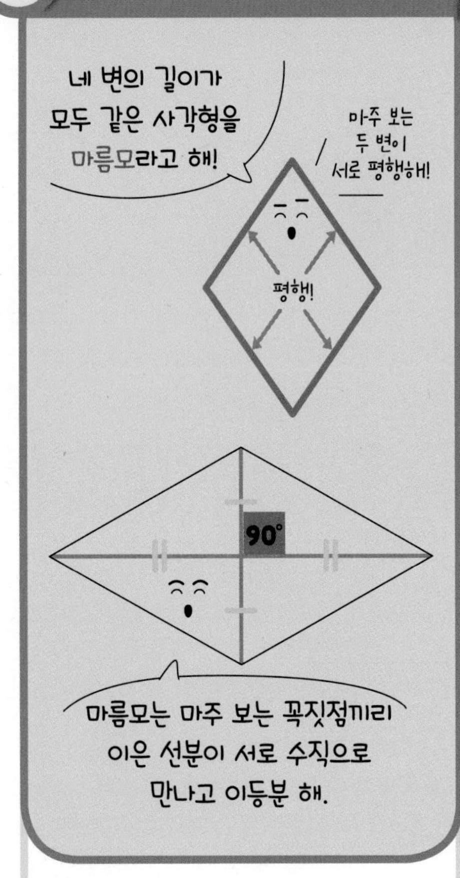
네 변의 길이가 모두 같은 사각형을 마름모라고 해!
마주 보는 두 변이 서로 평행해!
평행!
90°
마름모는 마주 보는 꼭짓점끼리 이은 선분이 서로 수직으로 만나고 이등분 해.

• **마름모**

마름모: 네 변의 길이가 모두 같은 사각형

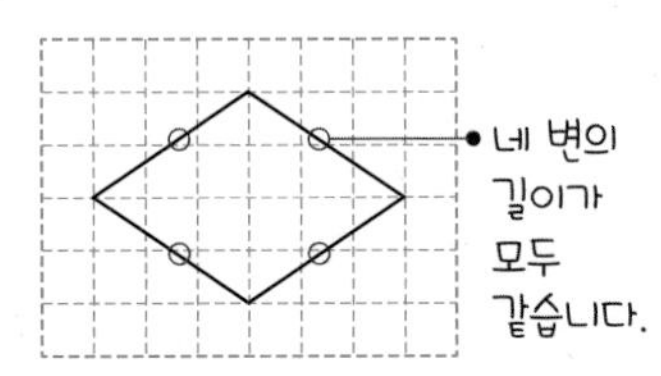
네 변의 길이가 모두 같습니다.

• **마름모의 성질**

- 마주 보는 두 각의 크기가 같습니다.
- 마주 보는 두 변이 서로 평행합니다.
- 이웃한 두 각의 크기의 합이 180° 입니다.

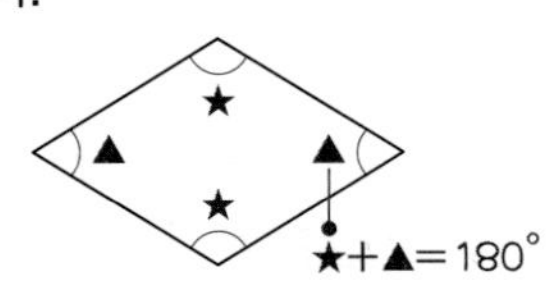
★+▲=180°

- 마주 보는 꼭짓점끼리 이은 선분이 서로 수직으로 만나고 이등분합니다.

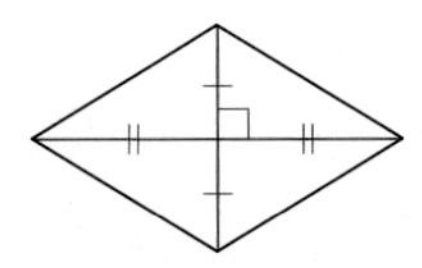

○ 마름모이면 ○표, 마름모가 아니면 ×표 하시오.

❶

( )

❷

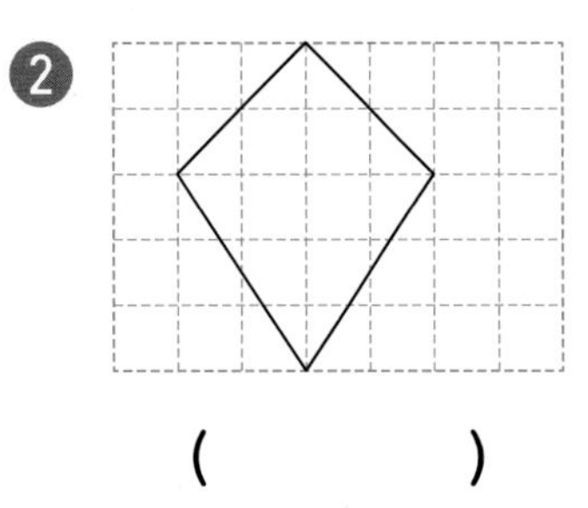

( )

❸

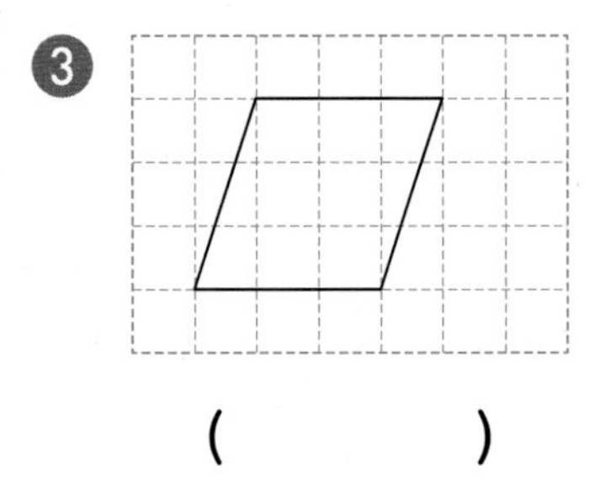

( )

❹

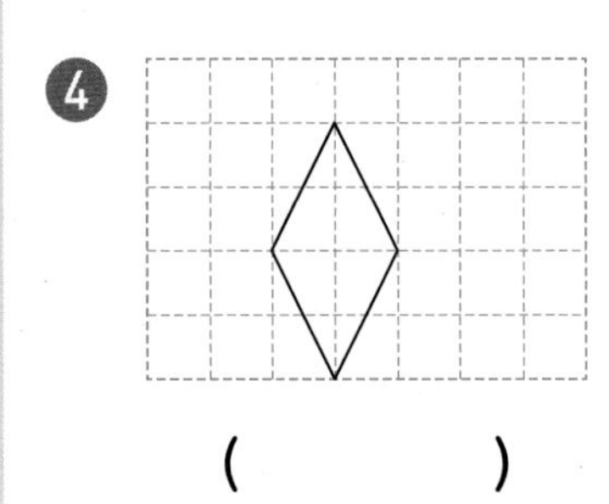

( )

❺

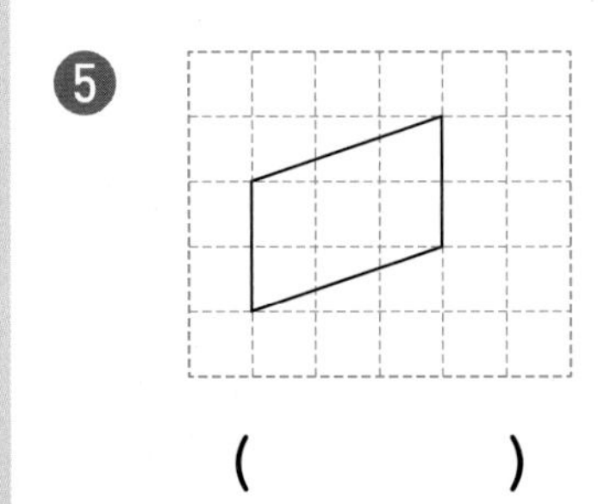

( )

❻

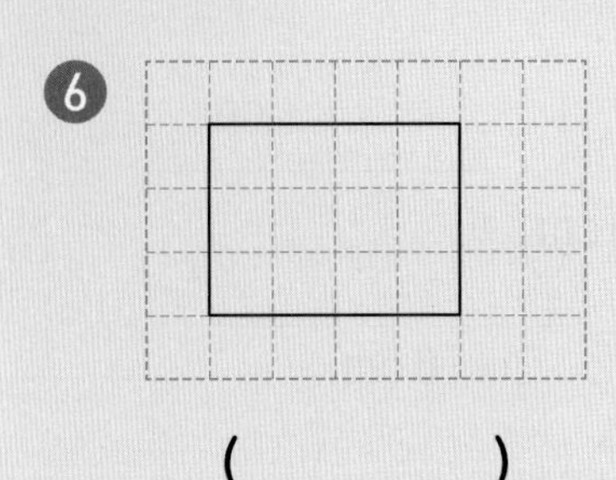

( )

❼

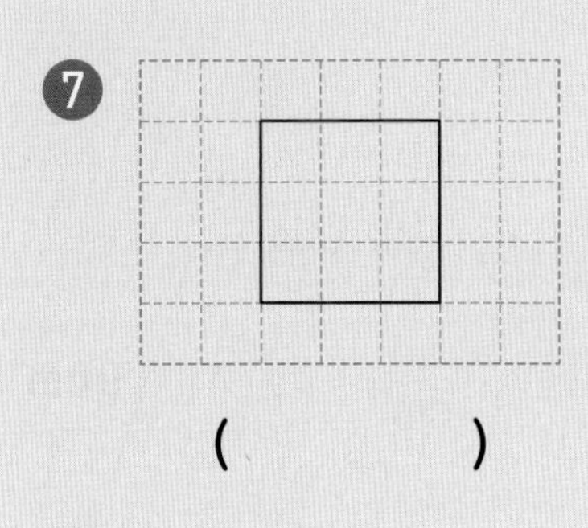

( )

❽

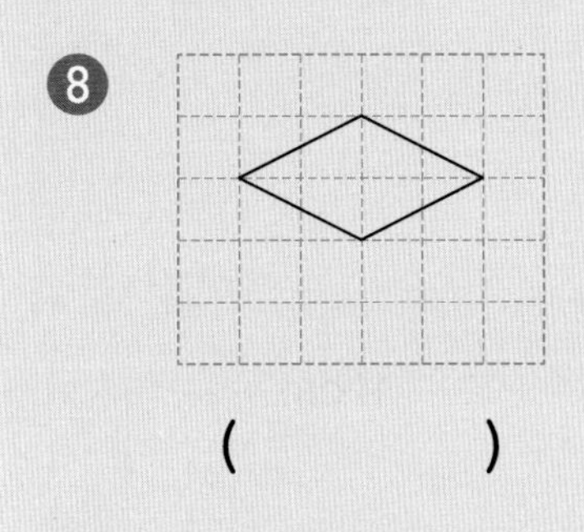

( )

❾

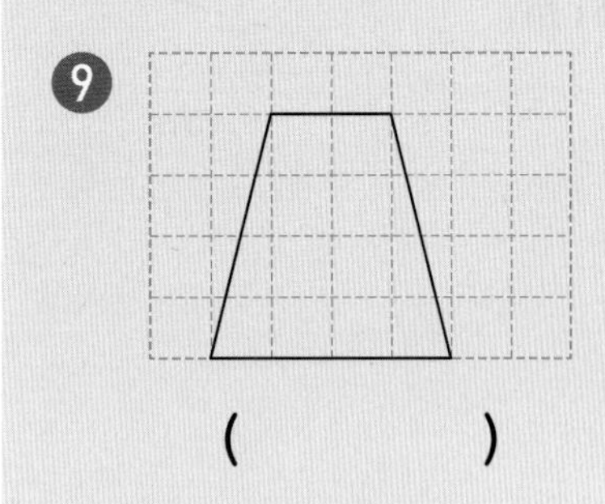

( )

❿

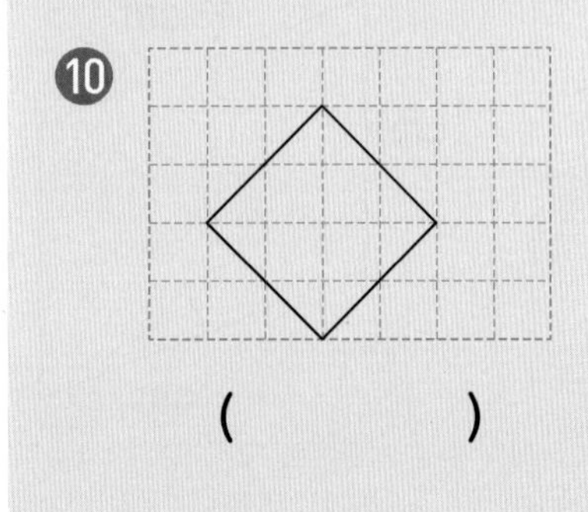

( )

정답 • 22쪽

○ 마름모를 보고 □ 안에 알맞은 수를 써넣으시오.

⑪
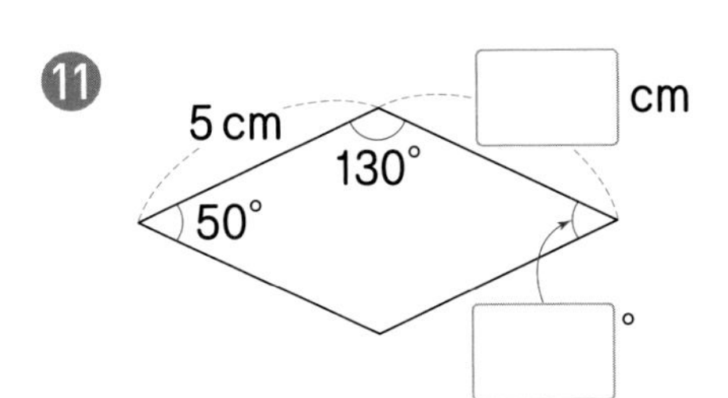

⑫
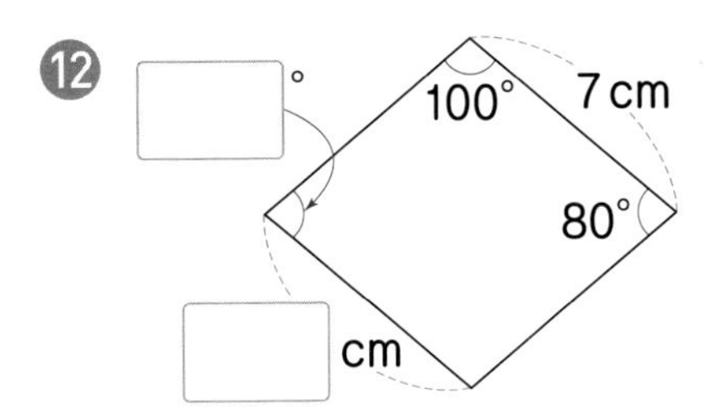

⑬
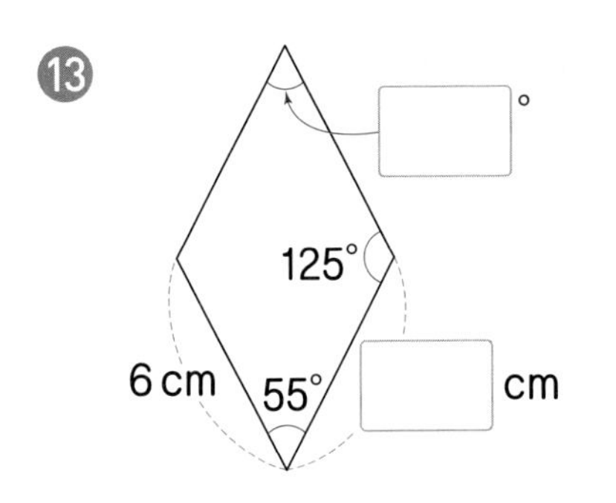

⑭
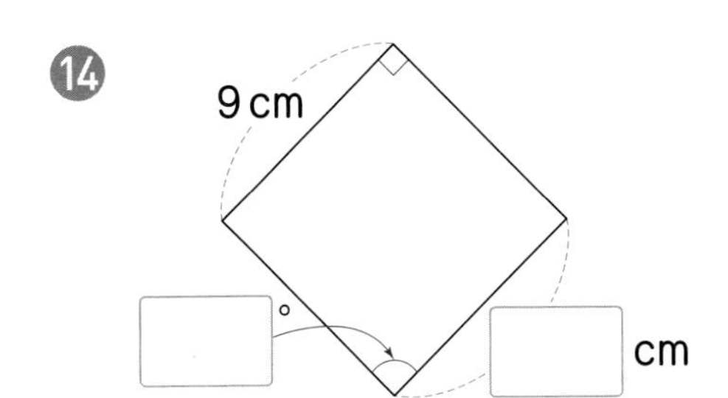

⑮
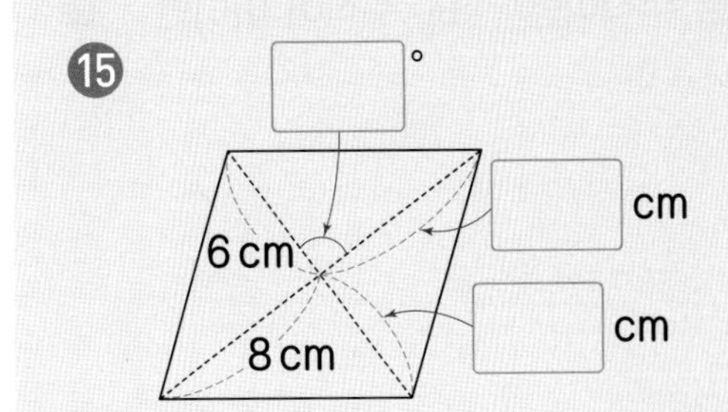

⑯
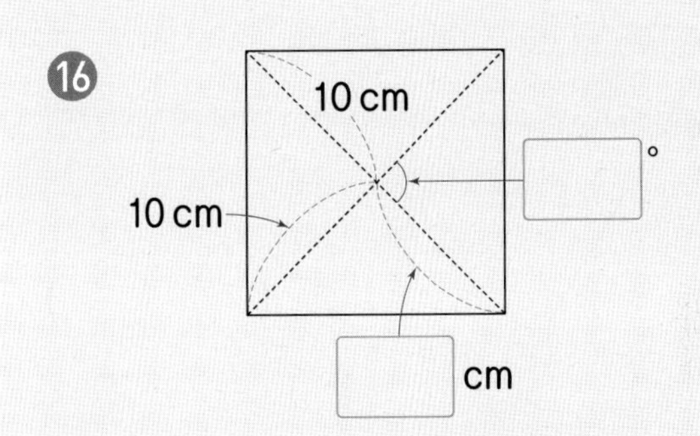

⑰
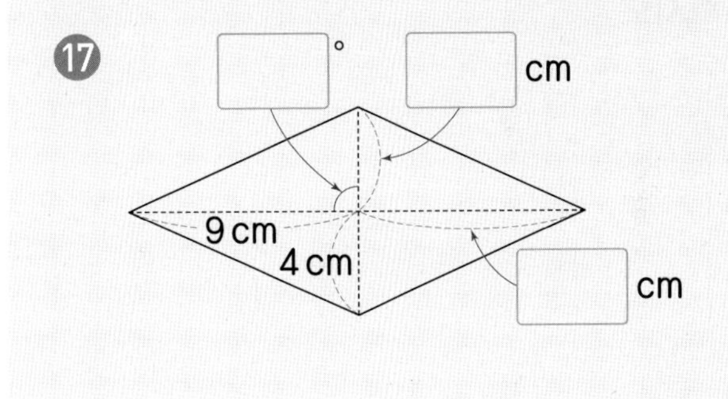

⑱
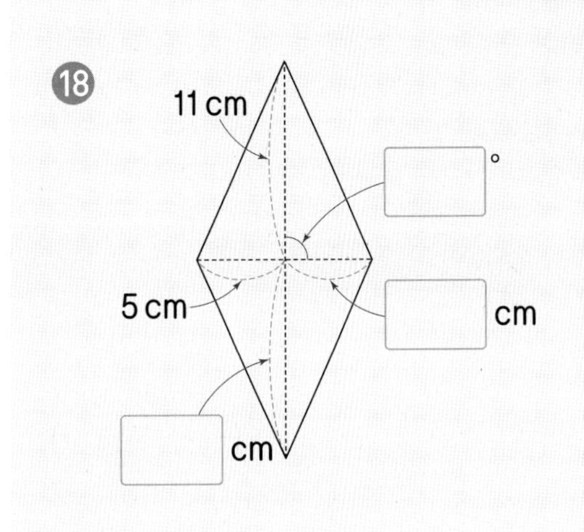

○ 두 직선이 서로 수직이면 ○표, 수직이 아니면 ×표 하시오.

1

( )

2

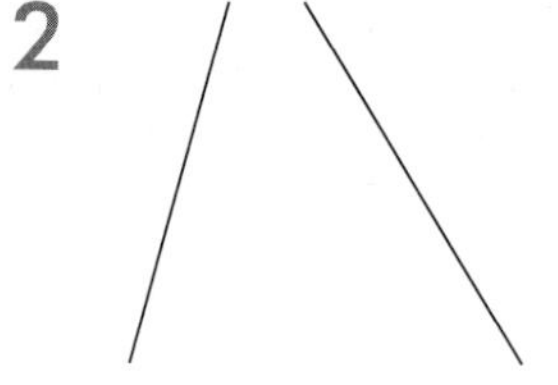

( )

○ 두 직선이 서로 평행하면 ○표, 평행하지 않으면 ×표 하시오.

3

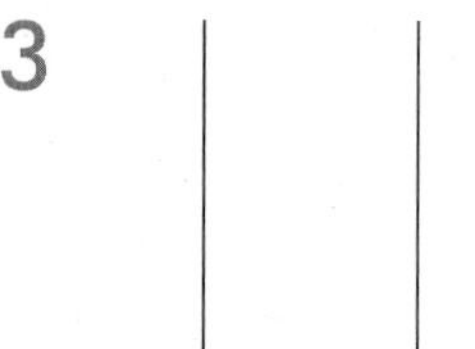

( )

4

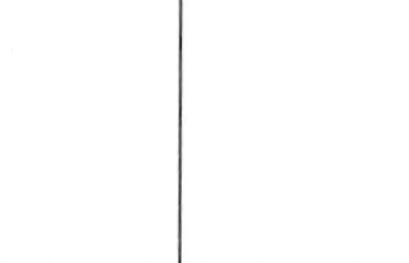

( )

5

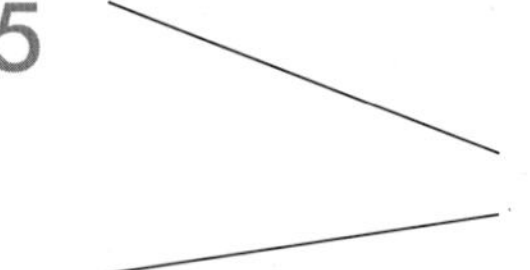

( )

○ 직선 가와 직선 나는 서로 평행합니다. 평행선 사이의 거리는 몇 cm인지 구해 보시오.

6

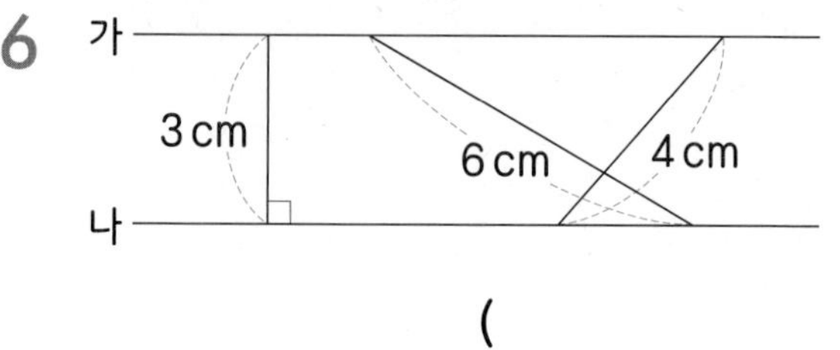

( )

7

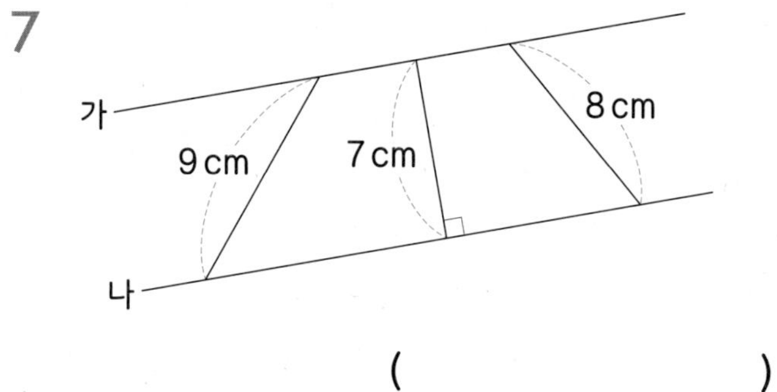

( )

○ 사다리꼴이면 ○표, 사다리꼴이 아니면 ×표 하시오.

8

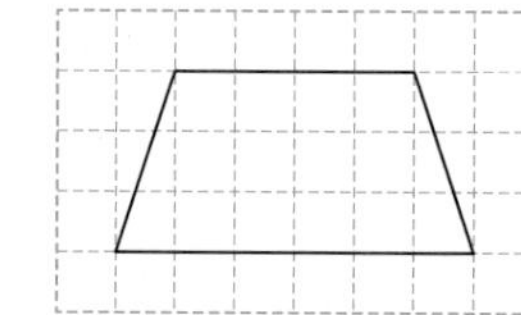

( )

9

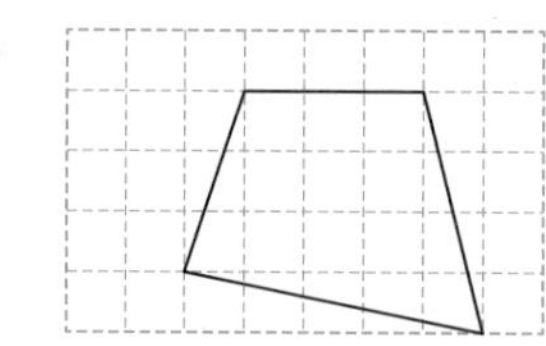

( )

10

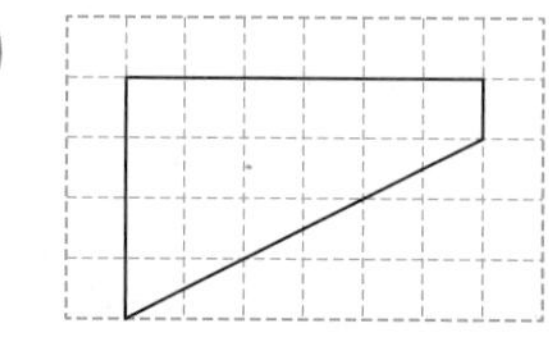

( )

○ 평행사변형이면 ◯표, 평행사변형이 아니면 ×표 하시오.

11
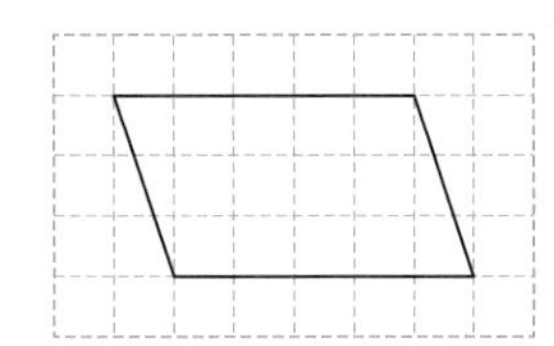
( )

12
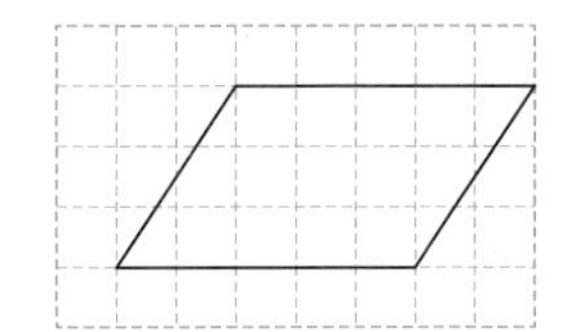
( )

13
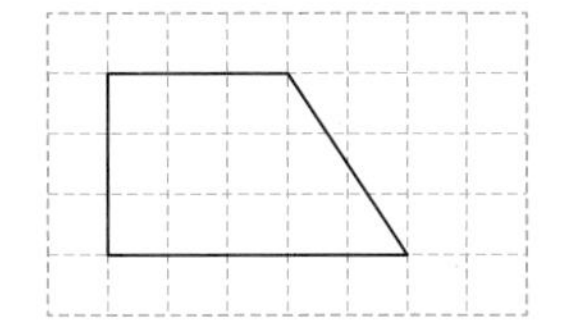
( )

○ 마름모이면 ◯표, 마름모가 아니면 ×표 하시오.

16
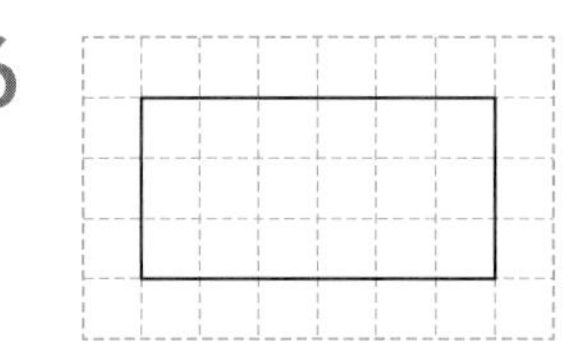
( )

17
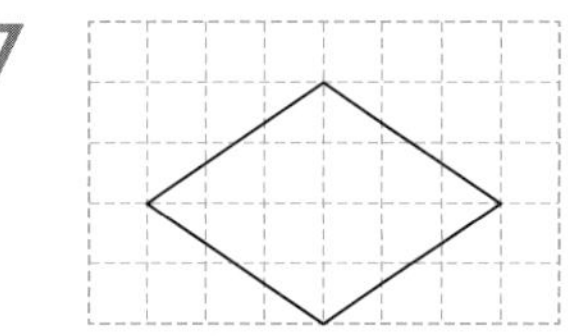
( )

18
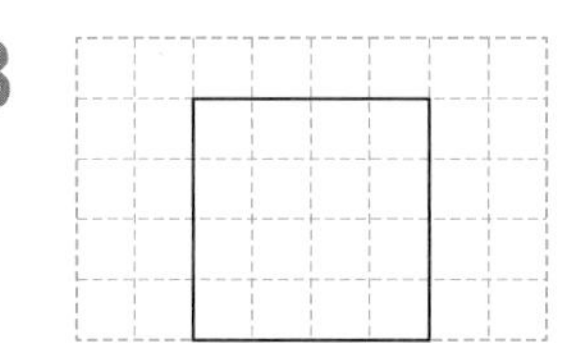
( )

○ 평행사변형을 보고 □ 안에 알맞은 수를 써넣으시오.

14

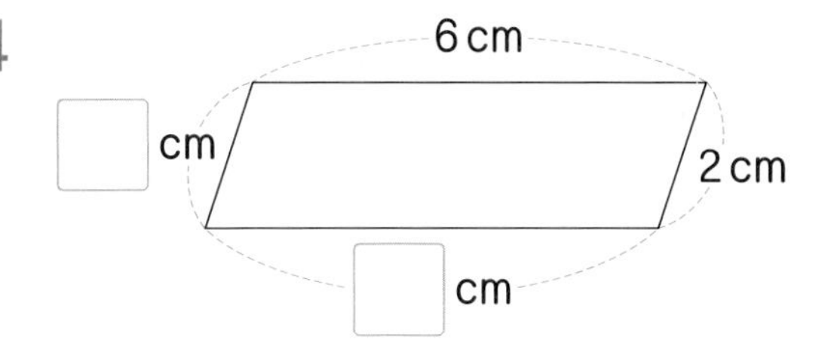

15
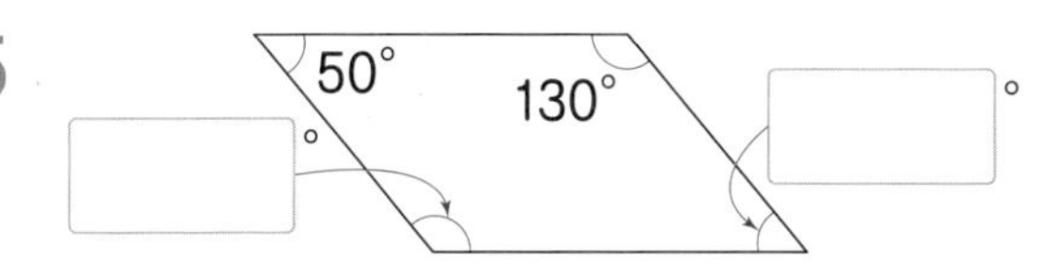

○ 마름모를 보고 □ 안에 알맞은 수를 써넣으시오.

19
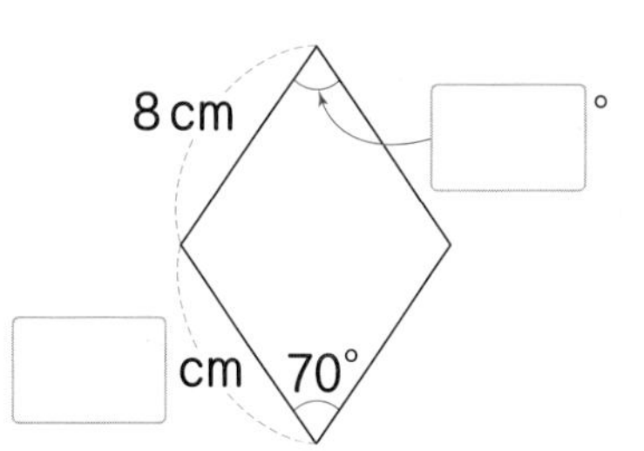

20
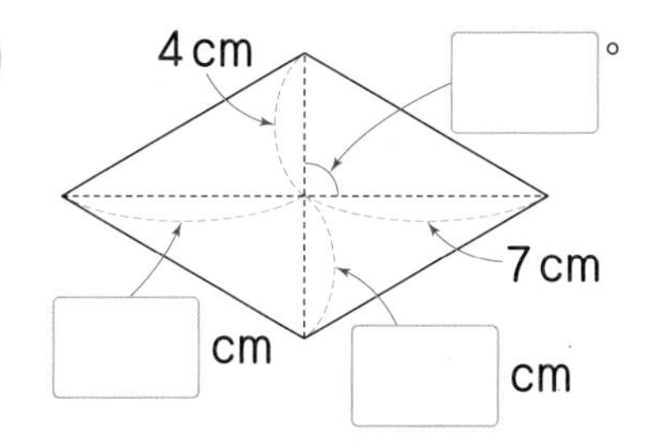

4단원의 연산 실력을 보충하고 싶다면 클리닉 북 31~35쪽을 풀어 보세요.

꺾은선그래프

학습하는 데 걸린 시간을 작성해 봐요!

학습 내용	학습 회차	걸린 시간
1 꺾은선그래프	1일 차	/3분
2 꺾은선그래프에서 알 수 있는 내용	2일 차	/4분
3 꺾은선그래프로 나타내기	3일 차	/5분
평가 5. 꺾은선그래프	4일 차	/12분

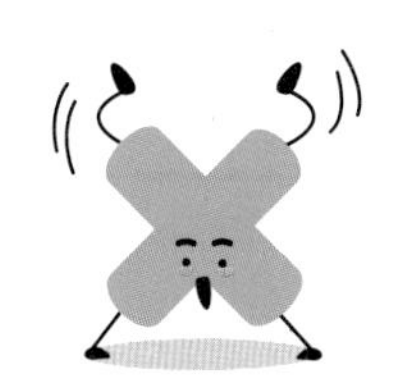

1 꺾은선그래프

연속적으로 변화하는 양을 점으로 표시하고, 그 점들을 선분으로 이어 그린 그래프를 꺾은선그래프라고 해.

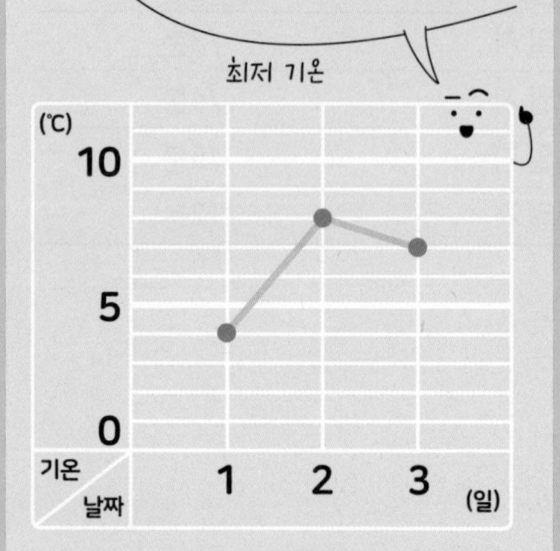

- 꺾은선그래프

꺾은선그래프: 연속적으로 변화하는 양을 점으로 표시하고, 그 점들을 선분으로 이어 그린 그래프

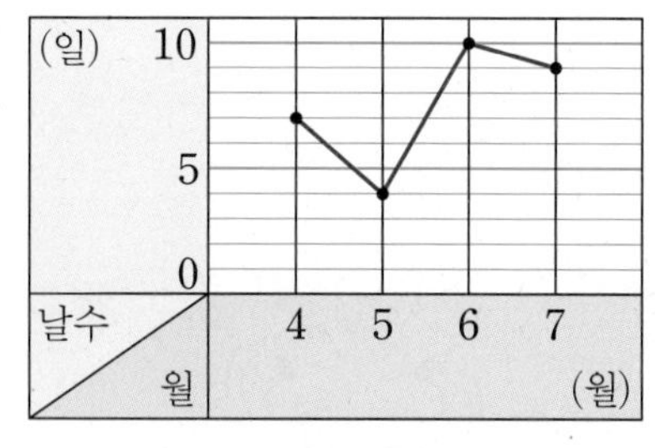

- 가로는 월, 세로는 날수를 나타냅니다.
- 세로 눈금 한 칸은 1일을 나타냅니다.
- 꺾은선은 비가 내린 날수의 변화를 나타냅니다.

참고 꺾은선그래프는 변화하는 모양과 정도를 한눈에 알아보기 쉽습니다.

○ 지혜네 아파트의 초등학생 수를 매년 10월에 조사하여 나타낸 그래프입니다. 물음에 답하시오.

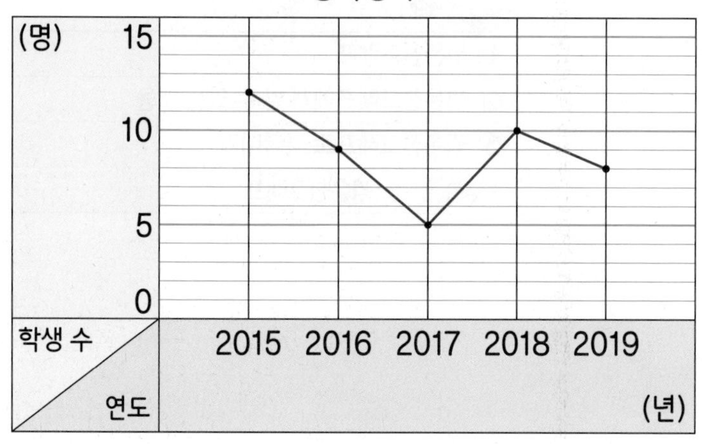

1 위와 같은 그래프를 무슨 그래프라고 합니까?

( )

2 그래프의 가로와 세로는 각각 무엇을 나타냅니까?

가로 ( )

세로 ( )

3 세로 눈금 한 칸은 몇 명을 나타냅니까?

( )

4 꺾은선은 무엇을 나타냅니까?

( )

정답 • 23쪽

○ 어느 문구점의 연필 판매량을 조사하여 나타낸 막대그래프와 꺾은선그래프입니다. 물음에 답하시오.

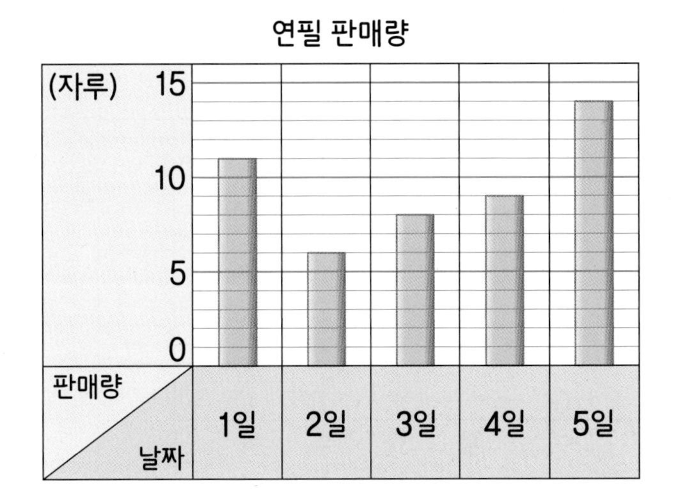

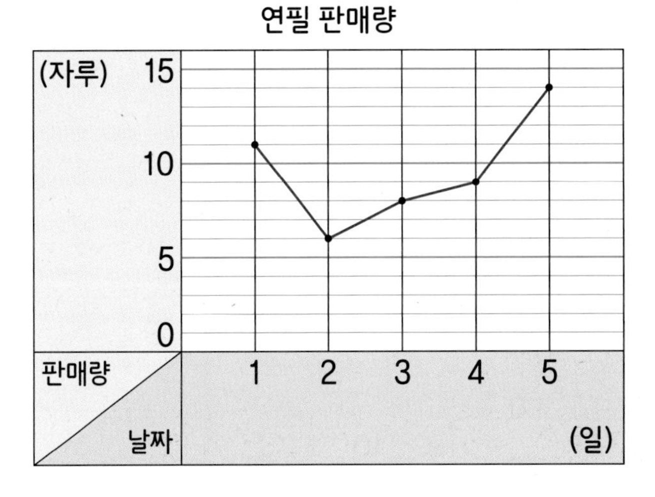

5 꺾은선그래프의 가로와 세로는 각각 무엇을 나타냅니까?

가로 ( )
세로 ( )

6 세로 눈금 한 칸은 몇 자루를 나타냅니까?

( )

7 꺾은선은 무엇을 나타냅니까?

( )

8 막대그래프와 꺾은선그래프 중에서 연필 판매량의 변화를 한눈에 알아보기 쉬운 그래프는 어느 것입니까?

( )

2 꺾은선그래프에서 알 수 있는 내용

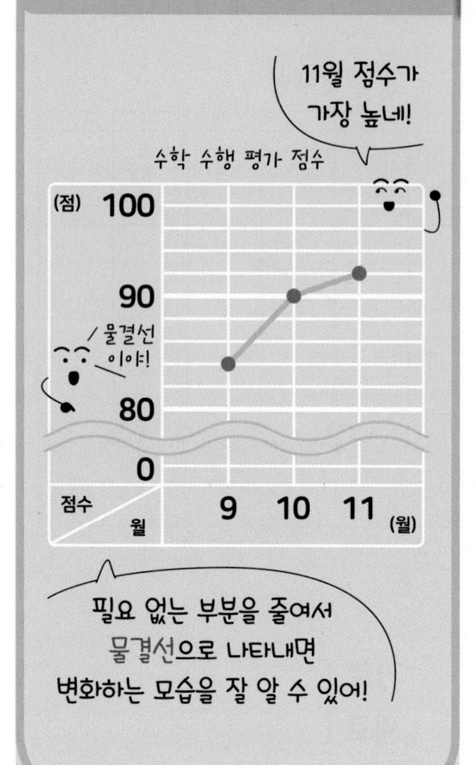

- 꺾은선그래프에서 알 수 있는 내용

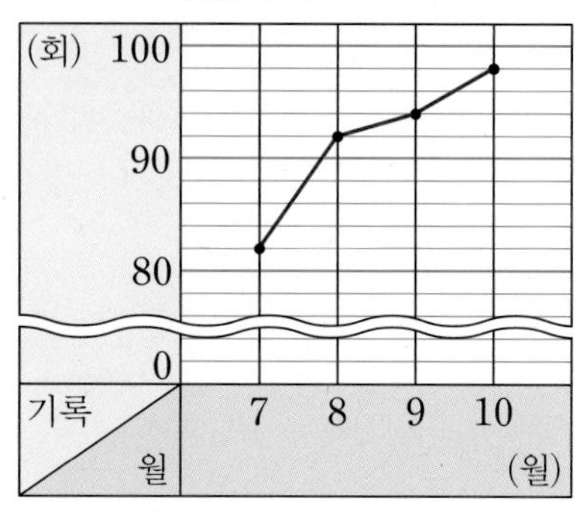

- 줄넘기 최고 기록이 가장 좋은 때는 10월입니다.
- 줄넘기 최고 기록이 가장 많이 변한 때는 7월과 8월 사이입니다.
- 줄넘기 최고 기록이 가장 적게 변한 때는 8월과 9월 사이입니다.

참고 꺾은선그래프에서 필요 없는 부분을 줄여서 ≈(물결선)으로 나타내면 변화하는 모습이 잘 나타납니다.

○ 어느 지역의 요일별 최고 기온을 조사하여 나타낸 꺾은선그래프입니다. 물음에 답하시오.

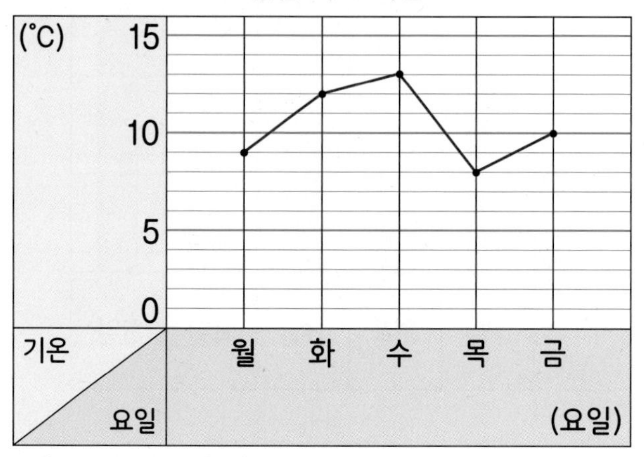

❶ 월요일의 최고 기온은 몇 °C입니까?

( )

❷ 최고 기온이 가장 높은 때는 무슨 요일입니까?

( )

❸ 최고 기온이 가장 많이 변한 때는 무슨 요일과 무슨 요일 사이입니까?

( )과 ( ) 사이

❹ 최고 기온이 가장 적게 변한 때는 무슨 요일과 무슨 요일 사이입니까?

( )과 ( ) 사이

○ 어느 지역의 연도별 적설량을 조사하여 나타낸 꺾은선그래프입니다. 물음에 답하시오.

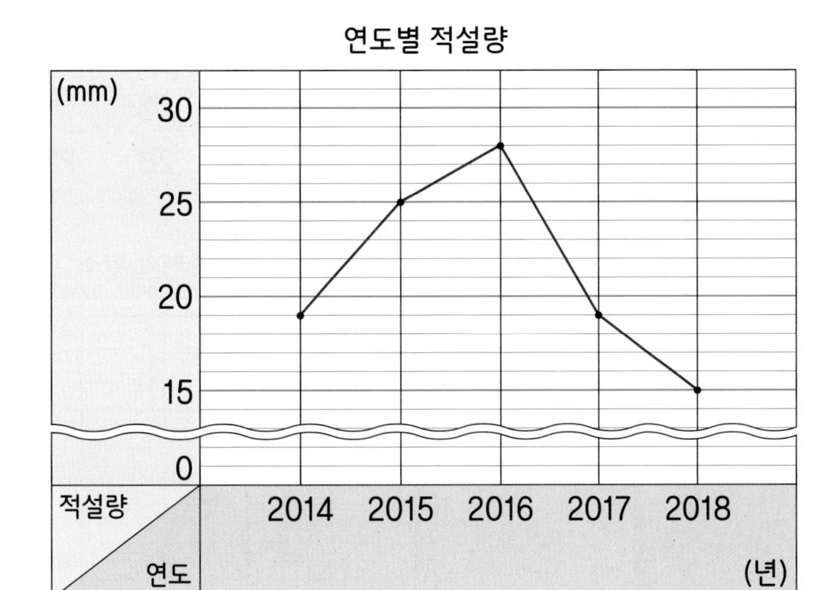

5 적설량이 가장 많은 때는 몇 년입니까?

( )

6 적설량이 가장 많이 변한 때는 몇 년과 몇 년 사이입니까?

( )과 ( ) 사이

7 적설량이 가장 적게 변한 때는 몇 년과 몇 년 사이입니까?

( )과 ( ) 사이

8 2018년은 2017년보다 적설량이 몇 mm 줄어들었습니까?

( )

3 꺾은선그래프로 나타내기

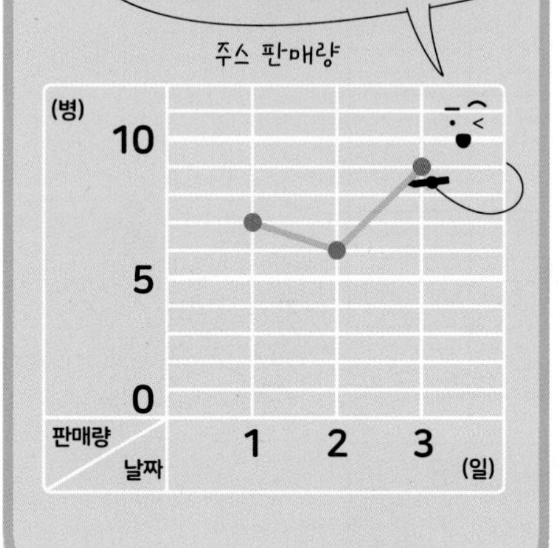

- 꺾은선그래프로 나타내는 방법

① 가로와 세로 중 어느 쪽에 조사한 수를 나타낼 것인가를 정합니다.

② 눈금 한 칸의 크기를 정하고, 조사한 수 중에서 가장 큰 수를 나타낼 수 있도록 눈금의 수를 정합니다.

③ 가로 눈금과 세로 눈금이 만나는 자리에 점을 찍고, 점들을 선분으로 잇습니다.

④ 꺾은선그래프에 알맞은 제목을 붙입니다.

선우의 수영 대회 기록

대회	1차	2차	3차	4차
기록(초)	15	17	20	25

④ 선우의 수영 대회 기록

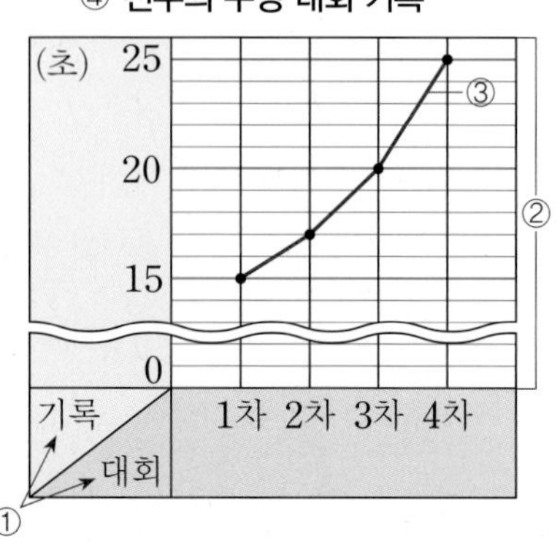

○ 표를 보고 꺾은선그래프로 나타내어 보시오.

❶ 요일별 윗몸 일으키기 횟수

요일(요일)	월	화	수	목	금
횟수(회)	16	20	28	22	24

요일별 윗몸 일으키기 횟수

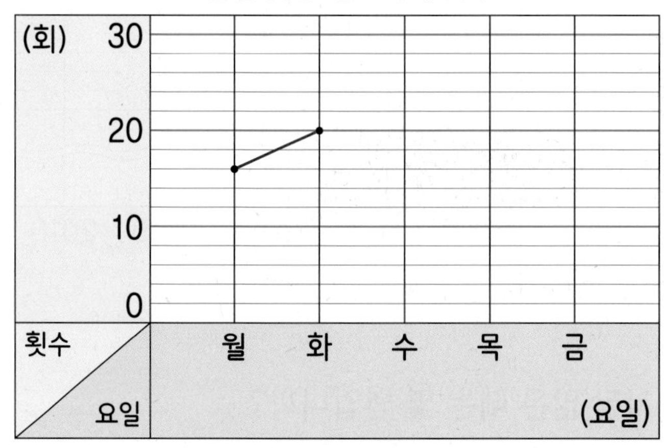

❷ 연도별 강수량

연도(년)	2015	2016	2017	2018	2019
강수량 (mm)	108	96	104	94	98

연도별 강수량

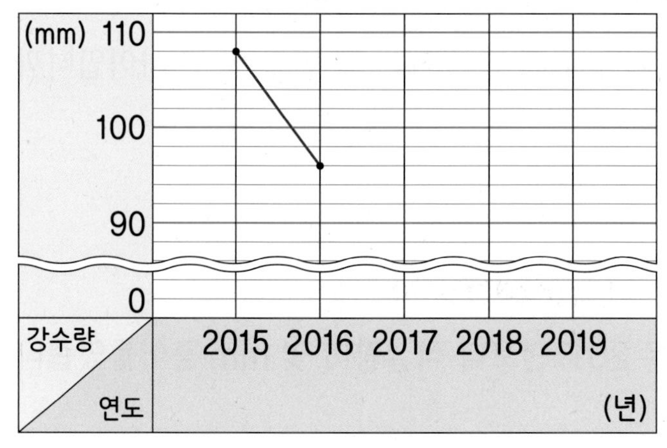

○ 표를 보고 꺾은선그래프로 나타내어 보시오.

3 냉장고 판매량

월(월)	7	8	9	10	11
판매량(대)	6	7	10	14	14

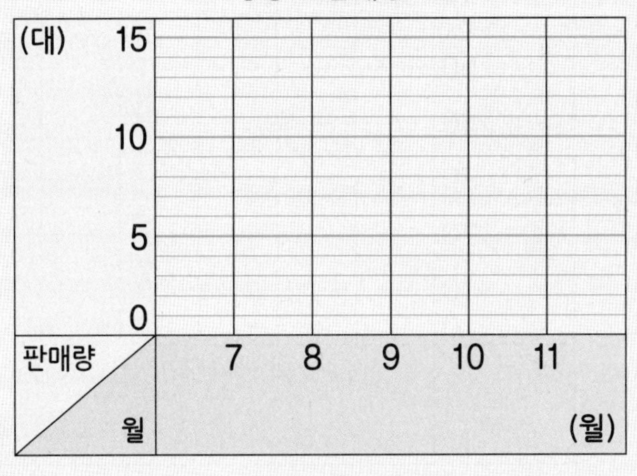

5 모둠발로 앞으로 줄넘기를 한 개수

회(회)	1	2	3	4	5
개수(개)	81	85	83	84	89

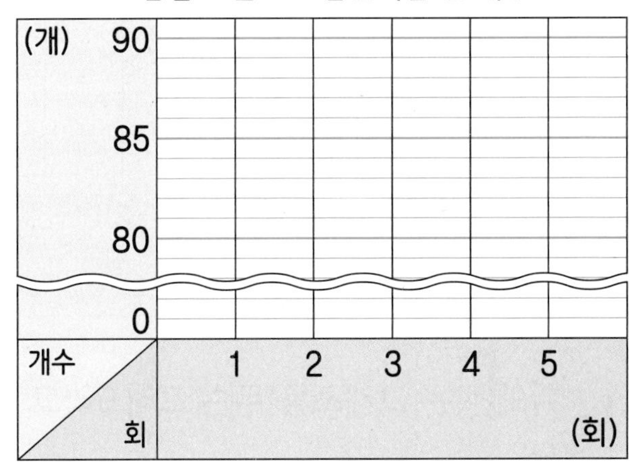

4 최저 기온

날짜(일)	1	2	3	4	5
기온(°C)	0.4	0.7	0.6	1.1	1.3

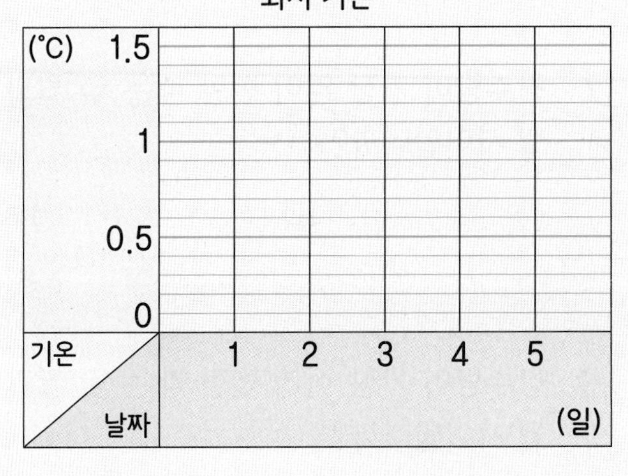

6 요일별 쓰레기 배출량

요일(요일)	월	화	수	목	금
배출량(L)	300	240	220	250	280

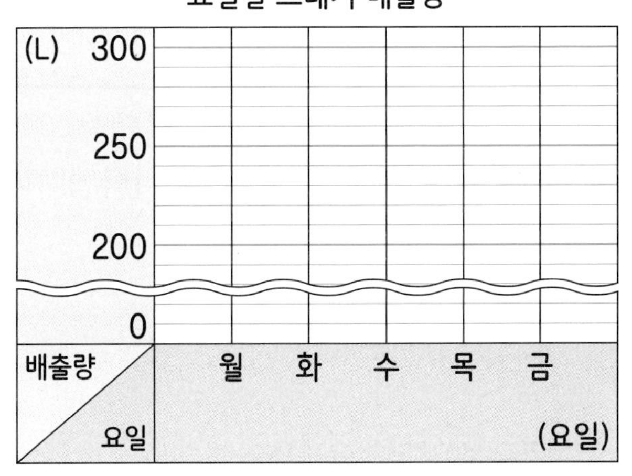

평가 5. 꺾은선그래프

○ 2월의 어느 날 하루 동안 운동장의 기온 변화를 조사하여 나타낸 그래프입니다. 물음에 답하시오.

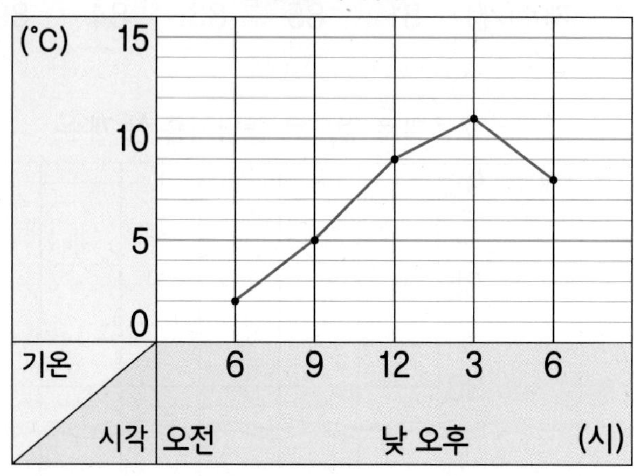

1 위와 같은 그래프를 무슨 그래프라고 합니까?

( )

2 그래프의 가로와 세로는 각각 무엇을 나타냅니까?

가로 ( )
세로 ( )

3 세로 눈금 한 칸은 몇 °C를 나타냅니까?

( )

4 꺾은선은 무엇을 나타냅니까?

( )

○ 어느 지역의 월별 강수량을 조사하여 나타낸 꺾은선그래프입니다. 물음에 답하시오.

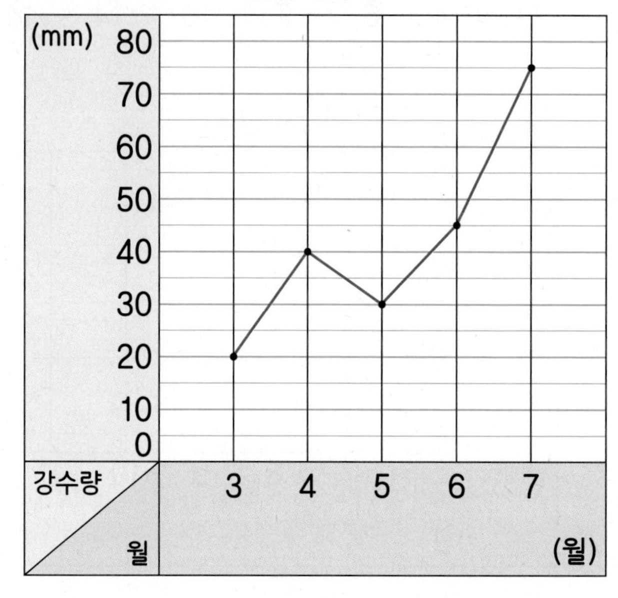

5 강수량이 가장 많은 때는 몇 월입니까?

( )

6 3월의 강수량은 몇 mm입니까?

( )

7 강수량이 가장 많이 변한 때는 몇 월과 몇 월 사이입니까?

( )과 ( ) 사이

8 강수량이 가장 적게 변한 때는 몇 월과 몇 월 사이입니까?

( )과 ( ) 사이

○ 어느 지역의 월별 출생아 수를 조사하여 나타낸 꺾은선그래프입니다. 물음에 답하시오.

출생아 수

(명) 80, 70, 60, 50, 0
출생아 수 / 월: 1, 2, 3, 4, 5 (월)

9 출생아 수가 가장 많은 때는 몇 월입니까?

( )

10 출생아 수가 가장 적은 때는 몇 월입니까?

( )

11 출생아 수가 가장 적게 변한 때는 몇 월과 몇 월 사이입니까?

( )과 ( ) 사이

12 2월은 1월보다 출생아 수가 몇 명 늘어났습니까?

( )

○ 표를 보고 꺾은선그래프로 나타내어 보시오.

13

턱걸이 기록

날짜(일)	1	2	3	4	5
기록(회)	12	18	30	20	24

턱걸이 기록

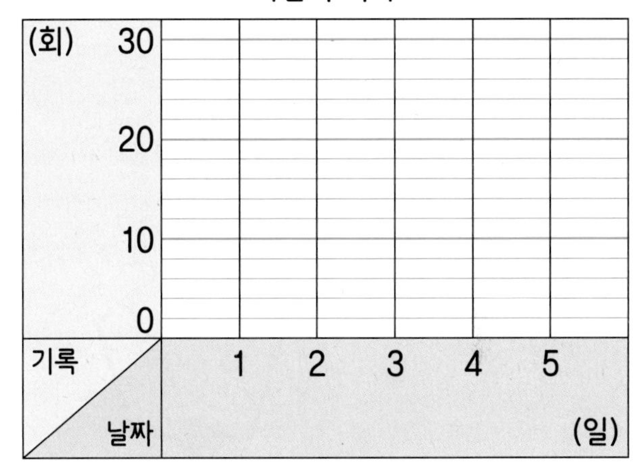

14

소설책 판매량

날짜(일)	10	11	12	13	14
판매량(권)	41	44	48	46	49

소설책 판매량

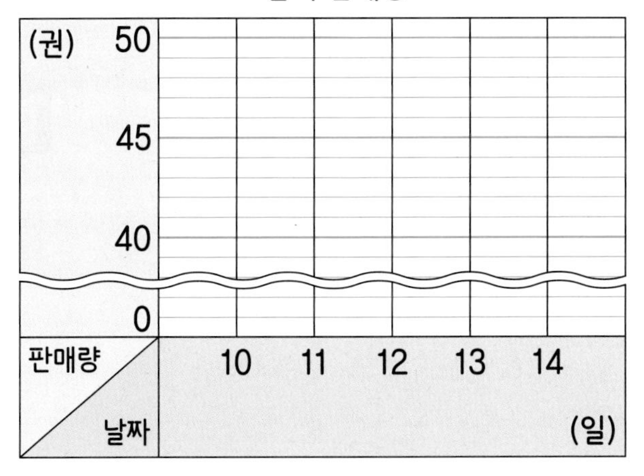

5단원의 연산 실력을 보충하고 싶다면 **클리닉 북 37~39쪽**을 풀어 보세요.

다각형

학습하는 데 걸린 시간을 작성해 봐요!

학습 내용	학습 회차	걸린 시간
1 다각형	1일 차	/6분
2 정다각형	2일 차	/6분
3 대각선	3일 차	/11분
평가 6. 다각형	4일 차	/11분

1 다각형

선분으로만 둘러싸인 도형을 다각형이라고 하고, 다각형은 변의 수에 따라 도형의 이름이 정해져.

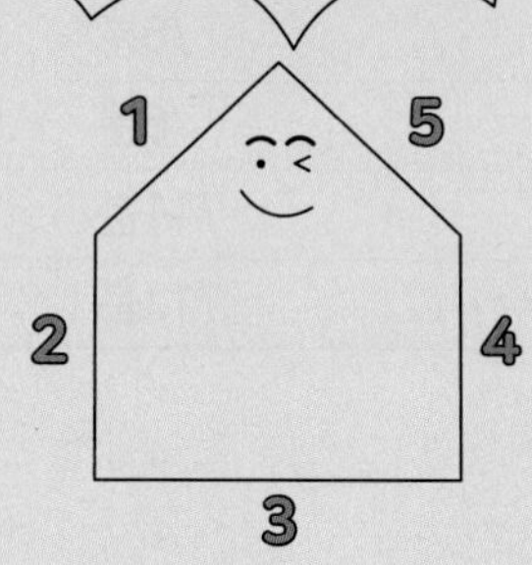

변이 5개 ➡ 오각형

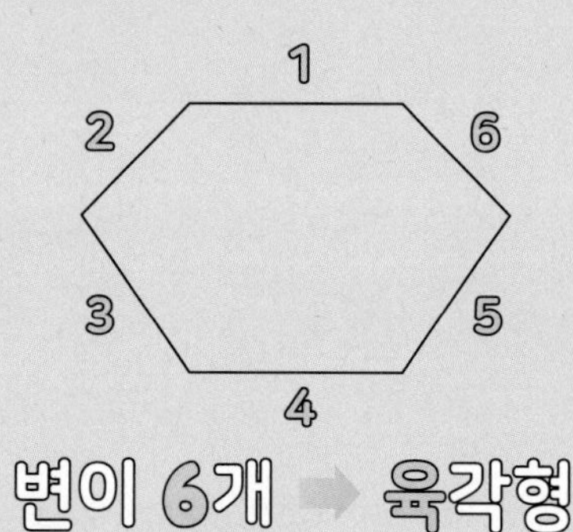

변이 6개 ➡ 육각형

● 다각형

- 다각형: 선분으로만 둘러싸인 도형
- 다각형은 변의 수에 따라 도형의 이름이 정해집니다.

다각형	변의 수(개)	다각형의 이름
	5	오각형
	6	육각형
	7	칠각형
	8	팔각형

○ 다각형이면 ○표, 다각형이 아니면 ×표 하시오.

❶
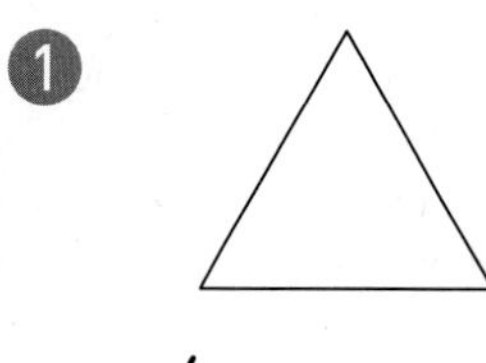
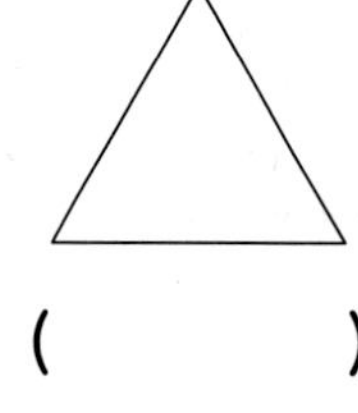

( )

❷
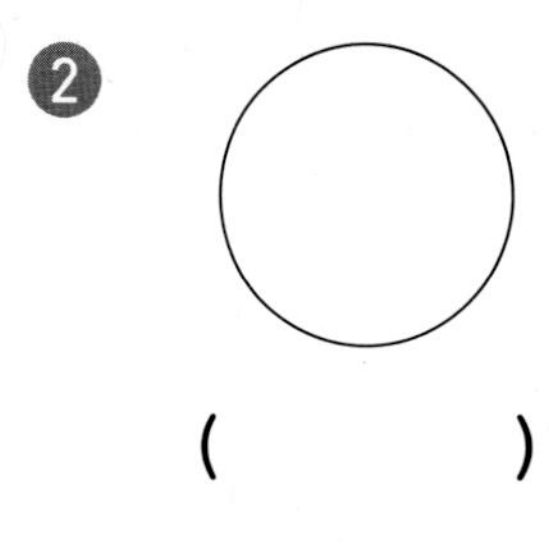

( )

❸
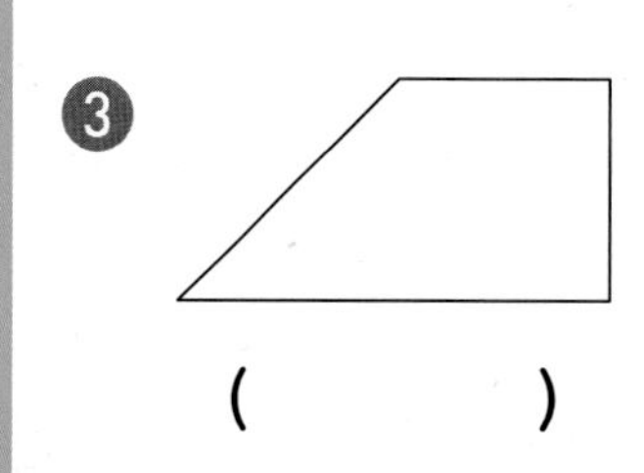

( )

❹
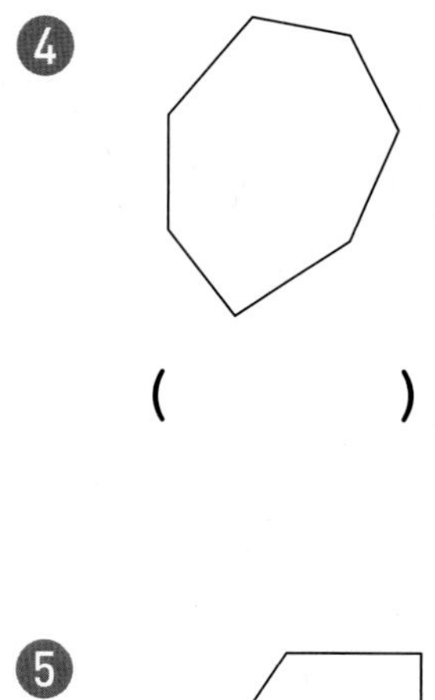

( )

❺
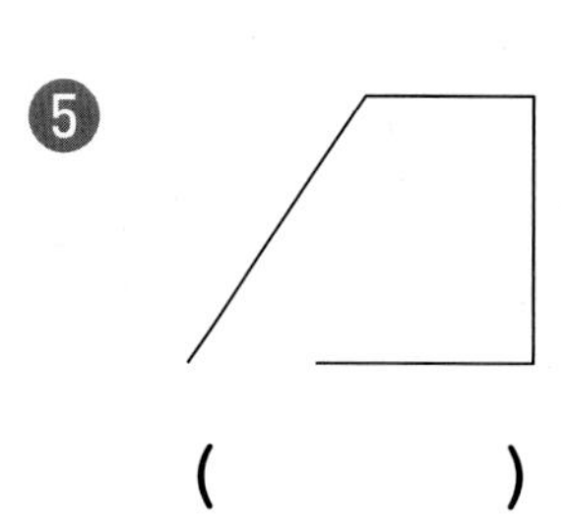

( )

❻
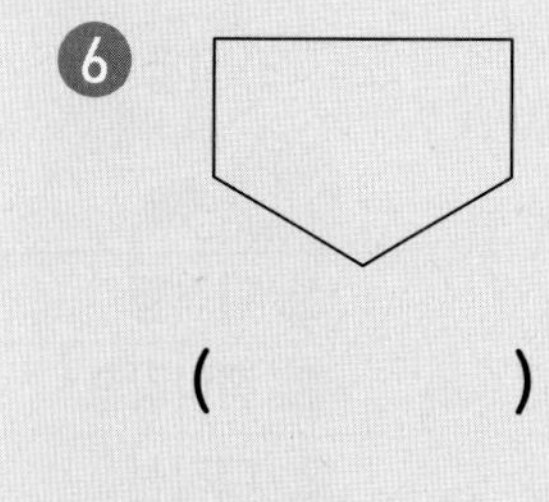

( )

❼
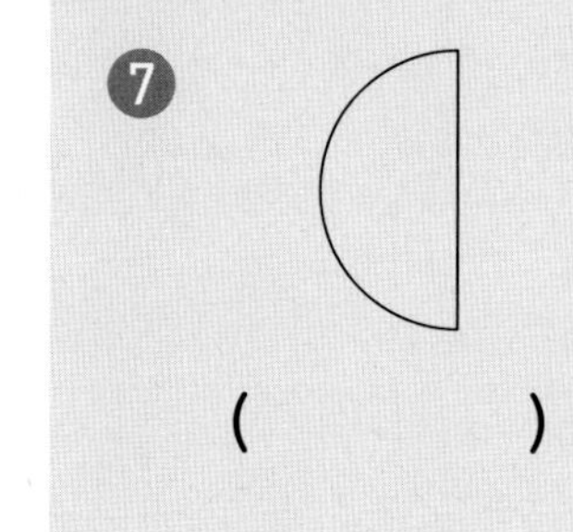

( )

❽
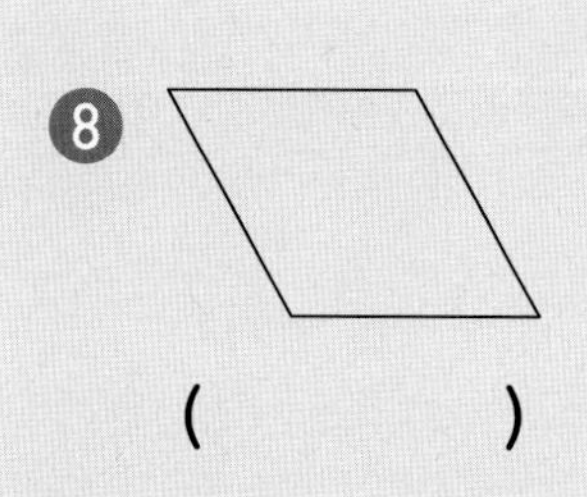

( )

❾
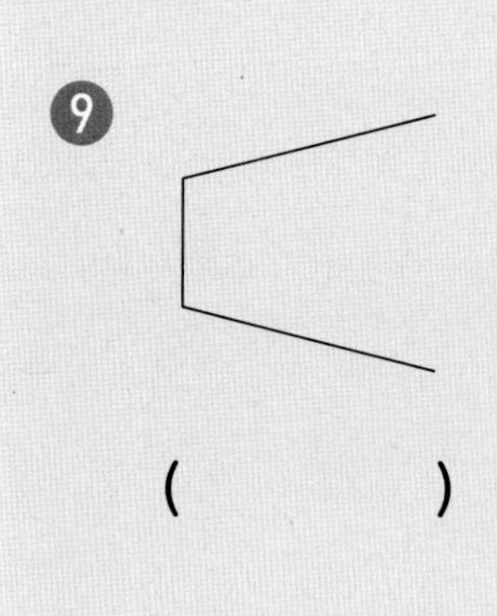

( )

❿
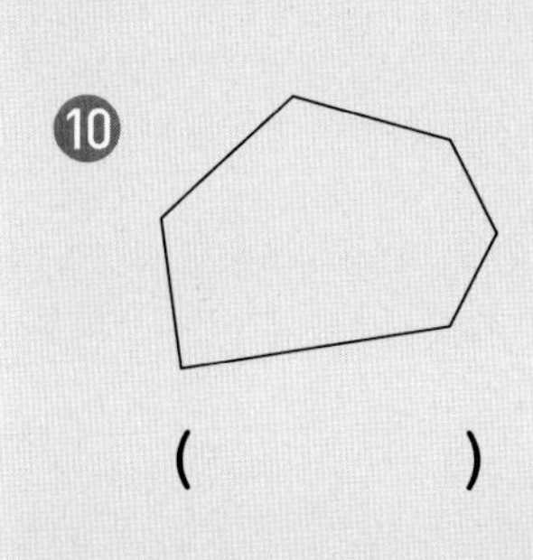

( )

정답 • 25쪽

○ 다각형의 이름을 써 보시오.

11 

( )

12 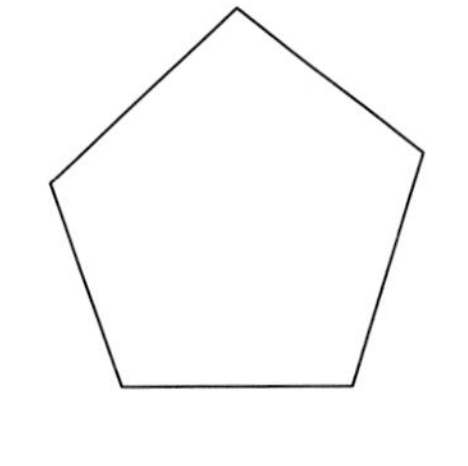

( )

13 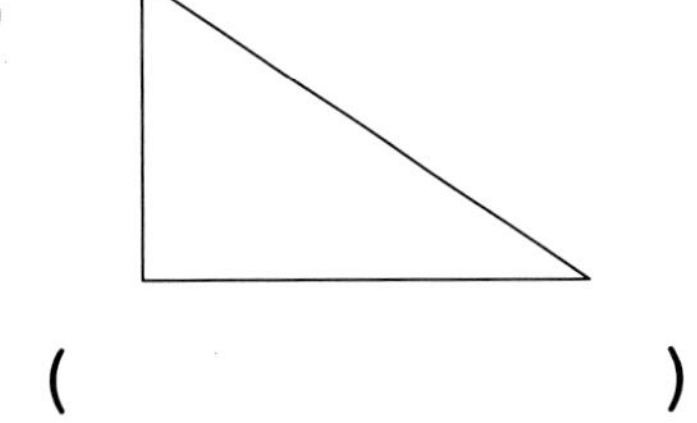

( )

14 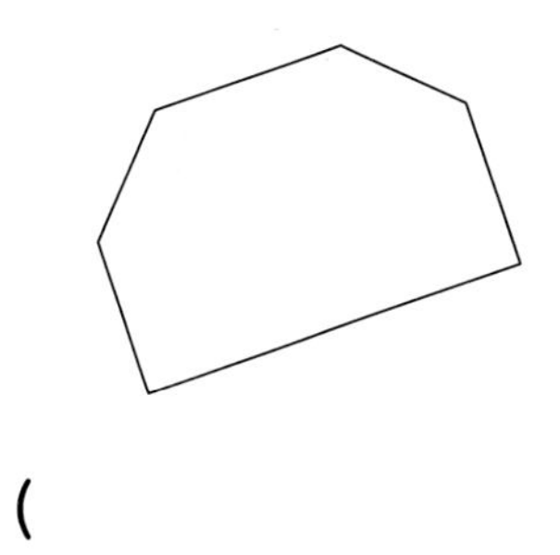

( )

15 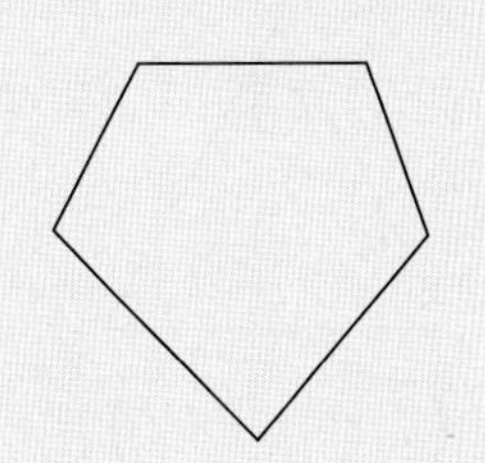

( )

16 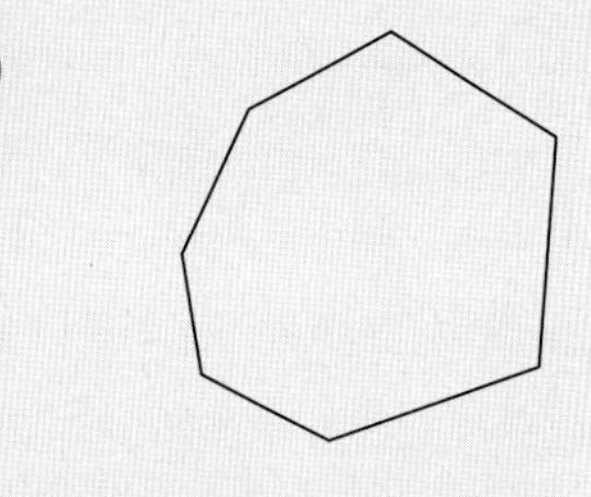

( )

17 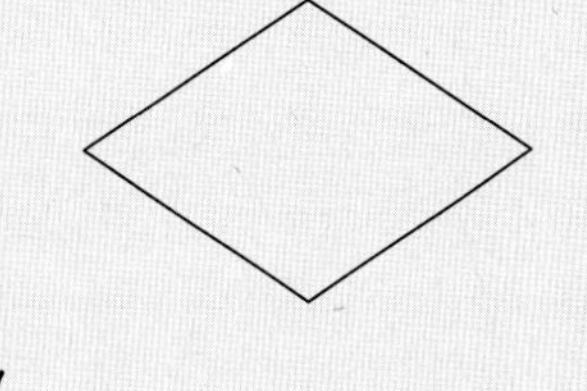

( )

18 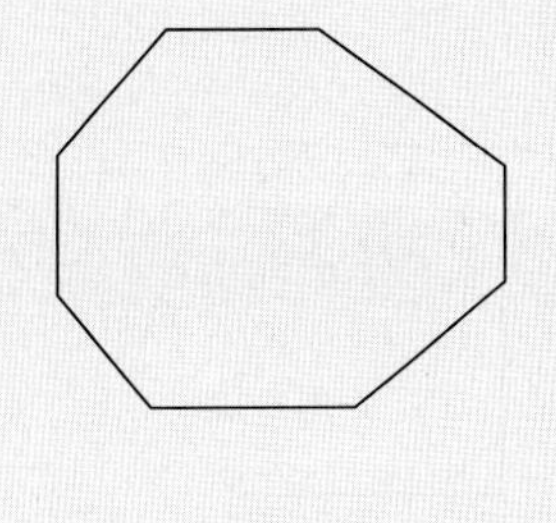

( )

19 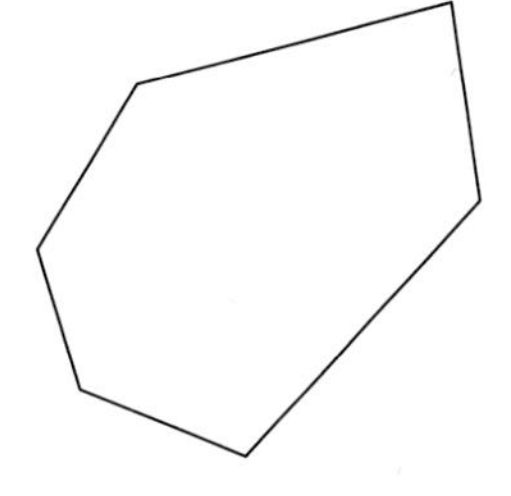

( )

20 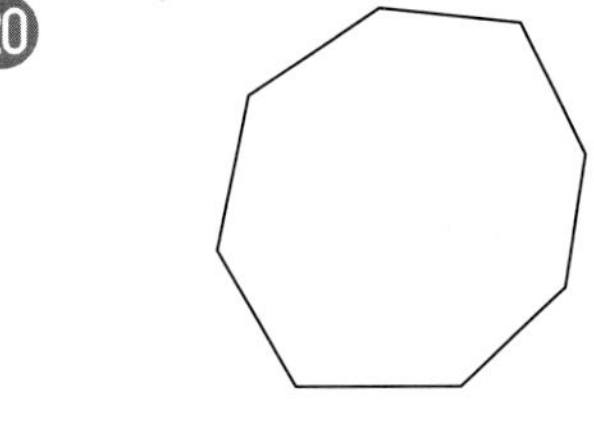

( )

21 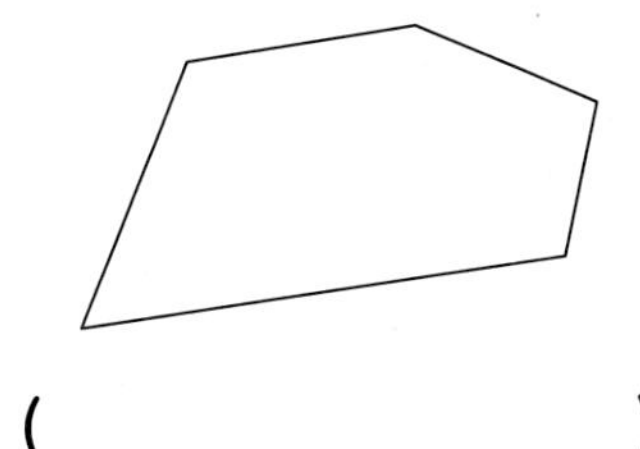

( )

22 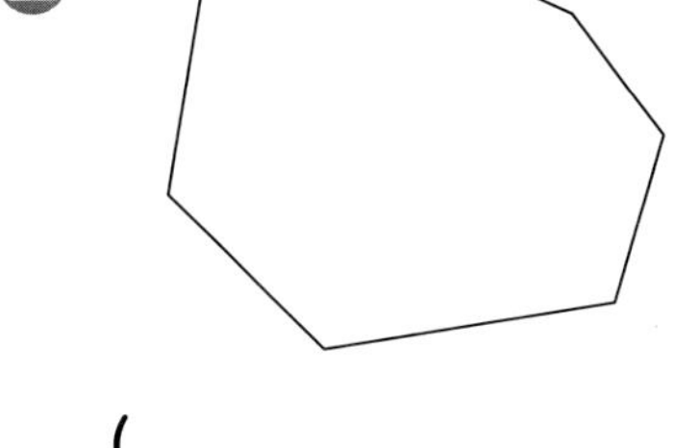

( )

2 정다각형

변의 길이가 모두 같고,
각의 크기가 모두 같은 다각형을
정다각형이라고 해!

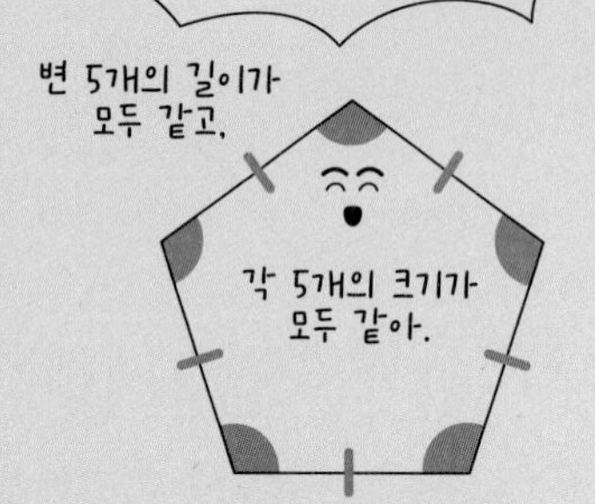
변 5개의 길이가
모두 같고,
각 5개의 크기가
모두 같아.

정오각형

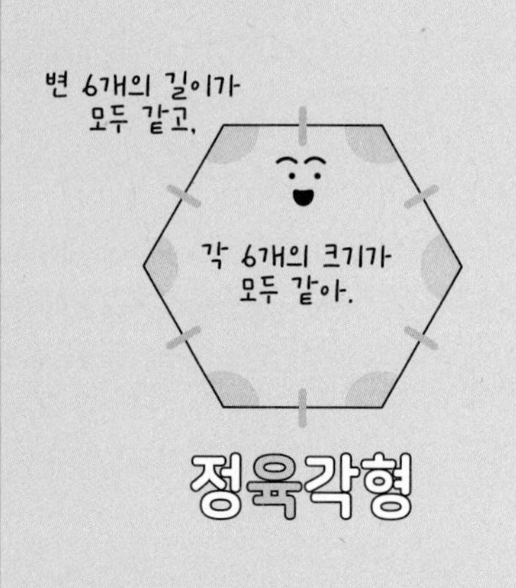
변 6개의 길이가
모두 같고,
각 6개의 크기가
모두 같아.
정육각형

- **정다각형**

정다각형: 변의 길이가 모두 같고, 각의 크기가 모두 같은 다각형

정다각형	변의 수 (개)	정다각형의 이름
	3	정삼각형
	4	정사각형
	5	정오각형
	6	정육각형

○ 정다각형이면 ○표, 정다각형이 아니면 ×표 하시오.

❶
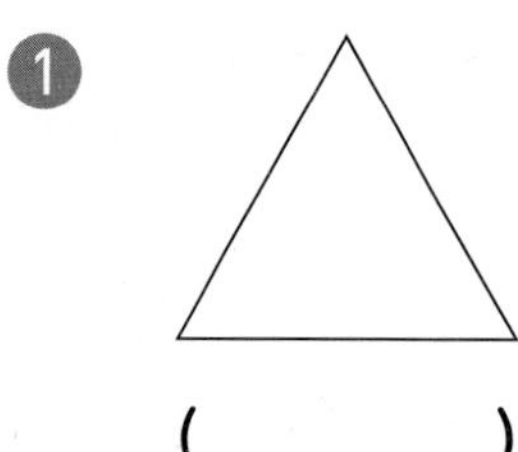
(　　　)

❷
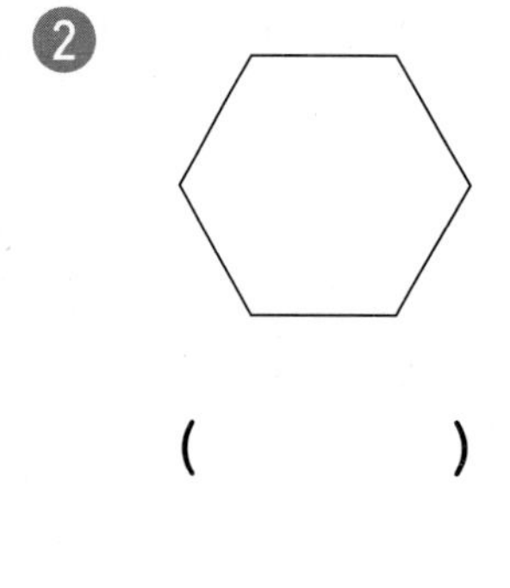
(　　　)

❸
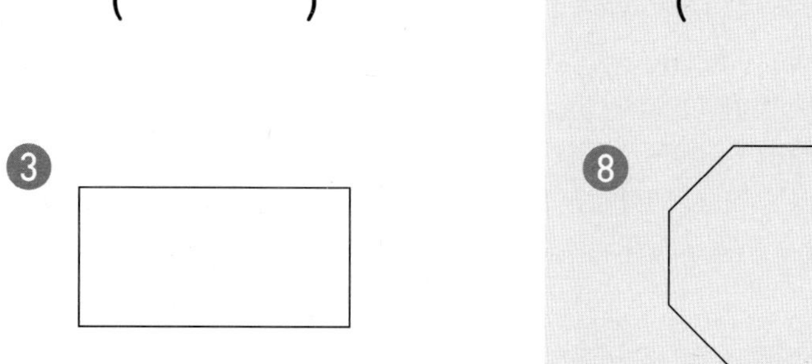
(　　　)

❹
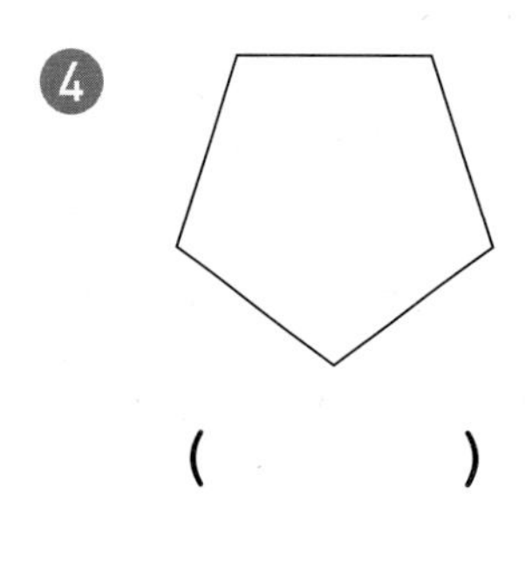
(　　　)

❺
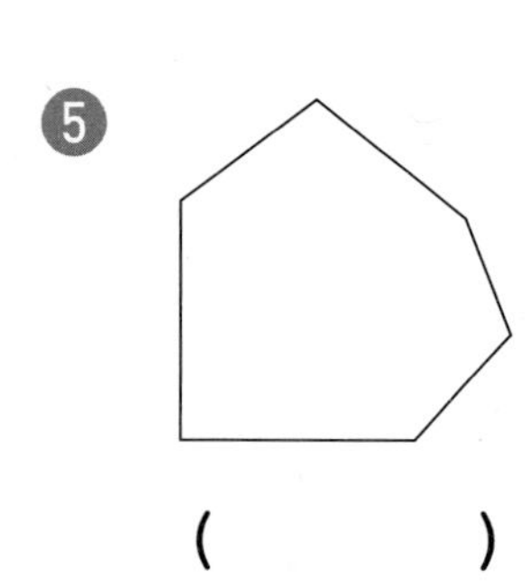
(　　　)

❻

(　　　)

❼
(　　　)

❽
(　　　)

❾
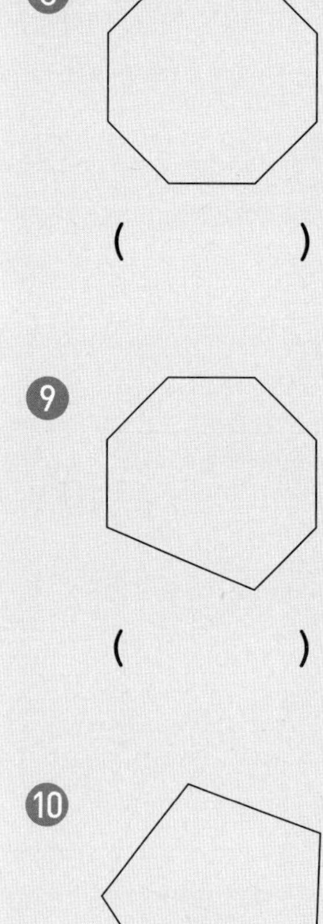
(　　　)

❿
(　　　)

◦ 정다각형의 이름을 써 보시오.

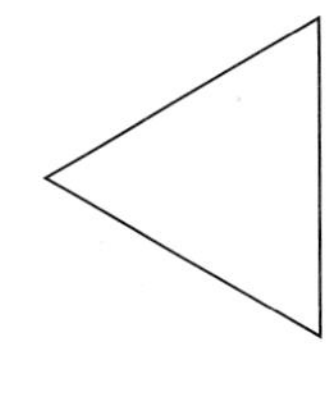

(　　　　　　　　)

(　　　　　　　　)

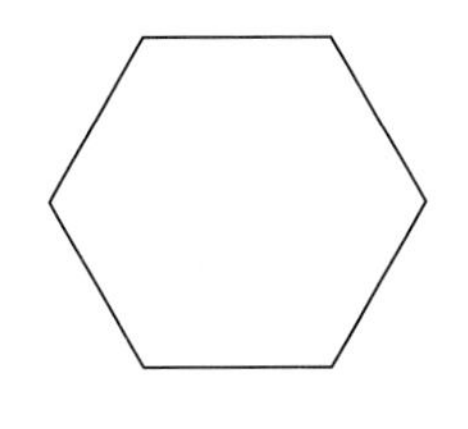

(　　　　　　　　)

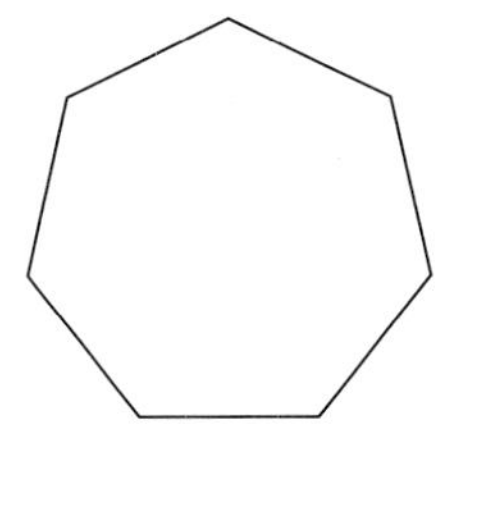

(　　　　　　　　)

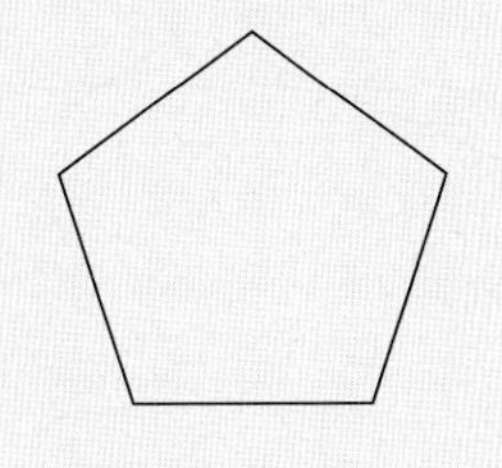

(　　　　　　　　)

16

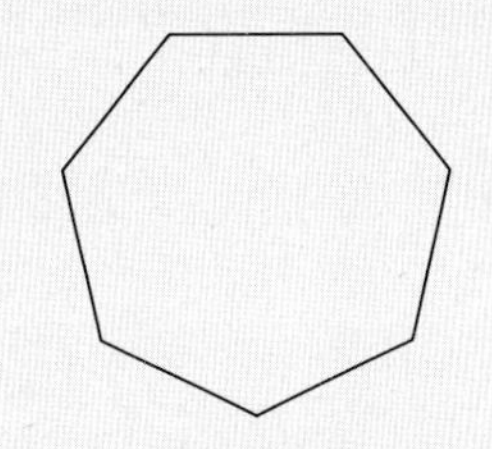

(　　　　　　　　)

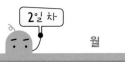

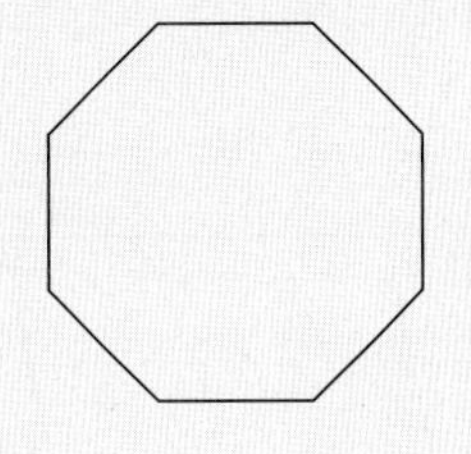

(　　　　　　　　)

18

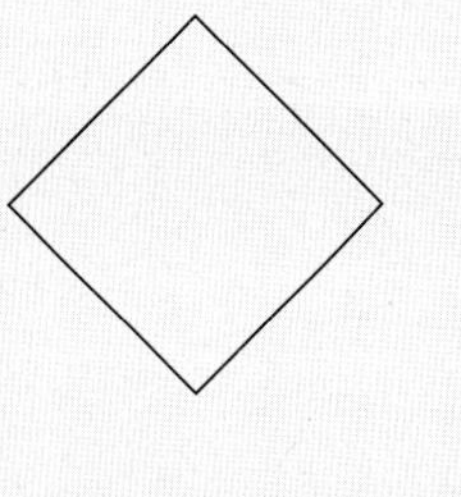

(　　　　　　　　)

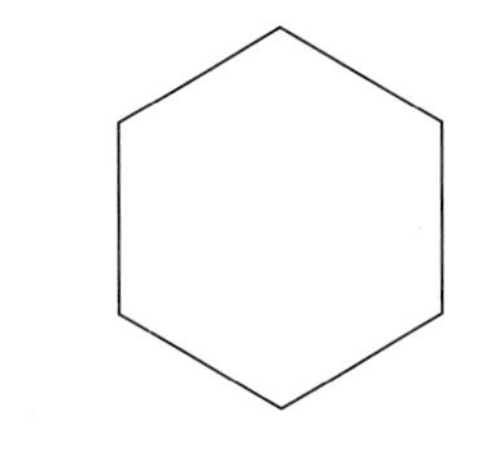

(　　　　　　　　)

20

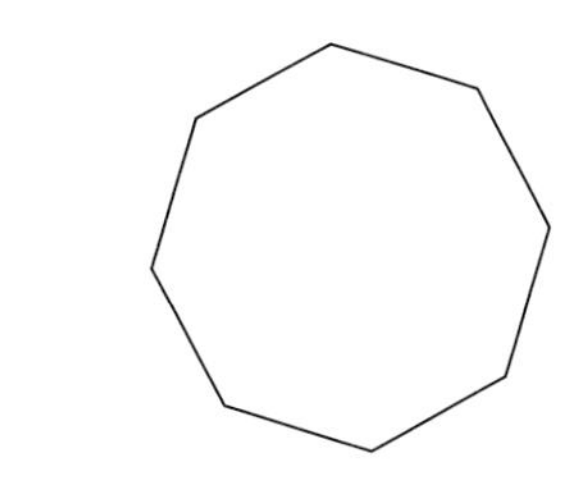

(　　　　　　　　)

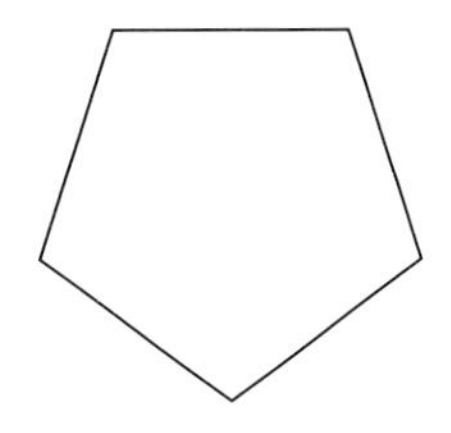

(　　　　　　　　)

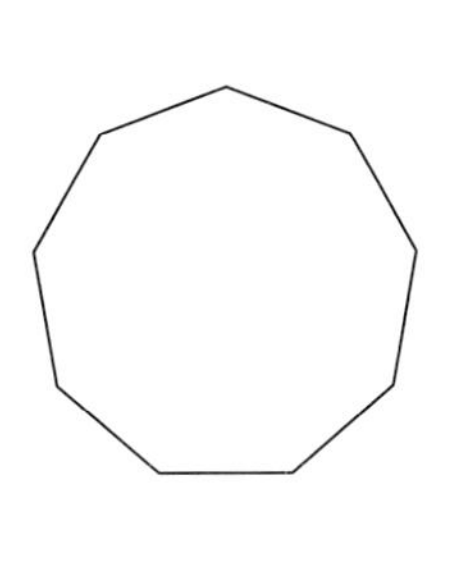

(　　　　　　　　)

3 대각선

다각형에서 서로 이웃하지 않는 두 꼭짓점을 이은 선분을 대각선이라고 해!

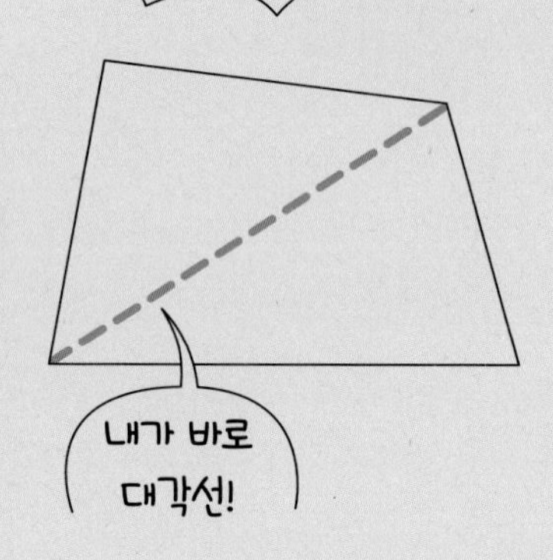

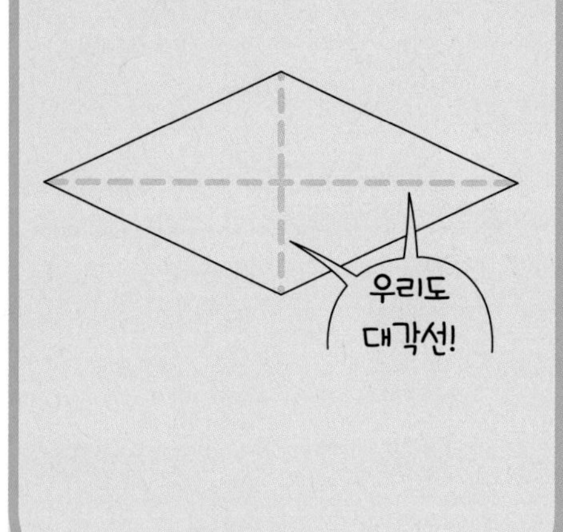

• 대각선

대각선: 다각형에서 서로 이웃하지 않는 두 꼭짓점을 이은 선분

⇨ 선분 ㄱㄷ, 선분 ㄴㄹ

하나의 변을 이루고 있는 두 꼭짓점이 아닌 꼭짓점

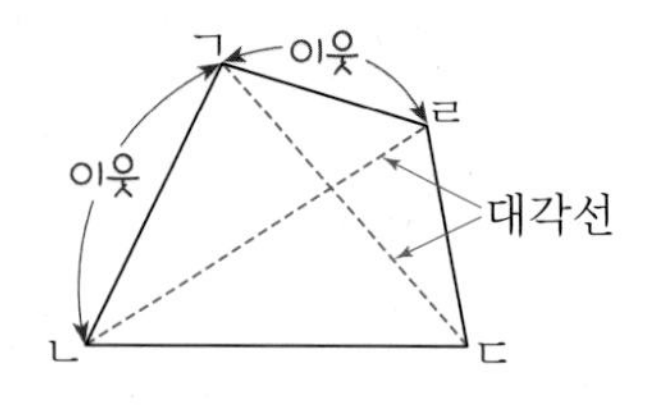

참고 삼각형은 모든 꼭짓점이 서로 이웃하고 있으므로 대각선을 그을 수 없습니다.

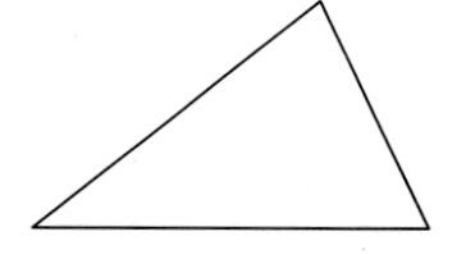

○ 도형에 대각선을 모두 그어 보시오.

❶

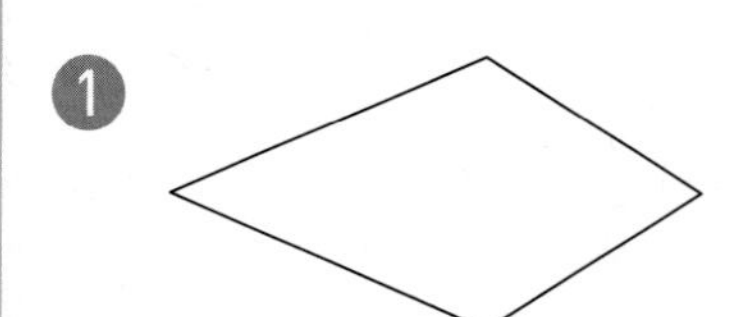

❷

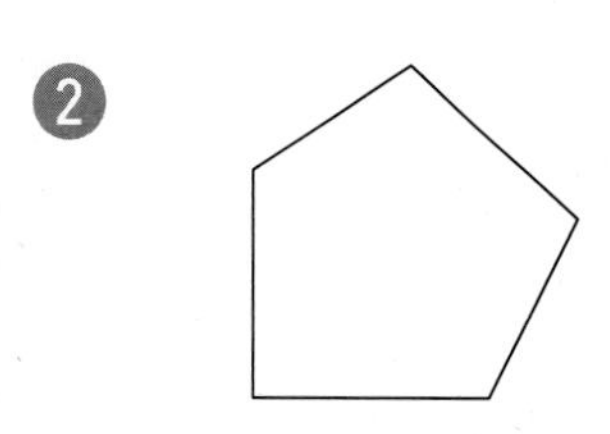

❸

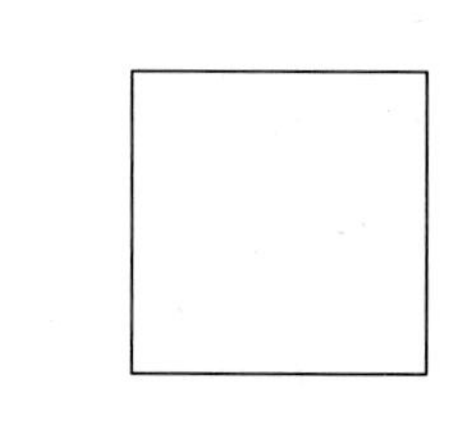

❹

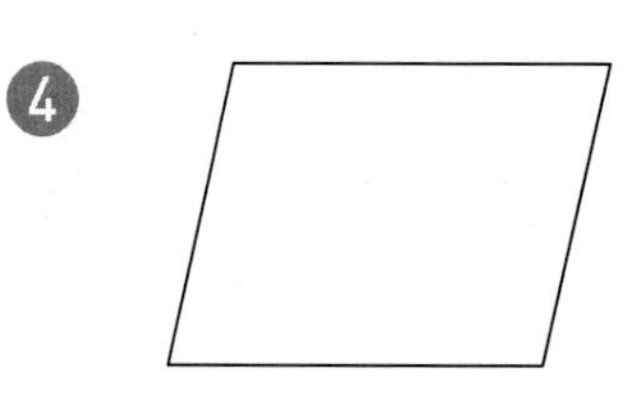

❺

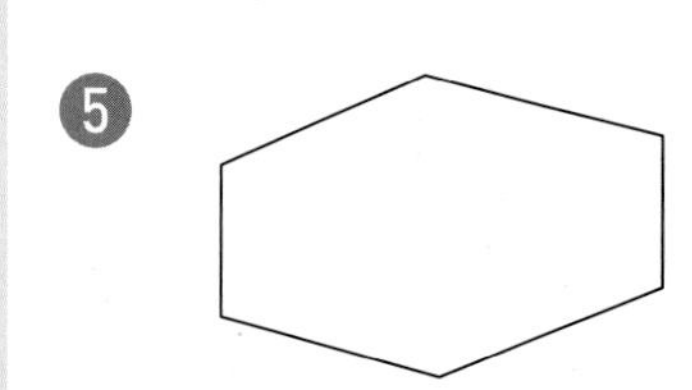

❻

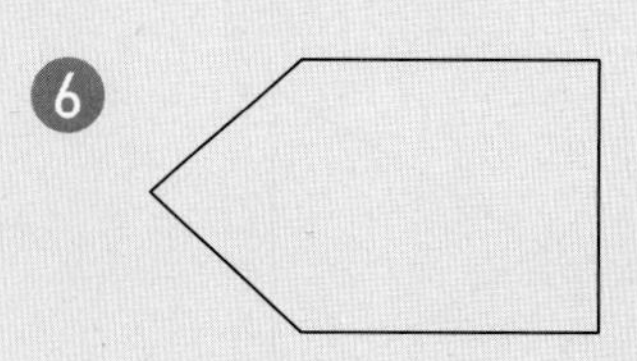

❼

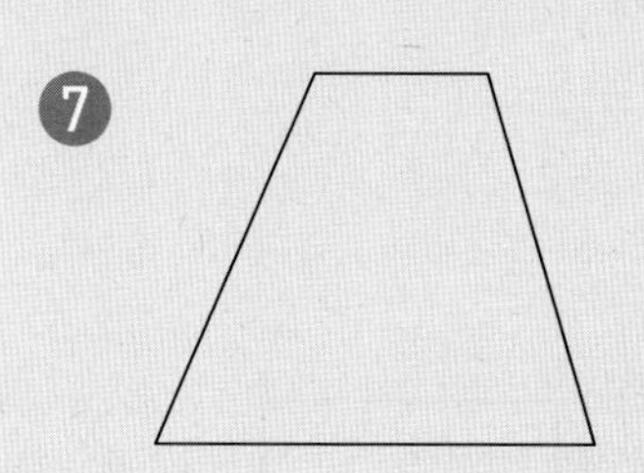

❽

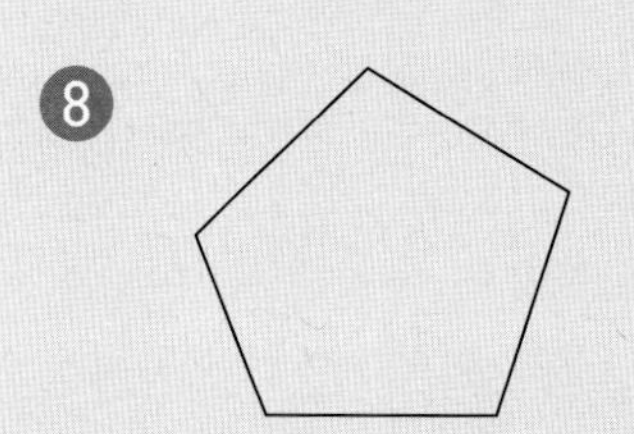

❾

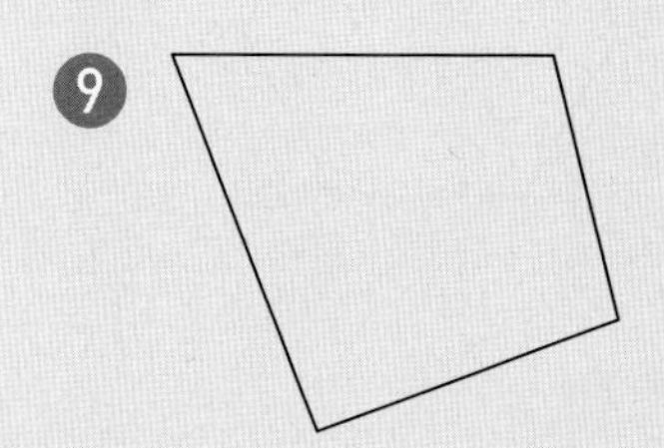

❿

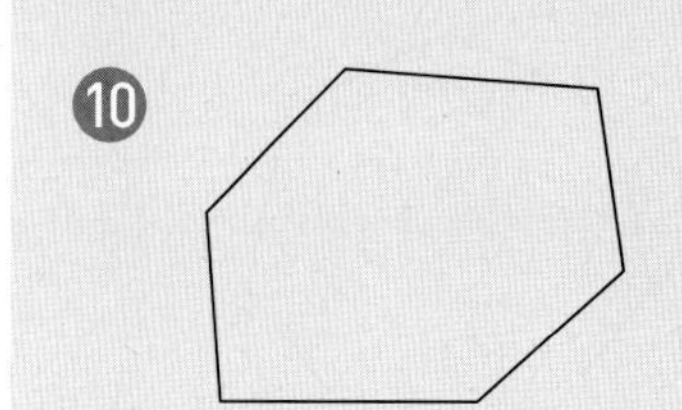

◎ 대각선은 몇 개인지 써 보시오.

11 

(　　　　　　　)

12 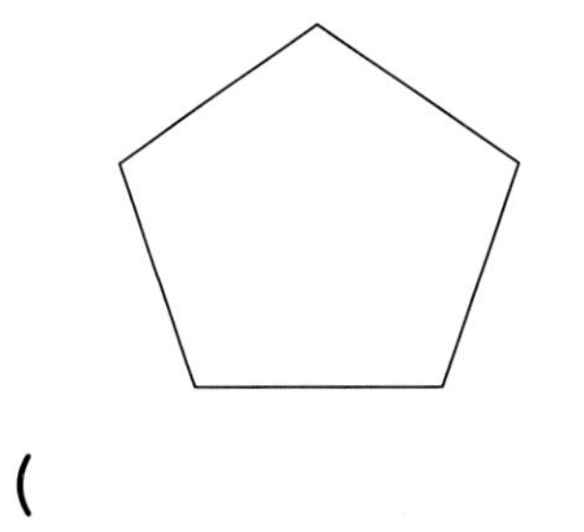

(　　　　　　　)

13 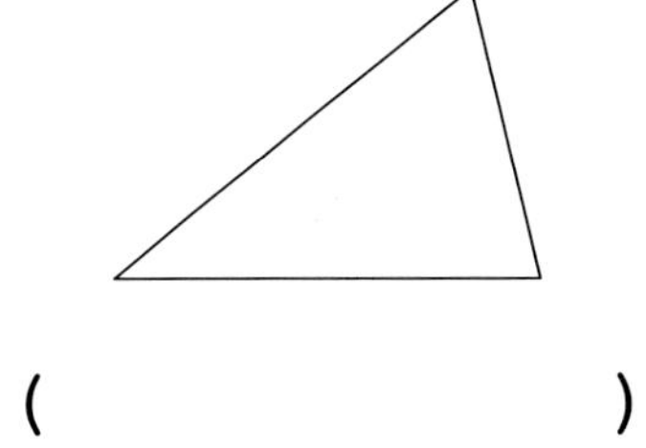

(　　　　　　　)

14 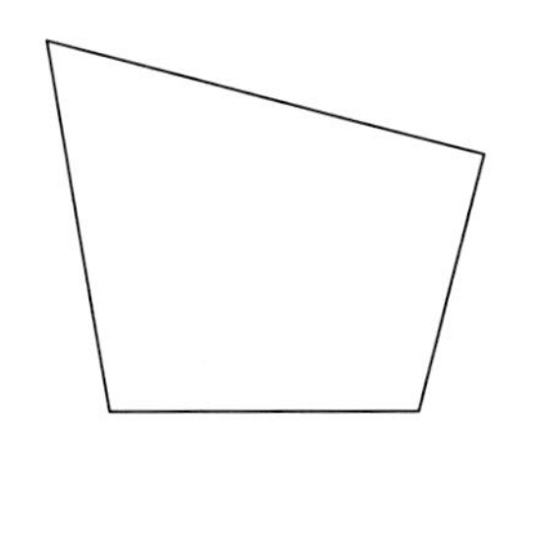

(　　　　　　　)

15 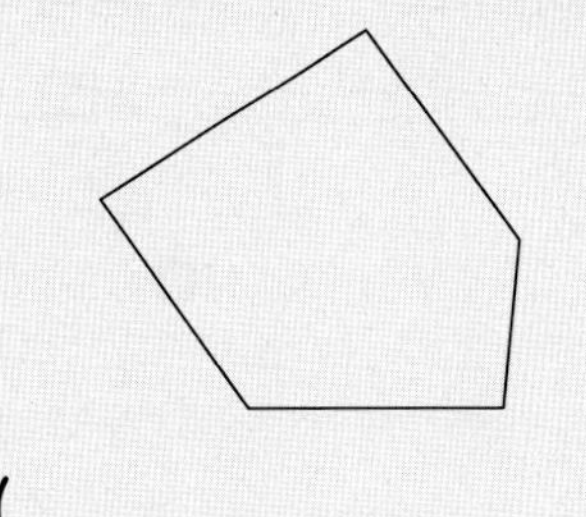

(　　　　　　　)

16 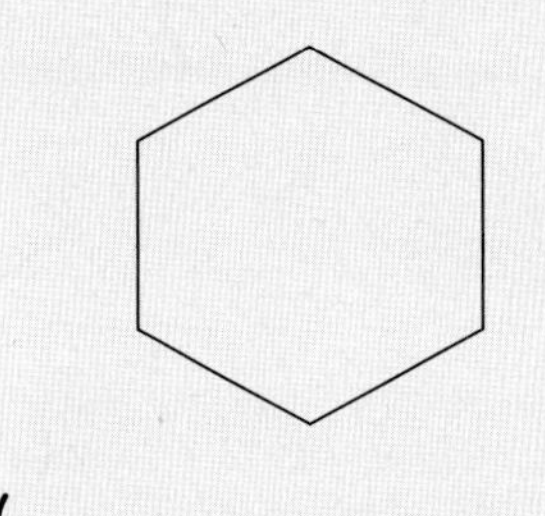

(　　　　　　　)

17 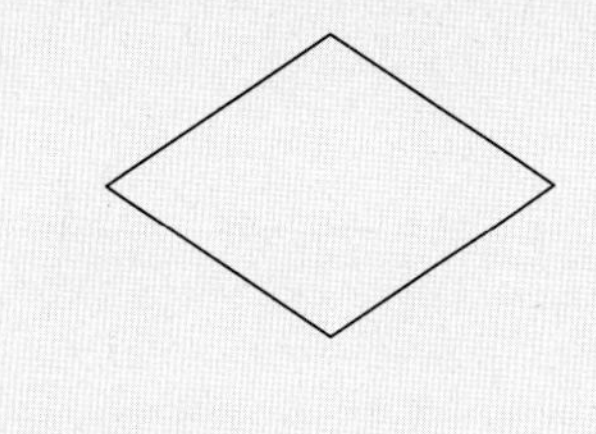

(　　　　　　　)

18 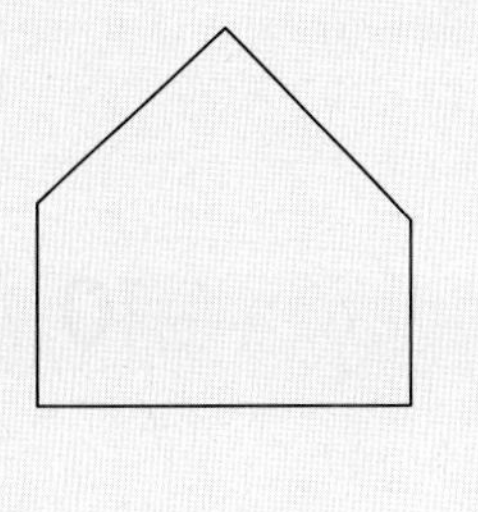

(　　　　　　　)

19 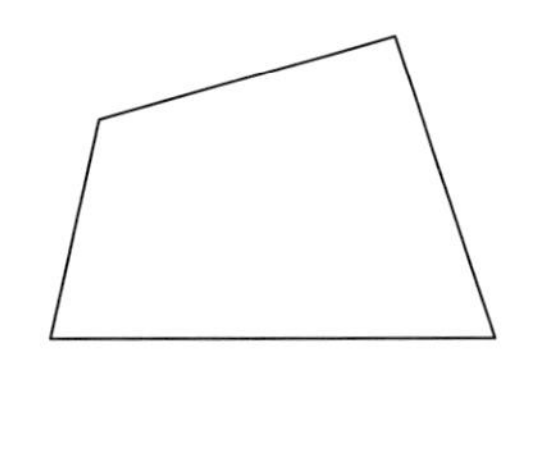

(　　　　　　　)

20 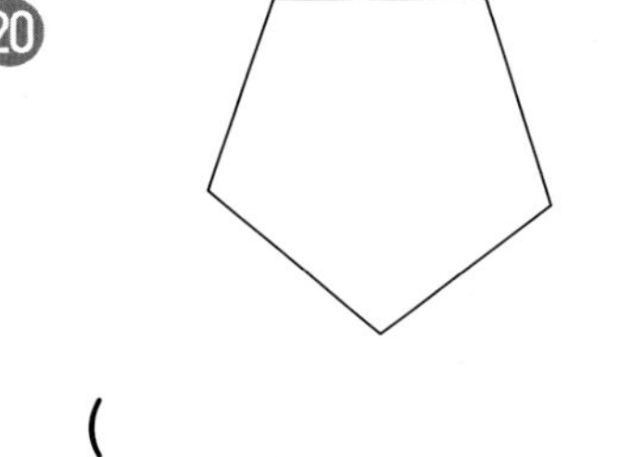

(　　　　　　　)

21 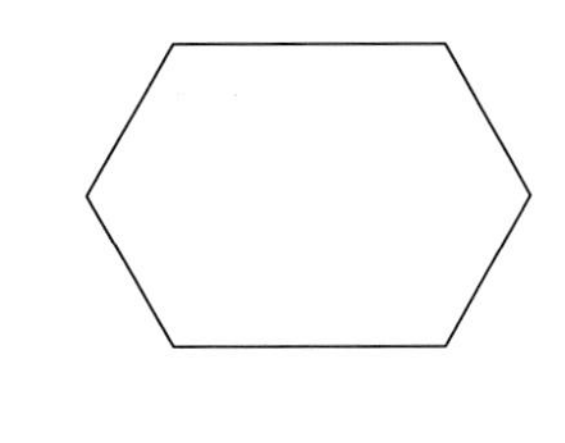

(　　　　　　　)

22 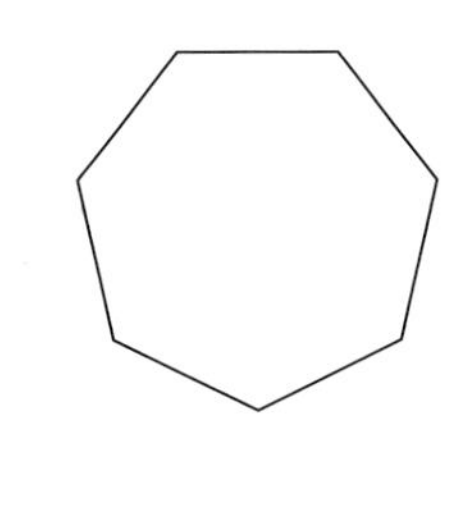

(　　　　　　　)

평가 **6. 다각형**

○ 다각형이면 ○표, 다각형이 아니면 ×표 하시오.

1

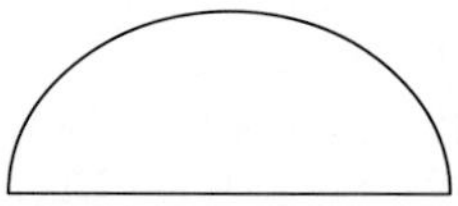

( )

2

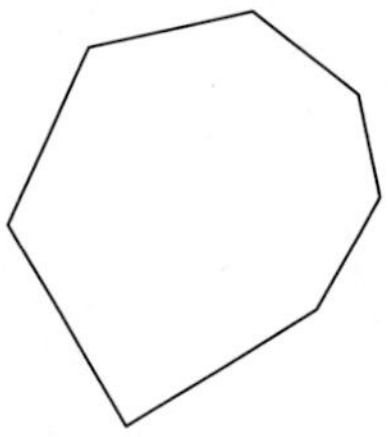

( )

3

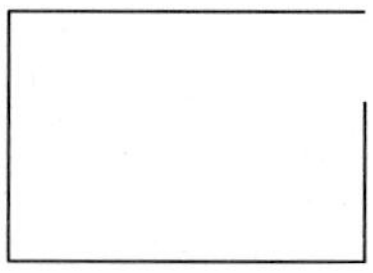

( )

4

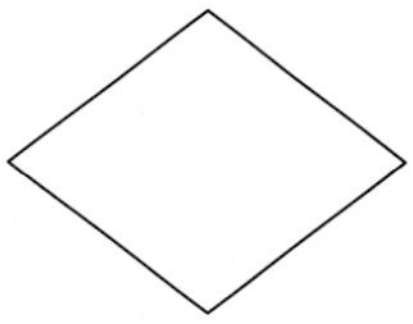

( )

5

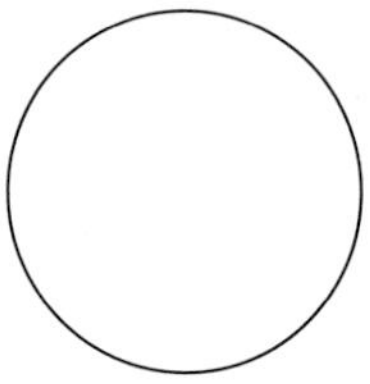

( )

○ 정다각형이면 ○표, 정다각형이 아니면 ×표 하시오.

6

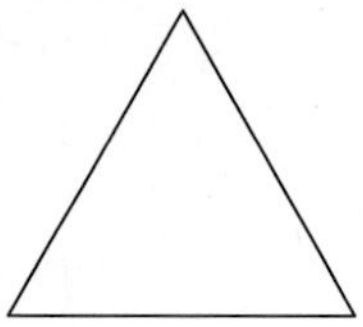

( )

7

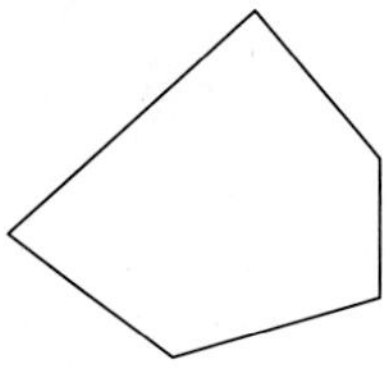

( )

8

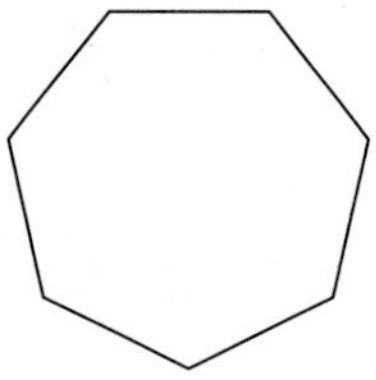

( )

9

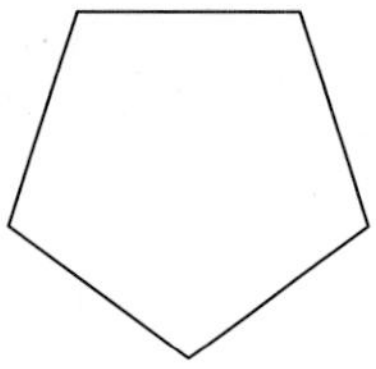

( )

10

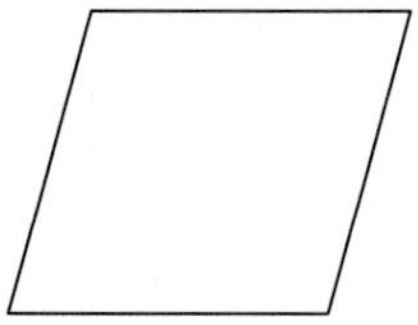

( )

정답 • 26쪽

○ 다각형의 이름을 써 보시오.

11
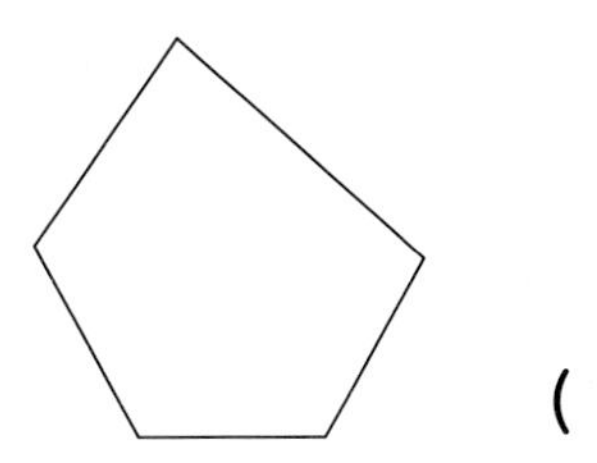
( )

12
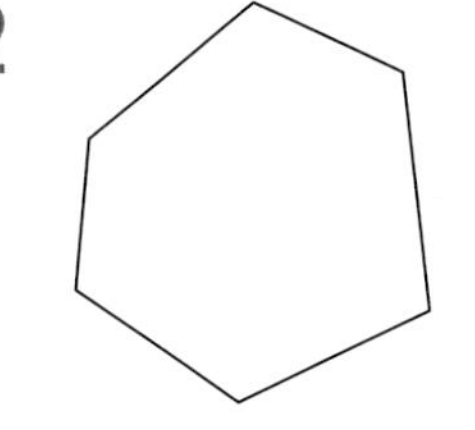
( )

13
( )

○ 정다각형의 이름을 써 보시오.

14
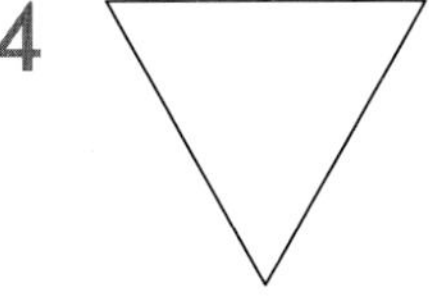
( )

15
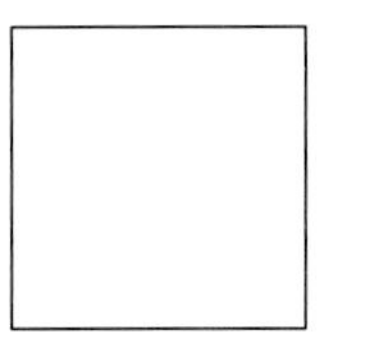
( )

16
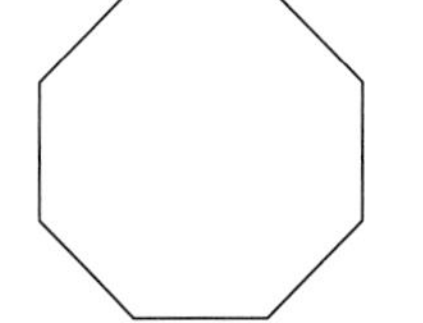
( )

○ 도형에 대각선을 모두 긋고, 몇 개인지 써 보시오.

17

( )

18
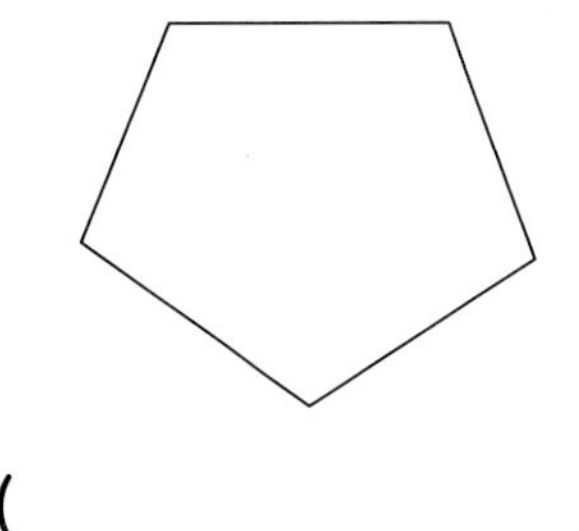
( )

19
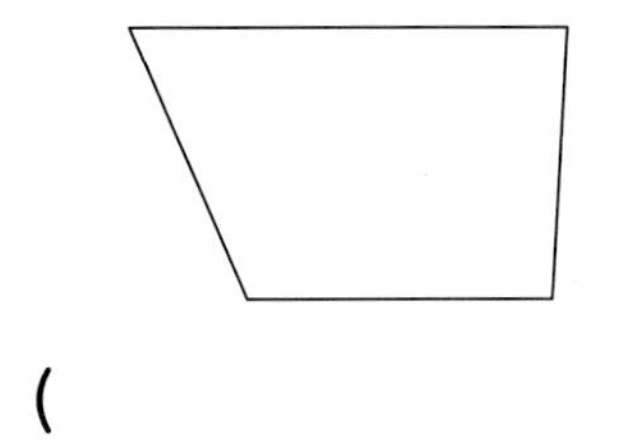
( )

20
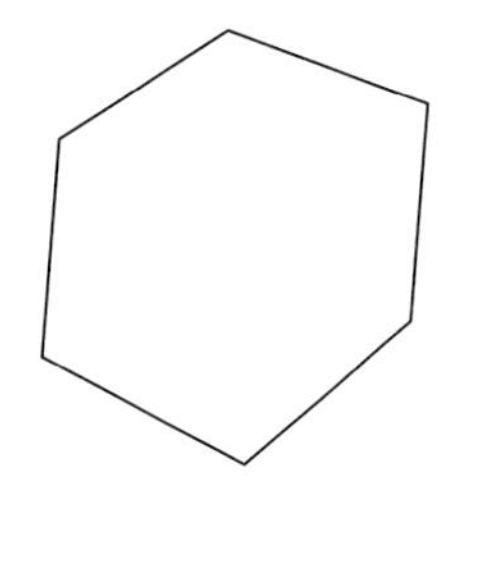
( )

6단원의 연산 실력을 보충하고 싶다면 **클리닉 북 41~43쪽**을 풀어 보세요.

memo

슥삭!
슥삭!

연산 능력 강화
개념 기억력 강화
기초력 완성

memo

슥삭! 슥삭!

연산 능력 강화

개념 기억력 강화

기초력 완성

개념+연산 라이트

「메인 북」에서 단원별 평가 후 부족한 연산력은 「클리닉 북」에서 보완합니다.

차례 4-2

ABOVE IMAGINATION

우리는 남다른 상상과 혁신으로
교육 문화의 새로운 전형을 만들어
모든 이의 행복한 경험과 성장에 기여한다

1 합이 1보다 작고 분모가 같은 (진분수)+(진분수)

정답 • 27쪽

○ 계산해 보시오.

❶ $\frac{1}{3}+\frac{1}{3}=$

❷ $\frac{2}{5}+\frac{2}{5}=$

❸ $\frac{4}{7}+\frac{1}{7}=$

❹ $\frac{5}{9}+\frac{2}{9}=$

❺ $\frac{5}{11}+\frac{3}{11}=$

❻ $\frac{2}{13}+\frac{6}{13}=$

❼ $\frac{7}{15}+\frac{4}{15}=$

❽ $\frac{3}{17}+\frac{11}{17}=$

❾ $\frac{9}{19}+\frac{8}{19}=$

❿ $\frac{5}{21}+\frac{8}{21}=$

⓫ $\frac{2}{23}+\frac{1}{23}=$

⓬ $\frac{13}{25}+\frac{4}{25}=$

⓭ $\frac{13}{27}+\frac{10}{27}=$

⓮ $\frac{16}{29}+\frac{5}{29}=$

⓯ $\frac{5}{31}+\frac{5}{31}=$

⓰ $\frac{7}{33}+\frac{13}{33}=$

⓱ $\frac{22}{35}+\frac{7}{35}=$

⓲ $\frac{14}{37}+\frac{12}{37}=$

⓳ $\frac{9}{41}+\frac{5}{41}=$

⓴ $\frac{20}{43}+\frac{12}{43}=$

㉑ $\frac{7}{45}+\frac{4}{45}=$

잘라서 사용할 수 있습니다.

2 합이 1보다 크고 분모가 같은 (진분수)+(진분수)

정답 • 27쪽

○ 계산해 보시오.

❶ $\frac{3}{4}+\frac{3}{4}=$

❷ $\frac{3}{5}+\frac{4}{5}=$

❸ $\frac{2}{7}+\frac{5}{7}=$

❹ $\frac{5}{8}+\frac{7}{8}=$

❺ $\frac{8}{9}+\frac{2}{9}=$

❻ $\frac{9}{10}+\frac{7}{10}=$

❼ $\frac{5}{11}+\frac{10}{11}=$

❽ $\frac{5}{12}+\frac{11}{12}=$

❾ $\frac{8}{13}+\frac{6}{13}=$

❿ $\frac{13}{15}+\frac{4}{15}=$

⓫ $\frac{7}{17}+\frac{16}{17}=$

⓬ $\frac{14}{19}+\frac{10}{19}=$

⓭ $\frac{7}{22}+\frac{19}{22}=$

⓮ $\frac{14}{23}+\frac{11}{23}=$

⓯ $\frac{17}{25}+\frac{8}{25}=$

⓰ $\frac{25}{27}+\frac{13}{27}=$

⓱ $\frac{9}{31}+\frac{23}{31}=$

⓲ $\frac{10}{33}+\frac{25}{33}=$

⓳ $\frac{15}{34}+\frac{19}{34}=$

⓴ $\frac{30}{43}+\frac{20}{43}=$

㉑ $\frac{23}{45}+\frac{26}{45}=$

3 진분수 부분의 합이 1보다 작고 분모가 같은 (대분수) + (대분수)

정답 • 27쪽

○ 계산해 보시오.

❶ $2\frac{1}{3}+1\frac{1}{3}=$

❷ $1\frac{1}{4}+2\frac{1}{4}=$

❸ $1\frac{2}{5}+1\frac{1}{5}=$

❹ $1\frac{2}{7}+1\frac{4}{7}=$

❺ $2\frac{1}{8}+1\frac{5}{8}=$

❻ $3\frac{7}{11}+2\frac{2}{11}=$

❼ $2\frac{6}{13}+4\frac{4}{13}=$

❽ $1\frac{3}{14}+1\frac{10}{14}=$

❾ $3\frac{2}{15}+3\frac{9}{15}=$

❿ $3\frac{11}{17}+1\frac{4}{17}=$

⓫ $5\frac{15}{19}+5\frac{2}{19}=$

⓬ $4\frac{1}{20}+2\frac{16}{20}=$

⓭ $3\frac{13}{21}+9\frac{4}{21}=$

⓮ $8\frac{5}{22}+6\frac{5}{22}=$

⓯ $1\frac{3}{25}+2\frac{4}{25}=$

⓰ $8\frac{2}{29}+11\frac{1}{29}=$

⓱ $9\frac{1}{30}+5\frac{13}{30}=$

⓲ $1\frac{22}{33}+4\frac{10}{33}=$

잘라서 사용할 수 있습니다.

진분수 부분의 합이 1보다 크고 분모가 같은 (대분수)+(대분수)

정답 • 27쪽

○ 계산해 보시오.

❶ $1\frac{2}{3}+1\frac{2}{3}=$

❷ $2\frac{3}{4}+1\frac{2}{4}=$

❸ $1\frac{4}{5}+3\frac{3}{5}=$

❹ $2\frac{5}{7}+2\frac{4}{7}=$

❺ $3\frac{7}{8}+1\frac{5}{8}=$

❻ $4\frac{9}{11}+2\frac{6}{11}=$

❼ $2\frac{11}{13}+3\frac{2}{13}=$

❽ $1\frac{9}{14}+1\frac{13}{14}=$

❾ $4\frac{13}{15}+3\frac{4}{15}=$

❿ $2\frac{15}{17}+2\frac{6}{17}=$

⓫ $3\frac{9}{19}+5\frac{10}{19}=$

⓬ $6\frac{17}{20}+2\frac{11}{20}=$

⓭ $1\frac{19}{21}+9\frac{4}{21}=$

⓮ $4\frac{15}{22}+4\frac{8}{22}=$

⓯ $2\frac{15}{23}+2\frac{15}{23}=$

⓰ $4\frac{12}{29}+12\frac{19}{29}=$

⓱ $7\frac{11}{30}+8\frac{23}{30}=$

⓲ $1\frac{17}{33}+5\frac{20}{33}=$

5 분모가 같은 (대분수)+(가분수)

정답 • 27쪽

○ 계산해 보시오.

❶ $1\frac{1}{4}+\frac{5}{4}=$

❷ $2\frac{1}{5}+\frac{7}{5}=$

❸ $1\frac{1}{6}+\frac{8}{6}=$

❹ $2\frac{2}{7}+\frac{15}{7}=$

❺ $3\frac{4}{7}+\frac{8}{7}=$

❻ $1\frac{5}{8}+\frac{9}{8}=$

❼ $2\frac{4}{9}+\frac{11}{9}=$

❽ $1\frac{3}{10}+\frac{19}{10}=$

❾ $4\frac{9}{10}+\frac{17}{10}=$

❿ $2\frac{1}{11}+\frac{21}{11}=$

⓫ $1\frac{7}{12}+\frac{25}{12}=$

⓬ $2\frac{5}{13}+\frac{27}{13}=$

⓭ $2\frac{9}{13}+\frac{20}{13}=$

⓮ $5\frac{2}{15}+\frac{31}{15}=$

⓯ $3\frac{8}{15}+\frac{44}{15}=$

⓰ $3\frac{1}{16}+\frac{35}{16}=$

⓱ $2\frac{7}{17}+\frac{33}{17}=$

⓲ $6\frac{4}{19}+\frac{40}{19}=$

⓳ $1\frac{5}{20}+\frac{41}{20}=$

⓴ $4\frac{9}{20}+\frac{76}{20}=$

㉑ $5\frac{17}{21}+\frac{33}{21}=$

잘라서 사용할 수 있습니다.

6 분모가 같은 (진분수) – (진분수)

정답 • 28쪽

○ 계산해 보시오.

❶ $\frac{2}{4}-\frac{1}{4}=$

❷ $\frac{3}{5}-\frac{1}{5}=$

❸ $\frac{4}{5}-\frac{3}{5}=$

❹ $\frac{5}{6}-\frac{3}{6}=$

❺ $\frac{5}{7}-\frac{4}{7}=$

❻ $\frac{7}{8}-\frac{1}{8}=$

❼ $\frac{8}{9}-\frac{5}{9}=$

❽ $\frac{3}{10}-\frac{1}{10}=$

❾ $\frac{9}{11}-\frac{6}{11}=$

❿ $\frac{7}{12}-\frac{5}{12}=$

⓫ $\frac{9}{13}-\frac{2}{13}=$

⓬ $\frac{14}{15}-\frac{8}{15}=$

⓭ $\frac{10}{19}-\frac{3}{19}=$

⓮ $\frac{20}{21}-\frac{11}{21}=$

⓯ $\frac{3}{22}-\frac{2}{22}=$

⓰ $\frac{9}{25}-\frac{3}{25}=$

⓱ $\frac{19}{26}-\frac{15}{26}=$

⓲ $\frac{4}{33}-\frac{2}{33}=$

⓳ $\frac{21}{35}-\frac{18}{35}=$

⓴ $\frac{30}{41}-\frac{6}{41}=$

㉑ $\frac{26}{43}-\frac{2}{43}=$

분수 부분끼리 뺄 수 있고 분모가 같은 (대분수) − (대분수)

정답 • 28쪽

○ 계산해 보시오.

❶ $2\frac{2}{5}-1\frac{1}{5}=$

❷ $3\frac{5}{6}-1\frac{1}{6}=$

❸ $5\frac{6}{7}-2\frac{2}{7}=$

❹ $9\frac{5}{8}-2\frac{1}{8}=$

❺ $7\frac{7}{9}-3\frac{5}{9}=$

❻ $8\frac{9}{10}-7\frac{1}{10}=$

❼ $9\frac{10}{11}-5\frac{7}{11}=$

❽ $5\frac{8}{13}-4\frac{5}{13}=$

❾ $6\frac{13}{15}-3\frac{2}{15}=$

❿ $2\frac{15}{16}-1\frac{11}{16}=$

⓫ $10\frac{10}{17}-4\frac{5}{17}=$

⓬ $9\frac{9}{19}-1\frac{6}{19}=$

⓭ $7\frac{13}{21}-6\frac{5}{21}=$

⓮ $8\frac{21}{22}-7\frac{13}{22}=$

⓯ $4\frac{22}{29}-2\frac{20}{29}=$

⓰ $11\frac{23}{31}-3\frac{6}{31}=$

⓱ $5\frac{4}{33}-5\frac{2}{33}=$

⓲ $5\frac{33}{35}-3\frac{31}{35}=$

1 – (진분수)

정답 • 28쪽

○ 계산해 보시오.

❶ $1-\frac{2}{3}=$

❷ $1-\frac{3}{5}=$

❸ $1-\frac{3}{6}=$

❹ $1-\frac{4}{6}=$

❺ $1-\frac{5}{7}=$

❻ $1-\frac{3}{8}=$

❼ $1-\frac{7}{9}=$

❽ $1-\frac{3}{11}=$

❾ $1-\frac{5}{12}=$

❿ $1-\frac{10}{13}=$

⓫ $1-\frac{9}{14}=$

⓬ $1-\frac{15}{16}=$

⓭ $1-\frac{2}{17}=$

⓮ $1-\frac{17}{19}=$

⓯ $1-\frac{5}{26}=$

⓰ $1-\frac{4}{27}=$

⓱ $1-\frac{25}{28}=$

⓲ $1-\frac{17}{30}=$

⓳ $1-\frac{8}{35}=$

⓴ $1-\frac{22}{39}=$

㉑ $1-\frac{34}{41}=$

9 (자연수) − (분수)

정답 • 28쪽

○ 계산해 보시오.

❶ $3-\frac{1}{3}=$

❷ $2-\frac{3}{4}=$

❸ $4-\frac{2}{5}=$

❹ $6-\frac{5}{6}=$

❺ $7-\frac{6}{7}=$

❻ $2-\frac{1}{8}=$

❼ $3-\frac{5}{9}=$

❽ $5-\frac{9}{10}=$

❾ $8-\frac{3}{11}=$

❿ $6-3\frac{2}{3}=$

⓫ $4-3\frac{1}{7}=$

⓬ $5-1\frac{5}{12}=$

⓭ $8-5\frac{6}{19}=$

⓮ $4-1\frac{17}{20}=$

⓯ $7-3\frac{7}{22}=$

⓰ $5-2\frac{14}{23}=$

⓱ $6-2\frac{5}{27}=$

⓲ $10-9\frac{30}{31}=$

⓳ $12-1\frac{15}{32}=$

⓴ $13-6\frac{21}{40}=$

㉑ $16-4\frac{38}{45}=$

잘라서 사용할 수 있습니다.

10 분수 부분끼리 뺄 수 없고 분모가 같은 (대분수) − (대분수)

정답 • 28쪽

○ 계산해 보시오.

❶ $2\frac{1}{3}-1\frac{2}{3}=$

❷ $3\frac{2}{5}-1\frac{4}{5}=$

❸ $5\frac{1}{6}-1\frac{2}{6}=$

❹ $6\frac{4}{7}-3\frac{6}{7}=$

❺ $8\frac{5}{8}-2\frac{7}{8}=$

❻ $8\frac{2}{9}-6\frac{8}{9}=$

❼ $3\frac{7}{10}-1\frac{9}{10}=$

❽ $3\frac{5}{12}-2\frac{11}{12}=$

❾ $4\frac{1}{13}-1\frac{2}{13}=$

❿ $8\frac{5}{14}-1\frac{13}{14}=$

⓫ $6\frac{6}{17}-4\frac{8}{17}=$

⓬ $10\frac{4}{21}-8\frac{8}{21}=$

⓭ $7\frac{3}{22}-1\frac{7}{22}=$

⓮ $3\frac{19}{25}-2\frac{21}{25}=$

⓯ $8\frac{3}{26}-6\frac{19}{26}=$

⓰ $12\frac{4}{27}-8\frac{16}{27}=$

⓱ $9\frac{2}{33}-4\frac{4}{33}=$

⓲ $8\frac{13}{35}-5\frac{22}{35}=$

분모가 같은 (대분수) − (가분수)

정답 • 28쪽

○ 계산해 보시오.

❶ $3\frac{1}{5}-\frac{9}{5}=$

❷ $3\frac{5}{6}-\frac{8}{6}=$

❸ $4\frac{5}{7}-\frac{10}{7}=$

❹ $4\frac{3}{8}-\frac{15}{8}=$

❺ $3\frac{5}{8}-\frac{19}{8}=$

❻ $4\frac{1}{9}-\frac{22}{9}=$

❼ $5\frac{8}{9}-\frac{11}{9}=$

❽ $6\frac{6}{10}-\frac{23}{10}=$

❾ $5\frac{4}{11}-\frac{35}{11}=$

❿ $2\frac{7}{12}-\frac{13}{12}=$

⓫ $8\frac{11}{12}-\frac{22}{12}=$

⓬ $3\frac{2}{13}-\frac{29}{13}=$

⓭ $5\frac{11}{13}-\frac{20}{13}=$

⓮ $3\frac{13}{14}-\frac{23}{14}=$

⓯ $3\frac{7}{15}-\frac{49}{15}=$

⓰ $4\frac{8}{15}-\frac{41}{15}=$

⓱ $4\frac{13}{16}-\frac{59}{16}=$

⓲ $7\frac{6}{17}-\frac{52}{17}=$

⓳ $6\frac{6}{19}-\frac{58}{19}=$

⓴ $7\frac{17}{20}-\frac{69}{20}=$

㉑ $9\frac{1}{22}-\frac{47}{22}=$

잘라서 사용할 수 있습니다.

이등변삼각형, 정삼각형

정답 • 29쪽

○ 이등변삼각형과 정삼각형을 각각 모두 찾아보시오.

❶

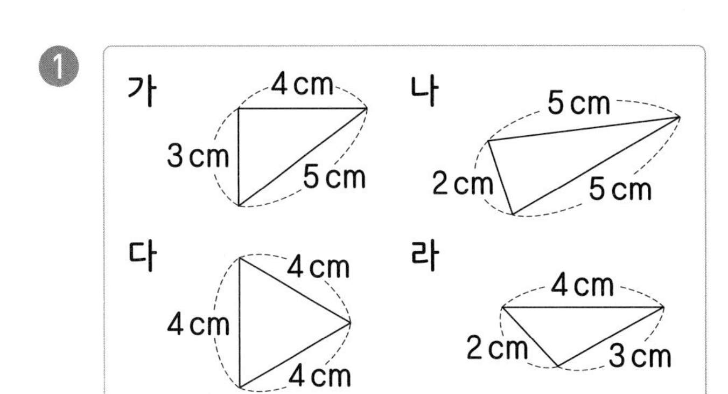

이등변삼각형	정삼각형

❷

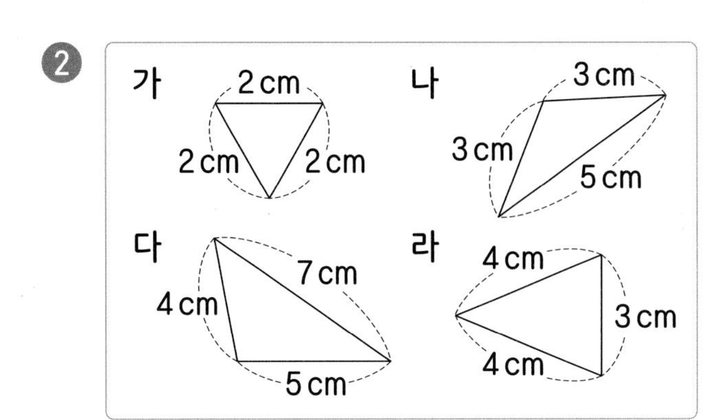

이등변삼각형	정삼각형

○ 삼각형의 변의 길이를 구하려고 합니다. □ 안에 알맞은 수를 써넣으시오.

❸ 이등변삼각형

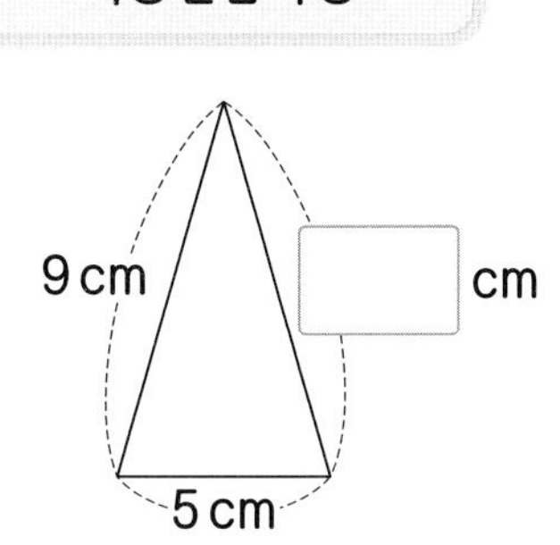

❹ 이등변삼각형

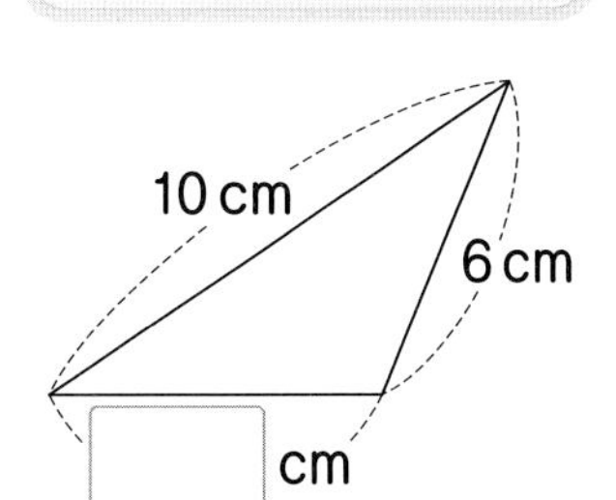

❺ 이등변삼각형

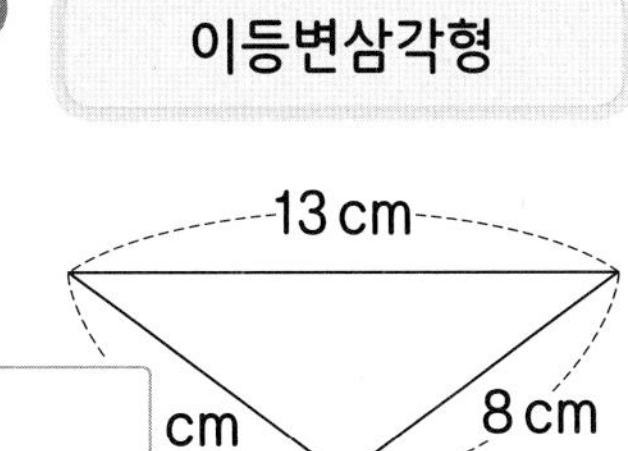

❻ 정삼각형

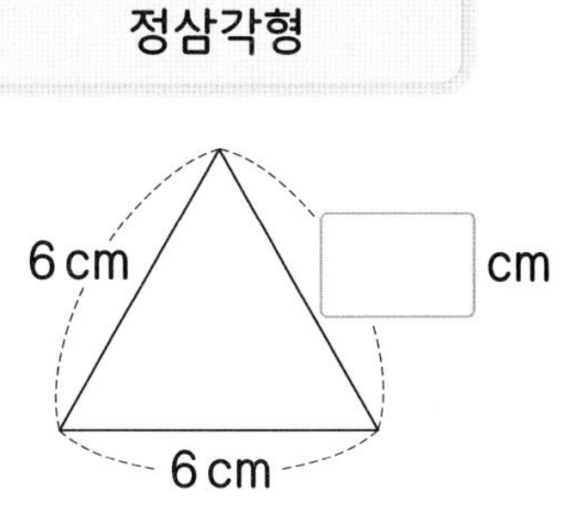

❼ 정삼각형

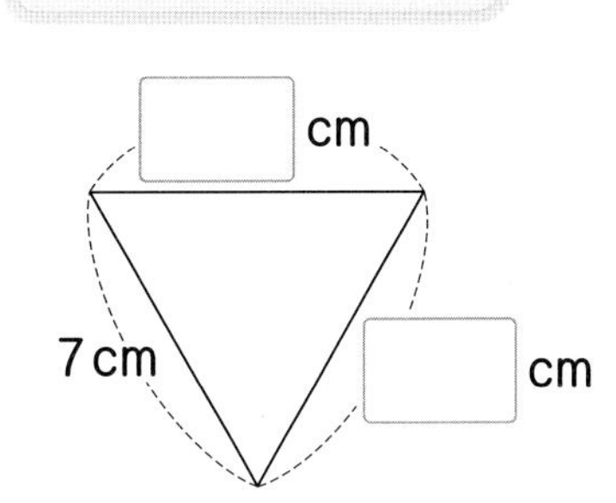

❽ 정삼각형

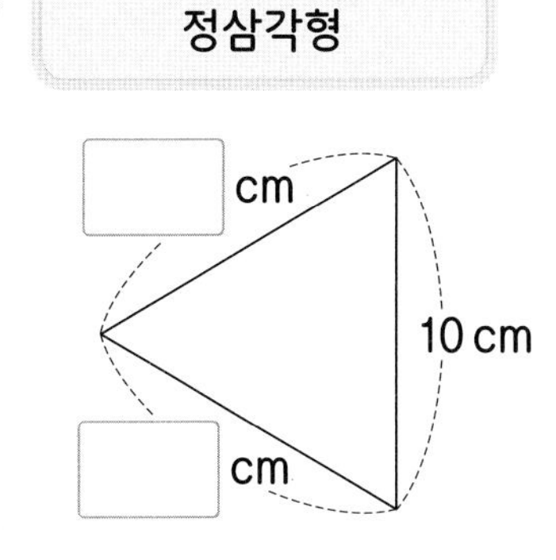

2 이등변삼각형의 성질

정답 • 29쪽

○ 이등변삼각형입니다. □ 안에 알맞은 수를 써넣으시오.

❶
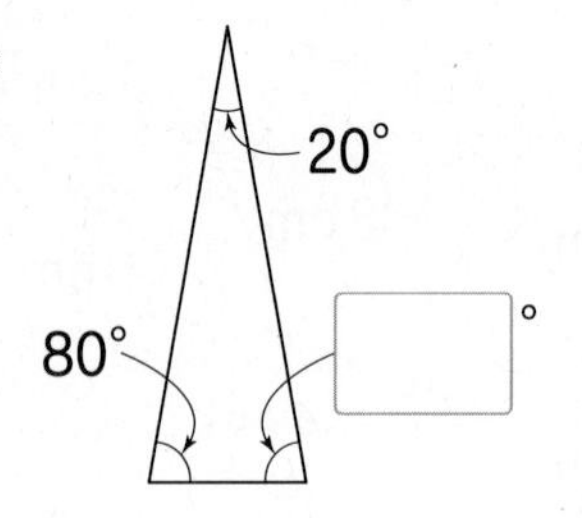

❷
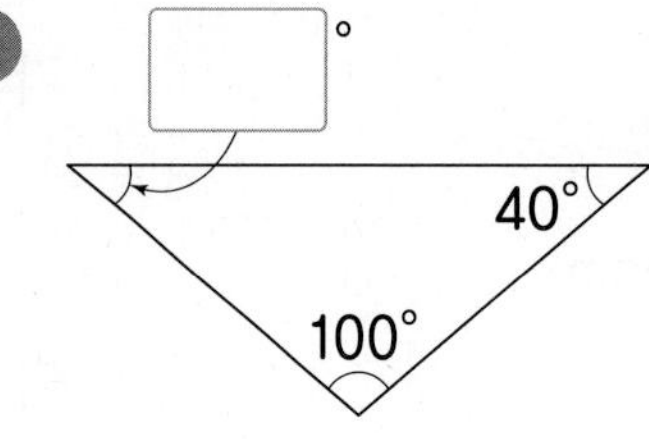

❸
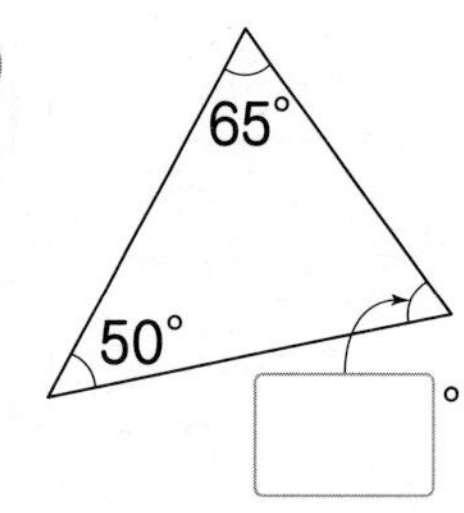

❹
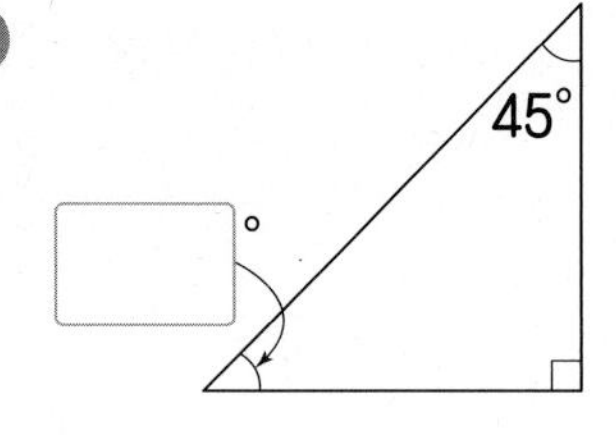

❺
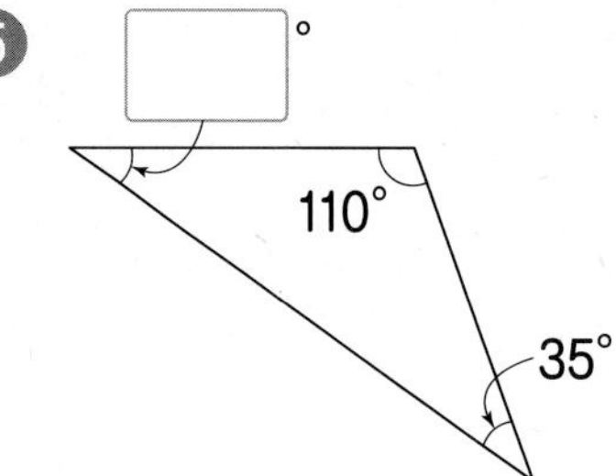

❻
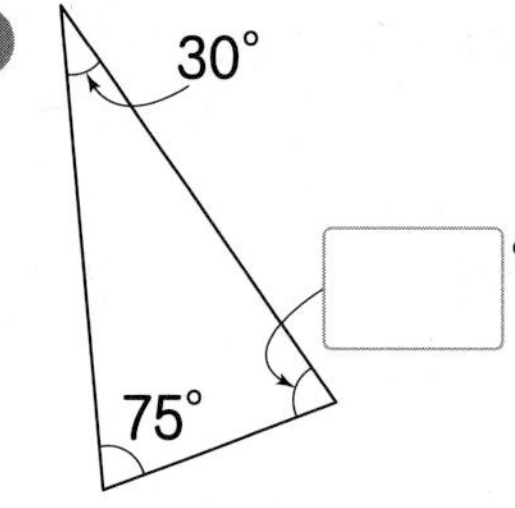

○ 삼각형의 각의 크기를 구하려고 합니다. □ 안에 알맞은 수를 써넣으시오.

❼
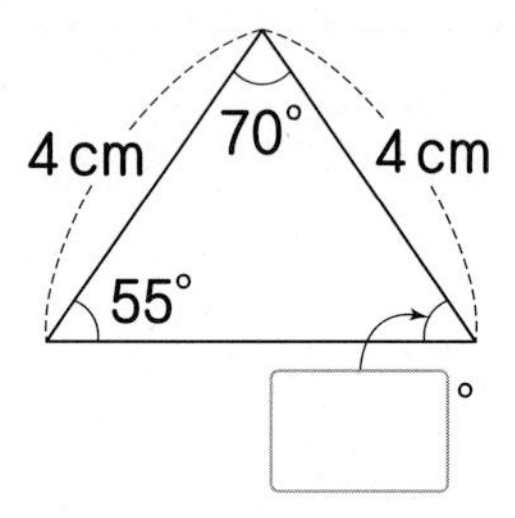

❽
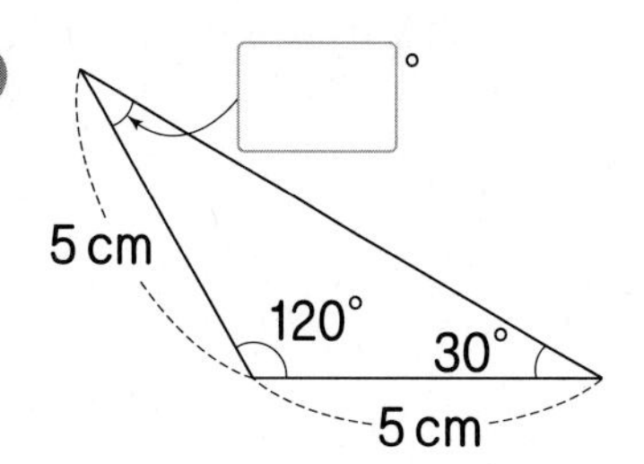

❾
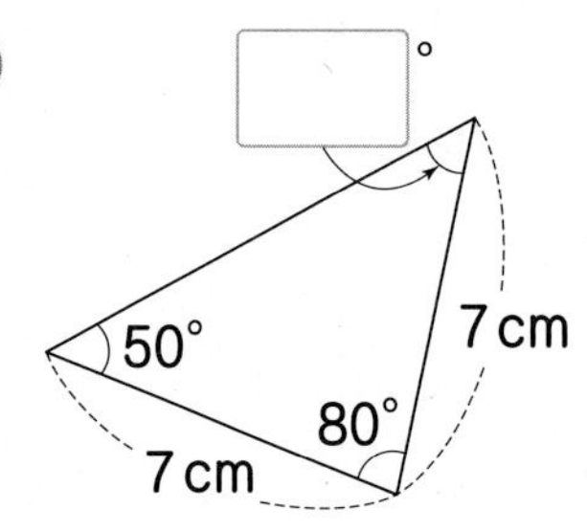

❿
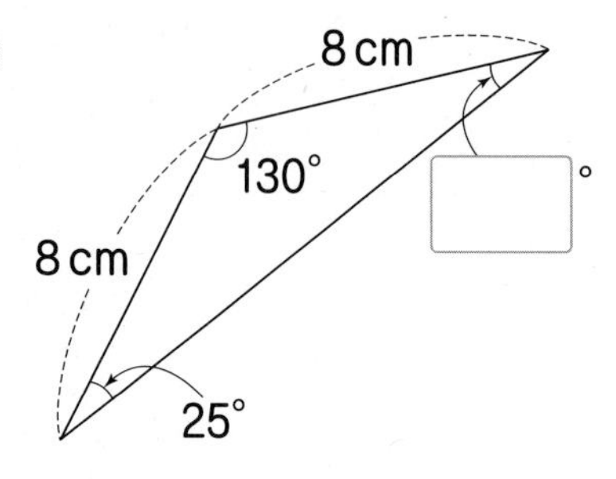

⓫
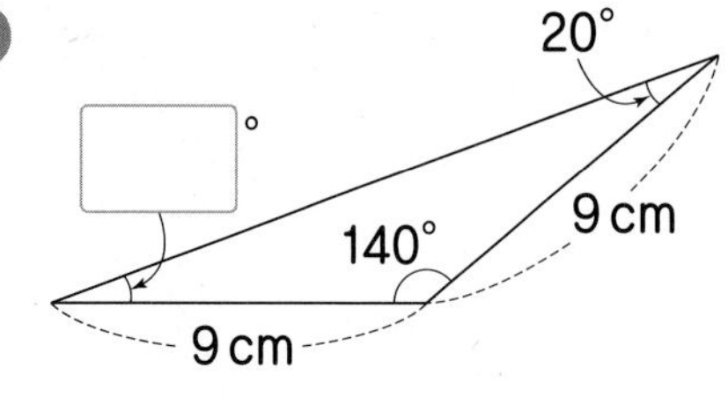

⓬
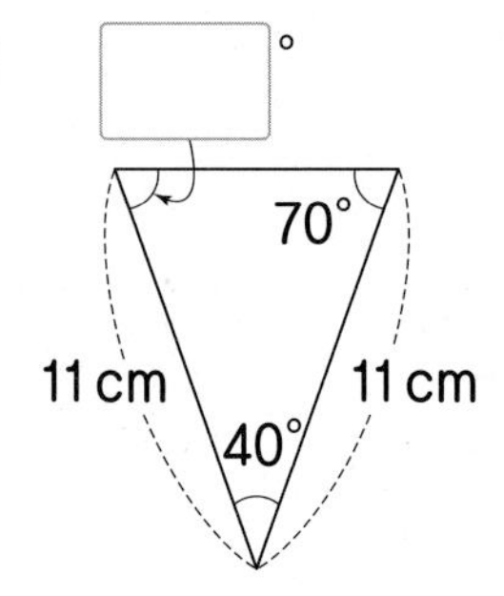

3 정삼각형의 성질

정답 • 29쪽

○ 정삼각형입니다. □ 안에 알맞은 수를 써넣으시오.

❶ 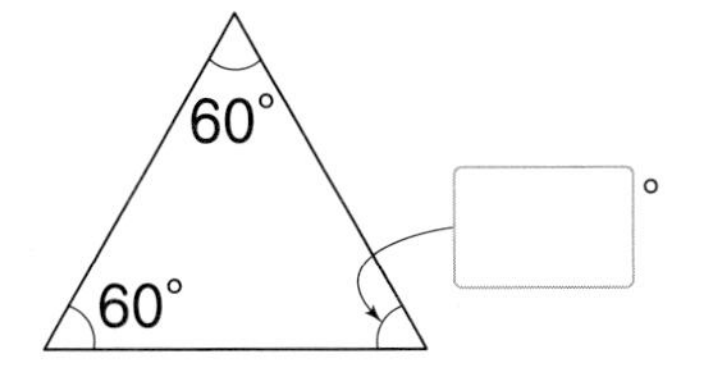

❷ 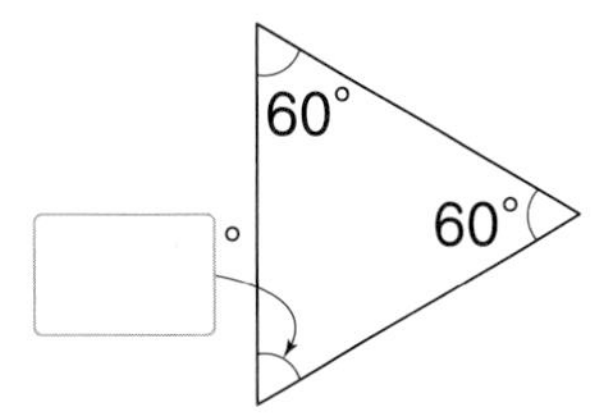

❸ 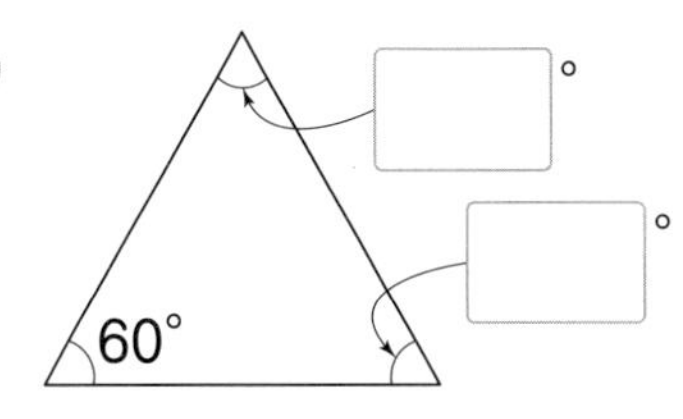

❹ 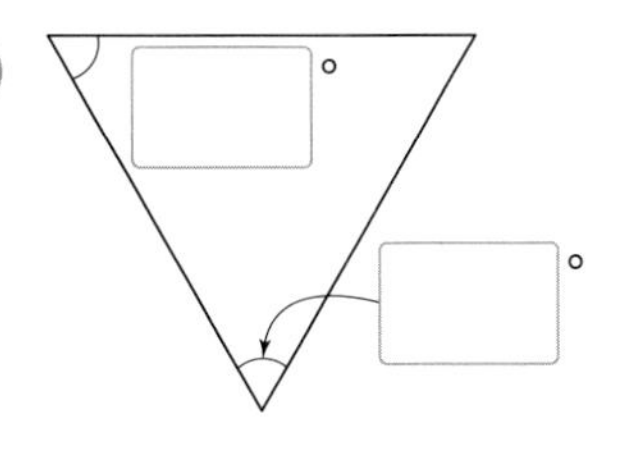

❺ 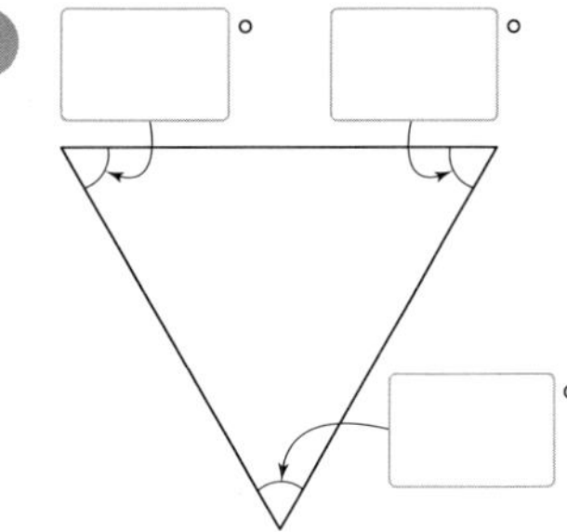

❻ 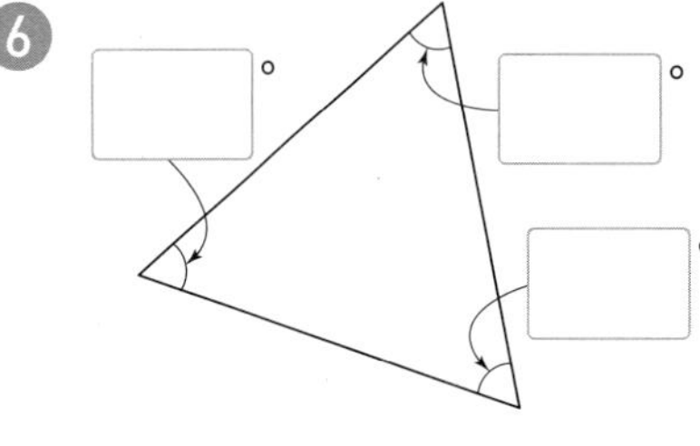

○ 삼각형의 각의 크기를 구하려고 합니다. □ 안에 알맞은 수를 써넣으시오.

❼ 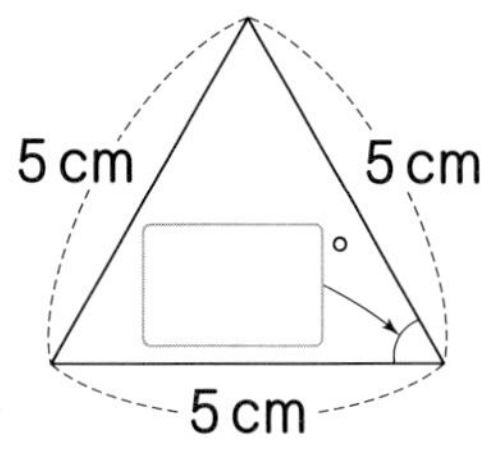

❽ 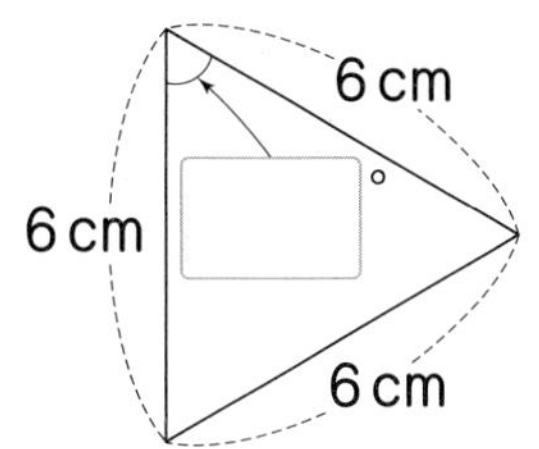

❾ 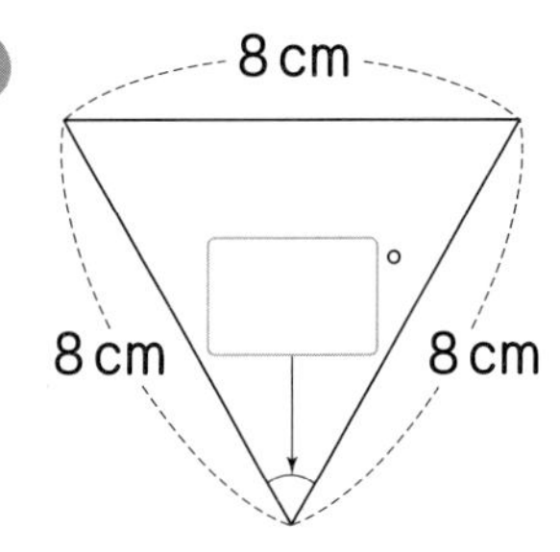

❿ 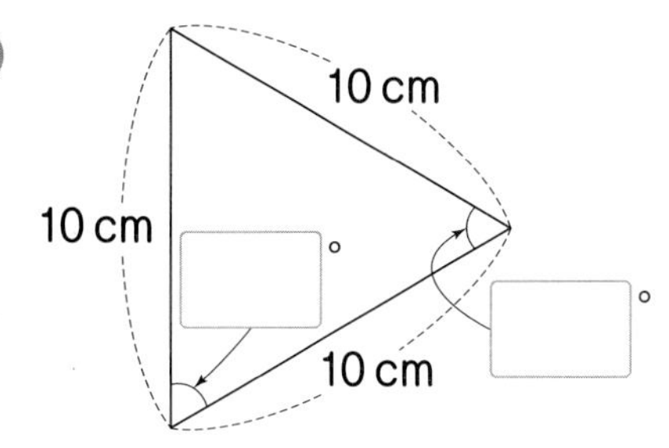

⓫ 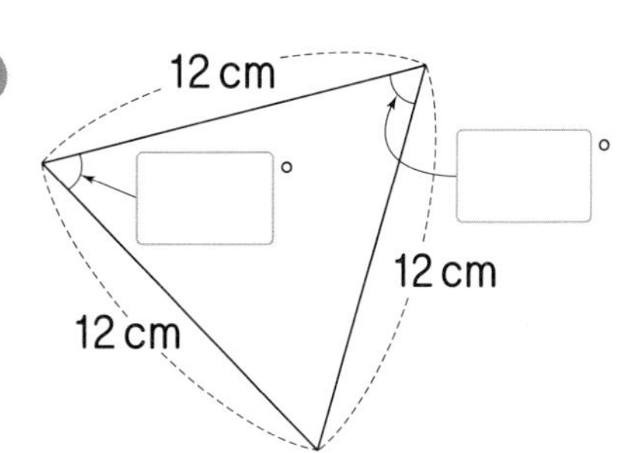

⓬ 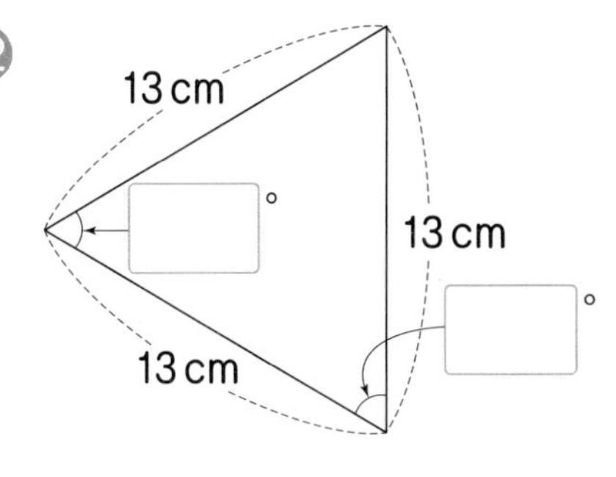

4 예각삼각형, 둔각삼각형

정답 • 29쪽

○ 예각삼각형은 '예', 직각삼각형은 '직', 둔각삼각형은 '둔'이라고 써 보시오.

❶ 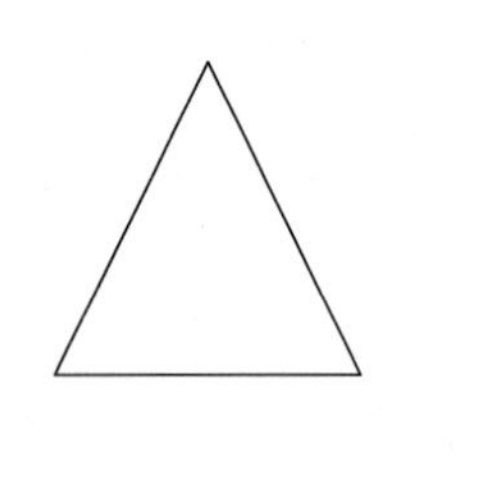

( )

❷ 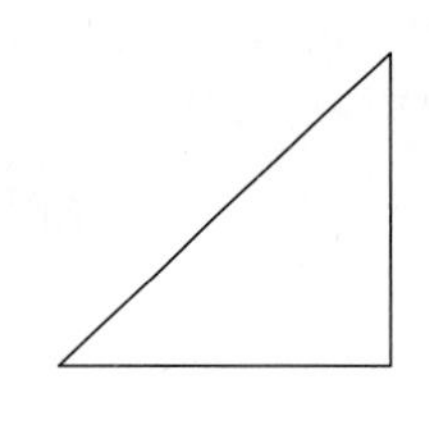

( )

❸ 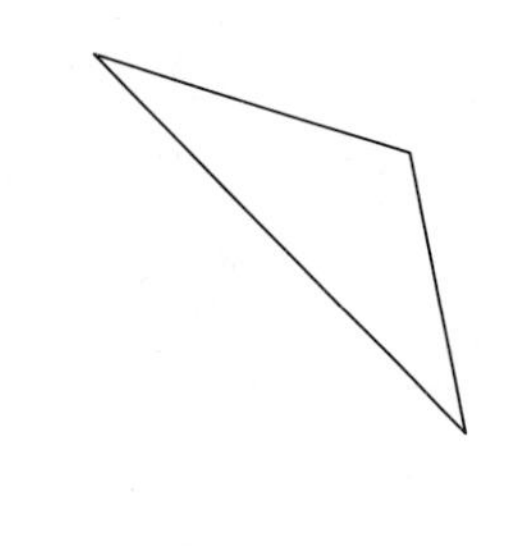

( )

❹ 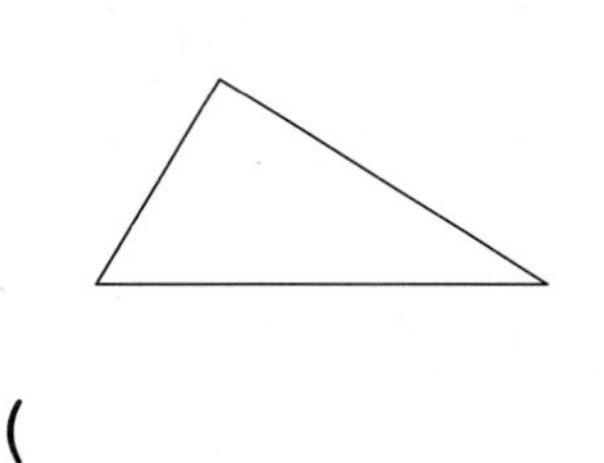

( )

❺ 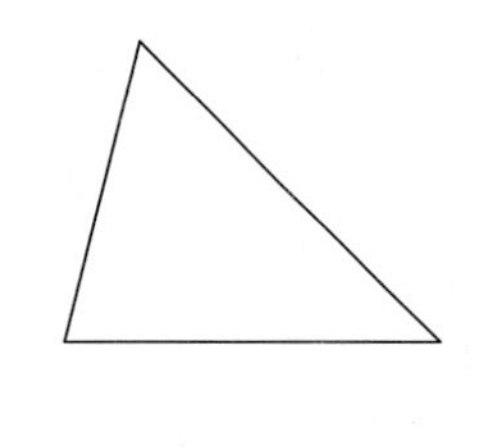

( )

❻ 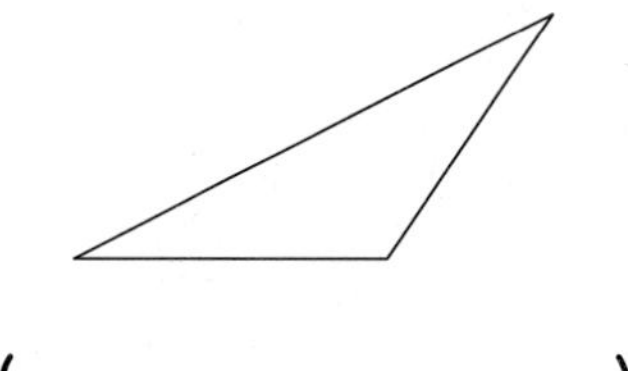

( )

○ 삼각형을 예각삼각형, 직각삼각형, 둔각삼각형으로 분류해 보시오.

❼

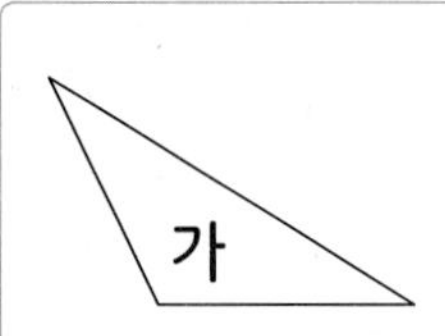

나

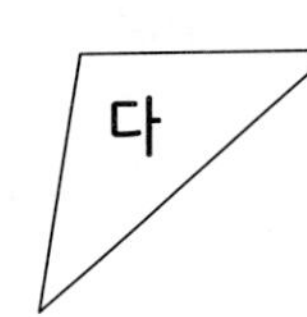

라

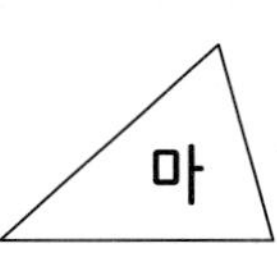

예각삼각형	직각삼각형	둔각삼각형

❽

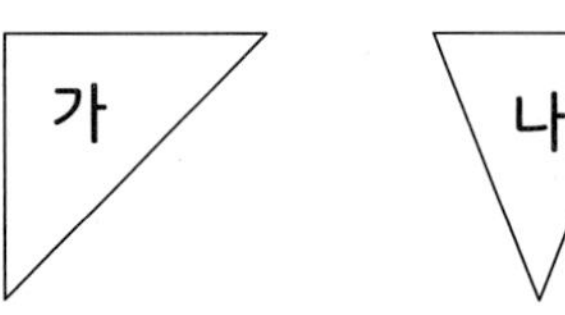

나

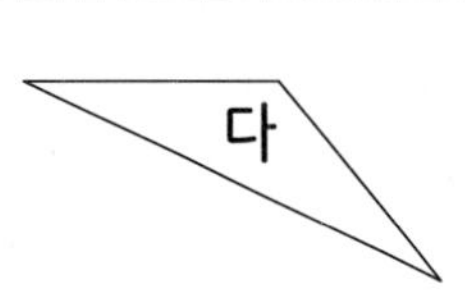

라

마

예각삼각형	직각삼각형	둔각삼각형

1 소수 두 자리 수

정답 • 29쪽

○ 분수를 소수로 쓰고 읽어 보시오.

❶ $\frac{2}{100}$

쓰기 ______________________

읽기 ______________________

❷ $\frac{27}{100}$

쓰기 ______________________

읽기 ______________________

❸ $1\frac{48}{100}$

쓰기 ______________________

읽기 ______________________

❹ $3\frac{95}{100}$

쓰기 ______________________

읽기 ______________________

○ ☐ 안에 알맞은 수나 말을 써넣으시오.

❺ 0.65에서 6은 ☐ 자리 숫자이고 ☐ 을/를 나타냅니다.

❻ 1.18에서 8은 ☐ 자리 숫자이고 ☐ 을/를 나타냅니다.

❼ 7.51에서 1은 ☐ 자리 숫자이고 ☐ 을/를 나타냅니다.

❽ 8.73에서 7은 ☐ 자리 숫자이고 ☐ 을/를 나타냅니다.

❾ 9.42에서 9는 ☐ 자리 숫자이고 ☐ 을/를 나타냅니다.

❿ 14.32에서 4는 ☐ 자리 숫자이고 ☐ 을/를 나타냅니다.

잘라서 사용할 수 있습니다.

2 소수 세 자리 수

정답 • 29쪽

○ 분수를 소수로 쓰고 읽어 보시오.

❶ $\frac{9}{1000}$

쓰기 ____________

읽기 ____________

❷ $\frac{291}{1000}$

쓰기 ____________

읽기 ____________

❸ $2\frac{53}{1000}$

쓰기 ____________

읽기 ____________

❹ $7\frac{604}{1000}$

쓰기 ____________

읽기 ____________

○ □ 안에 알맞은 수나 말을 써넣으시오.

❺ 0.158에서 1은 □ 자리 숫자이고 □ 을/를 나타냅니다.

❻ 2.693에서 3은 □ 자리 숫자이고 □ 을/를 나타냅니다.

❼ 4.721에서 2는 □ 자리 숫자이고 □ 을/를 나타냅니다.

❽ 7.084에서 8은 □ 자리 숫자이고 □ 을/를 나타냅니다.

❾ 9.812에서 9는 □ 자리 숫자이고 □ 을/를 나타냅니다.

❿ 16.357에서 7은 □ 자리 숫자이고 □ 을/를 나타냅니다.

소수의 크기 비교

정답 • 29쪽

○ 두 수의 크기를 비교하여 ◯ 안에 >, =, <를 알맞게 써넣으시오.

❶ 0.22 ◯ 0.31

❷ 0.76 ◯ 0.75

❸ 1.95 ◯ 3.45

❹ 3.57 ◯ 3.09

❺ 7.61 ◯ 7.69

❻ 10.17 ◯ 9.62

❼ 1.634 ◯ 1.655

❽ 3.381 ◯ 2.953

❾ 8.618 ◯ 8.611

❿ 9.806 ◯ 9.803

⓫ 12.485 ◯ 12.317

⓬ 14.397 ◯ 14.328

⓭ 0.67 ◯ 0.9

⓮ 7.2 ◯ 7.20

⓯ 7.28 ◯ 9.5

⓰ 7.5 ◯ 5.815

⓱ 8.5 ◯ 8.529

⓲ 9.601 ◯ 9.6

⓳ 4.861 ◯ 4.51

⓴ 13.516 ◯ 13.52

㉑ 15.26 ◯ 15.265

소수 사이의 관계

정답 • 29쪽

○ 빈칸에 알맞은 수를 써넣으시오.

❶

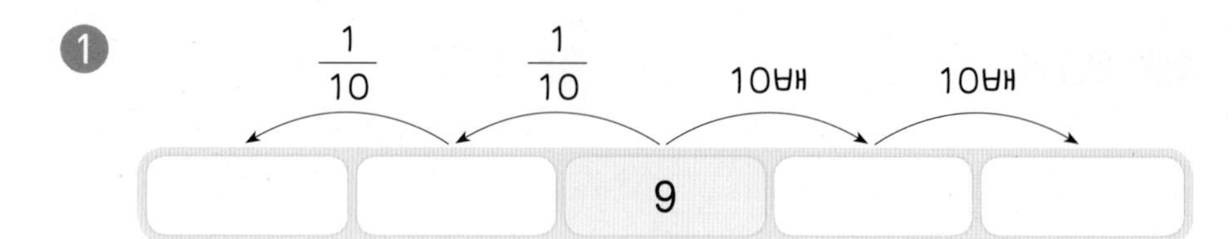

❷

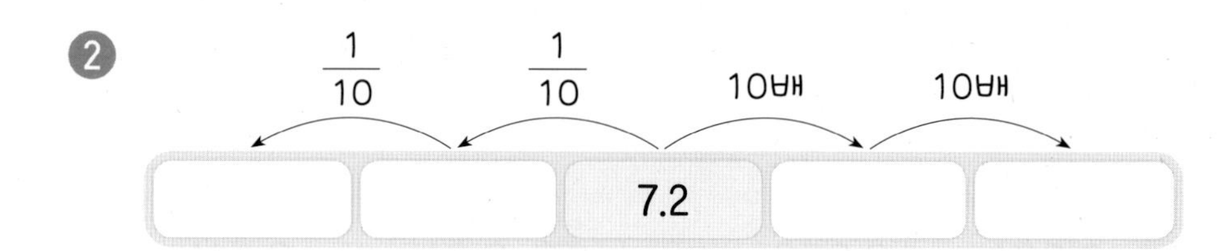

❸

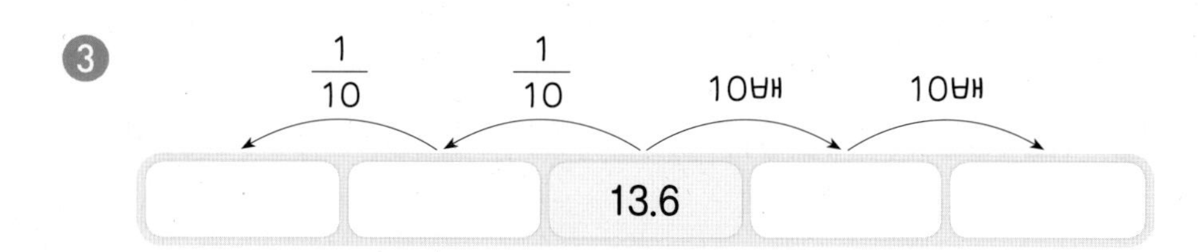

○ □ 안에 알맞은 수를 써넣으시오.

❹ 0.7의 10배는 7이고,
100배는 □ 입니다.

❺ 2.481의 100배는 248.1이고,
1000배는 □ 입니다.

❻ 8의 $\frac{1}{10}$은 0.8이고,
$\frac{1}{100}$은 □ 입니다.

❼ 72의 $\frac{1}{100}$은 0.72이고,
$\frac{1}{1000}$은 □ 입니다.

5 받아올림이 없는 소수 한 자리 수의 덧셈

정답 • 30쪽

○ 계산해 보시오.

❶ $\begin{array}{r} 0.4 \\ +\ 0.3 \\ \hline \end{array}$

❷ $\begin{array}{r} 0.5 \\ +\ 0.1 \\ \hline \end{array}$

❸ $\begin{array}{r} 0.7 \\ +\ 5.1 \\ \hline \end{array}$

❹ $\begin{array}{r} 1.6 \\ +\ 0.3 \\ \hline \end{array}$

❺ $\begin{array}{r} 2.7 \\ +\ 6.2 \\ \hline \end{array}$

❻ $\begin{array}{r} 3.4 \\ +\ 1.4 \\ \hline \end{array}$

❼ $\begin{array}{r} 3.5 \\ +\ 1.2 \\ \hline \end{array}$

❽ $\begin{array}{r} 10.1 \\ +\ 0.2 \\ \hline \end{array}$

❾ $\begin{array}{r} 14.3 \\ +\ 4.4 \\ \hline \end{array}$

❿ 0.2＋0.4＝

⓫ 0.3＋0.2＝

⓬ 0.5＋0.4＝

⓭ 2.1＋0.8＝

⓮ 3.2＋0.6＝

⓯ 6.2＋1.4＝

⓰ 7.3＋2.2＝

⓱ 12.5＋3.4＝

⓲ 15.3＋4.3＝

받아올림이 없는 소수 두 자리 수의 덧셈

정답 • 30쪽

○ 계산해 보시오.

❶ $\begin{array}{r} 0.13 \\ +\ 0.02 \\ \hline \end{array}$

❷ $\begin{array}{r} 0.44 \\ +\ 0.21 \\ \hline \end{array}$

❸ $\begin{array}{r} 0.53 \\ +\ 2.15 \\ \hline \end{array}$

❹ $\begin{array}{r} 1.82 \\ +\ 0.06 \\ \hline \end{array}$

❺ $\begin{array}{r} 2.54 \\ +\ 3.12 \\ \hline \end{array}$

❻ $\begin{array}{r} 4.05 \\ +\ 2.91 \\ \hline \end{array}$

❼ $\begin{array}{r} 5.12 \\ +\ 4.87 \\ \hline \end{array}$

❽ $\begin{array}{r} 10.31 \\ +\ 0.16 \\ \hline \end{array}$

❾ $\begin{array}{r} 14.45 \\ +\ 1.23 \\ \hline \end{array}$

❿ 0.21＋0.54＝

⓫ 0.35＋0.11＝

⓬ 2.53＋1.05＝

⓭ 3.06＋0.82＝

⓮ 4.13＋0.71＝

⓯ 5.23＋2.33＝

⓰ 7.21＋2.43＝

⓱ 13.01＋4.92＝

⓲ 17.35＋10.34＝

7 받아올림이 있는 소수 한 자리 수의 덧셈

정답 • 30쪽

○ 계산해 보시오.

❶ $\begin{array}{r} 0.4 \\ +\ 0.9 \\ \hline \end{array}$

❷ $\begin{array}{r} 0.7 \\ +\ 0.6 \\ \hline \end{array}$

❸ $\begin{array}{r} 0.8 \\ +\ 0.3 \\ \hline \end{array}$

❹ $\begin{array}{r} 1.3 \\ +\ 0.9 \\ \hline \end{array}$

❺ $\begin{array}{r} 2.7 \\ +\ 3.5 \\ \hline \end{array}$

❻ $\begin{array}{r} 5.6 \\ +\ 1.9 \\ \hline \end{array}$

❼ $\begin{array}{r} 7.9 \\ +\ 6.4 \\ \hline \end{array}$

❽ $\begin{array}{r} 10.3 \\ +\ \ 4.8 \\ \hline \end{array}$

❾ $\begin{array}{r} 13.8 \\ +\ \ 9.5 \\ \hline \end{array}$

⑩ 0.8+0.2=

⑪ 0.9+0.9=

⑫ 0.6+4.8=

⑬ 2.6+4.5=

⑭ 3.7+5.9=

⑮ 5.3+0.7=

⑯ 6.4+2.8=

⑰ 11.9+4.7=

⑱ 16.8+2.5=

잘라서 사용할 수 있습니다.

8 받아올림이 있는 소수 두 자리 수의 덧셈

정답 • 30쪽

○ 계산해 보시오.

❶ $\begin{array}{r} 0.29 \\ +\ 0.35 \\ \hline \end{array}$

❷ $\begin{array}{r} 2.04 \\ +\ 1.77 \\ \hline \end{array}$

❸ $\begin{array}{r} 2.16 \\ +\ 0.46 \\ \hline \end{array}$

❹ $\begin{array}{r} 3.71 \\ +\ 0.82 \\ \hline \end{array}$

❺ $\begin{array}{r} 4.84 \\ +\ 2.92 \\ \hline \end{array}$

❻ $\begin{array}{r} 7.63 \\ +\ 1.51 \\ \hline \end{array}$

❼ $\begin{array}{r} 8.55 \\ +\ 1.49 \\ \hline \end{array}$

❽ $\begin{array}{r} 10.35 \\ +\ 2.95 \\ \hline \end{array}$

❾ $\begin{array}{r} 14.23 \\ +\ 4.89 \\ \hline \end{array}$

❿ 0.12＋0.28＝

⓫ 2.57＋5.19＝

⓬ 3.17＋0.48＝

⓭ 3.94＋6.15＝

⓮ 5.88＋0.31＝

⓯ 7.43＋0.62＝

⓰ 7.55＋6.87＝

⓱ 10.94＋5.56＝

⓲ 13.67＋7.85＝

자릿수가 다른 소수의 덧셈

정답 • 30쪽

○ 계산해 보시오.

❶
$$\begin{array}{r} 0.13 \\ +\ 0.5 \\ \hline \end{array}$$

❷
$$\begin{array}{r} 0.86 \\ +\ 1.2 \\ \hline \end{array}$$

❸
$$\begin{array}{r} 2.73 \\ +\ 1.3 \\ \hline \end{array}$$

❹
$$\begin{array}{r} 4.1 \\ +\ 5.72 \\ \hline \end{array}$$

❺
$$\begin{array}{r} 6.9 \\ +\ 3.81 \\ \hline \end{array}$$

❻
$$\begin{array}{r} 7.3 \\ +\ 0.95 \\ \hline \end{array}$$

❼
$$\begin{array}{r} 7.7 \\ +\ 1.88 \\ \hline \end{array}$$

❽
$$\begin{array}{r} 11.62 \\ +\ 5.5 \\ \hline \end{array}$$

❾
$$\begin{array}{r} 13.5 \\ +\ 7.59 \\ \hline \end{array}$$

⑩ $0.71+0.2=$

⑪ $0.95+3.4=$

⑫ $1.54+5.7=$

⑬ $4.1+2.68=$

⑭ $4.6+2.82=$

⑮ $5.7+1.98=$

⑯ $7.2+5.92=$

⑰ $15.29+3.9=$

⑱ $19.5+8.79=$

10 받아내림이 없는 소수 한 자리 수의 뺄셈

정답 • 30쪽

○ 계산해 보시오.

❶ $\begin{array}{r} 0.3 \\ -\ 0.2 \\ \hline \end{array}$

❷ $\begin{array}{r} 0.7 \\ -\ 0.5 \\ \hline \end{array}$

❸ $\begin{array}{r} 0.8 \\ -\ 0.4 \\ \hline \end{array}$

❹ $\begin{array}{r} 5.6 \\ -\ 2.3 \\ \hline \end{array}$

❺ $\begin{array}{r} 7.6 \\ -\ 0.2 \\ \hline \end{array}$

❻ $\begin{array}{r} 8.3 \\ -\ 5.1 \\ \hline \end{array}$

❼ $\begin{array}{r} 9.8 \\ -\ 6.2 \\ \hline \end{array}$

❽ $\begin{array}{r} 10.9 \\ -\ 0.5 \\ \hline \end{array}$

❾ $\begin{array}{r} 17.7 \\ -\ 1.4 \\ \hline \end{array}$

❿ 0.8−0.7=

⓫ 0.9−0.2=

⓬ 3.7−0.7=

⓭ 4.9−1.1=

⓮ 5.6−4.5=

⓯ 7.8−5.5=

⓰ 8.5−4.3=

⓱ 12.5−0.4=

⓲ 19.9−3.6=

11 받아내림이 없는 소수 두 자리 수의 뺄셈

정답 • 30쪽

○ 계산해 보시오.

❶
$$\begin{array}{r} 0.27 \\ -\ 0.13 \\ \hline \end{array}$$

❷
$$\begin{array}{r} 0.35 \\ -\ 0.24 \\ \hline \end{array}$$

❸
$$\begin{array}{r} 0.86 \\ -\ 0.52 \\ \hline \end{array}$$

❹
$$\begin{array}{r} 3.79 \\ -\ 0.55 \\ \hline \end{array}$$

❺
$$\begin{array}{r} 4.89 \\ -\ 1.27 \\ \hline \end{array}$$

❻
$$\begin{array}{r} 8.94 \\ -\ 6.12 \\ \hline \end{array}$$

❼
$$\begin{array}{r} 9.63 \\ -\ 8.01 \\ \hline \end{array}$$

❽
$$\begin{array}{r} 12.56 \\ -\ \ \ 0.36 \\ \hline \end{array}$$

❾
$$\begin{array}{r} 15.67 \\ -\ \ \ 2.43 \\ \hline \end{array}$$

❿ $0.45-0.22=$

⓫ $0.78-0.51=$

⓬ $1.63-0.33=$

⓭ $3.98-0.74=$

⓮ $5.68-5.36=$

⓯ $6.79-2.62=$

⓰ $7.58-4.16=$

⓱ $13.54-1.52=$

⓲ $18.99-8.47=$

잘라서 사용할 수 있습니다.

12 받아내림이 있는 소수 한 자리 수의 뺄셈

정답 • 30쪽

○ 계산해 보시오.

❶ $1.2 - 0.4$

❷ $2.3 - 0.5$

❸ $3.4 - 0.8$

❹ $5.2 - 0.6$

❺ $7.7 - 1.9$

❻ $8.1 - 5.8$

❼ $9.2 - 6.5$

❽ $13.1 - 2.2$

❾ $16.5 - 2.7$

⑩ $2.1-0.5=$

⑪ $3.3-0.7=$

⑫ $4.2-0.3=$

⑬ $4.3-2.5=$

⑭ $5.6-3.7=$

⑮ $6.2-1.9=$

⑯ $7.1-4.9=$

⑰ $15.3-2.8=$

⑱ $19.4-7.6=$

13 받아내림이 있는 소수 두 자리 수의 뺄셈

정답 • 31쪽

○ 계산해 보시오.

❶ $\begin{array}{r} 0.21 \\ -\ 0.15 \\ \hline \end{array}$

❷ $\begin{array}{r} 0.34 \\ -\ 0.19 \\ \hline \end{array}$

❸ $\begin{array}{r} 1.62 \\ -\ 0.58 \\ \hline \end{array}$

❹ $\begin{array}{r} 4.76 \\ -\ 1.82 \\ \hline \end{array}$

❺ $\begin{array}{r} 5.39 \\ -\ 3.45 \\ \hline \end{array}$

❻ $\begin{array}{r} 6.28 \\ -\ 4.66 \\ \hline \end{array}$

❼ $\begin{array}{r} 9.62 \\ -\ 3.75 \\ \hline \end{array}$

❽ $\begin{array}{r} 10.11 \\ -\ 2.82 \\ \hline \end{array}$

❾ $\begin{array}{r} 12.43 \\ -\ 5.59 \\ \hline \end{array}$

⑩ 0.56−0.49=

⑪ 0.91−0.17=

⑫ 2.41−0.28=

⑬ 4.25−0.53=

⑭ 5.62−3.71=

⑮ 7.68−2.92=

⑯ 8.03−3.14=

⑰ 13.23−6.49=

⑱ 15.62−1.78=

14 자릿수가 다른 소수의 뺄셈

정답 • 31쪽

○ 계산해 보시오.

❶ $\begin{array}{r} 1.65 \\ -\ 0.3 \\ \hline \end{array}$

❷ $\begin{array}{r} 2.42 \\ -\ 1.7 \\ \hline \end{array}$

❸ $\begin{array}{r} 4.34 \\ -\ 3.9 \\ \hline \end{array}$

❹ $\begin{array}{r} 4.6 \\ -\ 2.47 \\ \hline \end{array}$

❺ $\begin{array}{r} 5.9 \\ -\ 1.16 \\ \hline \end{array}$

❻ $\begin{array}{r} 6.2 \\ -\ 4.85 \\ \hline \end{array}$

❼ $\begin{array}{r} 9.1 \\ -\ 7.28 \\ \hline \end{array}$

❽ $\begin{array}{r} 10.58 \\ -\ 8.7 \\ \hline \end{array}$

❾ $\begin{array}{r} 11.5 \\ -\ 3.61 \\ \hline \end{array}$

❿ 1.39－0.2＝

⓫ 3.11－2.7＝

⓬ 4.56－0.7＝

⓭ 5.6－3.13＝

⓮ 6.7－2.89＝

⓯ 7.5－3.91＝

⓰ 9.1－7.44＝

⓱ 12.13－6.4＝

⓲ 15.4－3.52＝

1 수직

정답 • 31쪽

○ 두 직선이 서로 수직이면 ◯표, 수직이 아니면 ×표 하시오.

❶
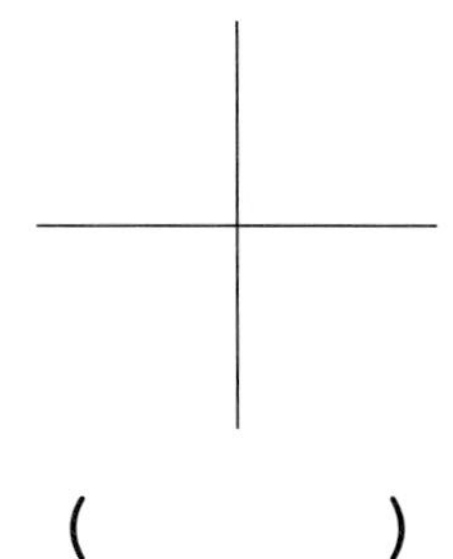
(　　　)

❷
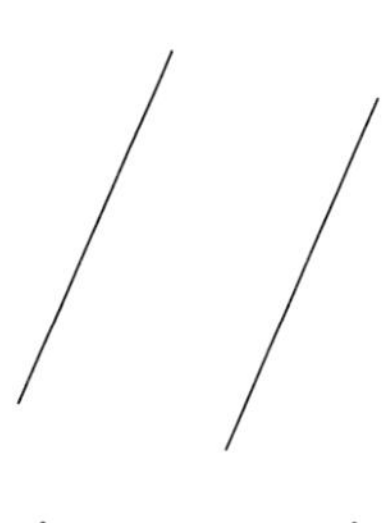
(　　　)

❸
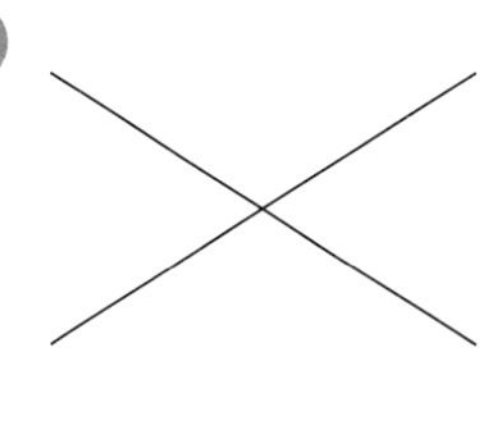
(　　　)

❹
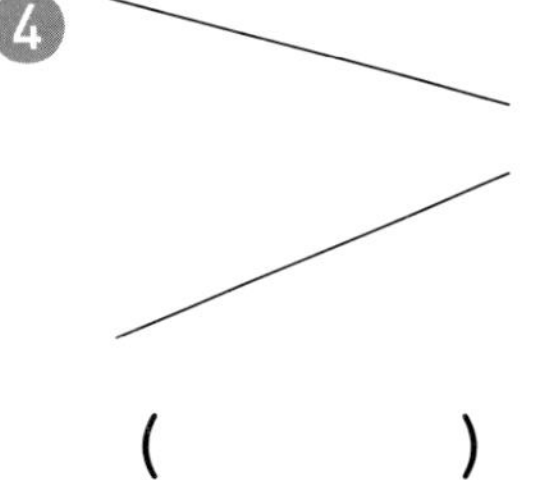
(　　　)

❺
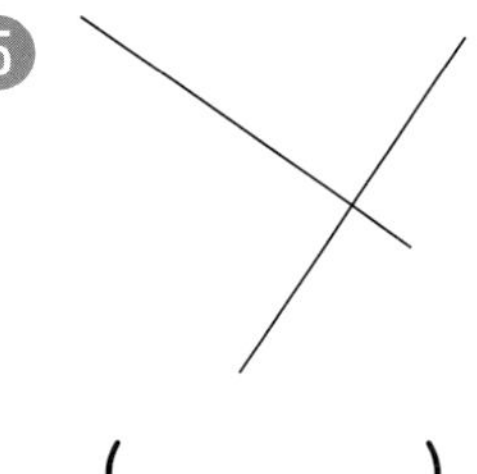
(　　　)

❻
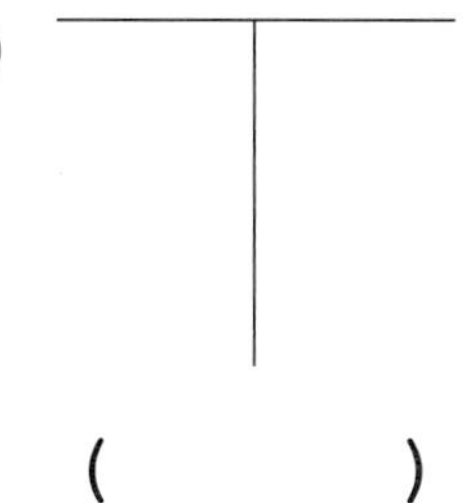
(　　　)

○ 서로 수직인 변이 있는 도형을 모두 찾아보시오.

❼
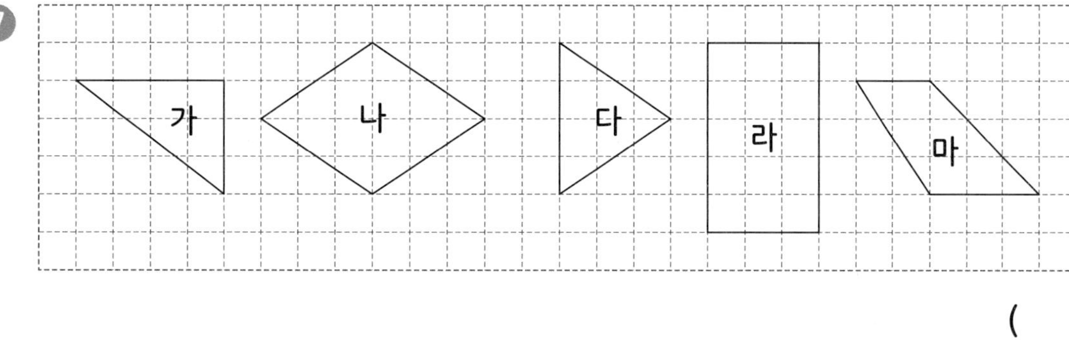

(　　　　　　　　)

❽
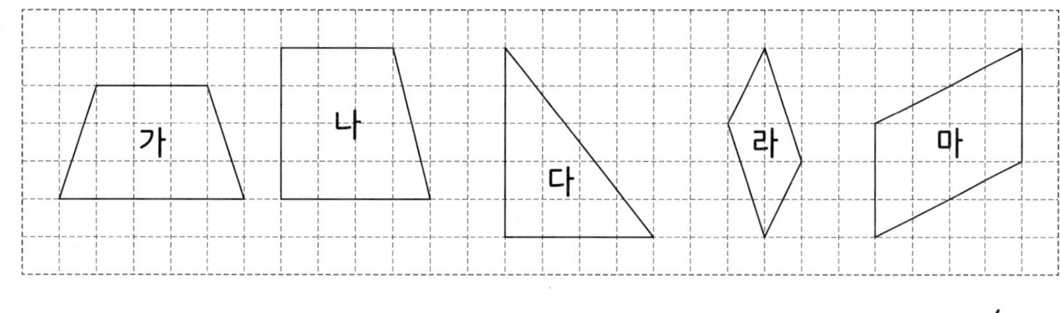

(　　　　　　　　)

평행

정답 • 31쪽

○ 두 직선이 서로 평행하면 ○표, 평행하지 않으면 ×표 하시오.

❶ 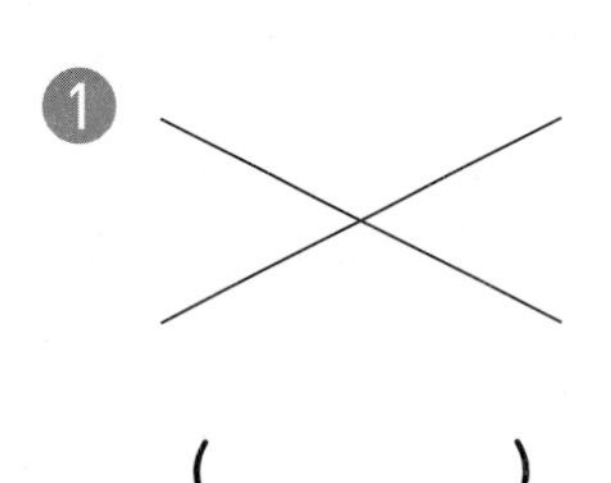

( )

❷ 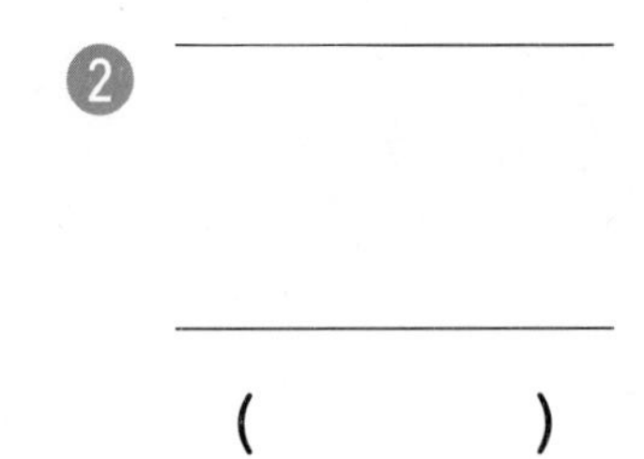

( )

❸ 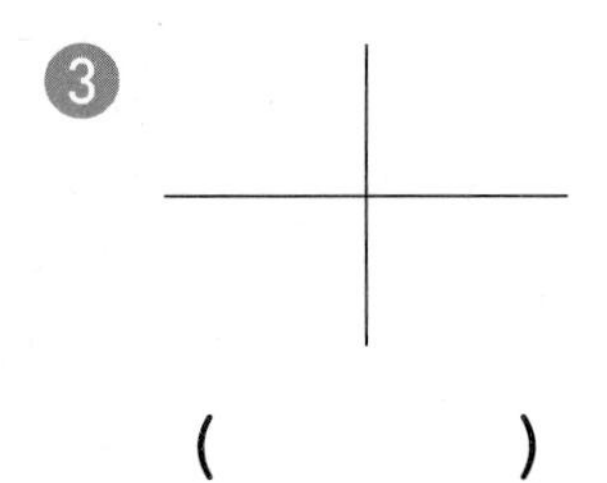

( )

❹ 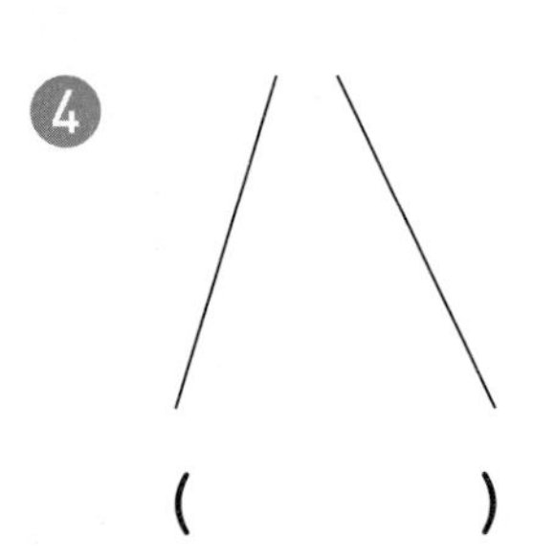

( )

❺ 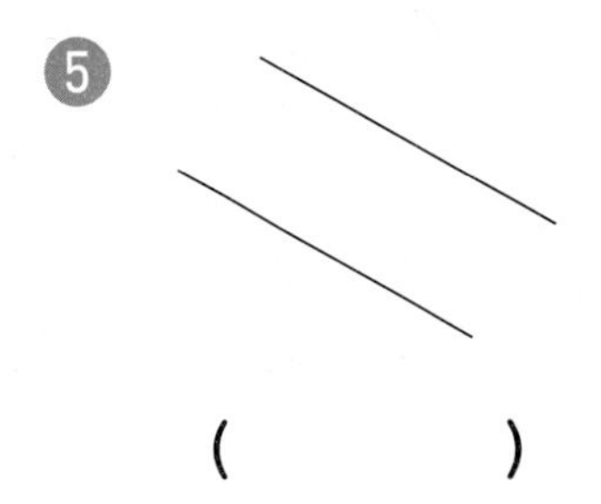

( )

❻ 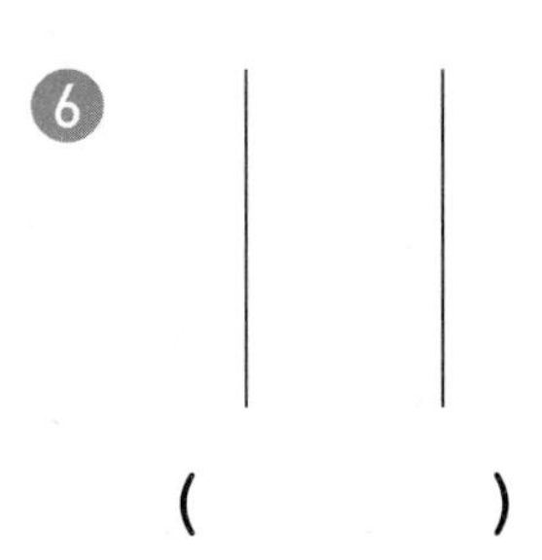

( )

○ 직선 가와 직선 나는 서로 평행합니다. 평행선 사이의 거리는 몇 cm인지 구해 보시오.

❼ 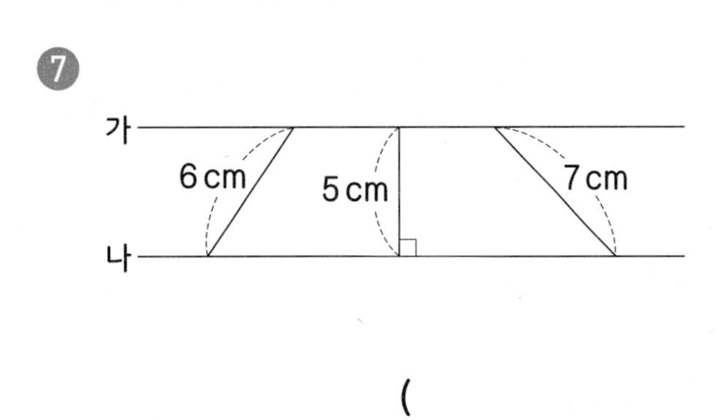

( )

❽ 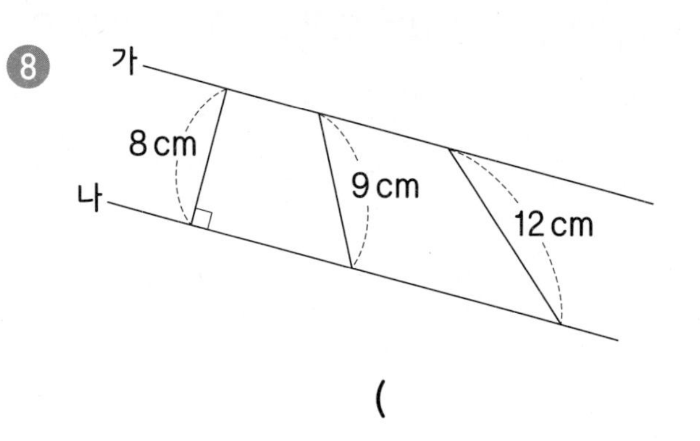

( )

❾ 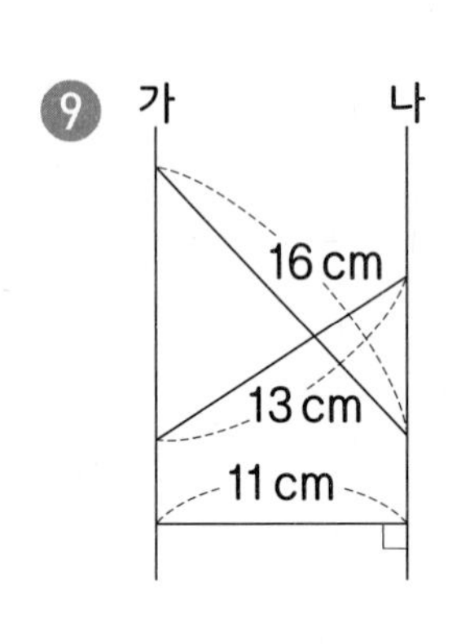

( )

❿ 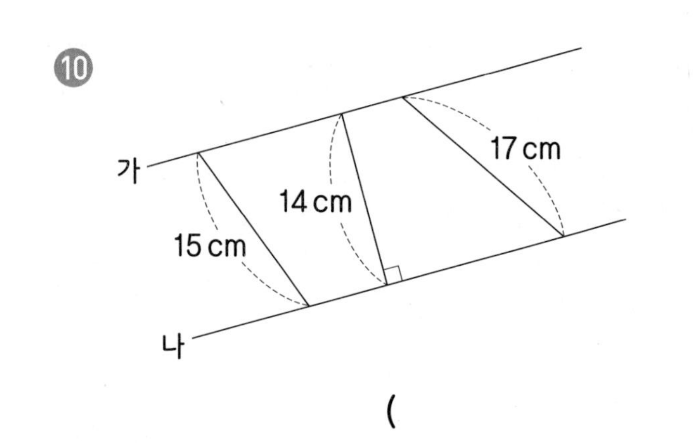

( )

3 사다리꼴

정답 • 31쪽

○ 사다리꼴이면 ○표, 사다리꼴이 아니면 ×표 하시오.

1
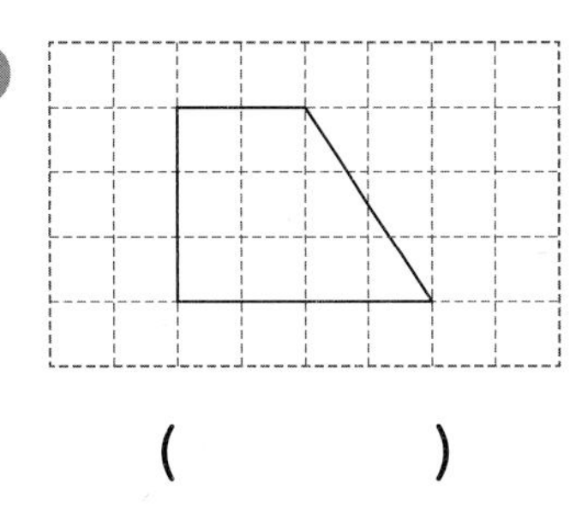

(   )

2
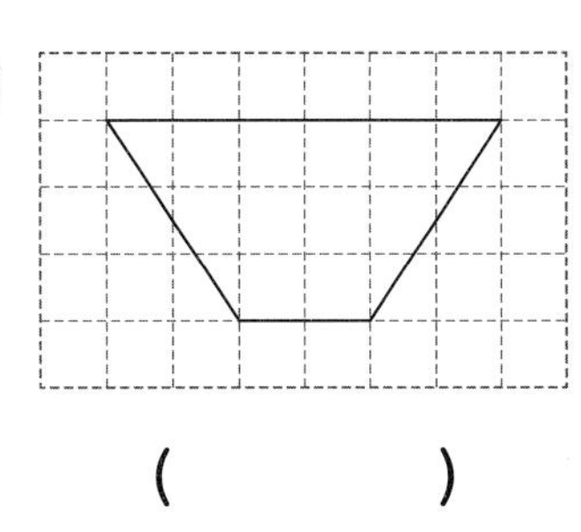

(   )

3
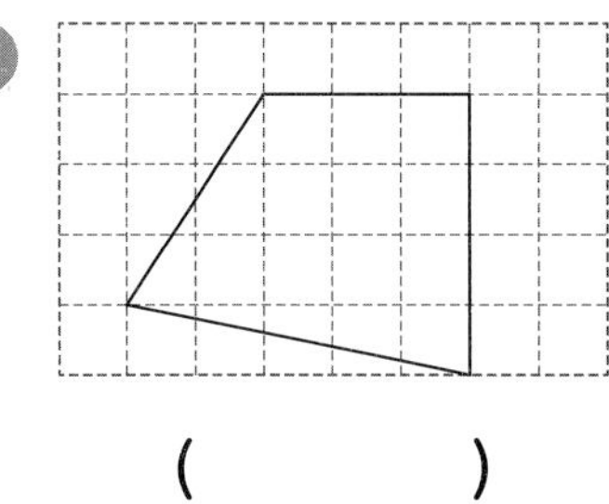

(   )

4
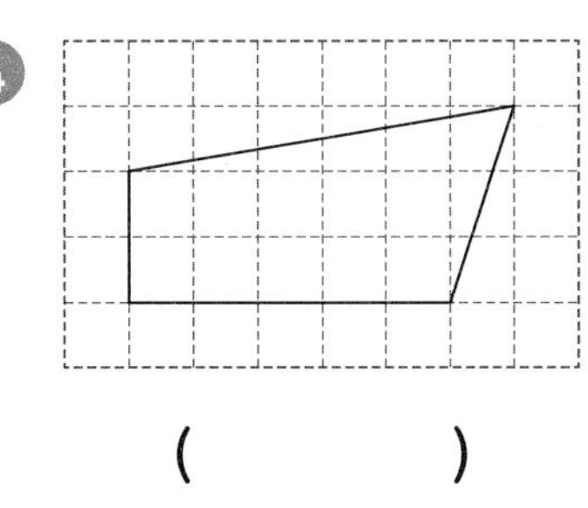

(   )

5
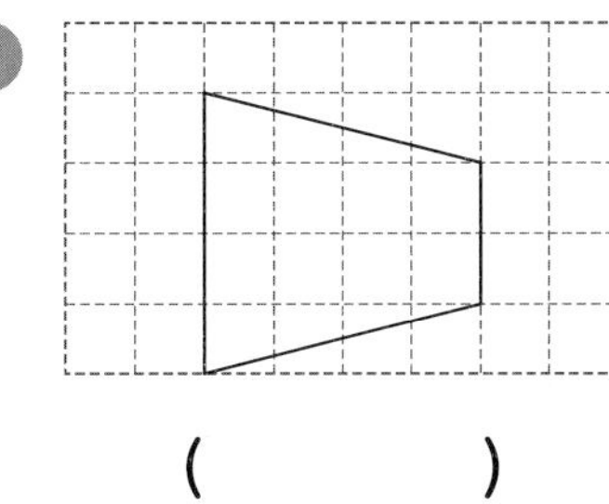

(   )

6
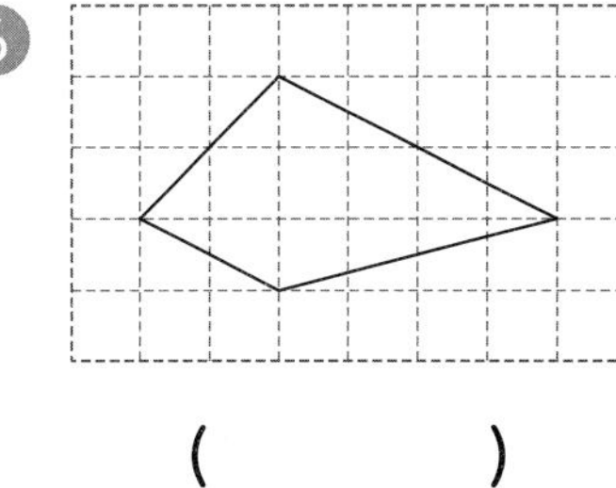

(   )

○ 사다리꼴을 모두 찾아보시오.

7
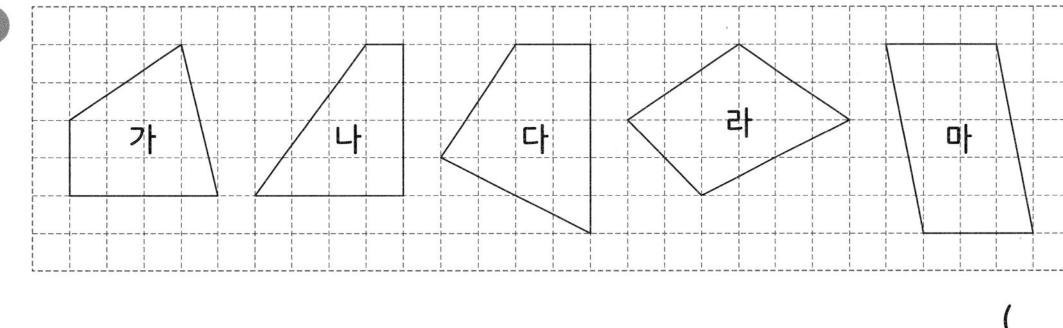

(   )

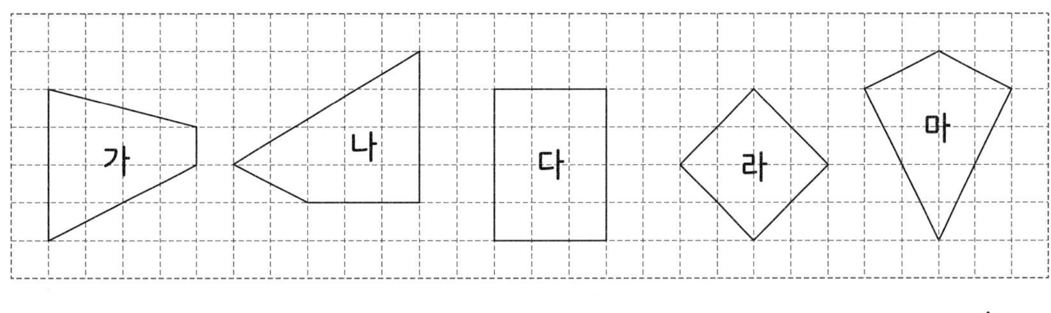

(   )

잘라서 사용할 수 있습니다.

평행사변형

정답 • 31쪽

○ 평행사변형이면 ○표, 평행사변형이 아니면 ×표 하시오.

❶ 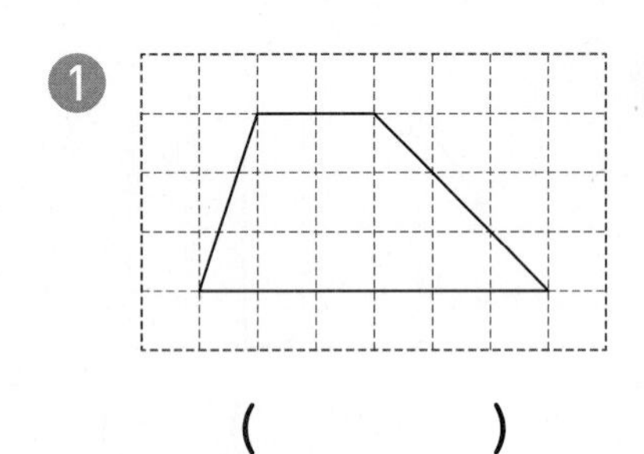

(　　　　)

❷ 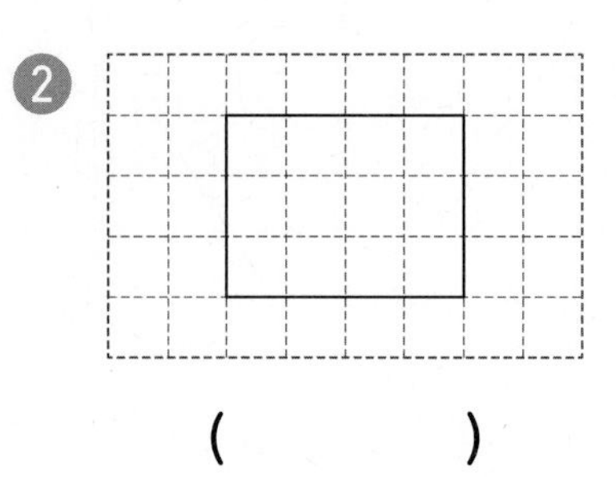

(　　　　)

❸ 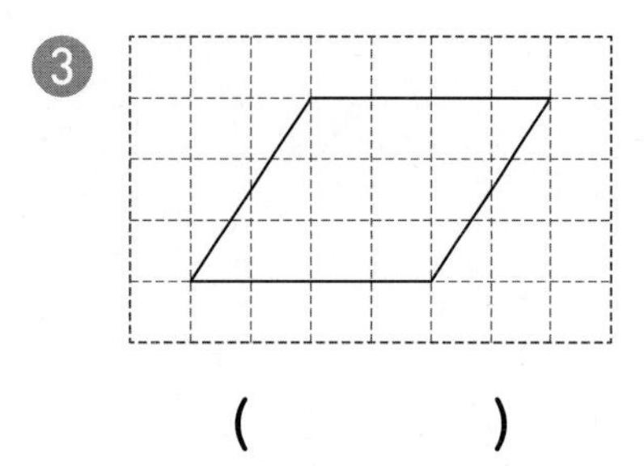

(　　　　)

❹ 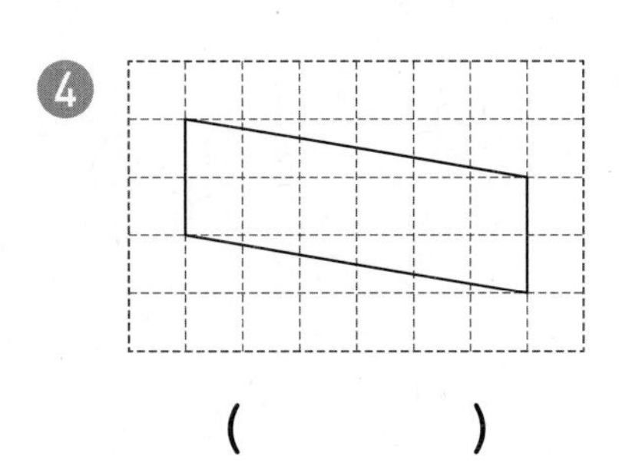

(　　　　)

❺ 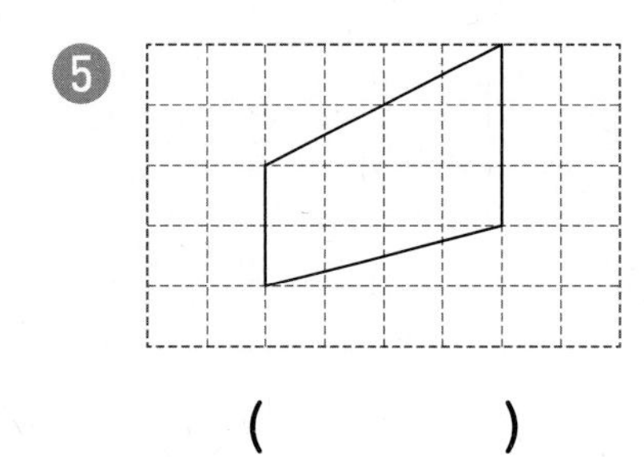

(　　　　)

❻ 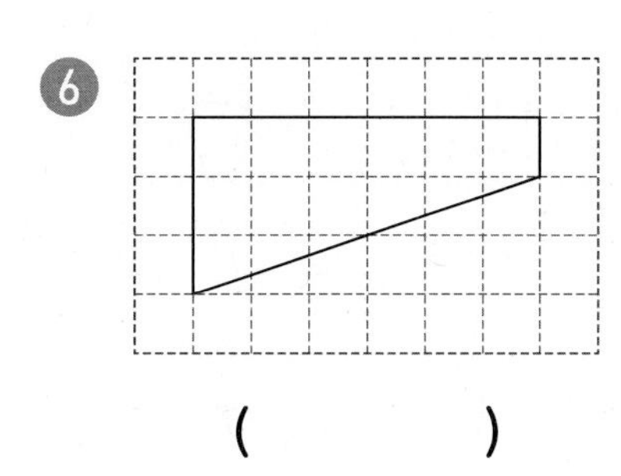

(　　　　)

○ 평행사변형을 보고 □ 안에 알맞은 수를 써넣으시오.

❼ 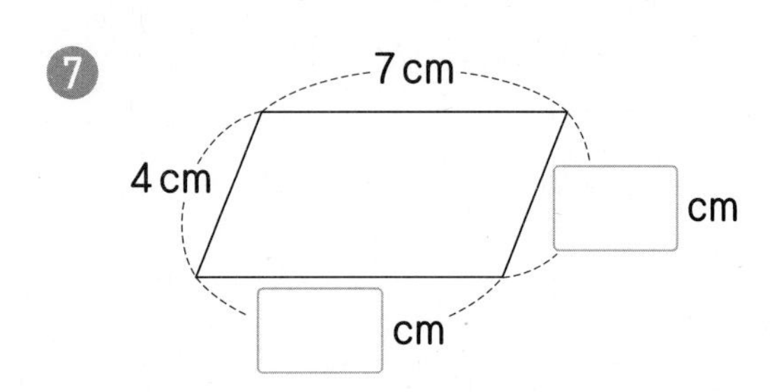

❽ 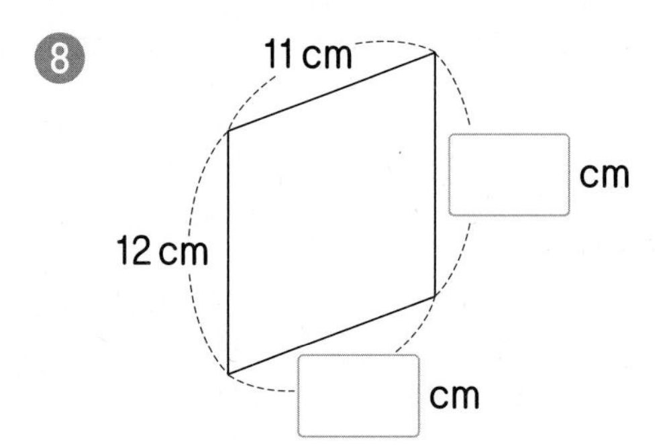

❾ 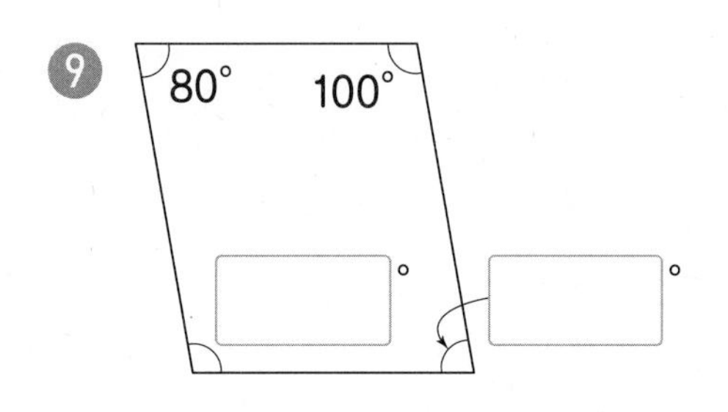

❿ 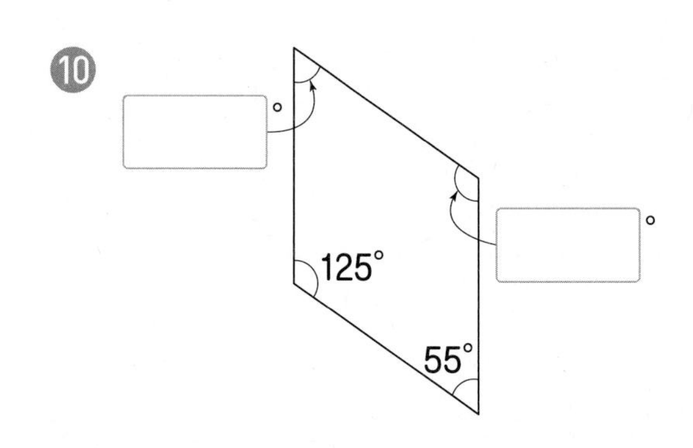

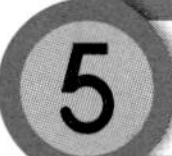

5 마름모

정답 • 31쪽

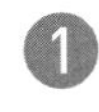

마름모이면 ◯표, 마름모가 아니면 ×표 하시오.

1

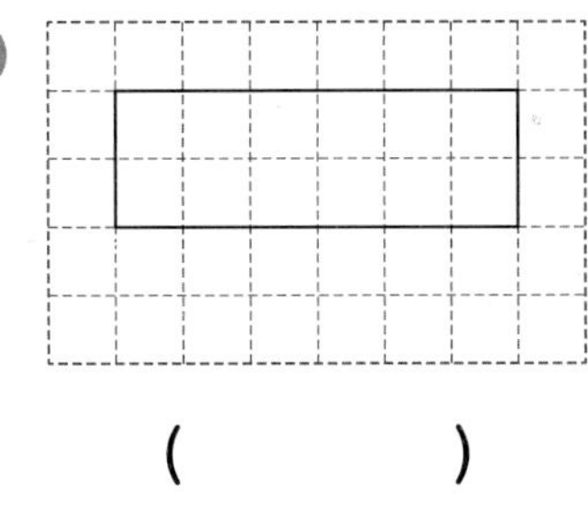

(　　　)

2

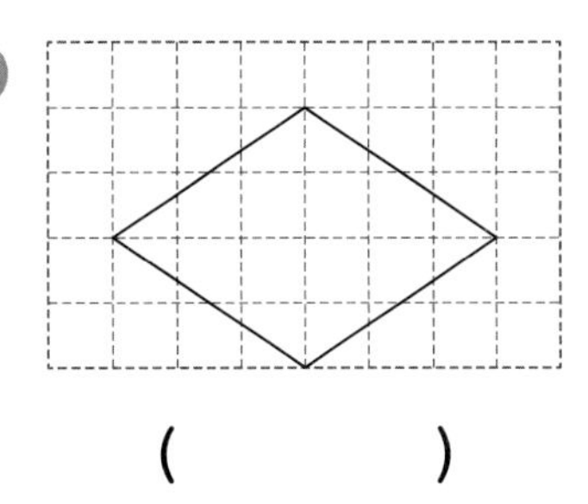

(　　　)

3

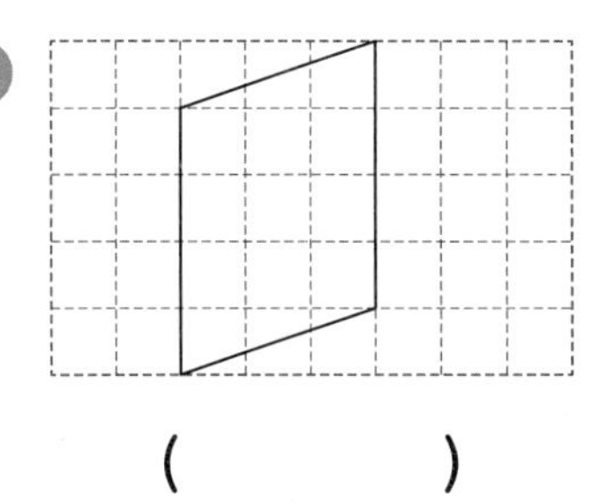

(　　　)

4

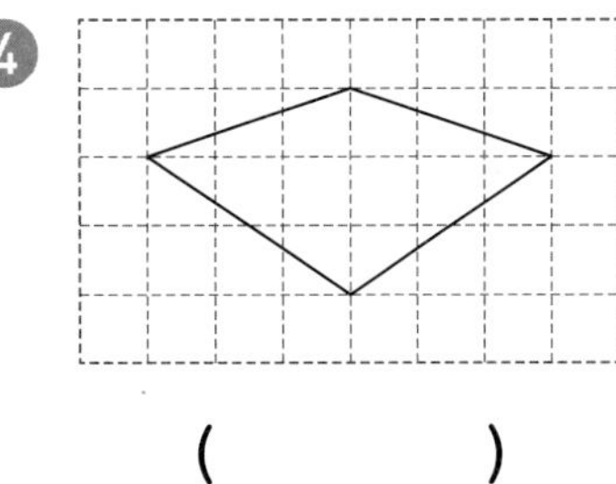

(　　　)

5

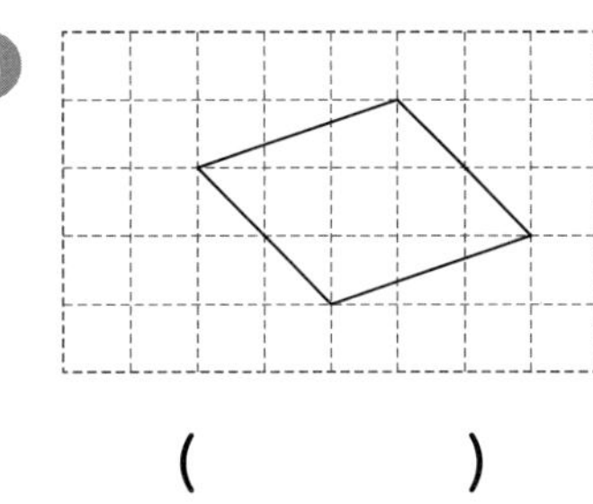

(　　　)

6

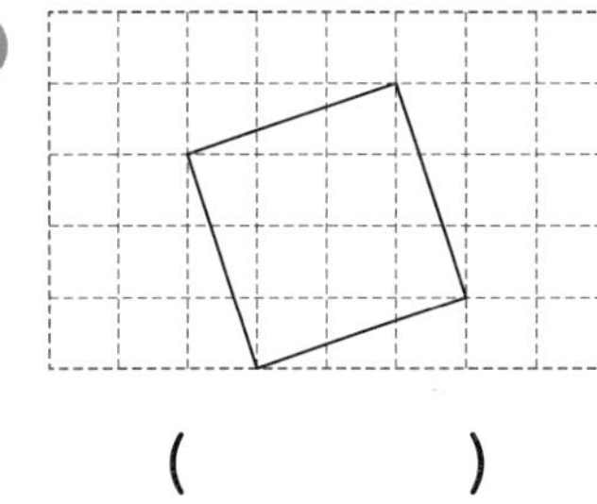

(　　　)

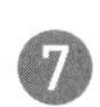

마름모를 보고 □ 안에 알맞은 수를 써넣으시오.

7

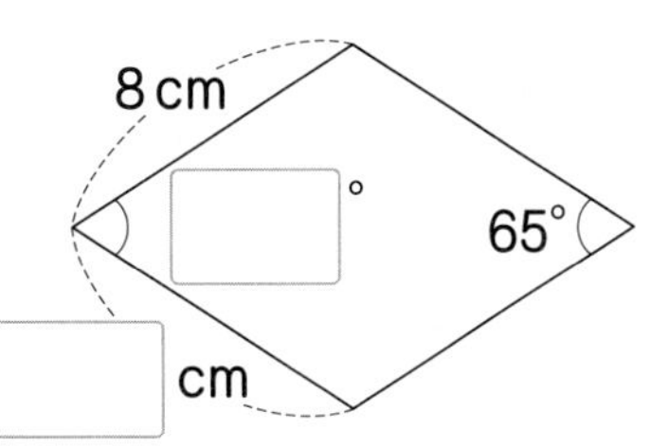

8

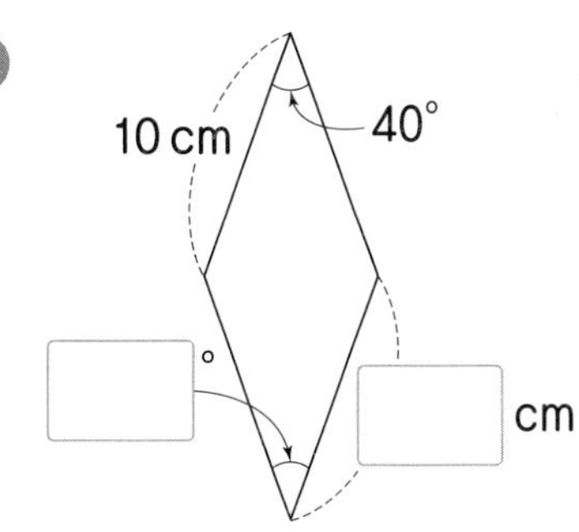

9

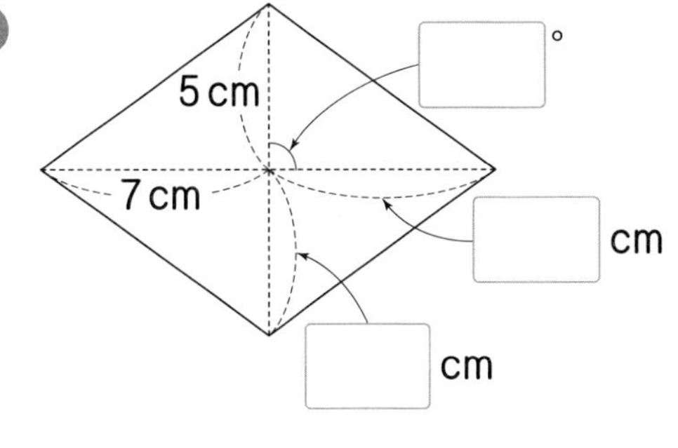

10

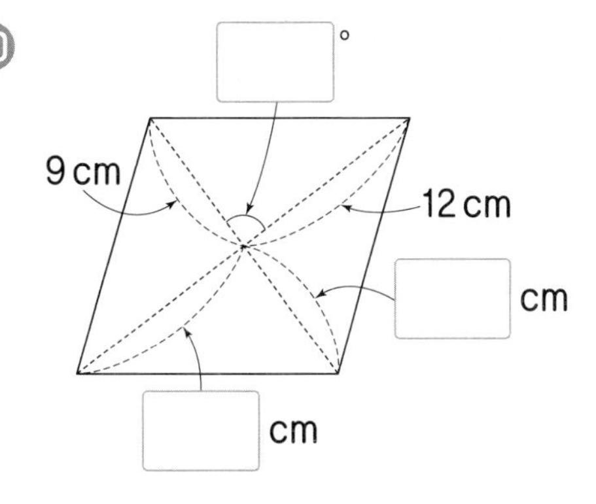

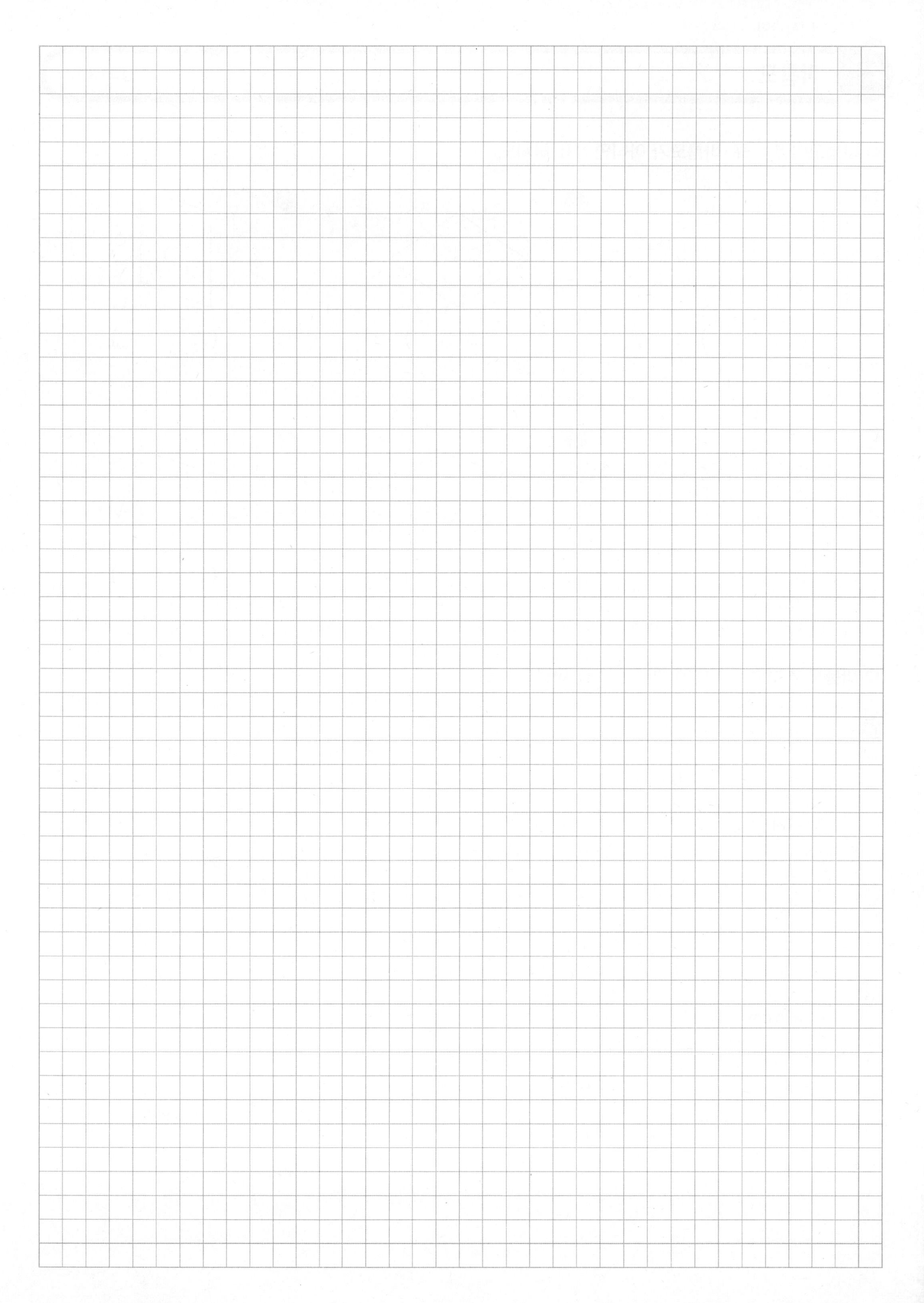

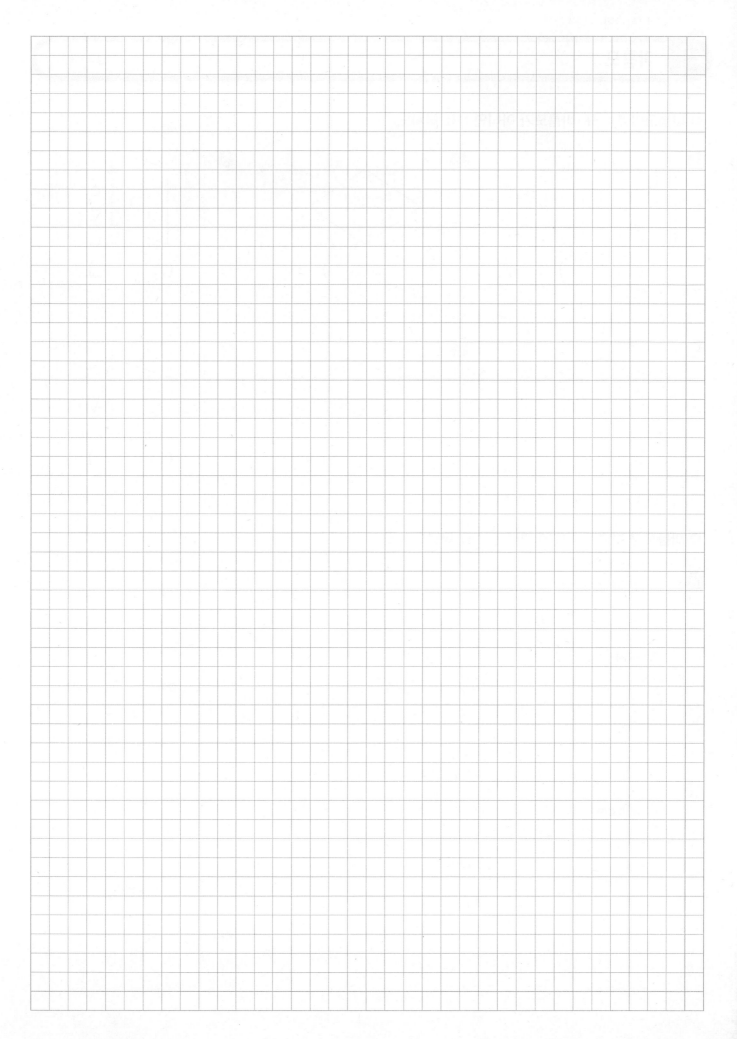

1 꺾은선그래프

정답 • 31쪽

○ 어느 전자제품 대리점의 에어컨 판매량을 조사하여 나타낸 그래프입니다. 물음에 답하시오.

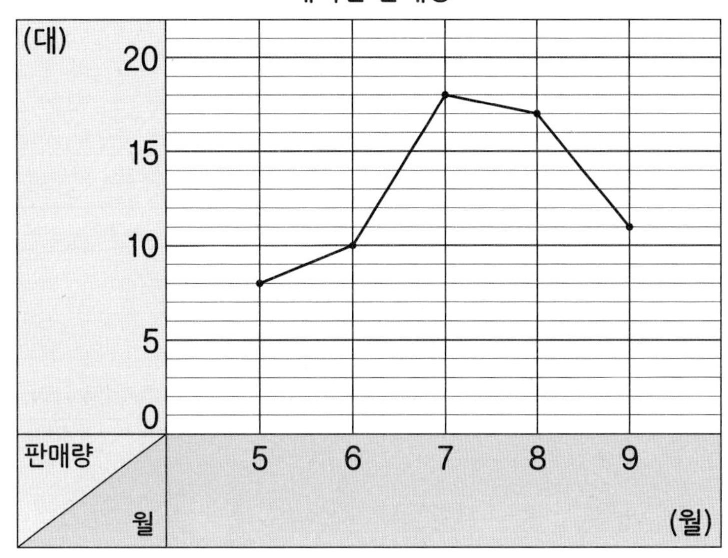

❶ 위와 같은 그래프를 무엇이라고 합니까?

( )

❷ 그래프의 가로와 세로는 각각 무엇을 나타냅니까?

가로 ( )
세로 ( )

❸ 세로 눈금 한 칸은 몇 대를 나타냅니까?

( )

❹ 꺾은선은 무엇을 나타냅니까?

( )

2 꺾은선그래프에서 알 수 있는 내용

정답 • 32쪽

○ 12월의 어느 날 하루 동안 마당의 기온 변화를 조사하여 나타낸 꺾은선그래프입니다. 물음에 답하시오.

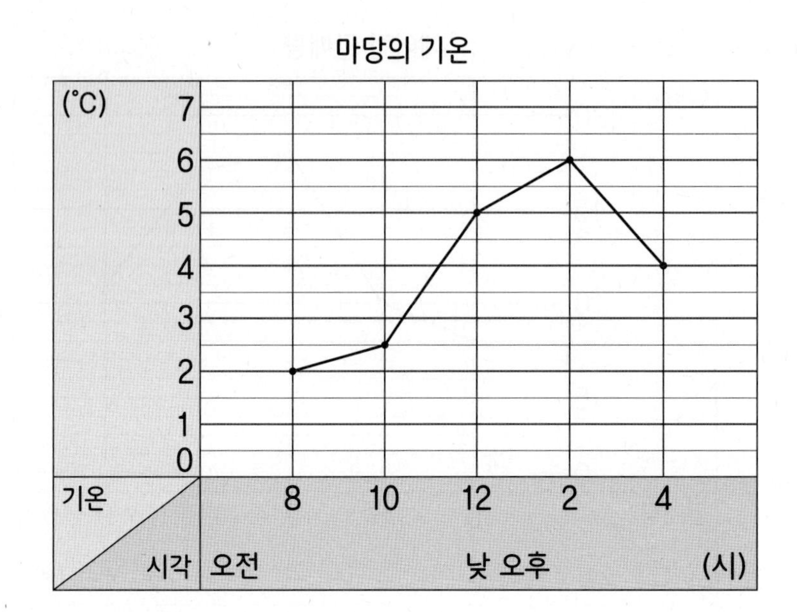

❶ 오전 8시의 기온은 몇 °C입니까?

( )

❷ 기온이 가장 높은 때는 몇 시입니까?

( )

❸ 기온이 가장 많이 변한 때는 몇 시와 몇 시 사이입니까?

( )와 ( ) 사이

❹ 오후 2시는 낮 12시보다 기온이 몇 °C 올랐습니까?

( )

3 꺾은선그래프로 나타내기

정답 • 32쪽

○ 표를 보고 꺾은선그래프로 나타내어 보시오.

❶ 비가 내린 날수

월(월)	4	5	6	7	8
날수(일)	11	9	15	10	7

비가 내린 날수

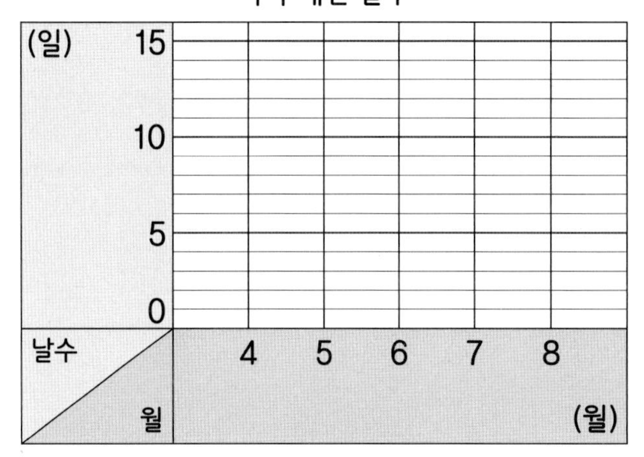

❷ 경수네 학교 누리집 방문객 수

날짜(일)	1	2	3	4	5
방문객 수(명)	8	10	14	6	4

경수네 학교 누리집 방문객 수

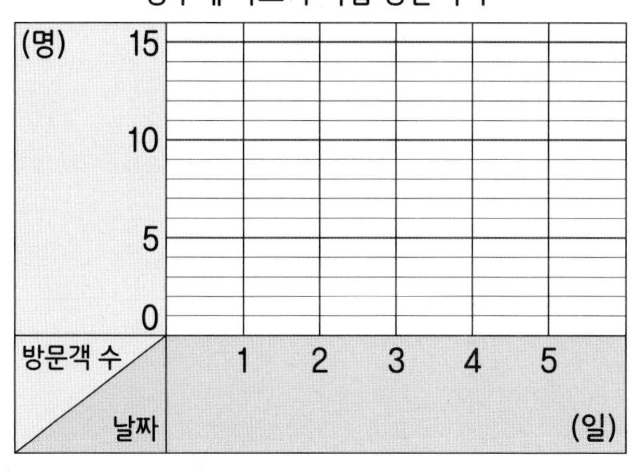

❸ 영화 관람객 수

요일(요일)	수	목	금	토	일
관람객 수(명)	240	220	260	290	280

영화 관람객 수

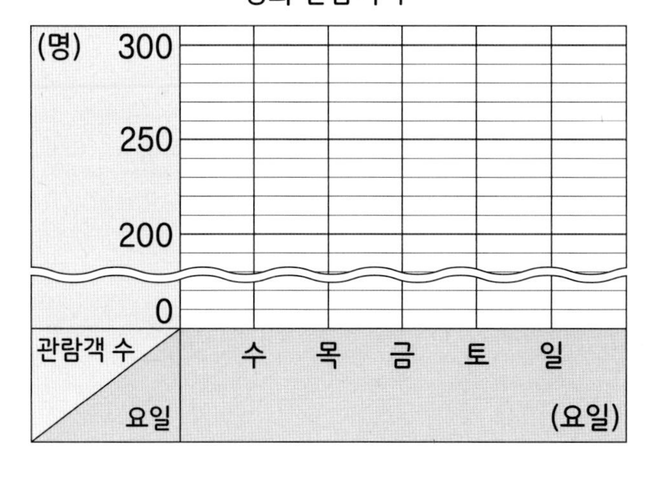

❹ 줄넘기 최고 기록

월(월)	3	4	5	6	7
기록(회)	86	90	92	92	95

줄넘기 최고 기록

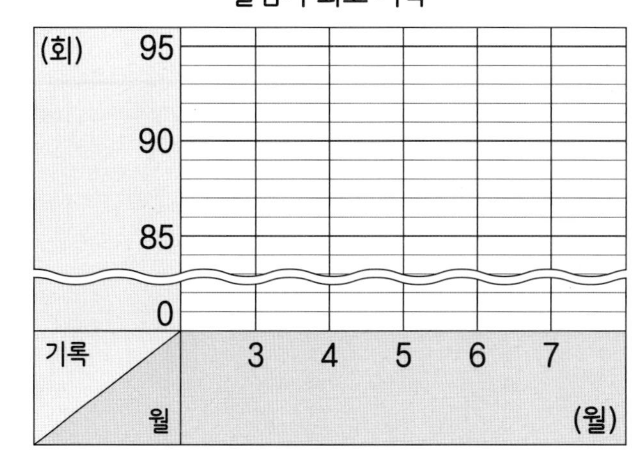

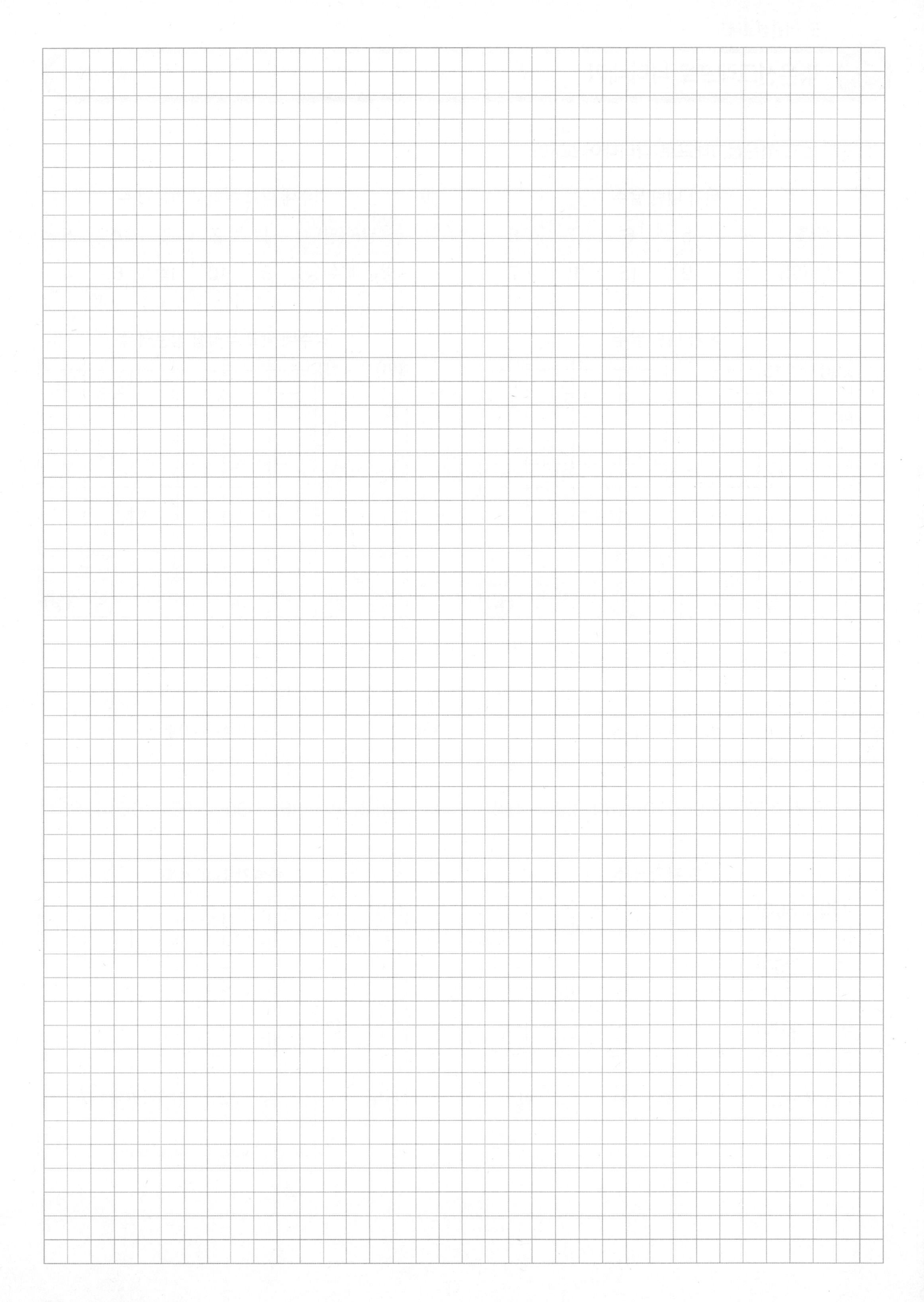

1 다각형

정답 • 32쪽

○ 다각형이면 ○표, 다각형이 아니면 ×표 하시오.

❶ 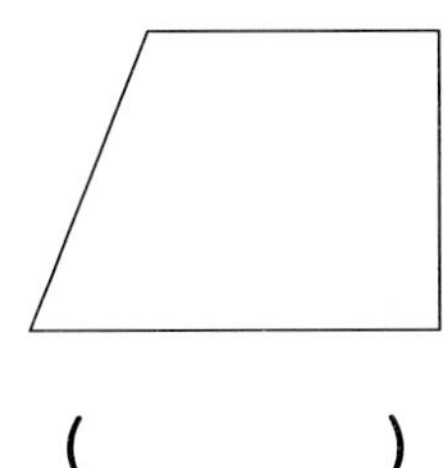

(　　　)

❷ 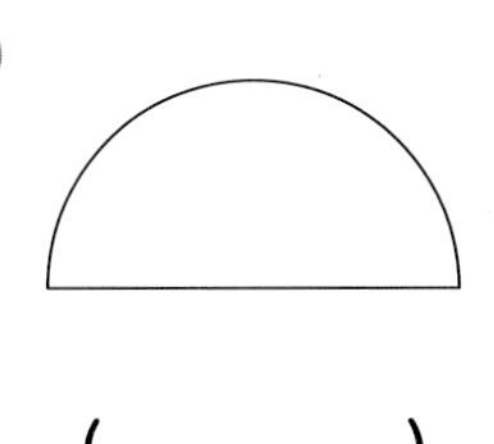

(　　　)

❸ 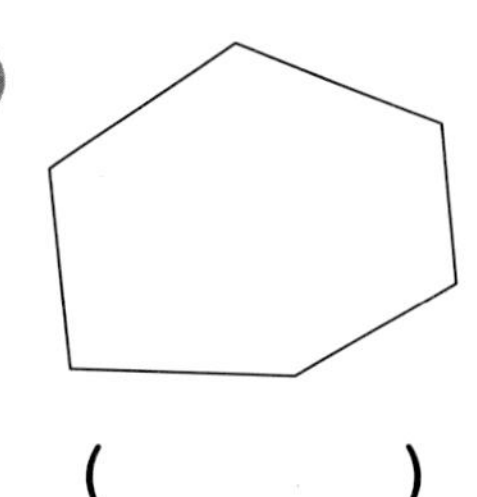

(　　　)

❹ 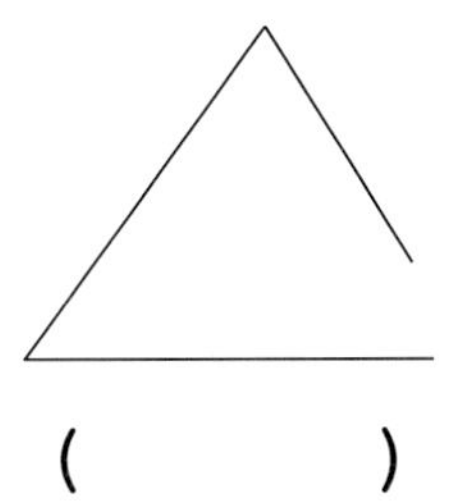

(　　　)

❺ 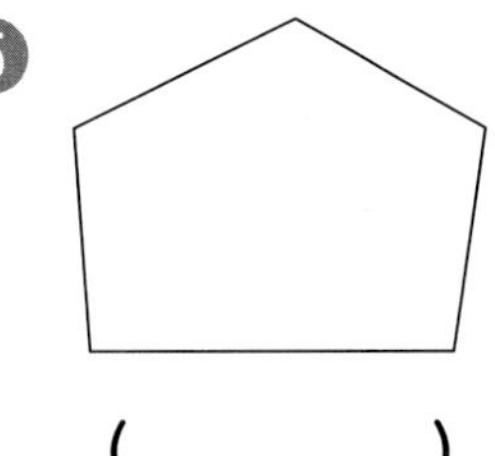

(　　　)

❻ 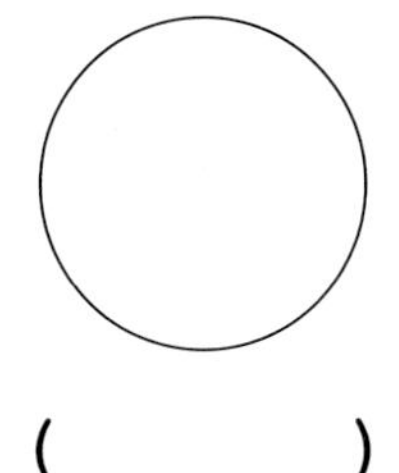

(　　　)

○ 다각형의 이름을 써 보시오.

❼ 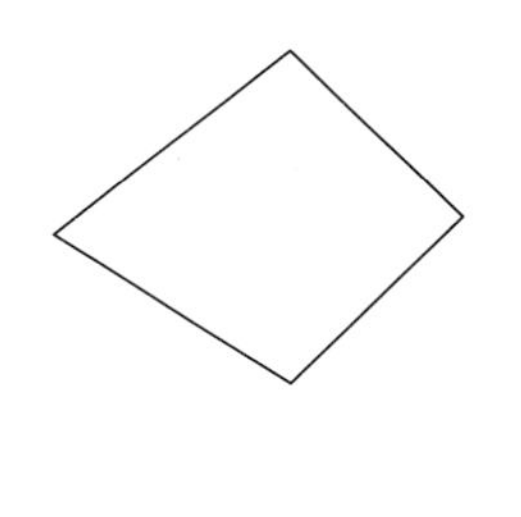

(　　　　　　)

❽ 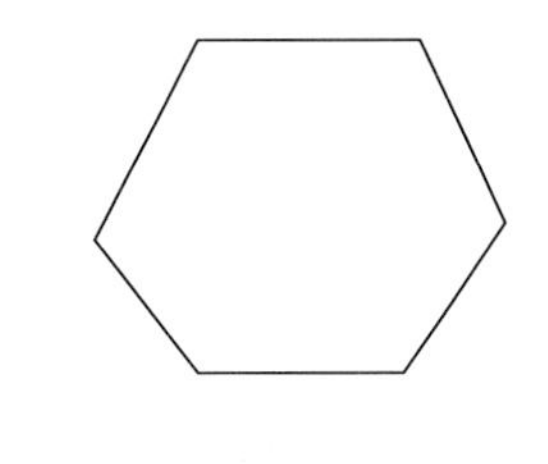

(　　　　　　)

❾ 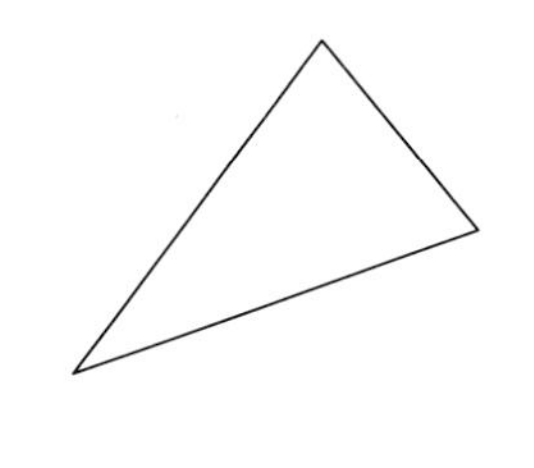

(　　　　　　)

❿ 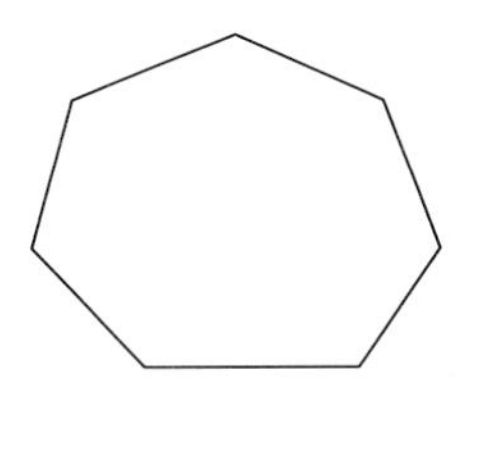

(　　　　　　)

⓫ 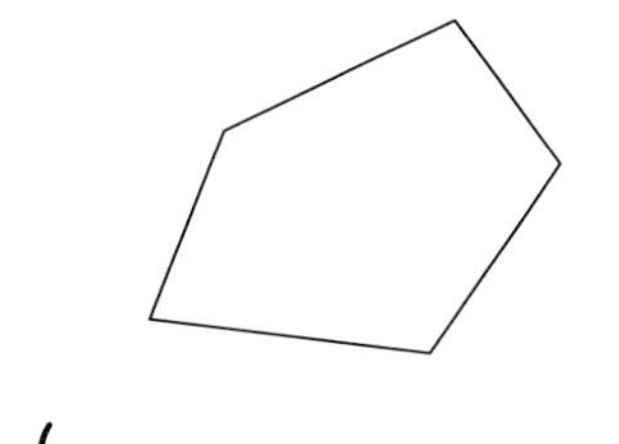

(　　　　　　)

⓬ 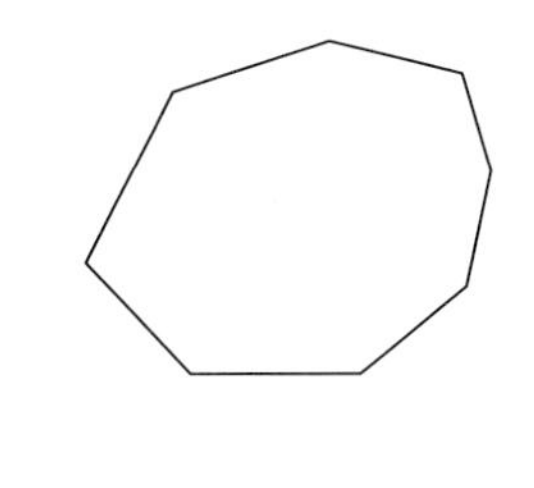

(　　　　　　)

잘라서 사용할 수 있습니다.

2 정다각형

정답 • 32쪽

○ 정다각형이면 ○표, 정다각형이 아니면 ×표 하시오.

❶
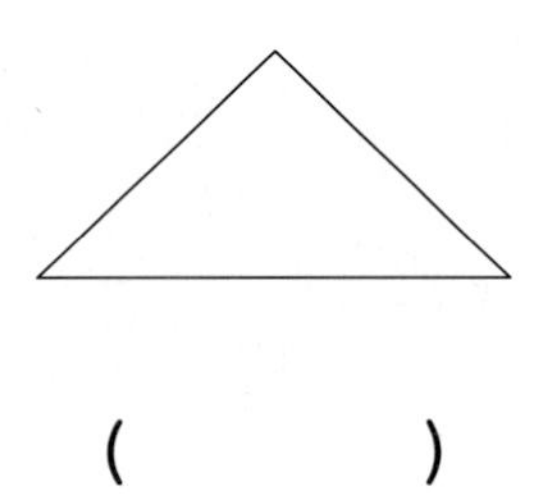
(　　　)

❷
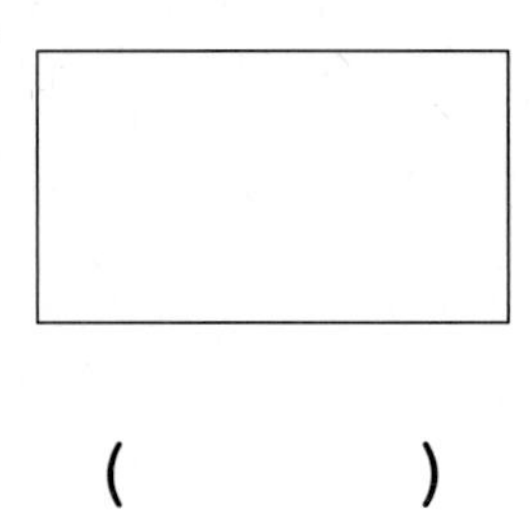
(　　　)

❸
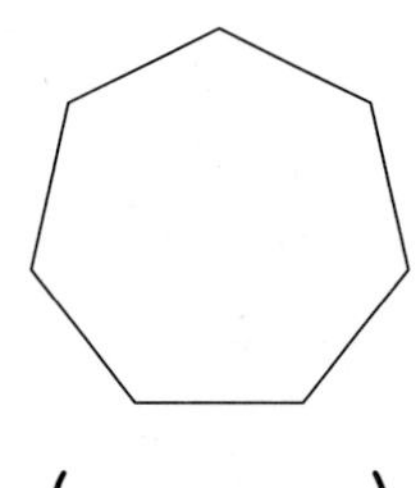
(　　　)

❹
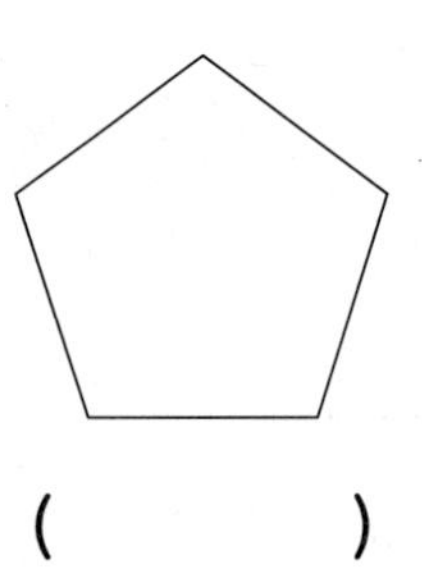
(　　　)

❺
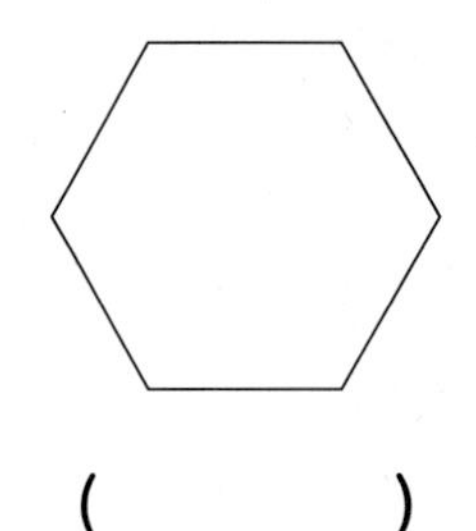
(　　　)

❻
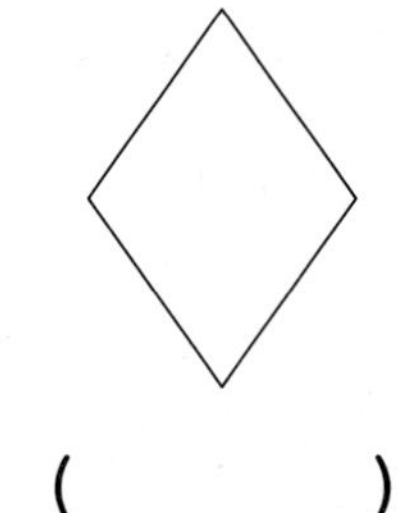
(　　　)

○ 정다각형의 이름을 써 보시오.

❼

(　　　　　　)

❽
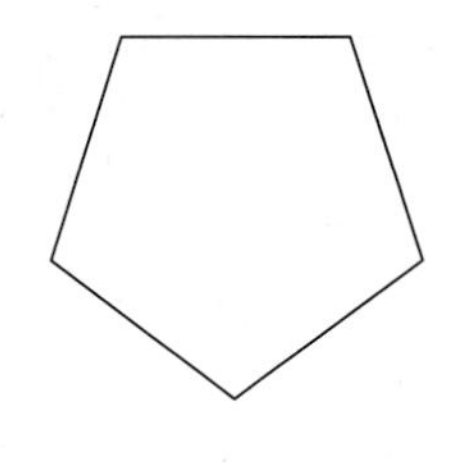
(　　　　　　)

❾
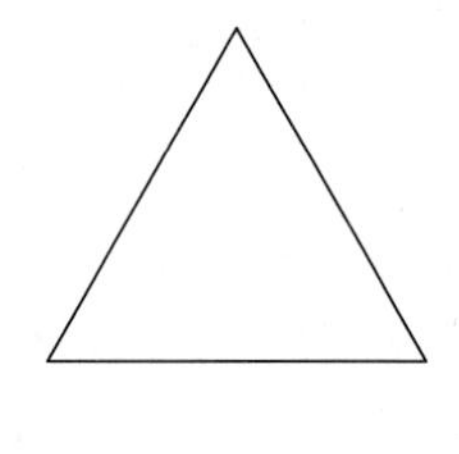
(　　　　　　)

❿
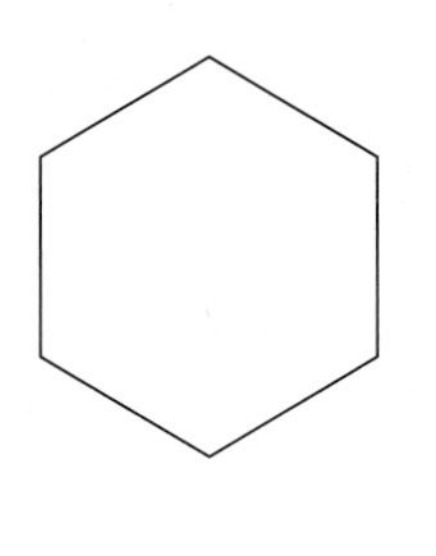
(　　　　　　)

⓫
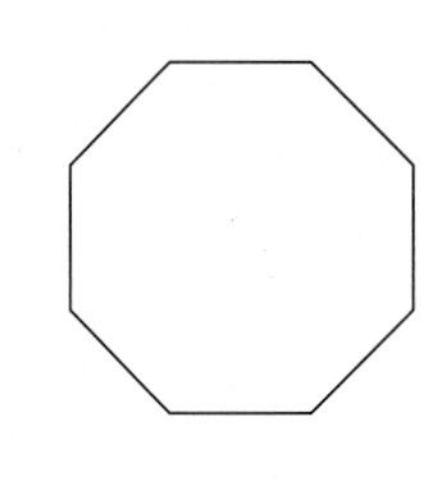
(　　　　　　)

⓬
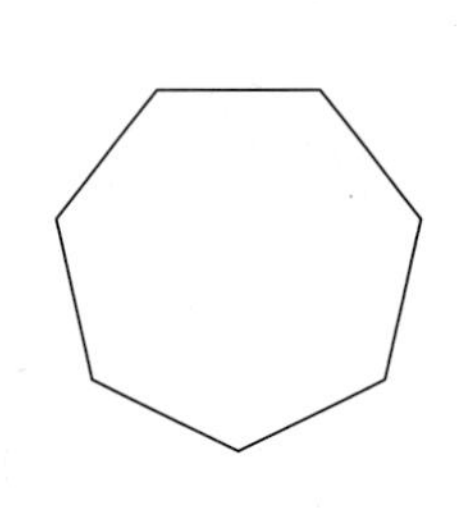
(　　　　　　)

대각선

정답 • 32쪽

○ 도형에 대각선을 모두 그어 보시오.

❶ 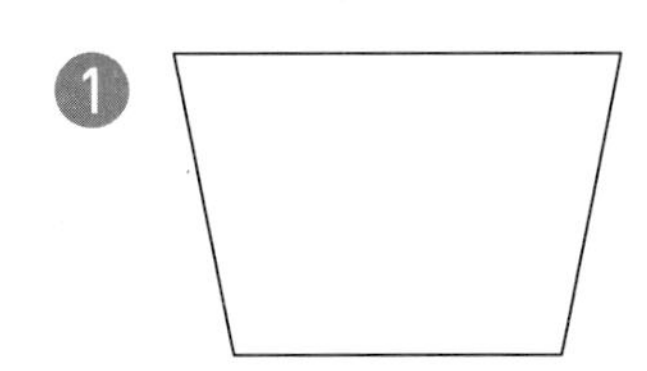

❷ 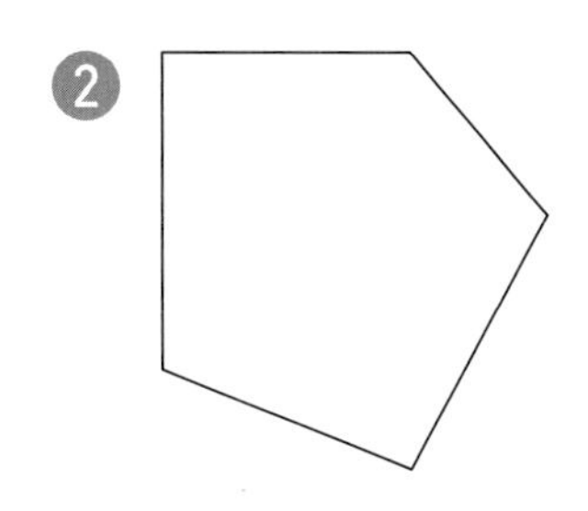

❸ 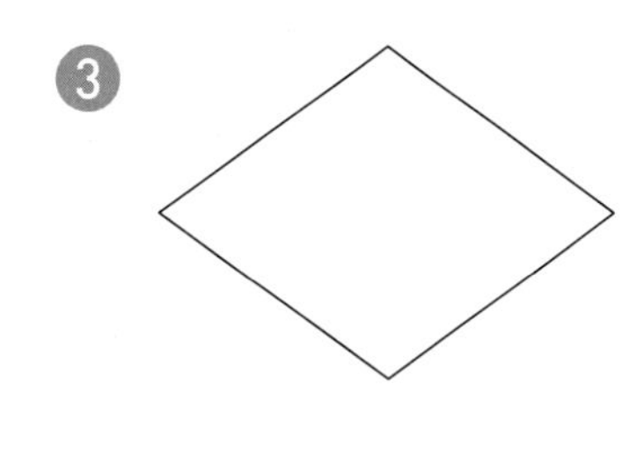

❹ 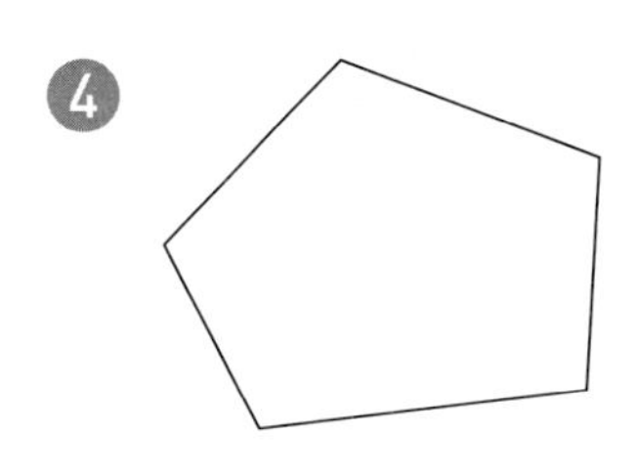

❺ 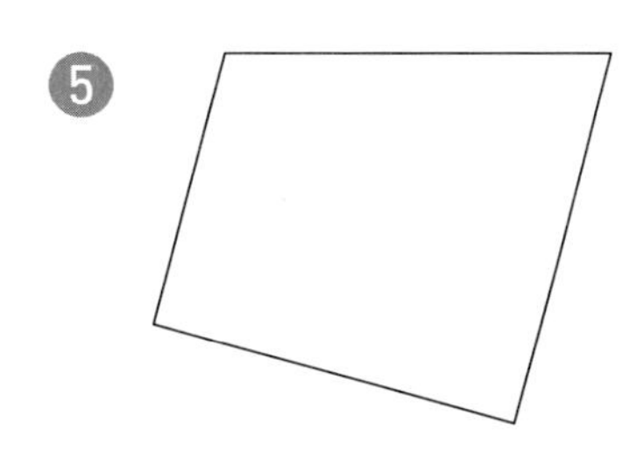

❻ 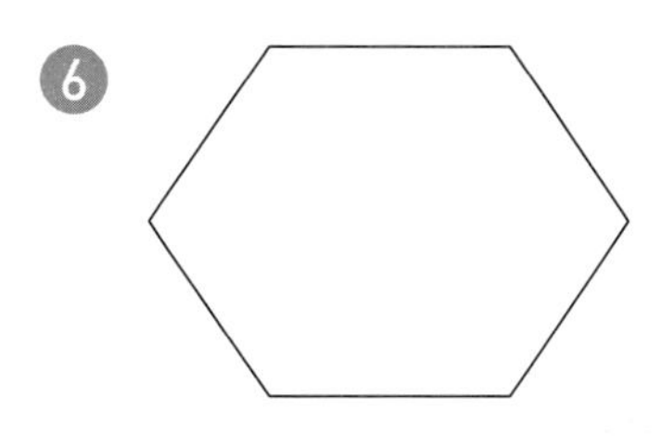

○ 대각선은 몇 개인지 써 보시오.

❼ 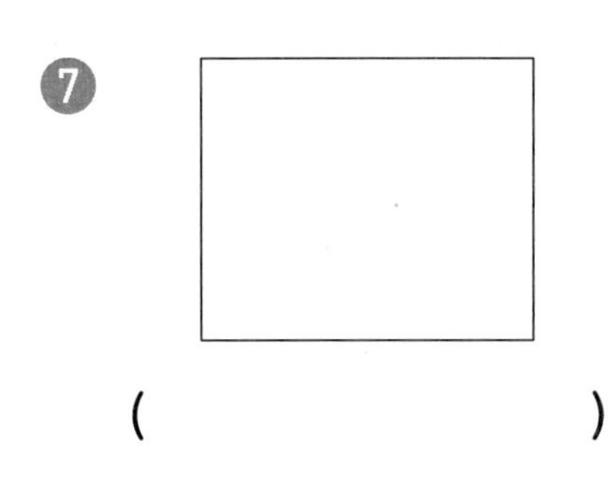

( )

❽ 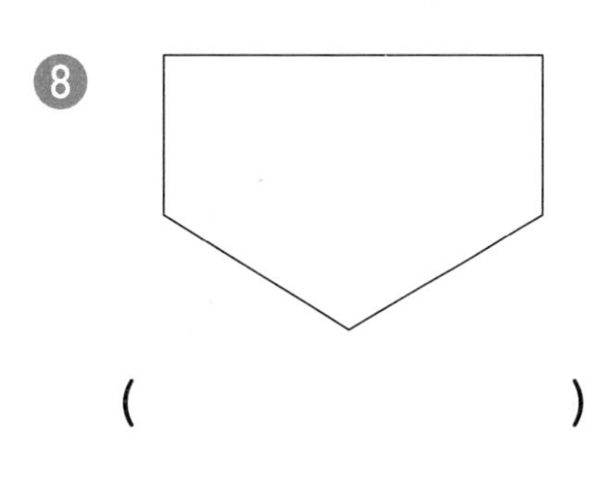

( )

❾ 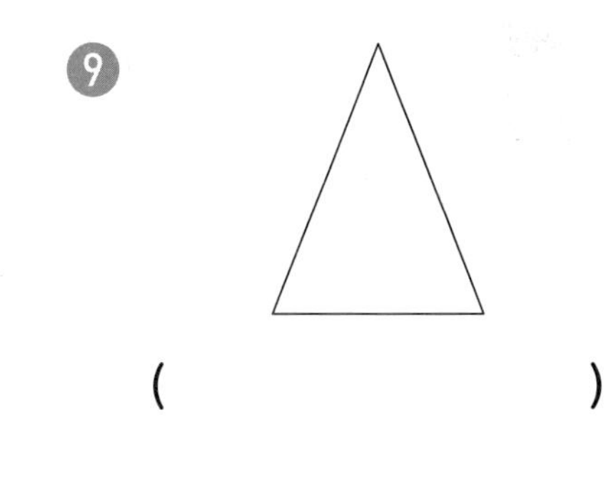

( )

❿ 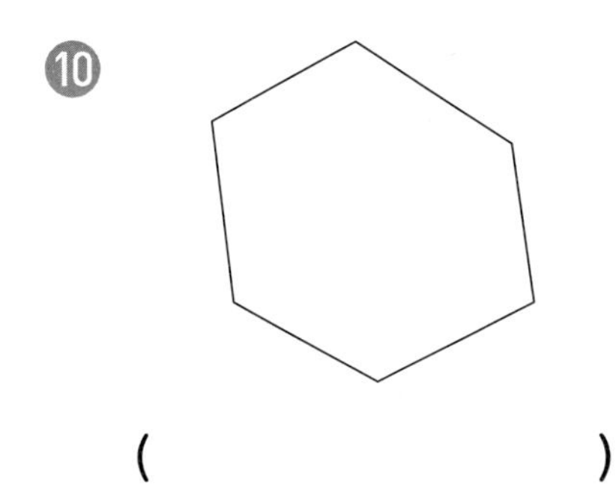

( )

⓫ 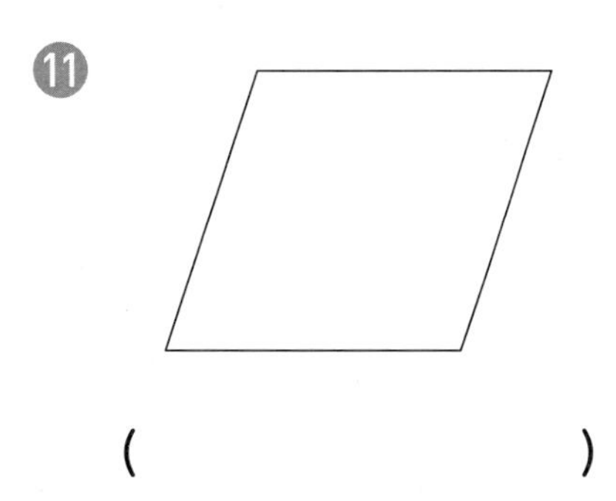

( )

⓬ 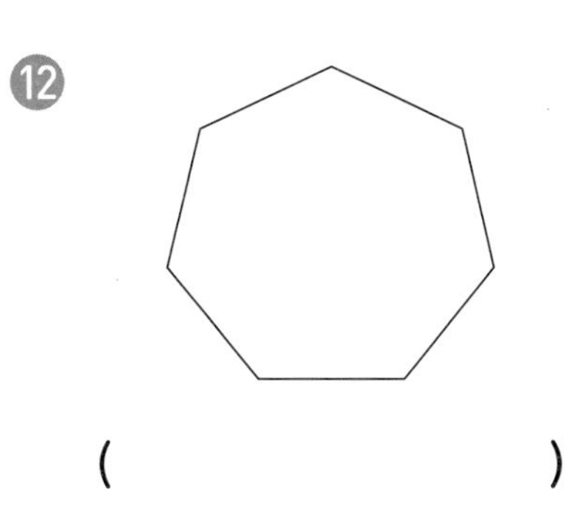

( )

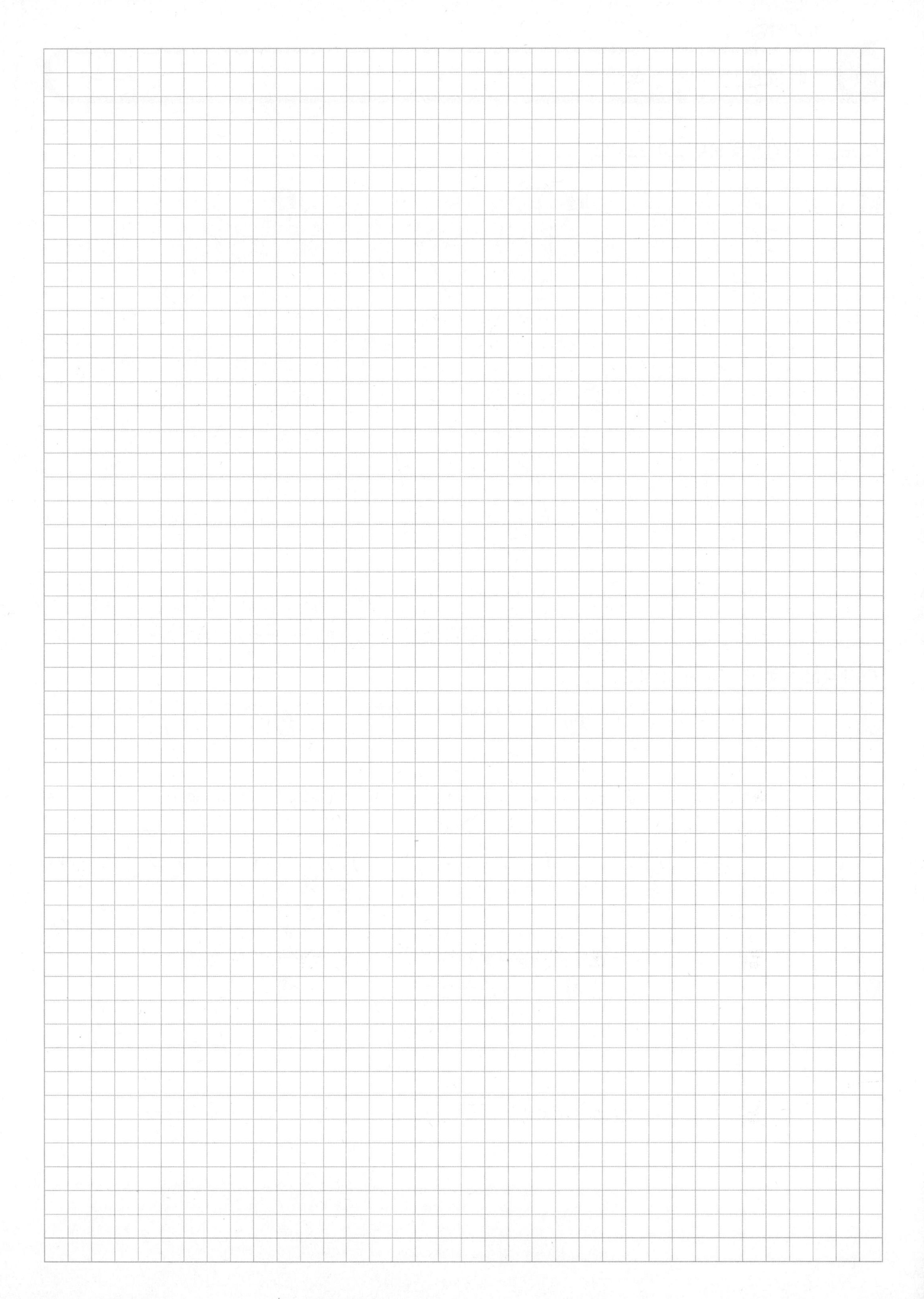

개념+연산 라이트

초등수학 4/2

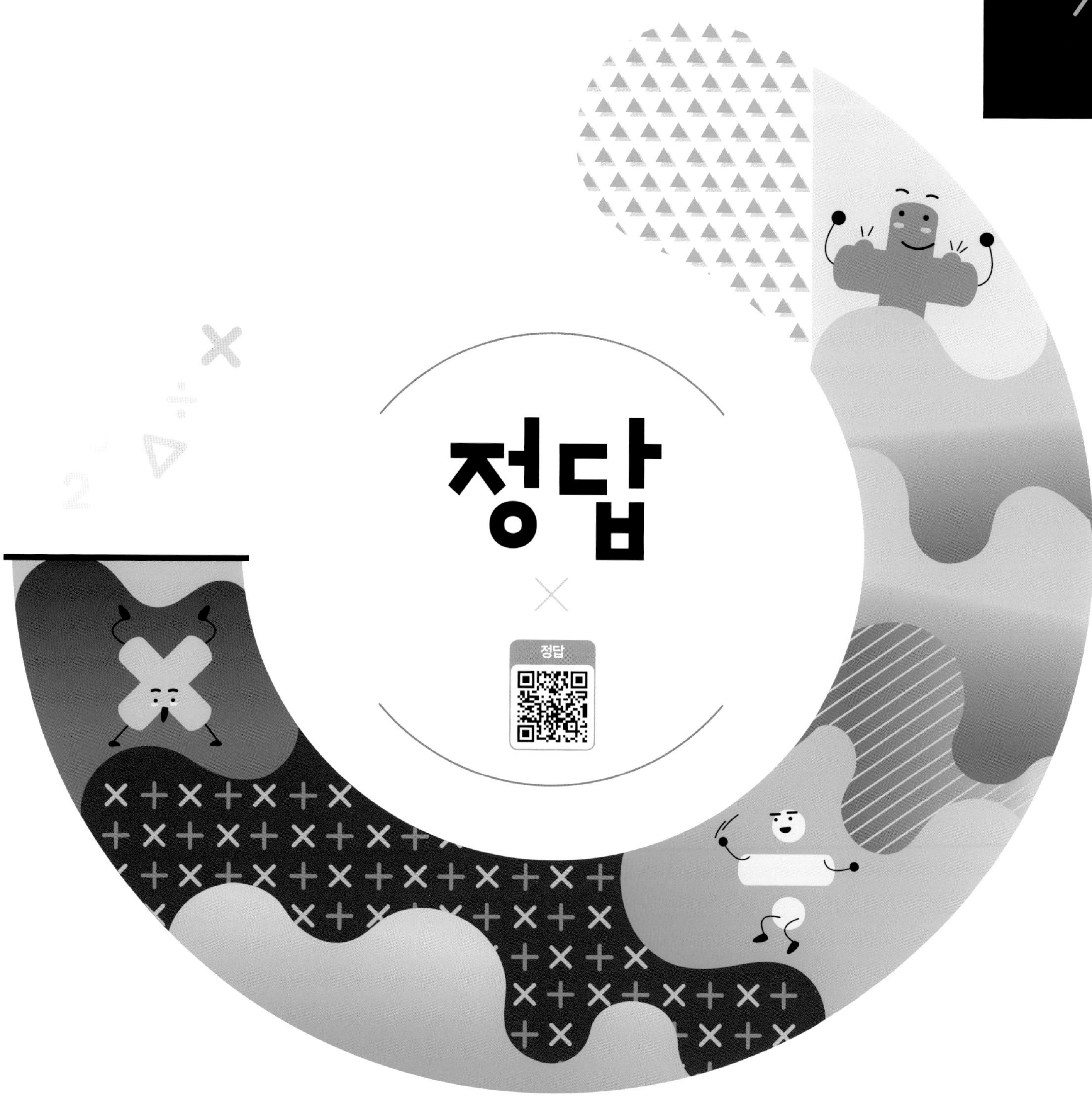

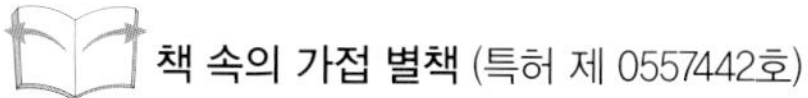

책 속의 가접 별책 (특허 제 0557442호)
'정답'은 본책에서 쉽게 분리할 수 있도록 제작되었으므로
유통 과정에서 분리될 수 있으나 파본이 아닌 정상제품입니다.

visang

우리는 남다른 상상과 혁신으로
교육 문화의 새로운 전형을 만들어
모든 이의 행복한 경험과 성장에 기여한다

개념+연산

정답

초등수학

4·2

1. 분수의 덧셈과 뺄셈

① 합이 1보다 작고 분모가 같은 (진분수) + (진분수)

1일 차

8쪽

❶ $\frac{2}{3}$
❷ $\frac{3}{4}$
❸ $\frac{4}{5}$
❹ $\frac{5}{6}$
❺ $\frac{2}{7}$
❻ $\frac{5}{8}$
❼ $\frac{6}{8}$
❽ $\frac{7}{9}$
❾ $\frac{3}{10}$
❿ $\frac{9}{10}$
⓫ $\frac{8}{11}$
⓬ $\frac{7}{12}$
⓭ $\frac{9}{13}$
⓮ $\frac{11}{14}$

9쪽

⓯ $\frac{11}{15}$
⓰ $\frac{15}{16}$
⓱ $\frac{15}{16}$
⓲ $\frac{18}{19}$
⓳ $\frac{18}{21}$
⓴ $\frac{19}{22}$
㉑ $\frac{18}{23}$
㉒ $\frac{17}{23}$
㉓ $\frac{8}{26}$
㉔ $\frac{9}{26}$
㉕ $\frac{17}{27}$
㉖ $\frac{16}{29}$
㉗ $\frac{20}{29}$
㉘ $\frac{10}{31}$
㉙ $\frac{18}{32}$
㉚ $\frac{17}{33}$
㉛ $\frac{23}{35}$
㉜ $\frac{27}{38}$
㉝ $\frac{19}{39}$
㉞ $\frac{13}{43}$
㉟ $\frac{31}{47}$

2일 차

10쪽

❶ $\frac{2}{4}$
❷ $\frac{4}{5}$
❸ $\frac{4}{6}$
❹ $\frac{6}{7}$
❺ $\frac{7}{8}$
❻ $\frac{4}{9}$
❼ $\frac{7}{10}$
❽ $\frac{8}{11}$
❾ $\frac{11}{12}$
❿ $\frac{2}{13}$
⓫ $\frac{11}{13}$
⓬ $\frac{11}{14}$
⓭ $\frac{11}{15}$
⓮ $\frac{13}{15}$
⓯ $\frac{12}{16}$
⓰ $\frac{14}{17}$
⓱ $\frac{16}{17}$
⓲ $\frac{3}{19}$
⓳ $\frac{14}{19}$
⓴ $\frac{13}{21}$
㉑ $\frac{12}{22}$

11쪽

㉒ $\frac{5}{23}$
㉓ $\frac{12}{23}$
㉔ $\frac{16}{25}$
㉕ $\frac{21}{26}$
㉖ $\frac{22}{27}$
㉗ $\frac{9}{29}$
㉘ $\frac{18}{29}$
㉙ $\frac{8}{30}$
㉚ $\frac{15}{31}$
㉛ $\frac{18}{32}$
㉜ $\frac{20}{33}$
㉝ $\frac{29}{35}$
㉞ $\frac{26}{35}$
㉟ $\frac{15}{37}$
㊱ $\frac{29}{39}$
㊲ $\frac{34}{40}$
㊳ $\frac{22}{41}$
㊴ $\frac{29}{42}$
㊵ $\frac{16}{45}$
㊶ $\frac{38}{46}$
㊷ $\frac{28}{50}$

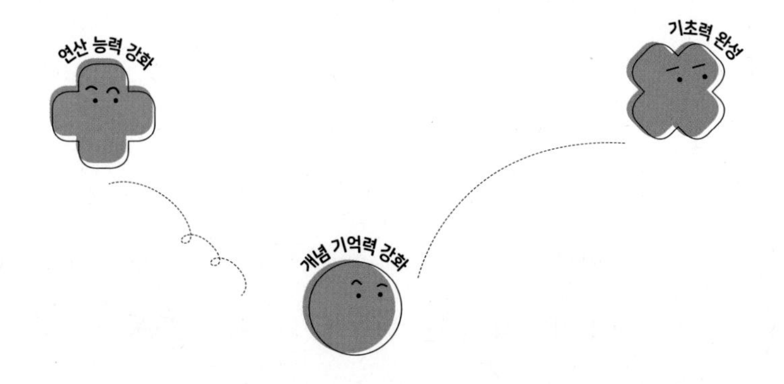

② 합이 1보다 크고 분모가 같은 (진분수)+(진분수)

3일 차

12쪽 ❗계산 결과를 대분수로 나타내지 않아도 정답으로 인정합니다.

① $1\frac{1}{3}$ ② $1\frac{1}{4}$ ③ $1\frac{1}{5}$ ④ $1\frac{2}{6}$ ⑤ $1\frac{1}{7}$ ⑥ $1\frac{4}{7}$ ⑦ $1\frac{2}{8}$
⑧ $1\frac{4}{8}$ ⑨ $1\frac{1}{9}$ ⑩ $1\frac{6}{10}$ ⑪ $1\frac{3}{11}$ ⑫ $1\frac{4}{11}$ ⑬ $1\frac{6}{12}$ ⑭ $1\frac{1}{13}$

13쪽

⑮ $1\frac{5}{13}$ ⑯ $1\frac{1}{14}$ ⑰ $1\frac{4}{15}$ ⑱ $1\frac{5}{17}$ ⑲ $1\frac{11}{19}$ ⑳ $1\frac{8}{21}$ ㉑ 1
㉒ $1\frac{8}{22}$ ㉓ $1\frac{5}{23}$ ㉔ $1\frac{4}{24}$ ㉕ $1\frac{3}{25}$ ㉖ $1\frac{12}{26}$ ㉗ $1\frac{4}{27}$ ㉘ $1\frac{2}{29}$
㉙ $1\frac{6}{30}$ ㉚ $1\frac{1}{31}$ ㉛ 1 ㉜ $1\frac{3}{36}$ ㉝ $1\frac{12}{41}$ ㉞ $1\frac{10}{43}$ ㉟ $1\frac{13}{47}$

4일 차

14쪽 ❗계산 결과를 대분수로 나타내지 않아도 정답으로 인정합니다.

① $1\frac{2}{4}$ ② $1\frac{2}{5}$ ③ 1 ④ $1\frac{1}{7}$ ⑤ $1\frac{1}{8}$ ⑥ $1\frac{3}{10}$ ⑦ $1\frac{3}{10}$
⑧ $1\frac{2}{11}$ ⑨ $1\frac{6}{11}$ ⑩ $1\frac{2}{13}$ ⑪ $1\frac{8}{13}$ ⑫ $1\frac{4}{14}$ ⑬ 1 ⑭ $1\frac{3}{17}$
⑮ $1\frac{7}{17}$ ⑯ $1\frac{10}{18}$ ⑰ $1\frac{8}{19}$ ⑱ $1\frac{4}{19}$ ⑲ $1\frac{6}{20}$ ⑳ $1\frac{3}{21}$ ㉑ $1\frac{10}{22}$

15쪽

㉒ $1\frac{2}{23}$ ㉓ $1\frac{6}{23}$ ㉔ $1\frac{2}{24}$ ㉕ $1\frac{4}{25}$ ㉖ $1\frac{2}{25}$ ㉗ 1 ㉘ $1\frac{6}{27}$
㉙ $1\frac{13}{27}$ ㉚ $1\frac{4}{28}$ ㉛ $1\frac{16}{28}$ ㉜ $1\frac{3}{29}$ ㉝ $1\frac{6}{29}$ ㉞ $1\frac{5}{31}$ ㉟ $1\frac{14}{31}$
㊱ $1\frac{18}{32}$ ㊲ $1\frac{12}{33}$ ㊳ $1\frac{3}{35}$ ㊴ $1\frac{3}{37}$ ㊵ $1\frac{2}{38}$ ㊶ $1\frac{10}{43}$ ㊷ 1

③ 진분수 부분의 합이 1보다 작고 분모가 같은 (대분수)+(대분수)

5일 차

16쪽 ❗계산 결과를 대분수로 나타내지 않아도 정답으로 인정합니다.

① $2\frac{2}{3}$ ② $2\frac{3}{4}$ ③ $3\frac{4}{5}$ ④ $3\frac{4}{6}$ ⑤ $2\frac{5}{7}$ ⑥ $4\frac{6}{7}$
⑦ $3\frac{7}{9}$ ⑧ $4\frac{5}{9}$ ⑨ $5\frac{10}{11}$ ⑩ $6\frac{9}{11}$ ⑪ $5\frac{6}{12}$ ⑫ $4\frac{12}{13}$

17쪽

⑬ $4\frac{11}{13}$ ⑭ $5\frac{12}{14}$ ⑮ $5\frac{3}{15}$ ⑯ $3\frac{13}{17}$ ⑰ $6\frac{14}{19}$ ⑱ $7\frac{19}{21}$
⑲ $2\frac{16}{22}$ ⑳ $4\frac{17}{23}$ ㉑ $9\frac{8}{23}$ ㉒ $5\frac{4}{25}$ ㉓ $8\frac{23}{26}$ ㉔ $5\frac{23}{29}$
㉕ $5\frac{14}{30}$ ㉖ $9\frac{24}{32}$ ㉗ $11\frac{13}{33}$ ㉘ $10\frac{11}{37}$ ㉙ $11\frac{17}{39}$ ㉚ $16\frac{25}{41}$

6일 차

18쪽

❗ 계산 결과를 대분수로 나타내지 않아도 정답으로 인정합니다.

❶ $2\frac{3}{5}$	❼ $6\frac{9}{11}$	⓭ $10\frac{8}{18}$
❷ $4\frac{5}{6}$	❽ $6\frac{12}{13}$	⓮ $12\frac{13}{19}$
❸ $3\frac{3}{6}$	❾ $9\frac{11}{13}$	⓯ $10\frac{17}{19}$
❹ $4\frac{7}{8}$	❿ $8\frac{12}{15}$	⓰ $14\frac{4}{20}$
❺ $3\frac{8}{9}$	⓫ $5\frac{13}{16}$	⓱ $12\frac{4}{21}$
❻ $4\frac{4}{10}$	⓬ $9\frac{16}{17}$	⓲ $16\frac{12}{22}$

19쪽

⓳ $2\frac{12}{23}$	㉕ $3\frac{13}{27}$	㉛ $11\frac{5}{33}$
⓴ $7\frac{22}{23}$	㉖ $6\frac{16}{27}$	㉜ $12\frac{10}{34}$
㉑ $6\frac{9}{25}$	㉗ $6\frac{12}{28}$	㉝ $11\frac{19}{35}$
㉒ $7\frac{17}{25}$	㉘ $6\frac{20}{29}$	㉞ $13\frac{26}{37}$
㉓ $5\frac{18}{26}$	㉙ $7\frac{21}{29}$	㉟ $13\frac{38}{40}$
㉔ $9\frac{7}{27}$	㉚ $7\frac{17}{31}$	㊱ $15\frac{38}{43}$

④ 진분수 부분의 합이 1보다 크고 분모가 같은 (대분수) + (대분수)

7일 차

20쪽

❗ 계산 결과를 대분수로 나타내지 않아도 정답으로 인정합니다.

❶ $3\frac{1}{3}$	❼ $3\frac{1}{8}$
❷ $4\frac{1}{4}$	❽ $5\frac{1}{9}$
❸ $5\frac{1}{5}$	❾ $6\frac{2}{9}$
❹ 5	❿ $6\frac{3}{11}$
❺ $7\frac{2}{7}$	⓫ $9\frac{2}{11}$
❻ $7\frac{2}{7}$	⓬ $6\frac{6}{12}$

21쪽

⓭ $5\frac{4}{14}$	⓳ $10\frac{2}{23}$	㉕ $3\frac{6}{30}$
⓮ $9\frac{4}{15}$	⓴ $9\frac{4}{25}$	㉖ $11\frac{1}{32}$
⓯ $9\frac{5}{17}$	㉑ $6\frac{1}{25}$	㉗ $12\frac{2}{33}$
⓰ 10	㉒ $9\frac{7}{26}$	㉘ $12\frac{1}{37}$
⓱ $7\frac{2}{21}$	㉓ 3	㉙ $5\frac{2}{39}$
⓲ $7\frac{2}{22}$	㉔ $4\frac{1}{29}$	㉚ $4\frac{2}{40}$

8일 차

22쪽

❗ 계산 결과를 대분수로 나타내지 않아도 정답으로 인정합니다.

❶ $3\frac{2}{5}$	❼ $7\frac{4}{11}$	⓭ $5\frac{11}{17}$
❷ $4\frac{4}{6}$	❽ $7\frac{2}{13}$	⓮ $8\frac{3}{17}$
❸ $6\frac{3}{7}$	❾ $7\frac{7}{13}$	⓯ $11\frac{7}{19}$
❹ $7\frac{3}{7}$	❿ $9\frac{10}{14}$	⓰ $11\frac{2}{19}$
❺ $7\frac{4}{8}$	⓫ $7\frac{7}{15}$	⓱ $11\frac{2}{20}$
❻ $6\frac{2}{10}$	⓬ $3\frac{4}{17}$	⓲ $12\frac{16}{22}$

23쪽

⓳ $5\frac{1}{23}$	㉕ $3\frac{1}{27}$	㉛ 11
⓴ $5\frac{2}{23}$	㉖ $8\frac{6}{27}$	㉜ $12\frac{8}{34}$
㉑ $6\frac{2}{25}$	㉗ $8\frac{2}{28}$	㉝ $14\frac{9}{35}$
㉒ $7\frac{6}{25}$	㉘ $8\frac{4}{30}$	㉞ $12\frac{11}{37}$
㉓ $5\frac{2}{26}$	㉙ $10\frac{8}{31}$	㉟ $4\frac{3}{39}$
㉔ $4\frac{6}{26}$	㉚ $11\frac{1}{32}$	㊱ $13\frac{2}{40}$

⑤ 분모가 같은 (대분수)+(가분수)

9일 차

24쪽 ❗계산 결과를 대분수로 나타내지 않아도 정답으로 인정합니다.

❶ $3\frac{3}{4}$
❷ $2\frac{3}{5}$
❸ $4\frac{2}{5}$
❹ $3\frac{5}{7}$
❺ $7\frac{4}{7}$
❻ $6\frac{6}{8}$
❼ $7\frac{1}{8}$
❽ $3\frac{5}{9}$
❾ $4\frac{8}{9}$
❿ $4\frac{4}{9}$
⓫ $7\frac{3}{10}$
⓬ $6\frac{9}{10}$
⓭ $6\frac{7}{10}$
⓮ $3\frac{10}{11}$

25쪽

⓯ $5\frac{2}{11}$
⓰ $3\frac{10}{11}$
⓱ $3\frac{5}{12}$
⓲ $4\frac{11}{12}$
⓳ $6\frac{6}{12}$
⓴ $4\frac{2}{13}$
㉑ $5\frac{8}{13}$
㉒ $4\frac{6}{14}$
㉓ $4\frac{3}{14}$
㉔ $4\frac{2}{15}$
㉕ $5\frac{2}{16}$
㉖ $4\frac{13}{16}$
㉗ $2\frac{14}{16}$
㉘ $4\frac{3}{17}$
㉙ $6\frac{2}{20}$
㉚ $3\frac{4}{20}$
㉛ $8\frac{7}{21}$
㉜ $4\frac{7}{21}$
㉝ $6\frac{10}{23}$
㉞ $7\frac{2}{24}$
㉟ $6\frac{1}{30}$

10일 차

26쪽 ❗계산 결과를 대분수로 나타내지 않아도 정답으로 인정합니다.

❶ $6\frac{3}{6}$
❷ $5\frac{2}{6}$
❸ $8\frac{4}{7}$
❹ $3\frac{6}{8}$
❺ $5\frac{3}{9}$
❻ $6\frac{3}{9}$
❼ $5\frac{7}{10}$
❽ $5\frac{1}{10}$
❾ $6\frac{5}{10}$
❿ $13\frac{6}{10}$
⓫ $5\frac{10}{11}$
⓬ $5\frac{3}{11}$
⓭ $7\frac{3}{11}$
⓮ $5\frac{8}{12}$
⓯ $7\frac{7}{12}$
⓰ $2\frac{10}{13}$
⓱ $2\frac{6}{13}$
⓲ $7\frac{2}{13}$
⓳ $4\frac{6}{14}$
⓴ $6\frac{2}{14}$
㉑ $6\frac{11}{15}$

27쪽

㉒ $5\frac{14}{15}$
㉓ $6\frac{3}{15}$
㉔ $8\frac{6}{15}$
㉕ $6\frac{1}{16}$
㉖ $4\frac{7}{16}$
㉗ $5\frac{9}{17}$
㉘ $3\frac{14}{17}$
㉙ $5\frac{13}{18}$
㉚ $8\frac{16}{20}$
㉛ $6\frac{3}{20}$
㉜ $4\frac{3}{21}$
㉝ $7\frac{1}{21}$
㉞ $9\frac{11}{21}$
㉟ $6\frac{4}{22}$
㊱ $5\frac{3}{25}$
㊲ $5\frac{4}{25}$
㊳ $10\frac{3}{26}$
㊴ $4\frac{1}{29}$
㊵ $4\frac{2}{29}$
㊶ $6\frac{8}{30}$
㊷ $9\frac{1}{31}$

①~⑤ 다르게 풀기

11일 차

28쪽 ❗계산 결과를 대분수로 나타내지 않아도 정답으로 인정합니다.

❶ $\frac{3}{5}$
❷ $1\frac{4}{7}$
❸ $2\frac{6}{8}$
❹ $4\frac{4}{9}$
❺ $1\frac{2}{13}$
❻ $4\frac{14}{17}$
❼ $5\frac{3}{19}$
❽ $8\frac{3}{20}$

29쪽

❾ $\frac{5}{6}$
❿ $1\frac{3}{8}$
⓫ $4\frac{10}{12}$
⓬ $1\frac{5}{13}$
⓭ $5\frac{8}{14}$
⓮ $5\frac{9}{15}$
⓯ $8\frac{10}{23}$
⓰ $7\frac{6}{25}$
⓱ $1\frac{1}{5}$, $2\frac{3}{5}$, $3\frac{4}{5}$

⑥ 분모가 같은 (진분수) − (진분수)

12일 차

30쪽

1. $\frac{1}{3}$
2. $\frac{1}{4}$
3. $\frac{2}{5}$
4. $\frac{2}{6}$
5. $\frac{2}{7}$
6. $\frac{1}{8}$
7. $\frac{6}{8}$
8. $\frac{5}{9}$
9. $\frac{4}{9}$
10. $\frac{1}{10}$
11. $\frac{3}{11}$
12. $\frac{6}{12}$
13. $\frac{7}{13}$
14. $\frac{1}{13}$

31쪽

15. $\frac{8}{14}$
16. $\frac{5}{15}$
17. $\frac{7}{16}$
18. $\frac{8}{17}$
19. $\frac{4}{19}$
20. $\frac{2}{21}$
21. $\frac{4}{22}$
22. $\frac{6}{23}$
23. $\frac{2}{24}$
24. $\frac{6}{25}$
25. $\frac{6}{26}$
26. $\frac{8}{27}$
27. $\frac{5}{27}$
28. $\frac{10}{29}$
29. $\frac{2}{30}$
30. $\frac{12}{31}$
31. $\frac{5}{33}$
32. $\frac{1}{36}$
33. $\frac{12}{37}$
34. $\frac{4}{39}$
35. $\frac{20}{40}$

13일 차

32쪽

1. $\frac{2}{4}$
2. $\frac{1}{5}$
3. $\frac{1}{6}$
4. $\frac{2}{7}$
5. $\frac{4}{8}$
6. $\frac{7}{9}$
7. $\frac{6}{10}$
8. $\frac{1}{11}$
9. $\frac{6}{12}$
10. $\frac{5}{13}$
11. $\frac{5}{13}$
12. $\frac{6}{14}$
13. $\frac{7}{15}$
14. $\frac{4}{16}$
15. $\frac{8}{16}$
16. $\frac{4}{17}$
17. $\frac{9}{17}$
18. $\frac{5}{19}$
19. $\frac{4}{20}$
20. $\frac{8}{21}$
21. $\frac{12}{22}$

33쪽

22. $\frac{4}{23}$
23. $\frac{5}{24}$
24. $\frac{16}{24}$
25. $\frac{3}{25}$
26. $\frac{4}{26}$
27. $\frac{3}{27}$
28. $\frac{14}{27}$
29. $\frac{6}{28}$
30. $\frac{1}{29}$
31. $\frac{2}{29}$
32. $\frac{16}{30}$
33. $\frac{11}{31}$
34. $\frac{10}{32}$
35. $\frac{4}{33}$
36. $\frac{6}{34}$
37. $\frac{17}{35}$
38. $\frac{6}{36}$
39. $\frac{3}{37}$
40. $\frac{7}{39}$
41. $\frac{9}{41}$
42. $\frac{2}{43}$

⑦ 분수 부분끼리 뺄 수 있고 분모가 같은 (대분수) − (대분수)

14일 차

34쪽

! 계산 결과를 대분수로 나타내지 않아도 정답으로 인정합니다.

1. $1\frac{1}{3}$
2. $2\frac{1}{4}$
3. $2\frac{4}{6}$
4. $1\frac{2}{7}$
5. $\frac{3}{8}$
6. $1\frac{3}{8}$
7. $6\frac{1}{9}$
8. $3\frac{3}{9}$
9. $3\frac{4}{10}$
10. $5\frac{2}{12}$
11. $2\frac{6}{12}$
12. $1\frac{4}{13}$

35쪽

13. $\frac{2}{14}$
14. $2\frac{6}{16}$
15. $1\frac{11}{17}$
16. $5\frac{9}{19}$
17. $1\frac{9}{21}$
18. $2\frac{6}{22}$
19. $4\frac{16}{23}$
20. $4\frac{6}{24}$
21. $2\frac{12}{26}$
22. $1\frac{2}{27}$
23. $7\frac{4}{27}$
24. $5\frac{24}{29}$
25. $3\frac{5}{29}$
26. $1\frac{4}{31}$
27. $4\frac{4}{35}$
28. $3\frac{22}{37}$
29. $5\frac{7}{39}$
30. $3\frac{6}{40}$

15일 차

36쪽 ❶ 계산 결과를 대분수로 나타내지 않아도 정답으로 인정합니다.

❶ $2\frac{2}{4}$
❷ $1\frac{1}{5}$
❸ $2\frac{3}{7}$
❹ $1\frac{5}{7}$
❺ $3\frac{2}{8}$
❻ $1\frac{2}{10}$
❼ $3\frac{4}{11}$
❽ $2\frac{3}{13}$
❾ $5\frac{9}{13}$
❿ $\frac{10}{14}$
⓫ $7\frac{2}{16}$
⓬ $1\frac{12}{16}$
⓭ $3\frac{2}{17}$
⓮ $2\frac{5}{17}$
⓯ $5\frac{13}{19}$
⓰ $1\frac{6}{20}$
⓱ $3\frac{9}{21}$
⓲ $3\frac{4}{22}$

37쪽

⓳ $2\frac{6}{23}$
⓴ $4\frac{2}{23}$
㉑ $2\frac{4}{24}$
㉒ $4\frac{2}{26}$
㉓ $1\frac{13}{27}$
㉔ $2\frac{13}{27}$
㉕ $1\frac{2}{28}$
㉖ $2\frac{6}{29}$
㉗ $2\frac{4}{29}$
㉘ $1\frac{6}{30}$
㉙ $3\frac{14}{31}$
㉚ $6\frac{23}{33}$
㉛ $\frac{2}{34}$
㉜ $4\frac{2}{36}$
㉝ $2\frac{7}{37}$
㉞ $1\frac{14}{39}$
㉟ $7\frac{9}{41}$
㊱ $2\frac{6}{45}$

⑥~⑦ 다르게 풀기

16일 차

38쪽 ❶ 계산 결과를 대분수로 나타내지 않아도 정답으로 인정합니다.

❶ $\frac{2}{7}$
❷ $2\frac{2}{10}$
❸ $\frac{8}{11}$
❹ $4\frac{9}{13}$
❺ $\frac{2}{14}$
❻ $5\frac{2}{17}$
❼ $\frac{6}{23}$
❽ $5\frac{6}{29}$

39쪽

❾ $\frac{3}{5}$
❿ $\frac{5}{8}$
⓫ $\frac{1}{13}$
⓬ $4\frac{3}{15}$
⓭ $\frac{4}{21}$
⓮ $1\frac{5}{24}$
⓯ $\frac{2}{35}$
⓰ $3\frac{11}{37}$
⓱ $3\frac{5}{6}$, $1\frac{1}{6}$, $2\frac{4}{6}$

⑧ 1－(진분수)

17일 차

40쪽

❶ $\frac{2}{3}$
❷ $\frac{3}{4}$
❸ $\frac{3}{5}$
❹ $\frac{1}{6}$
❺ $\frac{3}{7}$
❻ $\frac{7}{8}$
❼ $\frac{1}{8}$
❽ $\frac{7}{9}$
❾ $\frac{4}{9}$
❿ $\frac{7}{10}$
⓫ $\frac{4}{11}$
⓬ $\frac{1}{12}$
⓭ $\frac{9}{13}$
⓮ $\frac{3}{13}$

41쪽

⓯ $\frac{11}{14}$
⓰ $\frac{7}{15}$
⓱ $\frac{3}{16}$
⓲ $\frac{11}{17}$
⓳ $\frac{3}{19}$
⓴ $\frac{9}{20}$
㉑ $\frac{17}{21}$
㉒ $\frac{21}{23}$
㉓ $\frac{7}{24}$
㉔ $\frac{16}{25}$
㉕ $\frac{11}{26}$
㉖ $\frac{22}{27}$
㉗ $\frac{7}{27}$
㉘ $\frac{7}{29}$
㉙ $\frac{24}{30}$
㉚ $\frac{10}{31}$
㉛ $\frac{18}{33}$
㉜ $\frac{31}{35}$
㉝ $\frac{13}{37}$
㉞ $\frac{5}{39}$
㉟ $\frac{13}{40}$

18일 차

42쪽

1) $\frac{1}{4}$ 2) $\frac{4}{5}$ 3) $\frac{5}{6}$ 4) $\frac{2}{7}$ 5) $\frac{5}{8}$ 6) $\frac{5}{9}$ 7) $\frac{9}{10}$

8) $\frac{6}{11}$ 9) $\frac{5}{12}$ 10) $\frac{7}{13}$ 11) $\frac{7}{14}$ 12) $\frac{3}{14}$ 13) $\frac{2}{15}$ 14) $\frac{7}{16}$

15) $\frac{16}{17}$ 16) $\frac{2}{17}$ 17) $\frac{7}{18}$ 18) $\frac{6}{19}$ 19) $\frac{13}{20}$ 20) $\frac{11}{21}$ 21) $\frac{5}{22}$

43쪽

22) $\frac{10}{23}$ 23) $\frac{11}{23}$ 24) $\frac{5}{24}$ 25) $\frac{23}{25}$ 26) $\frac{21}{26}$ 27) $\frac{19}{27}$ 28) $\frac{11}{27}$

29) $\frac{3}{28}$ 30) $\frac{17}{29}$ 31) $\frac{15}{29}$ 32) $\frac{29}{30}$ 33) $\frac{7}{30}$ 34) $\frac{27}{32}$ 35) $\frac{16}{33}$

36) $\frac{33}{34}$ 37) $\frac{1}{35}$ 38) $\frac{32}{37}$ 39) $\frac{4}{37}$ 40) $\frac{29}{40}$ 41) $\frac{10}{41}$ 42) $\frac{3}{43}$

9 (자연수) − (분수)

19일 차

44쪽

❶ 계산 결과를 대분수로 나타내지 않아도 정답으로 인정합니다.

1) $1\frac{1}{3}$ 2) $3\frac{1}{5}$ 3) $1\frac{1}{8}$ 4) $2\frac{7}{9}$ 5) $4\frac{8}{11}$ 6) $5\frac{7}{12}$ 7) $3\frac{11}{14}$

8) $2\frac{13}{15}$ 9) $4\frac{16}{19}$ 10) $6\frac{4}{21}$ 11) $3\frac{19}{24}$ 12) $4\frac{18}{25}$ 13) $8\frac{26}{29}$ 14) $7\frac{11}{31}$

45쪽

15) $1\frac{3}{4}$ 16) $2\frac{1}{6}$ 17) $1\frac{2}{7}$ 18) $\frac{3}{8}$ 19) $1\frac{1}{9}$ 20) $1\frac{4}{11}$ 21) $4\frac{9}{13}$

22) $1\frac{2}{13}$ 23) $2\frac{1}{16}$ 24) $2\frac{3}{17}$ 25) $1\frac{11}{20}$ 26) $1\frac{20}{23}$ 27) $4\frac{7}{26}$ 28) $5\frac{23}{27}$

29) $\frac{5}{27}$ 30) $1\frac{18}{29}$ 31) $3\frac{8}{33}$ 32) $6\frac{33}{35}$ 33) $2\frac{16}{37}$ 34) $8\frac{32}{39}$ 35) $12\frac{1}{40}$

20일 차

46쪽

❶ 계산 결과를 대분수로 나타내지 않아도 정답으로 인정합니다.

1) $3\frac{1}{4}$ 2) $2\frac{5}{6}$ 3) $7\frac{4}{7}$ 4) $4\frac{2}{9}$ 5) $7\frac{1}{12}$ 6) $6\frac{1}{14}$ 7) $8\frac{11}{17}$

8) $1\frac{5}{18}$ 9) $4\frac{9}{20}$ 10) $5\frac{15}{22}$ 11) $2\frac{21}{25}$ 12) $3\frac{5}{28}$ 13) $4\frac{23}{29}$ 14) $6\frac{10}{29}$

15) $5\frac{7}{30}$ 16) $4\frac{25}{32}$ 17) $8\frac{8}{33}$ 18) $1\frac{33}{35}$ 19) $10\frac{35}{38}$ 20) $19\frac{26}{39}$ 21) $16\frac{33}{43}$

47쪽

22) $1\frac{3}{5}$ 23) $3\frac{5}{8}$ 24) $\frac{6}{11}$ 25) $2\frac{1}{12}$ 26) $2\frac{5}{14}$ 27) $4\frac{9}{14}$ 28) $6\frac{4}{15}$

29) $1\frac{9}{16}$ 30) $1\frac{17}{18}$ 31) $3\frac{17}{19}$ 32) $1\frac{17}{22}$ 33) $2\frac{19}{23}$ 34) $2\frac{17}{26}$ 35) $1\frac{16}{27}$

36) $1\frac{11}{30}$ 37) $\frac{9}{30}$ 38) $3\frac{31}{32}$ 39) $1\frac{19}{35}$ 40) $3\frac{25}{36}$ 41) $8\frac{37}{40}$ 42) $11\frac{1}{44}$

⑩ 분수 부분끼리 뺄 수 없고 분모가 같은 (대분수) – (대분수)

21일 차

48쪽 ❗계산 결과를 대분수로 나타내지 않아도 정답으로 인정합니다.

❶ $2\frac{2}{4}$ ❷ $1\frac{4}{5}$ ❸ $3\frac{3}{5}$ ❹ $1\frac{2}{6}$ ❺ $2\frac{2}{8}$ ❻ $3\frac{6}{8}$

❼ $\frac{7}{9}$ ❽ $2\frac{6}{9}$ ❾ $3\frac{4}{10}$ ❿ $4\frac{8}{12}$ ⓫ $1\frac{8}{13}$ ⓬ $1\frac{12}{13}$

49쪽

⓭ $2\frac{10}{14}$ ⓮ $1\frac{14}{16}$ ⓯ $2\frac{14}{17}$ ⓰ $2\frac{18}{19}$ ⓱ $3\frac{17}{21}$ ⓲ $3\frac{20}{22}$

⓳ $3\frac{18}{23}$ ⓴ $1\frac{19}{25}$ ㉑ $5\frac{23}{25}$ ㉒ $\frac{24}{26}$ ㉓ $3\frac{18}{28}$ ㉔ $2\frac{28}{29}$

㉕ $1\frac{21}{29}$ ㉖ $5\frac{28}{31}$ ㉗ $6\frac{34}{35}$ ㉘ $2\frac{35}{37}$ ㉙ $5\frac{33}{39}$ ㉚ $8\frac{26}{40}$

22일 차

50쪽 ❗계산 결과를 대분수로 나타내지 않아도 정답으로 인정합니다.

❶ $1\frac{3}{4}$ ❷ $1\frac{5}{6}$ ❸ $1\frac{5}{7}$ ❹ $1\frac{7}{9}$ ❺ $3\frac{2}{9}$ ❻ $1\frac{6}{10}$

❼ $\frac{10}{11}$ ❽ $1\frac{6}{12}$ ❾ $5\frac{6}{14}$ ❿ $1\frac{13}{15}$ ⓫ $1\frac{8}{15}$ ⓬ $3\frac{12}{16}$

⓭ $1\frac{9}{16}$ ⓮ $3\frac{11}{17}$ ⓯ $1\frac{16}{17}$ ⓰ $5\frac{13}{19}$ ⓱ $8\frac{18}{20}$ ⓲ $2\frac{20}{22}$

51쪽

⓳ $\frac{21}{23}$ ⓴ $3\frac{13}{23}$ ㉑ $2\frac{18}{24}$ ㉒ $5\frac{23}{26}$ ㉓ $4\frac{16}{27}$ ㉔ $2\frac{26}{27}$

㉕ $1\frac{26}{28}$ ㉖ $4\frac{27}{29}$ ㉗ $1\frac{12}{29}$ ㉘ $2\frac{8}{30}$ ㉙ $1\frac{30}{32}$ ㉚ $5\frac{25}{33}$

㉛ $6\frac{32}{34}$ ㉜ $1\frac{33}{35}$ ㉝ $1\frac{21}{37}$ ㉞ $2\frac{22}{40}$ ㉟ $5\frac{9}{43}$ ㊱ $7\frac{43}{45}$

⑪ 분모가 같은 (대분수) – (가분수)

23일 차

52쪽 ❗계산 결과를 대분수로 나타내지 않아도 정답으로 인정합니다.

❶ $2\frac{3}{4}$ ❷ $2\frac{1}{4}$ ❸ $2\frac{4}{5}$ ❹ $3\frac{1}{5}$ ❺ $\frac{4}{6}$ ❻ $3\frac{1}{6}$ ❼ $1\frac{6}{7}$

❽ $3\frac{6}{7}$ ❾ $2\frac{2}{7}$ ❿ $1\frac{7}{8}$ ⓫ $\frac{1}{8}$ ⓬ $1\frac{3}{8}$ ⓭ $2\frac{8}{9}$ ⓮ $2\frac{3}{9}$

53쪽

⓯ $1\frac{6}{9}$ ⓰ $\frac{9}{10}$ ⓱ $2\frac{5}{10}$ ⓲ $7\frac{5}{11}$ ⓳ $4\frac{8}{12}$ ⓴ $5\frac{10}{12}$ ㉑ $2\frac{11}{13}$

㉒ $6\frac{4}{13}$ ㉓ $1\frac{7}{14}$ ㉔ $4\frac{8}{14}$ ㉕ $4\frac{3}{14}$ ㉖ $7\frac{8}{15}$ ㉗ $3\frac{13}{15}$ ㉘ $6\frac{11}{16}$

㉙ $2\frac{19}{20}$ ㉚ $1\frac{17}{20}$ ㉛ $6\frac{2}{20}$ ㉜ $2\frac{6}{21}$ ㉝ $5\frac{10}{21}$ ㉞ $\frac{11}{24}$ ㉟ $5\frac{8}{25}$

24일 차

54쪽

❗ 계산 결과를 대분수로 나타내지 않아도 정답으로 인정합니다.

① $2\frac{2}{5}$
② $3\frac{4}{5}$
③ $1\frac{4}{6}$
④ $\frac{1}{6}$
⑤ $3\frac{3}{6}$
⑥ $2\frac{4}{7}$
⑦ $4\frac{1}{7}$
⑧ $2\frac{2}{7}$
⑨ $2\frac{6}{8}$
⑩ $3\frac{2}{8}$
⑪ $1\frac{5}{9}$
⑫ $2\frac{1}{9}$
⑬ $4\frac{5}{9}$
⑭ $4\frac{7}{10}$
⑮ $3\frac{8}{10}$
⑯ $2\frac{7}{10}$
⑰ $\frac{6}{11}$
⑱ $1\frac{9}{11}$
⑲ $\frac{9}{12}$
⑳ $1\frac{8}{12}$
㉑ $4\frac{10}{12}$

55쪽

㉒ $6\frac{9}{13}$
㉓ $1\frac{10}{13}$
㉔ $1\frac{1}{13}$
㉕ $2\frac{13}{14}$
㉖ $1\frac{12}{15}$
㉗ $3\frac{1}{15}$
㉘ $\frac{11}{16}$
㉙ $3\frac{6}{16}$
㉚ $1\frac{5}{17}$
㉛ $6\frac{10}{17}$
㉜ $6\frac{17}{19}$
㉝ $5\frac{15}{19}$
㉞ $2\frac{5}{20}$
㉟ $3\frac{17}{20}$
㊱ $4\frac{13}{20}$
㊲ $7\frac{7}{21}$
㊳ $1\frac{19}{23}$
㊴ $5\frac{9}{25}$
㊵ $6\frac{20}{25}$
㊶ $3\frac{12}{25}$
㊷ $3\frac{18}{31}$

⑧~⑪ 다르게 풀기

25일 차

56쪽

❗ 계산 결과를 대분수로 나타내지 않아도 정답으로 인정합니다.

① $\frac{1}{2}$
② $5\frac{1}{4}$
③ $1\frac{5}{7}$
④ $3\frac{8}{10}$
⑤ $\frac{7}{12}$
⑥ $5\frac{14}{15}$
⑦ $6\frac{15}{17}$
⑧ $1\frac{11}{20}$

57쪽

⑨ $\frac{1}{5}$
⑩ $3\frac{1}{8}$
⑪ $1\frac{8}{9}$
⑫ $3\frac{17}{19}$
⑬ $\frac{17}{20}$
⑭ $2\frac{13}{21}$
⑮ $7\frac{12}{23}$
⑯ $6\frac{16}{25}$
⑰ $4\frac{1}{5}$, $2\frac{4}{5}$, $1\frac{2}{5}$

비법 강의 초등에서 푸는 방정식 계산 비법

26일 차

58쪽

❗ 계산 결과를 대분수로 나타내지 않아도 정답으로 인정합니다.

① $\frac{1}{6}$, $\frac{1}{6}$
② $1\frac{2}{8}$, $1\frac{2}{8}$
③ $\frac{4}{9}$, $\frac{4}{9}$
④ $\frac{3}{4}$, $\frac{3}{4}$
⑤ 1, 1
⑥ $3\frac{4}{6}$, $3\frac{4}{6}$

59쪽

⑦ $\frac{2}{7}$, $\frac{2}{7}$
⑧ $4\frac{1}{5}$, $4\frac{1}{5}$
⑨ $2\frac{2}{8}$, $2\frac{2}{8}$
⑩ $1\frac{7}{9}$, $1\frac{7}{9}$
⑪ $\frac{10}{12}$, $\frac{10}{12}$
⑫ $\frac{9}{19}$, $\frac{9}{19}$
⑬ $\frac{5}{14}$, $\frac{5}{14}$
⑭ $\frac{9}{11}$, $\frac{9}{11}$
⑮ $\frac{16}{17}$, $\frac{16}{17}$
⑯ $2\frac{1}{9}$, $2\frac{1}{9}$

평가 **1. 분수의 덧셈과 뺄셈**

27일 차

60쪽 ❶ 계산 결과를 대분수로 나타내지 않아도 정답으로 인정합니다.

1 $\frac{3}{5}$
2 $1\frac{2}{9}$
3 $1\frac{3}{11}$
4 $9\frac{6}{7}$
5 $4\frac{5}{9}$
6 $5\frac{6}{10}$
7 $8\frac{4}{15}$
8 $6\frac{1}{3}$
9 $8\frac{11}{17}$
10 $\frac{3}{6}$
11 $\frac{4}{11}$
12 $2\frac{2}{12}$
13 $3\frac{3}{19}$
14 $\frac{1}{8}$

61쪽

15 $4\frac{7}{9}$
16 $5\frac{7}{10}$
17 $\frac{7}{13}$
18 $7\frac{9}{17}$
19 $6\frac{14}{23}$
20 $3\frac{8}{16}$
21 $8\frac{7}{21}$
22 $1\frac{2}{7}$
23 $4\frac{1}{10}$
24 $2\frac{5}{14}$
25 $\frac{17}{25}$

틀린 문제는 클리닉 북에서 보충할 수 있습니다.

1 1쪽
2 2쪽
3 2쪽
4 3쪽
5 3쪽
6 4쪽
7 4쪽
8 5쪽
9 5쪽
10 6쪽
11 6쪽
12 7쪽
13 7쪽
14 8쪽
15 9쪽
16 9쪽
17 10쪽
18 10쪽
19 10쪽
20 11쪽
21 11쪽
22 2쪽
23 4쪽
24 7쪽
25 11쪽

2. 삼각형

1 이등변삼각형, 정삼각형

1일 차

64쪽

❶ 가, 나 / 가
❷ 가, 다 / 다
❸ 나 / 나
❹ 가, 나, 다 / 다

65쪽

❺ 3
❻ 7
❼ 8
❽ 6
❾ 4
❿ 5
⓫ 7, 7
⓬ 9, 9

② 이등변삼각형의 성질

2일 차

66쪽		67쪽	
❶ 70	❺ 30	❾ 40	⓭ 75
❷ 35	❻ 60	❿ 25	⓮ 55
❸ 65	❼ 40	⓫ 45	⓯ 15
❹ 50	❽ 45	⓬ 60	⓰ 80

③ 정삼각형의 성질

3일 차

68쪽		69쪽	
❶ 60	❺ 60, 60	❾ 60	⓭ 60, 60
❷ 60, 60	❻ 60, 60	❿ 60	⓮ 60, 60
❸ 60, 60	❼ 60, 60, 60	⓫ 60	⓯ 60, 60, 60
❹ 60, 60	❽ 60, 60, 60	⓬ 60	⓰ 60, 60, 60

④ 예각삼각형, 둔각삼각형

4일 차

70쪽		71쪽
❶ 예	❺ 직	❾ 다, 마 / 나 / 가, 라
❷ 둔	❻ 예	❿ 가, 다 / 라 / 나, 마
❸ 직	❼ 둔	⓫ 나, 라 / 가 / 다, 마
❹ 예	❽ 직	⓬ 나, 마 / 다 / 가, 라

평가 2. 삼각형

5일 차

72쪽		73쪽	
1 가, 나, 다 / 나	4 35	8 60	12 나 / 다 / 가
2 나, 다, 라 / 다	5 45	9 60	13 가 / 나 / 다
3 가, 라 / 라	6 75	10 60, 60	14 가 / 다 / 나
	7 20	11 60, 60	

틀린 문제는 클리닉 북에서 보충할 수 있습니다.

1 13쪽	4 14쪽	8 15쪽	12 16쪽
2 13쪽	5 14쪽	9 15쪽	13 16쪽
3 13쪽	6 14쪽	10 15쪽	14 16쪽
	7 14쪽	11 15쪽	

3. 소수의 덧셈과 뺄셈

① 소수 두 자리 수

1일 차

76쪽

① 0.05 / 영 점 영오
② 0.07 / 영 점 영칠
③ 0.29 / 영 점 이구
④ 0.38 / 영 점 삼팔
⑤ 0.43 / 영 점 사삼
⑥ 1.64 / 일 점 육사
⑦ 2.13 / 이 점 일삼
⑧ 5.59 / 오 점 오구

77쪽

⑨ 소수 둘째, 0.04
⑩ 일의, 2
⑪ 소수 첫째, 0.2
⑫ 소수 둘째, 0.03
⑬ 일의, 5
⑭ 소수 둘째, 0.08
⑮ 소수 둘째, 0.01
⑯ 소수 첫째, 0.1
⑰ 일의, 9
⑱ 소수 첫째, 0.2
⑲ 소수 둘째, 0.06
⑳ 소수 첫째, 0.9

② 소수 세 자리 수

2일 차

78쪽

① 0.004 / 영 점 영영사
② 0.012 / 영 점 영일이
③ 0.097 / 영 점 영구칠
④ 0.113 / 영 점 일일삼
⑤ 0.276 / 영 점 이칠육
⑥ 0.607 / 영 점 육영칠
⑦ 2.528 / 이 점 오이팔
⑧ 8.904 / 팔 점 구영사

79쪽

⑨ 소수 셋째, 0.001
⑩ 소수 첫째, 0.4
⑪ 소수 둘째, 0.05
⑫ 일의, 2
⑬ 소수 셋째, 0.008
⑭ 소수 둘째, 0.03
⑮ 소수 둘째, 0.06
⑯ 일의, 7
⑰ 소수 첫째, 0.5
⑱ 소수 셋째, 0.002
⑲ 소수 첫째, 0.3
⑳ 소수 셋째, 0.009

③ 소수의 크기 비교

3일 차

80쪽

① <
② >
③ <
④ <
⑤ >
⑥ <
⑦ >
⑧ >
⑨ <
⑩ >
⑪ <
⑫ >
⑬ <
⑭ <

81쪽

⑮ >
⑯ <
⑰ <
⑱ >
⑲ =
⑳ >
㉑ >
㉒ >
㉓ >
㉔ <
㉕ <
㉖ >
㉗ <
㉘ <
㉙ >
㉚ <
㉛ <
㉜ >
㉝ <
㉞ =
㉟ >

④ 소수 사이의 관계

4일 차

82쪽

❶ 0.08, 0.8, 80, 800
❷ 0.13, 1.3, 130, 1300
❸ 0.007, 0.07, 7, 70
❹ 0.091, 0.91, 91, 910
❺ 0.128, 1.28, 128, 1280

83쪽

❻ 50
❼ 47
❽ 181.3
❾ 2800
❿ 3110
⓫ 0.04
⓬ 0.068
⓭ 0.961
⓮ 0.023
⓯ 0.392

⑤ 받아올림이 없는 소수 한 자리 수의 덧셈

5일 차

84쪽

❶ 0.5
❷ 0.5
❸ 0.4
❹ 0.9
❺ 3.9
❻ 3.3
❼ 3.7
❽ 4.8
❾ 5.9
❿ 9.8
⓫ 7.7
⓬ 9.9

85쪽

⓭ 0.3
⓮ 0.9
⓯ 0.7
⓰ 0.7
⓱ 0.6
⓲ 0.8
⓳ 3.6
⓴ 2.7
㉑ 2.6
㉒ 4.9
㉓ 9.6
㉔ 7.8
㉕ 6.8
㉖ 7.9
㉗ 9.8

6일 차

86쪽

❶ 0.4
❷ 0.4
❸ 0.8
❹ 8.9
❺ 3.8
❻ 2.8
❼ 1.7
❽ 2.9
❾ 6.6
❿ 8.9
⓫ 9.7
⓬ 8.8
⓭ 10.3
⓮ 11.6
⓯ 13.9
⓰ 16.9
⓱ 17.8
⓲ 19.6

87쪽

⓳ 0.8
⓴ 0.6
㉑ 0.8
㉒ 0.5
㉓ 0.7
㉔ 1.5
㉕ 8.6
㉖ 8.4
㉗ 3.7
㉘ 9.7
㉙ 8.8
㉚ 9.7
㉛ 8.5
㉜ 9.8
㉝ 9.4
㉞ 9.9
㉟ 13.7
㊱ 15.8
㊲ 12.9
㊳ 16.9
㊴ 24.7

⑥ 받아올림이 없는 소수 두 자리 수의 덧셈

7일 차

88쪽

❶ 0.04
❷ 0.37
❸ 0.64
❹ 1.28
❺ 6.76
❻ 8.97
❼ 3.69
❽ 5.89
❾ 6.95
❿ 9.97
⓫ 9.86
⓬ 9.98

89쪽

⓭ 0.08
⓮ 0.58
⓯ 1.04
⓰ 4.27
⓱ 4.79
⓲ 5.93
⓳ 9.67
⓴ 8.96
㉑ 7.65
㉒ 6.59
㉓ 7.55
㉔ 8.95
㉕ 8.86
㉖ 9.97
㉗ 9.98

8일 차

90쪽

❶ 0.18 ❷ 0.29 ❸ 1.45 ❹ 3.97 ❺ 6.83 ❻ 5.99
❼ 3.92 ❽ 8.95 ❾ 5.69 ❿ 7.84 ⓫ 9.67 ⓬ 9.77
⓭ 11.78 ⓮ 15.85 ⓯ 14.57 ⓰ 19.68 ⓱ 18.59 ⓲ 19.89

91쪽

⓳ 0.77 ⓴ 0.75 ㉑ 4.38 ㉒ 2.99 ㉓ 3.78 ㉔ 9.36 ㉕ 8.63
㉖ 7.87 ㉗ 8.55 ㉘ 7.36 ㉙ 8.27 ㉚ 8.64 ㉛ 9.84 ㉜ 9.66
㉝ 10.96 ㉞ 15.67 ㉟ 17.85 ㊱ 16.94 ㊲ 16.37 ㊳ 15.94 ㊴ 19.98

⑤~⑥ 다르게 풀기

9일 차

92쪽

❶ 0.6 ❷ 0.74 ❸ 4.78 ❹ 8.9 ❺ 8.7
❻ 9.68 ❼ 12.69 ❽ 19.3 ❾ 13.9 ❿ 19.47

93쪽

⓫ 1.39 ⓬ 1.9 ⓭ 5.87 ⓮ 9.6
⓯ 6.5 ⓰ 9.66 ⓱ 25.6 ⓲ 25.85 ⓳ 0.5, 0.3, 0.8

⑦ 받아올림이 있는 소수 한 자리 수의 덧셈

10일 차

94쪽

❶ 1.1 ❷ 1.2 ❸ 1.2 ❹ 1.4 ❺ 1.3 ❻ 2.3
❼ 5.1 ❽ 3.2 ❾ 12 ❿ 10.3 ⓫ 10.7 ⓬ 16.3

95쪽

⓭ 1.1 ⓮ 1.3 ⓯ 1.3 ⓰ 1 ⓱ 2.2
⓲ 3.1 ⓳ 8.6 ⓴ 3.2 ㉑ 6.2 ㉒ 8.6
㉓ 10 ㉔ 10.2 ㉕ 13.1 ㉖ 16.4 ㉗ 11.4

11일 차

96쪽

❶ 1.2 ❷ 1.1 ❸ 2.1 ❹ 5.4 ❺ 8 ❻ 7.3
❼ 5.2 ❽ 7.6 ❾ 9.1 ❿ 12.1 ⓫ 10.1 ⓬ 11.5
⓭ 13.6 ⓮ 17.4 ⓯ 19.2 ⓰ 14 ⓱ 20.2 ⓲ 25.2

97쪽

⓳ 1.5 ⓴ 3 ㉑ 5.2 ㉒ 8.5 ㉓ 6.2 ㉔ 13.3 ㉕ 10.3
㉖ 8.1 ㉗ 6.4 ㉘ 9.4 ㉙ 8.5 ㉚ 10.3 ㉛ 12 ㉜ 16.3
㉝ 18 ㉞ 10.8 ㉟ 12.4 ㊱ 19.1 ㊲ 19.7 ㊳ 22.3 ㊴ 29.1

⑧ 받아올림이 있는 소수 두 자리 수의 덧셈

12일 차

98쪽

❶ 0.62
❷ 1.73
❸ 5.64
❹ 2.84
❺ 8.47
❻ 8.55
❼ 8.28
❽ 7.56
❾ 7.51
❿ 9.37
⓫ 8.43
⓬ 9.06

99쪽

⓭ 0.95
⓮ 1.83
⓯ 4.66
⓰ 7.56
⓱ 4.7
⓲ 7.18
⓳ 6.18
⓴ 5.53
㉑ 9.74
㉒ 5.16
㉓ 6.2
㉔ 8.42
㉕ 7.34
㉖ 8.48
㉗ 9.62

13일 차

100쪽

❶ 1.72
❷ 6.72
❸ 5.5
❹ 8.92
❺ 3.83
❻ 8.96
❼ 7.14
❽ 6.12
❾ 7.27
❿ 7.34
⓫ 9.76
⓬ 9.25
⓭ 9.2
⓮ 9.43
⓯ 10.72
⓰ 15.42
⓱ 16.31
⓲ 18.2

101쪽

⓳ 0.91
⓴ 2.7
㉑ 8.94
㉒ 4.71
㉓ 8.72
㉔ 6.63
㉕ 9.92
㉖ 6.64
㉗ 8.76
㉘ 7.18
㉙ 6.77
㉚ 7.08
㉛ 8.14
㉜ 9.59
㉝ 10.41
㉞ 10.61
㉟ 10.32
㊱ 16.45
㊲ 17.26
㊳ 18.2
㊴ 19.92

⑨ 자릿수가 다른 소수의 덧셈

14일 차

102쪽

❶ 0.85
❷ 8.77
❸ 4.23
❹ 8.09
❺ 7.21
❻ 8.41
❼ 4.72
❽ 5.88
❾ 8.15
❿ 8.14
⓫ 9.07
⓬ 9.57

103쪽

⓭ 0.35
⓮ 1.94
⓯ 5.41
⓰ 3.16
⓱ 6.29
⓲ 6.24
⓳ 4.42
⓴ 4.77
㉑ 4.66
㉒ 5.52
㉓ 7.38
㉔ 6.13
㉕ 8.02
㉖ 9.38
㉗ 9.05

15일 차

104쪽

❶ 3.79
❷ 9.82
❸ 4.04
❹ 4.13
❺ 6.31
❻ 5.46
❼ 9.57
❽ 5.52
❾ 8.36
❿ 8.51
⓫ 8.39
⓬ 10.24
⓭ 13.11
⓮ 15.75
⓯ 18.33
⓰ 17.21
⓱ 19.27
⓲ 22.07

105쪽

⓳ 0.87
⓴ 2.41
㉑ 7.16
㉒ 7.17
㉓ 10.25
㉔ 4.19
㉕ 8.61
㉖ 9.93
㉗ 9.63
㉘ 5.16
㉙ 8.13
㉚ 8.04
㉛ 10.14
㉜ 10.11
㉝ 12.83
㉞ 16.32
㉟ 18.47
㊱ 20.31
㊲ 23.16
㊳ 22.44
㊴ 27.52

7 ~ 9 다르게 풀기

16일 차

106쪽

1. 5.5
2. 5.12
3. 9.3
4. 7
5. 9.32
6. 8.83
7. 13
8. 11.18
9. 11.63
10. 17.22

107쪽

11. 6.4
12. 10.19
13. 6.75
14. 10.68
15. 9.1
16. 9.73
17. 11.3
18. 16.39
19. 0.57, 0.16, 0.73

10 받아내림이 없는 소수 한 자리 수의 뺄셈

17일 차

108쪽

1. 0.1
2. 0.1
3. 0.2
4. 2
5. 1.3
6. 2.5
7. 2.3
8. 1.4
9. 4.2
10. 0.5
11. 5.7
12. 8.1

109쪽

13. 0.3
14. 0
15. 1.2
16. 0.2
17. 2.4
18. 2.4
19. 3.3
20. 1.3
21. 0.4
22. 4.6
23. 6
24. 3.6
25. 3.2
26. 7.6
27. 2.4

18일 차

110쪽

1. 0.1
2. 0.4
3. 1.3
4. 0.6
5. 1
6. 2.3
7. 2.4
8. 0.3
9. 3.6
10. 6.2
11. 5.4
12. 0.5
13. 10
14. 10.3
15. 11.4
16. 13.2
17. 12.2
18. 14.7

111쪽

19. 0.2
20. 0.1
21. 1.3
22. 0.4
23. 3.4
24. 4
25. 2.1
26. 0.7
27. 6.4
28. 5.6
29. 5.2
30. 5.3
31. 9.1
32. 1
33. 10.1
34. 11.5
35. 10
36. 11.2
37. 13.4
38. 16.1
39. 20.2

11 받아내림이 없는 소수 두 자리 수의 뺄셈

19일 차

112쪽

1. 0.03
2. 0.62
3. 1.27
4. 2.14
5. 1.58
6. 4.02
7. 2.13
8. 1.11
9. 4.2
10. 2.54
11. 5.62
12. 8.75

113쪽

13. 0.04
14. 0.2
15. 0.66
16. 1.36
17. 3.25
18. 1.1
19. 2.25
20. 4.35
21. 3.63
22. 1.15
23. 2.41
24. 5.32
25. 7.23
26. 5.04
27. 3.72

20일 차

114쪽

❶ 0.08
❷ 0.45
❸ 2.36
❹ 2.52
❺ 3.7
❻ 5.26
❼ 3.43
❽ 0.02
❾ 4.14
❿ 3.34
⓫ 8.21
⓬ 8.22
⓭ 10.61
⓮ 10.42
⓯ 11.2
⓰ 11.53
⓱ 14.76
⓲ 11.73

115쪽

⓳ 0.33
⓴ 1.51
㉑ 1.21
㉒ 1.06
㉓ 2.42
㉔ 0.11
㉕ 3.5
㉖ 3.24
㉗ 1.3
㉘ 2.27
㉙ 5.54
㉚ 4.5
㉛ 3.32
㉜ 3.13
㉝ 10.02
㉞ 11.06
㉟ 13.21
㊱ 12.54
㊲ 11.03
㊳ 20.08
㊴ 21.61

⑩~⑪ 다르게 풀기

21일 차

116쪽

❶ 0.2
❷ 0.13
❸ 1.1
❹ 0.5
❺ 5
❻ 2.4
❼ 3.02
❽ 11.21
❾ 14.1
❿ 10.14

117쪽

⓫ 0.12
⓬ 2.3
⓭ 3.3
⓮ 3.2
⓯ 0.8
⓰ 7.3
⓱ 4
⓲ 10.21
⓳ 1.6, 1.1, 0.5

⑫ 받아내림이 있는 소수 한 자리 수의 뺄셈

22일 차

118쪽

❶ 0.9
❷ 0.8
❸ 0.9
❹ 2.8
❺ 3.7
❻ 1.7
❼ 0.4
❽ 0.7
❾ 2.5
❿ 1.8
⓫ 1.2
⓬ 0.8

119쪽

⓭ 0.9
⓮ 1.7
⓯ 1.9
⓰ 1.3
⓱ 0.8
⓲ 3.6
⓳ 5.4
⓴ 2.9
㉑ 3.7
㉒ 1.5
㉓ 0.8
㉔ 2.5
㉕ 7.4
㉖ 5.7
㉗ 3.8

23일 차

120쪽

❶ 0.9
❷ 1.5
❸ 1.9
❹ 2.8
❺ 1.5
❻ 2.7
❼ 4.6
❽ 0.9
❾ 6.9
❿ 5.6
⓫ 6.8
⓬ 8.8
⓭ 10.4
⓮ 10.6
⓯ 11.3
⓰ 9.8
⓱ 8.7
⓲ 11.4

121쪽

⓳ 0.7
⓴ 2.4
㉑ 1.6
㉒ 1.9
㉓ 2.8
㉔ 2.4
㉕ 0.9
㉖ 2.5
㉗ 0.8
㉘ 3.9
㉙ 2.9
㉚ 1.8
㉛ 4.3
㉜ 6.3
㉝ 9.3
㉞ 1.4
㉟ 11.6
㊱ 10.5
㊲ 6.8
㊳ 13.7
㊴ 16.8

⑬ 받아내림이 있는 소수 두 자리 수의 뺄셈

24일 차

122쪽

1. 0.17
2. 0.34
3. 1.26
4. 2.79
5. 1.47
6. 2.75
7. 1.96
8. 2.81
9. 3.59
10. 4.43
11. 2.37
12. 2.76

123쪽

13. 0.25
14. 1.18
15. 0.38
16. 0.12
17. 1.47
18. 2.32
19. 0.95
20. 3.72
21. 1.93
22. 1.29
23. 2.64
24. 5.48
25. 5.77
26. 5.48
27. 2.85

25일 차

124쪽

1. 0.38
2. 0.03
3. 0.47
4. 2.16
5. 3.19
6. 1.64
7. 2.81
8. 2.46
9. 4.93
10. 1.43
11. 7.64
12. 7.71
13. 7.28
14. 8.89
15. 11.57
16. 10.48
17. 13.85
18. 11.55

125쪽

19. 1.17
20. 0.59
21. 0.05
22. 1.43
23. 3.08
24. 2.18
25. 0.05
26. 2.97
27. 1.74
28. 4.73
29. 6.86
30. 4.53
31. 2.31
32. 7.62
33. 5.47
34. 4.86
35. 9.24
36. 11.69
37. 9.59
38. 10.75
39. 11.66

⑭ 자릿수가 다른 소수의 뺄셈

26일 차

126쪽

1. 0.22
2. 1.37
3. 0.89
4. 0.35
5. 1.94
6. 4.93
7. 0.47
8. 2.31
9. 2.29
10. 5.74
11. 1.38
12. 7.67

127쪽

13. 0.15
14. 0.43
15. 1.86
16. 0.77
17. 2.42
18. 0.61
19. 3.88
20. 3.36
21. 3.17
22. 5.13
23. 2.79
24. 2.54
25. 0.58
26. 2.52
27. 6.85

27일 차

128쪽

1. 1.23
2. 1.35
3. 0.71
4. 2.97
5. 1.76
6. 4.95
7. 0.47
8. 5.22
9. 4.46
10. 4.53
11. 3.48
12. 5.96
13. 7.99
14. 8.98
15. 10.53
16. 14.01
17. 13.73
18. 11.75

129쪽

19. 1.34
20. 2.56
21. 2.71
22. 0.45
23. 1.73
24. 1.69
25. 2.71
26. 0.22
27. 5.53
28. 1.22
29. 5.55
30. 4.93
31. 1.95
32. 2.61
33. 8.96
34. 9.82
35. 10.48
36. 11.44
37. 17.43
38. 17.52
39. 19.82

⑫~⑭ 다르게 풀기

28일 차

130쪽

❶ 0.9
❷ 2.34
❸ 1.48
❹ 2.51
❺ 0.88
❻ 1.3
❼ 2.45
❽ 1.68
❾ 5.81
❿ 9.63

131쪽

⓫ 0.4
⓬ 2.52
⓭ 3.74
⓮ 4.06
⓯ 3.22
⓰ 7.9
⓱ 6.99
⓲ 6.26
⓳ 2.44, 0.25, 2.19

비법 강의 초등에서 푸는 방정식 계산 비법

29일 차

132쪽

❶ 1.3, 1.3
❷ 2.7, 2.7
❸ 1.37, 1.37
❹ 0.54, 0.54
❺ 2.5, 2.5
❻ 4.2, 4.2
❼ 5.99, 5.99
❽ 6.95, 6.95

133쪽

❾ 2.6, 2.6
❿ 4.5, 4.5
⓫ 5.23, 5.23
⓬ 2.6, 2.6
⓭ 1.76, 1.76
⓮ 1.01, 1.01
⓯ 8.72, 8.72
⓰ 3.72, 3.72
⓱ 4.36, 4.36
⓲ 4.93, 4.93

평가 3. 소수의 덧셈과 뺄셈

30일 차

134쪽

1 2.78 / 이 점 칠팔
2 0.205 / 영 점 이영오
3 <
4 >
5 0.07, 0.7, 70, 700
6 0.019, 0.19, 19, 190
7 6.4
8 8.95
9 8.22
10 1.6
11 2.04
12 4.96

135쪽

13 2.8
14 9
15 7.43
16 7.08
17 3.5
18 1.8
19 4.78
20 2.65
21 3.93
22 10.18
23 2.5
24 10.04
25 25.87

틀린 문제는 클리닉 북에서 보충할 수 있습니다.

1 17쪽
2 18쪽
3 19쪽
4 19쪽
5 20쪽
6 20쪽
7 23쪽
8 24쪽
9 25쪽
10 28쪽
11 29쪽
12 30쪽
13 21쪽
14 23쪽
15 24쪽
16 25쪽
17 26쪽
18 28쪽
19 29쪽
20 30쪽
21 22쪽
22 25쪽
23 26쪽
24 27쪽
25 30쪽

4. 사각형

① 수직

1일 차

138쪽

❶ ○
❷ ×
❸ ○
❹ ○
❺ ×
❻ ○
❼ ○
❽ ×
❾ ×
❿ ○

139쪽

⓫ 가, 다
⓬ 나, 다, 마
⓭ 가, 다, 라
⓮ 나, 라

② 평행

2일 차

140쪽

❶ ○
❷ ×
❸ ○
❹ ×
❺ ×
❻ ×
❼ ×
❽ ○
❾ ×
❿ ○

141쪽

⓫ 4 cm
⓬ 6 cm
⓭ 7 cm
⓮ 10 cm
⓯ 11 cm
⓰ 13 cm
⓱ 15 cm
⓲ 16 cm

③ 사다리꼴

3일 차

142쪽

❶ ○
❷ ○
❸ ×
❹ ×
❺ ○
❻ ×
❼ ○
❽ ×
❾ ○
❿ ○

143쪽

⓫ 가, 라
⓬ 나, 마
⓭ 가, 다
⓮ 나, 라, 마

④ 평행사변형

4일 차

144쪽

❶ ×
❷ ○
❸ ×
❹ ○
❺ ○
❻ ○
❼ ×
❽ ×
❾ ○
❿ ×

145쪽 ❗정답을 위에서부터 확인합니다.

⓫ 6, 3
⓬ 7, 9
⓭ 5, 11
⓮ 10, 13
⓯ 110, 70
⓰ 120, 60
⓱ 45, 135
⓲ 105, 75

⑤ 마름모

5일 차

146쪽

❶ ○
❷ ×
❸ ×
❹ ○
❺ ×
❻ ×
❼ ○
❽ ○
❾ ×
❿ ○

147쪽 ❶ 정답을 위에서부터 확인합니다.

⑪ 5, 50
⑫ 80, 7
⑬ 55, 6
⑭ 90, 9
⑮ 90, 8, 6
⑯ 90, 10
⑰ 90, 4, 9
⑱ 90, 5, 11

평가 4. 사각형

6일 차

148쪽

1 ○
2 ×
3 ○
4 ×
5 ×
6 3 cm
7 7 cm
8 ○
9 ×
10 ○

149쪽

11 ○
12 ×
13 ○
14 (왼쪽부터) 2, 6
15 (왼쪽부터) 130, 50
16 ×
17 ○
18 ○
19 (위에서부터) 70, 8
20 (위에서부터) 90, 7, 4

틀린 문제는 클리닉 북에서 보충할 수 있습니다.

문제	쪽	문제	쪽	문제	쪽	문제	쪽
1	31쪽	6	32쪽	11	34쪽	16	35쪽
2	31쪽	7	32쪽	12	34쪽	17	35쪽
3	32쪽	8	33쪽	13	34쪽	18	35쪽
4	32쪽	9	33쪽	14	34쪽	19	35쪽
5	32쪽	10	33쪽	15	34쪽	20	35쪽

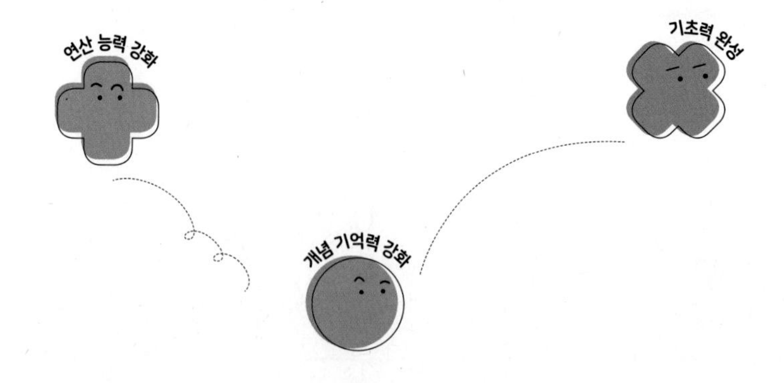

5. 꺾은선그래프

① 꺾은선그래프

1일 차

152쪽

❶ 꺾은선그래프
❷ 연도 / 학생 수
❸ 1명
❹ 초등학생 수의 변화

153쪽

❺ 날짜 / 판매량
❻ 1자루
❼ 연필 판매량의 변화
❽ 꺾은선그래프

② 꺾은선그래프에서 알 수 있는 내용

2일 차

154쪽

❶ 9 ℃
❷ 수요일
❸ 수요일, 목요일
❹ 화요일, 수요일

155쪽

❺ 2016년
❻ 2016년, 2017년
❼ 2015년, 2016년
❽ 4 mm

③ 꺾은선그래프로 나타내기

3일 차

156쪽

❶ 요일별 윗몸 일으키기 횟수

(회) 30, 20, 10, 0
횟수 / 요일: 월, 화, 수, 목, 금 (요일)

❷ 연도별 강수량

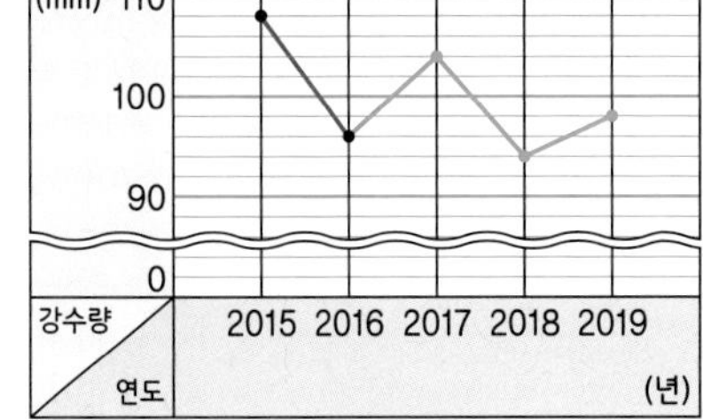

157쪽

❸ 냉장고 판매량

(대) 15, 10, 5, 0
판매량 / 월: 7, 8, 9, 10, 11 (월)

❹ 최저 기온

(℃) 1.5, 1, 0.5, 0
기온 / 날짜: 1, 2, 3, 4, 5 (일)

❺ 모둠발로 앞으로 줄넘기를 한 개수

(개) 90, 85, 80, 0
개수 / 회: 1, 2, 3, 4, 5 (회)

❻ 요일별 쓰레기 배출량

(L) 300, 250, 200, 0
배출량 / 요일: 월, 화, 수, 목, 금 (요일)

5. 꺾은선그래프

158쪽

1 꺾은선그래프

2 시각 / 기온

3 1 °C

4 운동장의 기온의 변화

5 7월

6 20 mm

7 6월, 7월

8 4월, 5월

159쪽

9 3월

10 1월

11 3월, 4월

12 6명

13 턱걸이 기록

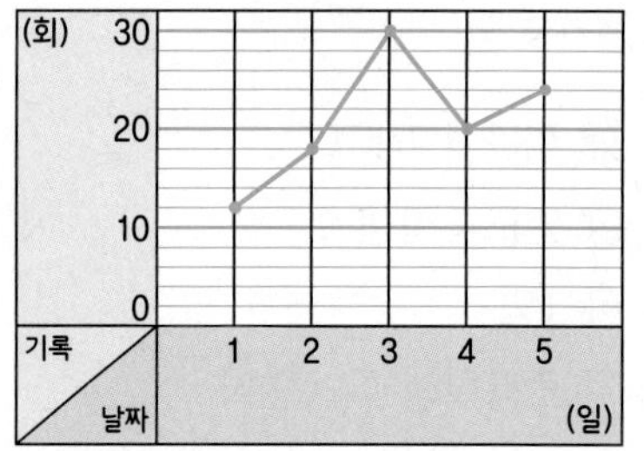

14 소설책 판매량

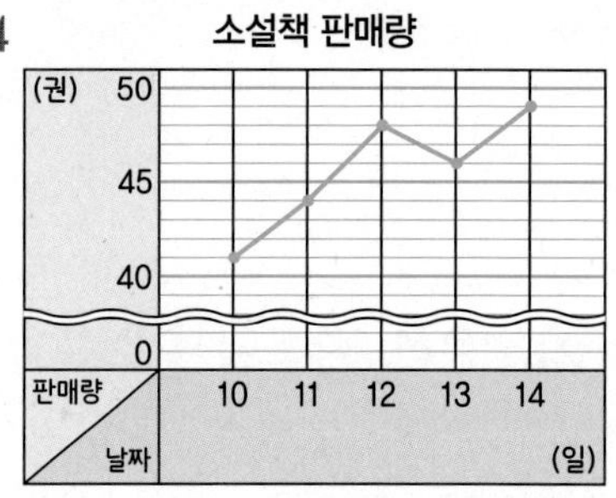

틀린 문제는 클리닉 북에서 보충할 수 있습니다.

1 37쪽
2 37쪽
3 37쪽
4 37쪽
5 38쪽
6 38쪽
7 38쪽
8 38쪽
9 38쪽
10 38쪽
11 38쪽
12 38쪽
13 39쪽
14 39쪽

6. 다각형

① 다각형

1일 차

162쪽

❶ ○
❷ ×
❸ ○
❹ ○
❺ ×
❻ ○
❼ ×
❽ ○
❾ ×
❿ ○

163쪽

⓫ 사각형
⓬ 오각형
⓭ 삼각형
⓮ 육각형
⓯ 오각형
⓰ 칠각형
⓱ 사각형
⓲ 팔각형
⓳ 육각형
⓴ 팔각형
㉑ 오각형
㉒ 칠각형

② 정다각형

2일 차

164쪽

❶ ○
❷ ○
❸ ×
❹ ○
❺ ×
❻ ×
❼ ×
❽ ○
❾ ×
❿ ○

165쪽

⓫ 정삼각형
⓬ 정사각형
⓭ 정육각형
⓮ 정칠각형
⓯ 정오각형
⓰ 정칠각형
⓱ 정팔각형
⓲ 정사각형
⓳ 정육각형
⓴ 정팔각형
㉑ 정오각형
㉒ 정구각형

③ 대각선

3일 차

166쪽

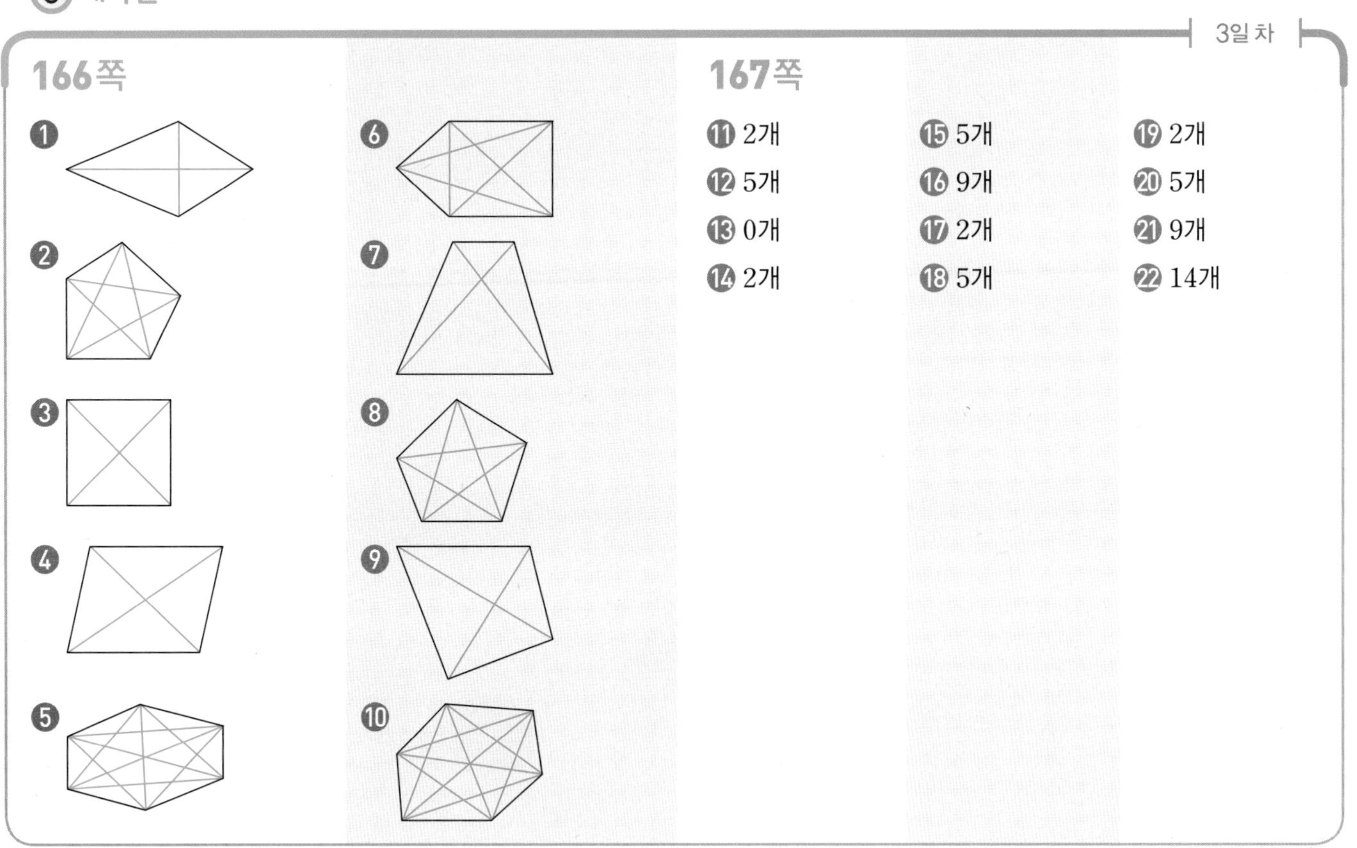

167쪽

⓫ 2개
⓬ 5개
⓭ 0개
⓮ 2개
⓯ 5개
⓰ 9개
⓱ 2개
⓲ 5개
⓳ 2개
⓴ 5개
㉑ 9개
㉒ 14개

평가 **6. 다각형**

4일 차

168쪽

1 ×
2 ○
3 ×
4 ○
5 ×
6 ○
7 ×
8 ○
9 ○
10 ×

169쪽

11 오각형
12 육각형
13 칠각형
14 정삼각형
15 정사각형
16 정팔각형
17 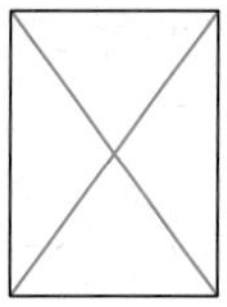 / 2개
18 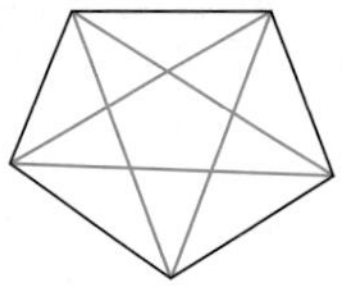 / 5개
19 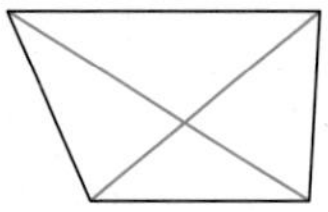 / 2개
20 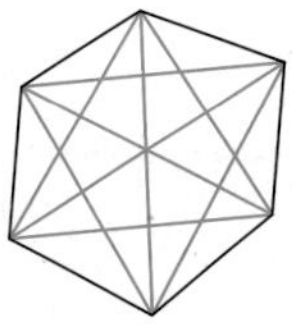 / 9개

틀린 문제는 클리닉 북에서 보충할 수 있습니다.

문제	쪽	문제	쪽	문제	쪽	문제	쪽
1	41쪽	6	42쪽	11	41쪽	17	43쪽
2	41쪽	7	42쪽	12	41쪽	18	43쪽
3	41쪽	8	42쪽	13	41쪽	19	43쪽
4	41쪽	9	42쪽	14	42쪽	20	43쪽
5	41쪽	10	42쪽	15	42쪽		
				16	42쪽		

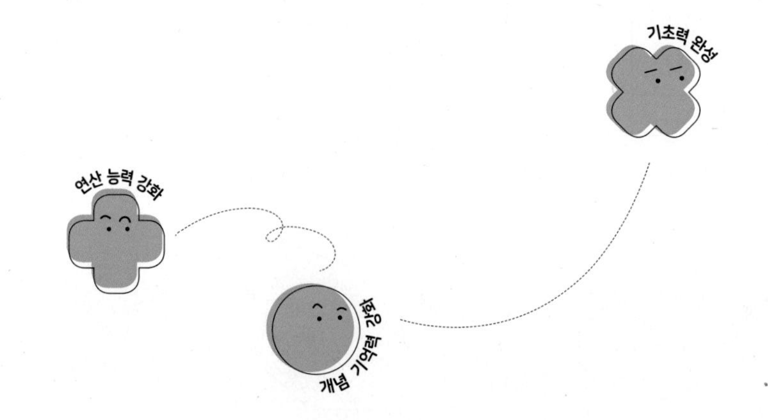

1. 분수의 덧셈과 뺄셈

1쪽 1 합이 1보다 작고 분모가 같은 (진분수)+(진분수)

① $\frac{2}{3}$ ② $\frac{4}{5}$ ③ $\frac{5}{7}$
④ $\frac{7}{9}$ ⑤ $\frac{8}{11}$ ⑥ $\frac{8}{13}$
⑦ $\frac{11}{15}$ ⑧ $\frac{14}{17}$ ⑨ $\frac{17}{19}$
⑩ $\frac{13}{21}$ ⑪ $\frac{3}{23}$ ⑫ $\frac{17}{25}$
⑬ $\frac{23}{27}$ ⑭ $\frac{21}{29}$ ⑮ $\frac{10}{31}$
⑯ $\frac{20}{33}$ ⑰ $\frac{29}{35}$ ⑱ $\frac{26}{37}$
⑲ $\frac{14}{41}$ ⑳ $\frac{32}{43}$ ㉑ $\frac{11}{45}$

2쪽 2 합이 1보다 크고 분모가 같은 (진분수)+(진분수)

① $1\frac{2}{4}$ ② $1\frac{2}{5}$ ③ 1
④ $1\frac{4}{8}$ ⑤ $1\frac{1}{9}$ ⑥ $1\frac{6}{10}$
⑦ $1\frac{4}{11}$ ⑧ $1\frac{4}{12}$ ⑨ $1\frac{1}{13}$
⑩ $1\frac{2}{15}$ ⑪ $1\frac{6}{17}$ ⑫ $1\frac{5}{19}$
⑬ $1\frac{4}{22}$ ⑭ $1\frac{2}{23}$ ⑮ 1
⑯ $1\frac{11}{27}$ ⑰ $1\frac{1}{31}$ ⑱ $1\frac{2}{33}$
⑲ 1 ⑳ $1\frac{7}{43}$ ㉑ $1\frac{4}{45}$

3쪽 3 진분수 부분의 합이 1보다 작고 분모가 같은 (대분수)+(대분수)

① $3\frac{2}{3}$ ② $3\frac{2}{4}$ ③ $2\frac{3}{5}$
④ $2\frac{6}{7}$ ⑤ $3\frac{6}{8}$ ⑥ $5\frac{9}{11}$
⑦ $6\frac{10}{13}$ ⑧ $2\frac{13}{14}$ ⑨ $6\frac{11}{15}$
⑩ $4\frac{15}{17}$ ⑪ $10\frac{17}{19}$ ⑫ $6\frac{17}{20}$
⑬ $12\frac{17}{21}$ ⑭ $14\frac{10}{22}$ ⑮ $3\frac{7}{25}$
⑯ $19\frac{3}{29}$ ⑰ $14\frac{14}{30}$ ⑱ $5\frac{32}{33}$

4쪽 4 진분수 부분의 합이 1보다 크고 분모가 같은 (대분수)+(대분수)

① $3\frac{1}{3}$ ② $4\frac{1}{4}$ ③ $5\frac{2}{5}$
④ $5\frac{2}{7}$ ⑤ $5\frac{4}{8}$ ⑥ $7\frac{4}{11}$
⑦ 6 ⑧ $3\frac{8}{14}$ ⑨ $8\frac{2}{15}$
⑩ $5\frac{4}{17}$ ⑪ 9 ⑫ $9\frac{8}{20}$
⑬ $11\frac{2}{21}$ ⑭ $9\frac{1}{22}$ ⑮ $5\frac{7}{23}$
⑯ $17\frac{2}{29}$ ⑰ $16\frac{4}{30}$ ⑱ $7\frac{4}{33}$

5쪽 5 분모가 같은 (대분수)+(가분수)

① $2\frac{2}{4}$ ② $3\frac{3}{5}$ ③ $2\frac{3}{6}$
④ $4\frac{3}{7}$ ⑤ $4\frac{5}{7}$ ⑥ $2\frac{6}{8}$
⑦ $3\frac{6}{9}$ ⑧ $3\frac{2}{10}$ ⑨ $6\frac{6}{10}$
⑩ 4 ⑪ $3\frac{8}{12}$ ⑫ $4\frac{6}{13}$
⑬ $4\frac{3}{13}$ ⑭ $7\frac{3}{15}$ ⑮ $6\frac{7}{15}$
⑯ $5\frac{4}{16}$ ⑰ $4\frac{6}{17}$ ⑱ $8\frac{6}{19}$
⑲ $3\frac{6}{20}$ ⑳ $8\frac{5}{20}$ ㉑ $7\frac{8}{21}$

6쪽 6 분모가 같은 (진분수) − (진분수)

① $\frac{1}{4}$ ② $\frac{2}{5}$ ③ $\frac{1}{5}$
④ $\frac{2}{6}$ ⑤ $\frac{1}{7}$ ⑥ $\frac{6}{8}$
⑦ $\frac{3}{9}$ ⑧ $\frac{2}{10}$ ⑨ $\frac{3}{11}$
⑩ $\frac{2}{12}$ ⑪ $\frac{7}{13}$ ⑫ $\frac{6}{15}$
⑬ $\frac{7}{19}$ ⑭ $\frac{9}{21}$ ⑮ $\frac{1}{22}$
⑯ $\frac{6}{25}$ ⑰ $\frac{4}{26}$ ⑱ $\frac{2}{33}$
⑲ $\frac{3}{35}$ ⑳ $\frac{24}{41}$ ㉑ $\frac{24}{43}$

7쪽 7 분수 부분끼리 뺄 수 있고 분모가 같은 (대분수) − (대분수)

① $1\frac{1}{5}$ ② $2\frac{4}{6}$ ③ $3\frac{4}{7}$
④ $7\frac{4}{8}$ ⑤ $4\frac{2}{9}$ ⑥ $1\frac{8}{10}$
⑦ $4\frac{3}{11}$ ⑧ $1\frac{3}{13}$ ⑨ $3\frac{11}{15}$
⑩ $1\frac{4}{16}$ ⑪ $6\frac{5}{17}$ ⑫ $8\frac{3}{19}$
⑬ $1\frac{8}{21}$ ⑭ $1\frac{8}{22}$ ⑮ $2\frac{2}{29}$
⑯ $8\frac{17}{31}$ ⑰ $\frac{2}{33}$ ⑱ $2\frac{2}{35}$

8쪽 8 1 − (진분수)

① $\frac{1}{3}$ ② $\frac{2}{5}$ ③ $\frac{3}{6}$
④ $\frac{2}{6}$ ⑤ $\frac{2}{7}$ ⑥ $\frac{5}{8}$
⑦ $\frac{2}{9}$ ⑧ $\frac{8}{11}$ ⑨ $\frac{7}{12}$
⑩ $\frac{3}{13}$ ⑪ $\frac{5}{14}$ ⑫ $\frac{1}{16}$
⑬ $\frac{15}{17}$ ⑭ $\frac{2}{19}$ ⑮ $\frac{21}{26}$
⑯ $\frac{23}{27}$ ⑰ $\frac{3}{28}$ ⑱ $\frac{13}{30}$
⑲ $\frac{27}{35}$ ⑳ $\frac{17}{39}$ ㉑ $\frac{7}{41}$

9쪽 9 (자연수) − (분수)

① $2\frac{2}{3}$ ② $1\frac{1}{4}$ ③ $3\frac{3}{5}$
④ $5\frac{1}{6}$ ⑤ $6\frac{1}{7}$ ⑥ $1\frac{7}{8}$
⑦ $2\frac{4}{9}$ ⑧ $4\frac{1}{10}$ ⑨ $7\frac{8}{11}$
⑩ $2\frac{1}{3}$ ⑪ $\frac{6}{7}$ ⑫ $3\frac{7}{12}$
⑬ $2\frac{13}{19}$ ⑭ $2\frac{3}{20}$ ⑮ $3\frac{15}{22}$
⑯ $2\frac{9}{23}$ ⑰ $3\frac{22}{27}$ ⑱ $\frac{1}{31}$
⑲ $10\frac{17}{32}$ ⑳ $6\frac{19}{40}$ ㉑ $11\frac{7}{45}$

10쪽 10 분수 부분끼리 뺄 수 없고 분모가 같은 (대분수) − (대분수)

① $\frac{2}{3}$ ② $1\frac{3}{5}$ ③ $3\frac{5}{6}$
④ $2\frac{5}{7}$ ⑤ $5\frac{6}{8}$ ⑥ $1\frac{3}{9}$
⑦ $1\frac{8}{10}$ ⑧ $\frac{6}{12}$ ⑨ $2\frac{12}{13}$
⑩ $6\frac{6}{14}$ ⑪ $1\frac{15}{17}$ ⑫ $1\frac{17}{21}$
⑬ $5\frac{18}{22}$ ⑭ $\frac{23}{25}$ ⑮ $1\frac{10}{26}$
⑯ $3\frac{15}{27}$ ⑰ $4\frac{31}{33}$ ⑱ $2\frac{26}{35}$

11쪽 11 분모가 같은 (대분수) − (가분수)

① $1\frac{2}{5}$ ② $2\frac{3}{6}$ ③ $3\frac{2}{7}$
④ $2\frac{4}{8}$ ⑤ $1\frac{2}{8}$ ⑥ $1\frac{6}{9}$
⑦ $4\frac{6}{9}$ ⑧ $4\frac{3}{10}$ ⑨ $2\frac{2}{11}$
⑩ $1\frac{6}{12}$ ⑪ $7\frac{1}{12}$ ⑫ $\frac{12}{13}$
⑬ $4\frac{4}{13}$ ⑭ $2\frac{4}{14}$ ⑮ $\frac{3}{15}$
⑯ $1\frac{12}{15}$ ⑰ $1\frac{2}{16}$ ⑱ $4\frac{5}{17}$
⑲ $3\frac{5}{19}$ ⑳ $4\frac{8}{20}$ ㉑ $6\frac{20}{22}$

2. 삼각형

13쪽 1 이등변삼각형, 정삼각형

❶ 나, 다 / 다 ❷ 가, 나, 라 / 가
❸ 9 ❹ 6 ❺ 8
❻ 6 ❼ 7, 7 ❽ 10, 10

14쪽 2 이등변삼각형의 성질

❶ 80 ❷ 40 ❸ 65
❹ 45 ❺ 35 ❻ 75
❼ 55 ❽ 30 ❾ 50
❿ 25 ⓫ 20 ⓬ 70

15쪽 3 정삼각형의 성질

❶ 60 ❷ 60 ❸ 60, 60
❹ 60, 60 ❺ 60, 60, 60 ❻ 60, 60, 60
❼ 60 ❽ 60 ❾ 60
❿ 60, 60 ⓫ 60, 60 ⓬ 60, 60

16쪽 4 예각삼각형, 둔각삼각형

❶ 예 ❷ 직 ❸ 둔
❹ 직 ❺ 예 ❻ 둔
❼ 나, 마 / 라 / 가, 다
❽ 나, 라 / 가 / 다, 마

3. 소수의 덧셈과 뺄셈

17쪽 1 소수 두 자리 수

❶ 0.02 / 영 점 영이 ❷ 0.27 / 영 점 이칠
❸ 1.48 / 일 점 사팔 ❹ 3.95 / 삼 점 구오
❺ 소수 첫째, 0.6 ❻ 소수 둘째, 0.08
❼ 소수 둘째, 0.01 ❽ 소수 첫째, 0.7
❾ 일의, 9 ❿ 일의, 4

18쪽 2 소수 세 자리 수

❶ 0.009 / 영 점 영영구 ❷ 0.291 / 영 점 이구일
❸ 2.053 / 이 점 영오삼 ❹ 7.604 / 칠 점 육영사
❺ 소수 첫째, 0.1 ❻ 소수 셋째, 0.003
❼ 소수 둘째, 0.02 ❽ 소수 둘째, 0.08
❾ 일의, 9 ❿ 소수 셋째, 0.007

19쪽 3 소수의 크기 비교

❶ < ❷ > ❸ <
❹ > ❺ < ❻ >
❼ < ❽ > ❾ >
❿ > ⓫ > ⓬ >
⓭ < ⓮ = ⓯ <
⓰ > ⓱ < ⓲ >
⓳ > ⓴ < ㉑ <

20쪽 4 소수 사이의 관계

❶ 0.09, 0.9, 90, 900
❷ 0.072, 0.72, 72, 720
❸ 0.136, 1.36, 136, 1360
❹ 70 ❺ 2481
❻ 0.08 ❼ 0.072

21쪽 5 받아올림이 없는 소수 한 자리 수의 덧셈

① 0.7	② 0.6	③ 5.8
④ 1.9	⑤ 8.9	⑥ 4.8
⑦ 4.7	⑧ 10.3	⑨ 18.7
⑩ 0.6	⑪ 0.5	⑫ 0.9
⑬ 2.9	⑭ 3.8	⑮ 7.6
⑯ 9.5	⑰ 15.9	⑱ 19.6

22쪽 6 받아올림이 없는 소수 두 자리 수의 덧셈

① 0.15	② 0.65	③ 2.68
④ 1.88	⑤ 5.66	⑥ 6.96
⑦ 9.99	⑧ 10.47	⑨ 15.68
⑩ 0.75	⑪ 0.46	⑫ 3.58
⑬ 3.88	⑭ 4.84	⑮ 7.56
⑯ 9.64	⑰ 17.93	⑱ 27.69

23쪽 7 받아올림이 있는 소수 한 자리 수의 덧셈

① 1.3	② 1.3	③ 1.1
④ 2.2	⑤ 6.2	⑥ 7.5
⑦ 14.3	⑧ 15.1	⑨ 23.3
⑩ 1	⑪ 1.8	⑫ 5.4
⑬ 7.1	⑭ 9.6	⑮ 6
⑯ 9.2	⑰ 16.6	⑱ 19.3

24쪽 8 받아올림이 있는 소수 두 자리 수의 덧셈

① 0.64	② 3.81	③ 2.62
④ 4.53	⑤ 7.76	⑥ 9.14
⑦ 10.04	⑧ 13.3	⑨ 19.12
⑩ 0.4	⑪ 7.76	⑫ 3.65
⑬ 10.09	⑭ 6.19	⑮ 8.05
⑯ 14.42	⑰ 16.5	⑱ 21.52

25쪽 9 자릿수가 다른 소수의 덧셈

① 0.63	② 2.06	③ 4.03
④ 9.82	⑤ 10.71	⑥ 8.25
⑦ 9.58	⑧ 17.12	⑨ 21.09
⑩ 0.91	⑪ 4.35	⑫ 7.24
⑬ 6.78	⑭ 7.42	⑮ 7.68
⑯ 13.12	⑰ 19.19	⑱ 28.29

26쪽 10 받아내림이 없는 소수 한 자리 수의 뺄셈

① 0.1	② 0.2	③ 0.4
④ 3.3	⑤ 7.4	⑥ 3.2
⑦ 3.6	⑧ 10.4	⑨ 16.3
⑩ 0.1	⑪ 0.7	⑫ 3
⑬ 3.8	⑭ 1.1	⑮ 2.3
⑯ 4.2	⑰ 12.1	⑱ 16.3

27쪽 11 받아내림이 없는 소수 두 자리 수의 뺄셈

① 0.14	② 0.11	③ 0.34
④ 3.24	⑤ 3.62	⑥ 2.82
⑦ 1.62	⑧ 12.2	⑨ 13.24
⑩ 0.23	⑪ 0.27	⑫ 1.3
⑬ 3.24	⑭ 0.32	⑮ 4.17
⑯ 3.42	⑰ 12.02	⑱ 10.52

28쪽 12 받아내림이 있는 소수 한 자리 수의 뺄셈

① 0.8	② 1.8	③ 2.6
④ 4.6	⑤ 5.8	⑥ 2.3
⑦ 2.7	⑧ 10.9	⑨ 13.8
⑩ 1.6	⑪ 2.6	⑫ 3.9
⑬ 1.8	⑭ 1.9	⑮ 4.3
⑯ 2.2	⑰ 12.5	⑱ 11.8

29쪽 13 받아내림이 있는 소수 두 자리 수의 뺄셈

❶ 0.06 ❷ 0.15 ❸ 1.04
❹ 2.94 ❺ 1.94 ❻ 1.62
❼ 5.87 ❽ 7.29 ❾ 6.84
❿ 0.07 ⓫ 0.74 ⓬ 2.13
⓭ 3.72 ⓮ 1.91 ⓯ 4.76
⓰ 4.89 ⓱ 6.74 ⓲ 13.84

30쪽 14 자릿수가 다른 소수의 뺄셈

❶ 1.35 ❷ 0.72 ❸ 0.44
❹ 2.13 ❺ 4.74 ❻ 1.35
❼ 1.82 ❽ 1.88 ❾ 7.89
❿ 1.19 ⓫ 0.41 ⓬ 3.86
⓭ 2.47 ⓮ 3.81 ⓯ 3.59
⓰ 1.66 ⓱ 5.73 ⓲ 11.88

4. 사각형

31쪽 1 수직

❶ ○ ❷ × ❸ ×
❹ × ❺ ○ ❻ ○
❼ 가, 라
❽ 나, 다

32쪽 2 평행

❶ × ❷ ○ ❸ ×
❹ × ❺ ○ ❻ ○
❼ 5 cm ❽ 8 cm
❾ 11 cm ❿ 14 cm

33쪽 3 사다리꼴

❶ ○ ❷ ○ ❸ ×
❹ × ❺ ○ ❻ ○
❼ 나, 마
❽ 가, 다, 라

34쪽 4 평행사변형

❶ × ❷ ○ ❸ ○
❹ ○ ❺ × ❻ ×
❼ (왼쪽부터) 7, 4 ❽ (왼쪽부터) 11, 12
❾ (왼쪽부터) 100, 80 ❿ (왼쪽부터) 55, 125

35쪽 5 마름모

❶ × ❷ ○ ❸ ×
❹ × ❺ × ❻ ○
❼ (위에서부터) 65, 8 ❽ (위에서부터) 40, 10
❾ (위에서부터) 90, 7, 5 ❿ (위에서부터) 90, 9, 12

5. 꺾은선그래프

37쪽 1 꺾은선그래프

❶ 꺾은선그래프
❷ 월 / 판매량
❸ 1대
❹ 에어컨 판매량의 변화

38쪽 2 꺾은선그래프에서 알 수 있는 내용

❶ 2 ℃
❷ 오후 2시
❸ 오전 10시, 낮 12시
❹ 1 ℃

39쪽 3 꺾은선그래프로 나타내기

❶ 비가 내린 날수

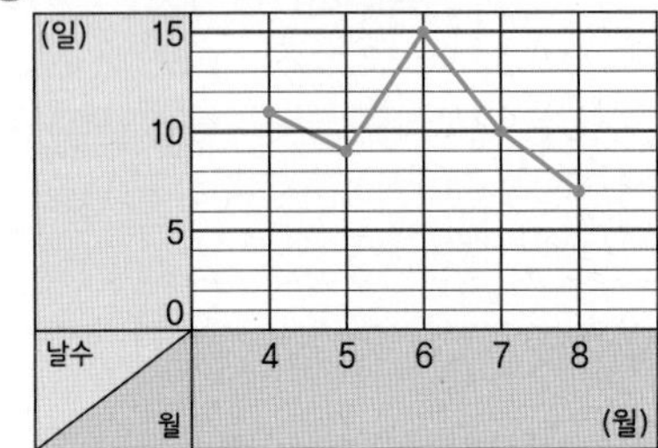

❷ 경수네 학교 누리집 방문객 수

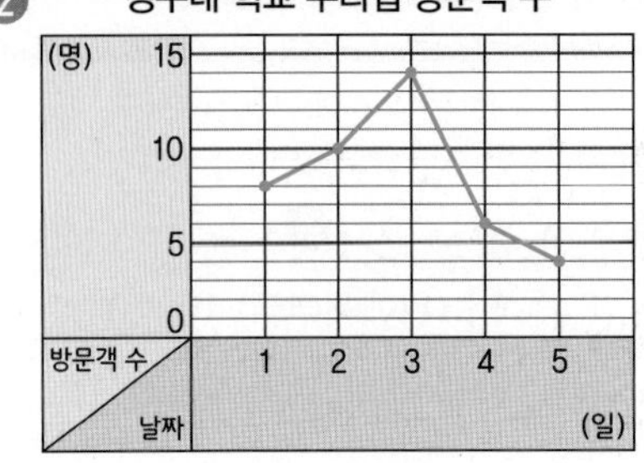

❸ 영화 관람객 수

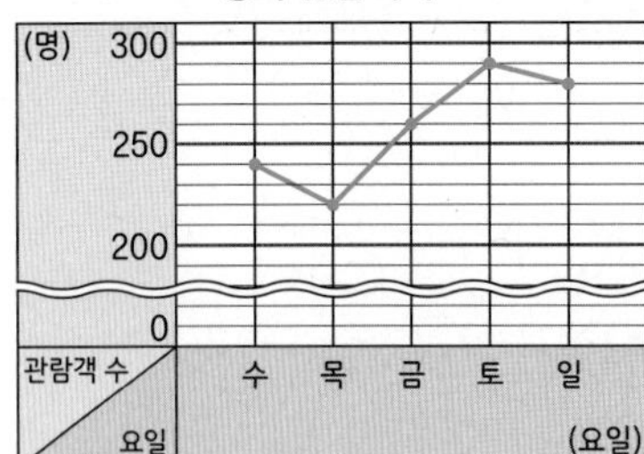

❹ 줄넘기 최고 기록

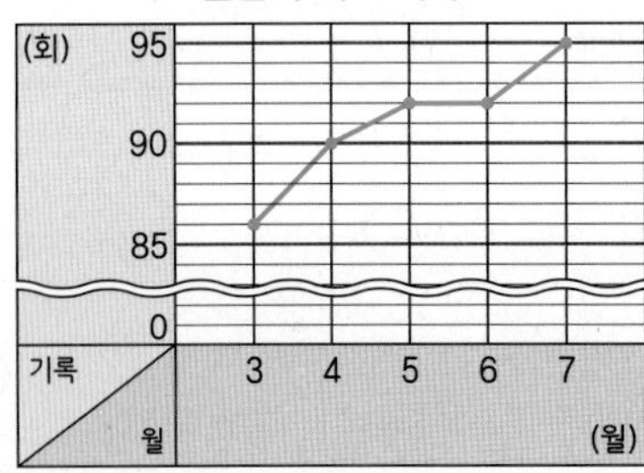

6. 다각형

41쪽 1 다각형

❶ ○	❷ ×	❸ ○
❹ ×	❺ ○	❻ ×
❼ 사각형	❽ 육각형	❾ 삼각형
❿ 칠각형	⓫ 오각형	⓬ 팔각형

42쪽 2 정다각형

❶ ×	❷ ×	❸ ○
❹ ○	❺ ○	❻ ×
❼ 정사각형	❽ 정오각형	❾ 정삼각형
❿ 정육각형	⓫ 정팔각형	⓬ 정칠각형

43쪽 3 대각선

❶ 
❷ 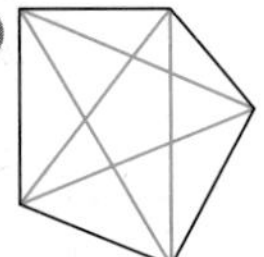
❸ 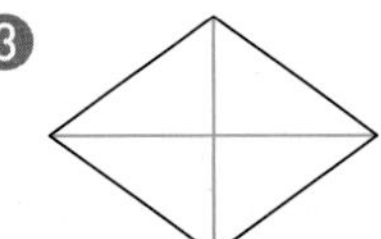
❹ 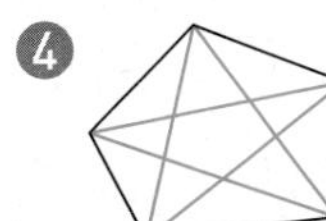
❺ 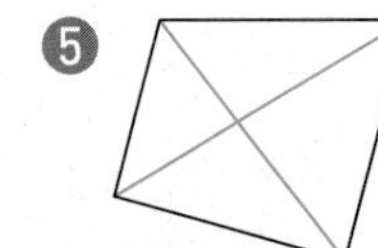
❻ 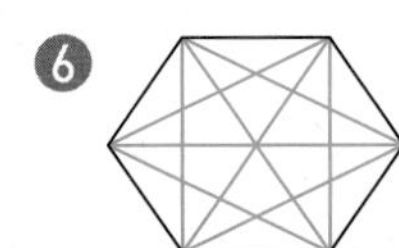

❼ 2개	❽ 5개	❾ 0개
❿ 9개	⓫ 2개	⓬ 14개

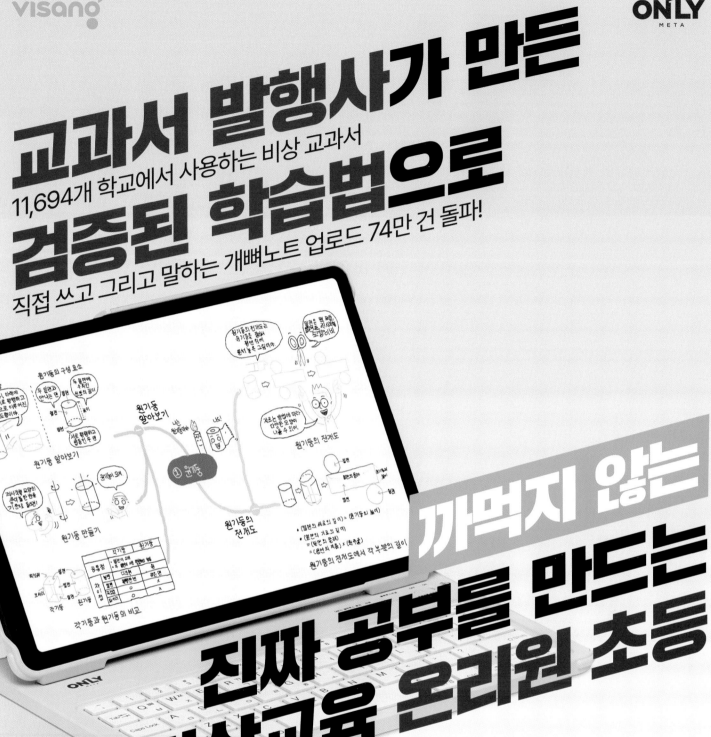

✣ 개념·플러스·연산 개념과 연산이 만나 수학의 즐거운 학습 시너지를 일으킵니다.

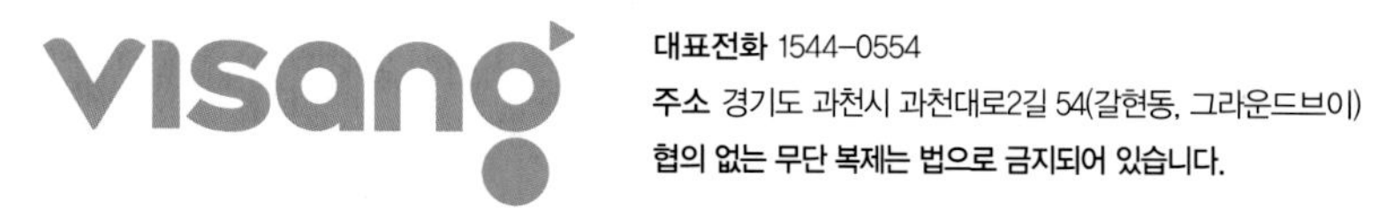
대표전화 1544-0554
주소 경기도 과천시 과천대로2길 54(갈현동, 그라운드브이)